国家出版基金项目
NATIONAL PUBLICATION FOUNDATION

"十二五"国家重点图书出版规划

湖南动物志

[鸟纲 雀形目]

邓学建　王　斌　钟福生 / 编著

湖南省财政厅、教育厅、科技厅、发改委、林业厅、农业厅、

卫生厅、湖南师范大学 资助

湖南科学技术出版社

FAUNA HUNAN

Passeriformes, Aves in Hunan, China

By

DENG Xuejian WANG Bin ZHONG Fusheng

(Supported by Hunan Provincial Finance Department,
Education Department, Science & Technology Department,
Development & Reform Commission, Forestry Department,
Agriculture Department, Health Department, and Hunan Normal University)

Hunan Science and Technology Press
Changsha, China

《湖南动物志》编撰委员会

内容简介

湖南省位于长江中游以南，南岭山地之北，处于云贵高原向江南丘陵以及南岭山地向江汉平原过渡的地区，三面环山，一面临湖，地形复杂，鸟类资源较丰富。本书利用采集于湖南14个地市、自治州的标本和自1900年以来有关湖南鸟类研究的资料，对湖南省雀形目鸟类进行了系统整理和研究，对分布于湖南省的雀形目的33科88属232种和亚种鸟进行了系统的阐述，其中包括科的特征、检索表、物种名、别名、同物异名、鉴别特征、形态描述、测量数据、生态习性、分布情况和经济意义，每种都附有彩色图片，有156种附有彩色照片。另外，本书还介绍了湖南鸟类的研究历史和地理分布，分析了湖南省雀形目鸟类的群落结构、区系特点和珍稀程度。

本书可供从事鸟类、野生动物、林业、环境、自然保护和动物区系等科研工作人员以及有关大专院校师生参考，也可供野生动物爱好者和观鸟者参考。

本卷作者简介

邓学建（Deng xue-jian）男，汉族，1953 年出生，湖南涟源人，湖南师范大学生物科学学院动物学系教授、博士生导师；中华人民共和国濒危物种科学委员会协审专家；中国人民解放军空军机场鸟害防治技术专家组成员；世界自然基金会长江湿地专家；湖南省环保社团联合会顾问；湖南省动物学会常务理事；湖南省野生动物保护协会常务理事；湖南省生态学会常务理事；湖南省自然保护区评审委员会委员；湖南师范大学旅游研究所兼职研究员；世界自然基金会湖南师范大学环境教育中心一级培训员；湖南省司法厅野生动物司法鉴定人。

自 1978 年开始从事脊椎动物学的教学和科研工作。曾开设过脊椎动物学、脊椎动物分类学、鸟类学、动物分类方法与原理、脊椎动物野外研究方法、中国鸟禽文化、环境教育和创新学等课程。先后完成 60 余项科研项目。主持完成了湖南省首次湿地资源调查和湖南陆生野生动物资源调查。已完成世界自然基金会（WWF）的长江湿地恢复示范项目并在联合国全球环境基金中国湿地项目（GEF）中对洞庭湖湿地动物资源作了深入研究。目前承担着湖南省脊椎动物普查和《湖南动物志》的编写工作。

编写过 7 种教材，出版了 2 本专著，参加编写发行了 16 部书籍，发表论文 120 余篇，发现并报道脊椎动物新物种 2 个，报道湖南动物新纪录 120 多种。

Introduction

Deng Xue-jian, born in 1953, male, from Lianyuan of Hunan Province, is a professor and supervisor doctoral students in the Zoology Department of the College of Life Science, Hunan Normal University. He is an assistant reviewing expert of the Endangered Species Scientific Commission, P. R. C. , a member of the expert panel on the prevention and control of airports bird hazard of the People's Liberation Army Air Force, an expert on Yangtze River wetlands of the World Wildlife Fund (WWF), a consultant of the Hunan Associated Society of Environmental Protection, a standing member of council in Hunan Zoological Society, a standing member of council in Hunan Wildlife Conservation Society, a standing member of council in Hunan Ecological Society, a member of the Evaluation Committee of Natural Reserves and Ecological Function Reserves of Hunan Province, a member of the Evaluation Committee of Natural Reserves of Forested Wetlands and Terrestrial Wildlife of Hunan Province, a part-time researcher of Tourism Research Institute of Hunan Normal University, a first-degree trainer of Hunan Normal University Environmental Education Center of World Wildlife Fund, an judicial wildlife appraiser of the Judicial Department of Hunan Province.

Engaged in the teaching and scientific research of vertebrate zoology since 1978, Deng Xue-jian has successively offered courses of vertebrate zoology, vertebrate taxology, methodology and principle of animal taxonomy, field research methodology of vertebrate, Chinese bird culture, environmental education and innovation, etc.

The author has accomplished in succession over 60 scientific research projects. He also has presided over the first survey of Hunan wetland resources and terrestrial wildlife. In completing the exemplary project of Yangtze River wetlands restoration of the World Wildlife Fund (WWF) and the China wetlands project of the Global Environment Facility (GEF), he conducted an in-depth and systematic research on the animal resources in Dongting Lake wetlands. He is now undertaking the general investigation of vertebrates in Hunan Province and the compiling of Hunan Fauna.

So far, He has compiled 7 textbooks , published 2 monograph and more than120 papers. He also has taken part in the compiling and pubilishing of 15 books , discovered and reported 2 new species. Over 120 new records of animals in Hunan Province were made by him.

总　序

湖南省位于长江中游，属亚热带季风湿润气候。年平均气温为 15.8℃～18.7℃，湘南高于湘北，湘东高于湘西，相差约 2℃左右。无霜期长达 260～310 天。雨量充沛，各地年平均降水量在 1000～1800mm。地貌东、西、南三面环山，中部和北部为地势低平的洞庭湖盆地，是江汉平原的一部分，全境呈马蹄形。境内水系完整，湘、资、沅、澧四水及其支流呈树枝形和扇形汇入洞庭湖，流入长江。植被基本属于亚热带常绿阔叶林区域，海拔较高处则为落叶常绿混交林区域，湘南局部高山上则有华南—南岭区系的特点，高山针叶林混生于阔叶林中。

概而言之，湖南全境气候温和，山地、丘陵、平原、湿地、河流、湖泊交相嵌合，水系完整，植被成分复杂，有利于生物的生存和繁衍，孕育了丰富的物种，诱集到无数南飞的候鸟，为我们保护和合理利用资源提供了条件。

为适应生产的发展，资源合理地可持续利用以及环境科学的要求，湖南省动物学界热切希望编写一部地方动物志。动物志不仅服务于生产和社会发展的需要，而且可作为当前和今后教学、科研的重要参考书籍。

1992 年成立了湖南省动物志编撰委员会，具体工作由湖南省动物学会承办，得到了中共湖南省委、省政府、省直相关厅（局）和有关学会的支持。协商选举产生了第一届编撰委员会：

主　　任：尹长民（湖南师范大学，教授）

副 主 任：沈猷慧（湖南师范大学，教授）

　　　　　何鸿恩（原湖南医科大学，教授）

委　　员：以姓氏笔画为序

　　　　　成源达（湖南省畜牧研究所，研究员）

　　　　　刘　多（原湖南医科大学，教授）

　　　　　陈国安（原中国科学院长沙农业现代化研究所，研究员）

计划编撰 5 卷：

　　　　　人体及动物寄生蠕虫

　　　　　蜘蛛目

　　　　　两栖爬行纲

　　　　　鸟纲

　　　　　哺乳纲

由于人事变迁及工作需要，2004 年协商选举产生了第二届编撰委员会：

主　　任：尹长民（湖南师范大学，教授）

副 主 任：沈猷慧（湖南师范大学，教授）

彭贤锦（湖南师范大学，教授）

委　　员：以姓氏笔画为序

邓学建（湖南师范大学，教授）

成源达（湖南畜牧研究所，研究员）

刘　多（原湖南医科大学，教授）

杨道德（中南林业科技大学，教授）

陈国安（原中国科学院长沙农业现代化研究所，研究员）

胡自强（湖南师范大学，教授）

计划增加《贝类》卷。

经各卷编者 16 年的努力，研究成果从 2008 年起将陆续付梓问世，令人振奋，鼓舞。我们能在省委和省政府的关怀下，在各方面支持下，为湖南省做一件有益的工作，以报答三湘四水人民的哺育之恩，无不感到宽慰。在此，我们还要对已故前辈顾昌栋、周宇垣、梁启燊、刘素孋等和同仁王义铣、王家福表示敬意。他们参加了早期的湖南动物的调查研究，积累了不少标本。

特别要感谢省委、省政府及相关职能部门对这项研究工作的高度重视，原省委书记熊清泉、杨正午、张春贤、原省长周伯华等省领导先后多次询问工作进展情况，了解并解决工作中的困难，指示职能部门给予专项经费支持。省财政厅、省教育厅、省科技厅、省发展与改革委员会、省林业厅、省卫生厅先后给予了经费支持。

还要感谢国家自然科学基金委副主任朱作言院士，在来湖南视察后给予的经费支持。

《湖南动物志》编撰委员会

General Preface

Hunan Province is located in the middle reaches of Yangtze River in the subtropical monsoon climate. The annual average temperature is 15. 8℃～18. 7℃. Temperature in the southern Hunan is higher than the north, and that in eastern Hunan is higher than the west with a difference of about 2℃. The frost-free period lasts for 260～310 days. Rainfall in Hunan is abundant, of which the average annual data is 1000～1800mm. It is surrounded by mountains in the east, west and south. The domain of Hunan has a shape of horseshoe. Its central and northern part is flat Dongting Lake Basin which is a part of the Jianghan Plain. Hydrographic net in Hunan is complete with Rivers of Xiang, Zi, Yuan and Li, as well as their tributaries, joining in Dongting Lake and floating into Yangtze River in the shape of tree branches and fan. Vegetation in Hunan belongs to the region of subtropical evergreen forest. Montane mixed evergreen and deciduous broadleaved forests can be seen in regions with higher elevation. High mountains in parts of southern Hunan have the characteristics of South China-Nanling region: Alpine coniferous forests mix with broad-leaved forest.

To sum up, the whole territory of Hunan has a mild climate and is interlaced with mountains, hills, plains, wetlands, rivers and lakes. The Hydrographic net in Hunan is complete and the composition of vegetation is complex, which is conducive to the survival and reproduction of lives. Therefore, Hunan breeds a wealth of species and induces countless migratory birds flying to the south, which provides conditions for us to protect and reasonably exploit resources.

In order to meet the need of economic development, reasonable exploitation of resources and the demands of environmental science, Hunan scholars on zoology have been fervently looking forward a local fauna. It will not only serve the needs of production and social development, but also serve as important reference books for the teaching and scientific research now and thereafter.

The Compilation Committee of Hunan Fauna was established in 1992, the specific work of which is undertaken by Hunan Zoological Society. It is supported by the provincial party committee, provincial government, related provincial departments and related societies. The first committee elected is as follows:

Chairman: Yin Changmin (Professor of Hunan Normal University)

Vice Chairmen: Shen Youhui (Professor of Hunan Normal University)

He Hongen (Professor of Hunan Normal University)

Members in the order of surname strokes:

Cheng Yuanda (Researcher of Hunan Institute of Animal Science)
Liu Duo (Professor of the Former Hunan Medical University)
Chen Guoan (Researcher of the Research Institute of agriculture modernization of Changsha, Chinese Academy of Science)

5 volumes are to be compiled:

Human and animal parasitic worms
Araneae
Amphibians Reptilia
Aves
Mammalia

Due to the personnel changes and the need of works, the second Compilation Committee was elected in 2004:

Chairman: Yin Changmin (Professor of Hunan Normal University)

Vice Chairmen: Shen Youhui (Professor of Hunan Normal University)
Peng Xianjin (Professor of Hunan Normal University)

Members in the order of surname strokes:

Deng Xuejian (Professor of Hunan Normal University)
Cheng Yuanda (Researcher of Hunan Institute of Animal Science)
Liu Duo (Professor of the Former Hunan Medical University)
Yang Daode (Professor of Central South University of Forestry and Technology)
Chen Guoan (Researcher of the Research Institute of Agriculture modernization of Changsha, Chinese Academy of Science)
Hu Ziqiang (Professor of Hunan Normal University)

The volume of Mollusca is programmed to be added.

Through 16 years' endeavor of all the compilers, the research results will come out in succession from 2008, which is rather inspiring and encouraging. Under the care of provincial party committee and provincial government, with the support from various units, we all feel consoled to do a job for Hunan Province to pay back the grace of feeding of our fellow countrymen. Here we have to pay homage to the deceased seniors Gu Changdong, Zhou Yuyuan, Liang Qishen, Liu Suli, etc and our colleague Wang Yixian and Wang Jiafu. They took part in the early study of animals in Hunan and collected a lot of specimens.

We are especially grateful to the great attention of provincial party member, provincial government and related functional departments. Provincial leaders such as former secretary of provincial party committee Xiong Qingquan, Yang Zhengwu and Zhang Chunxian, former governor of province Zhou Bohua enquired for times about the progress of our work. They learned of and solved the difficulties in our work by directing the related functional departments to provide special financial support. Department of Finance, Department of Education, Department of Science and Technology, Planning Commission, Forestry Department, Department of Public health offered financial support in succession.

Our thanks also go to Academician Zhu Zuoyan of Natural Science Foundation of China, who offered financial support after his inspection in Hunan.

Compilation Committee of Hunan Fauna

序

欣闻《湖南动物志鸟纲雀形目》即将出版，特向湖南师范大学的邓学建教授表示衷心祝贺！

鸟类是生物多样性的重要组成部分，是国家宝贵的自然资源。我国是一个鸟类资源丰富的国家，现有鸟类1371种，约占世界鸟类总数的14%。如此众多的鸟类与我国丰富多样的地理环境和生态类型密不可分。湖南是我国中部地区一个重要省份，动物地理区划上属于东洋界华中区，地跨东部丘陵平原亚区和西部山地高原亚区，整个地势呈"U"字形，西面借武陵山脉与贵州、重庆相邻，东部有罗霄山脉与江西相隔，越过南面的南岭是广东和广西，而北面是一望无际的洞庭湖沉积平原，出洞庭湖或渡过长江则是湖北。由于独特的地理位置，形成了湖南特殊的环境特色，也为鸟类生存提供了较多的生存空间。

在我国早期的鸟类研究中，有关湖南鸟类的研究资料相对较少，具有权威性的工作是1955～1957年中国科学院组织的湖南鸟类资源调查，1960年郑作新院士报道了在湖南22个县分布的124种雀形目鸟类。1965年梁启燊先生又报道了湖南省分布的14种雀形目鸟类。自此以后，湖南省鸟类特别是雀形目鸟类分类研究有很长一段时间出现了空白，致使在全国的鸟类分布图中，湖南省的资料相对缺乏。

邓学建教授系中国鸟类学会会员、我国著名鸟类研究专家，在湖南鸟类区系分类和生态学研究方面发表了一系列论文。在30多年的研究工作中，他先后考察了全省120多个县市，特别是对全省的自然保护区进行了系统调查，获得了大量第一手资料。由他主编的《湖南动物志鸟纲雀形目》的出版，是湖南省鸟类分类及区系分布研究的重大成果，对丰富我国鸟类区系研究具有重要意义。

《湖南动物志鸟纲雀形目》描述了湖南境内的232种及亚种雀形目鸟类，包括80多种湖南省雀形目鸟类的新分布纪录。该书以湖南境内采集的标本为依据，收集了自1900年以来有关湖南鸟类研究的资料，分析和阐述了各阶段的研究成果，在此基础上作者介绍了湖南省雀形目鸟类在14个地市的分布情况，分析了湖南雀形目鸟类的群落结构和区系特点，评价了珍稀濒危状况，提出了保护措施。该书从亚种的分化、英文名名称、常见的别名、历史沿革、鉴别特征、形态描述、生活习性、测量数据、省内的地理分布和经济意义等方面作了介绍，每一物种均插入了彩色图片，有的还配了生态照片。此外，作者根据目前发现的物种还编制了湖南雀形目鸟类的检索表。该书是对湖南雀形目鸟类的系统阐述，充分体现了科学性和纪实性，为完成湖南全省的鸟类志书编写工作打下了良好的基础。

《湖南动物志鸟纲雀形目》是迄今为止，最全面系统反映湖南雀形目鸟类本底资源的文献。该书以实物为依据，资料翔实、内容丰富、图文并茂，具有很强的科学性和纪实性，是具有国内先进水平的学术专著。该书的出版对促进湖南省乃至全国的鸟类研究和保护工作将产生积极作用。

中国鸟类学会秘书长 张正旺

2011年11月22日

Preface

I am glad to hear that *Aves Passeriformes Hunan Fauna* to be published. I would like to express my hearty congratulation to the chief editor Prof. Deng xuejian at Hunan Normal University.

Birds are an important component of biodiversity. They are valuable natural resources. China is a country with relatively large distribution of birds. So far over 1371 kinds of birds in China, 14% of the world's birds are distributed in China. Such a large range of birds is indispensable to the various geographical environment and ecological types in China. Hunan is an important province of central China which zoogeographically belongs to the South China Region, Oriental Realm. Ranging across the sub-region of hills and plains in the east and that of mountains and plateaus in the west, the terrain of Hunan has a "U" form. It borders Guizhou and Chongqing to the west in Wuling Mountains; in the east it is adjacent to Jiangxi Province in Luoxiao Mountains; Guangdong and Guangxi lie to the south across the Nanling Mountains, while to the north is the vast alluvial plain of Dongting Lake with Hubei Province to the northern bank of Yangtze River. The special geographical location of Hunan results in its special environmental features, which provides more living space for birds.

In the early studies about birds in China, research data concerning birds in Hunan are rare. The most authoritative research is the investigation of avifauna resources organized by Chinese Academy of Science in 1955～1957. In 1960, Zhen Zuoxin reported 124 species of Passeriformes in the 22 counties of Hunan. In 1965, Liang Qishen reported 14 species of Passeriformes. Thereafter, there has been a blank of a long period about the sort research of birds, especially Passeriformes in Hunan Province.

Prof. Deng xuejian is a member of China Ornithological Society, a famous avian specialist in China. A series of papers are published on ecological study, taxonomy and fauna of birds. In his research work of over 30 years, he traveled to more than 120 counties and carried out systematical investigations of the natural reserves all over the province. The publication of Passeriformes *Aves Hunan Fauna* compiled by him is a great achievement for the research of classification and distribution of avifauna in Hunan Province, and is also a significant improvement for the research of ornithofauna in China.

Passeriformes of *Aves Hunan Fauna* describes 232 species and subspecies of Passeriformes detected in Hunan, including 80 new records of Passeriformes in Hunan. Based on the specimens collected in Hunan Province, the author collected materials concerning bird studies of Hunan Province since 1900, analyzed and described the research achievements of various stages. Based on these he introduced the Passeriformes' distribution in the 14 municipalities and prefecture of Hunan Province, analyzed their community structures and faunal characteristics, evaluated their endangered status and proposed protective measures. The author also compiled the identification keys of Passeriformes in Hunan according to the discovered species. Passeriformes of Avifauna of Hunan systematically describes the Passeriformes in Hunan Province. It is fairly scientific and documentary and lays a sound foundation for the compiling of Hunan avifauna annals.

Aves Passeriformes *Hunan Fauna* is by far the most systematic document reflecting the background resources of Passeriformes in Hunan Province. Based on physical objects, this book is highly scientific and documentary with detailed materials and is excellent in both description and accompanying pictures and is of advanced level in China. It has a positive effect on the research of birds and protection of animals and even the whole country.

Zhang Zhengwang

Secretary General of China Ornithological Society

November 22，2011

前　言

经过几代鸟类学家的努力，中国的鸟类资源研究不断取得重要进展。在此基础上，当今我国鸟类本底资源研究正结出丰硕成果。由郑作新先生等多位专家撰著的《中国动物志鸟纲》1～14卷相继出版（少数几册尚未问世），赵正阶先生撰写的《中国鸟类志》以及郑光美的《中国鸟类分类与分布名录》，充分应用了当代鸟类学家对物种和物种演化理论的认识，综合所积累的大量形态学、生物地理学、生态学、行为学、胚胎学以及古生物学的有关研究成果，对种上和种下分类阶元进行了深入的探讨，奠定了被广泛接受的宏观鸟类分类学以及现代鸟类系统分类的基础。20世纪70年代以来，以Sibley C. G为代表的鸟类学家，采用蛋白电泳和DNA杂交等技术，对鸟类系统分类和系统发育进行研究，开创了用分子生物学的理论和方法解决鸟类分类学问题的先河。尽管其对世界鸟类分类系统进行的修正还存在着争议，但这一技术为亲缘种（sibling species）和超种（superspecies）的判断以及较高分类阶元间亲缘关系的研究，提供了新的途径。在此基础上，由MacKinnon，J. 和Phillips K. 以及何芬奇著的《中国鸟类野外手册》2000年首次出版发行，在中国产生了一定影响，特别对全国的观鸟人士影响较大。20世纪90年代以来，以Alstrom P. 和Olsson U. 为代表的鸟类学家，利用声谱技术，将鸟类鸣声结合形态学特征，对雀形目某些类群的鸟类分类进行研究，并发表了一系列新种或将亚种提升为种。新技术的应用，极大地推动了鸟类分类学的发展。尽管如此，DNA样本的准确性、鸣禽鸣声的效鸣和"方言"等等，都是必须谨慎对待的。郑光美（1995年）提出，对鸟类的分类，在利用新技术的同时，需要综合已有的形态、地理、生态、遗传等领域所获得的各种参数，加以权衡，最终落实到一些形态上稳定的、可资鉴别的特征上，并提出表型鉴别方案才有理论和应用价值。基于此种观点，本书沿用传统的分类系统，对湖南省已发现的雀形目鸟类进行了系统介绍，全书涉及分布于湖南省雀形目的33科88属232种和亚种，本书的主要内容包括湖南雀形目鸟类各科的特征、科属种检索表、物种名、别名、同物异名、鉴别特征、形态描述、测量数据、生态习性、分布情况和经济意义，每种都附有彩色图片，有140多种附有彩色照片。另外，本书还介绍了湖南鸟类的研究历史和地理分布，分析了湖南省雀形目鸟类的群落结构、区系特点和珍稀程度。

湖南省至今还没有出版过介绍湖南鸟类本底资源的专著。有关湖南鸟类研究的文章最早见于1900年，当时由Ogilvie-Geantj记述了洞庭湖的32种鸟，后来任国荣于1933年发表了题为Étude d'une collection d' oiseaux du sud Hunan（China）的文章。以后国内和国外一些专家对湖南的鸟类进行过调查。比较系统和权威的调查见于50年代，当时由中国科学院组织，对湖南鸟类资源进行了历时3年（1955～1957）的调查，调查结果于1960年由郑作新先生发表于中国动物学杂志上，文中报道了发现于湖南22个县的124种雀形目鸟类。1965年，湖南师范学院（湖南师范大学前身）的梁启燊先生报道了湖南省分布的14种雀形目鸟类。此后，对湖南鸟类感兴趣的人士逐年增多，到目前为止，先后有300多位专业人士对湖南的鸟类进行了研究，并发表了400多篇程度不同的文章和专著。特别是自1953年高校院系调整成立了湖南师范学院生物系后，该系对湖南鸟类资源进行了持续不断的调查，利用专项调查和生物学野外实习的机会，采集了大量标本，积累了许多素材，为志书的编写奠定了良好的基础。

本书依照郑光美2011年出版的《中国鸟类分类与分布名录》分类系统，排列顺序以"拉丁学名和英文名称字母索引"为编写基础。参考郑作新1978撰著的《中国鸟类分布名录》同物异名情况，以湖南师范大学动物标本室以及国内其他标本室收藏的采集于湖南的鸟类标本为依据，对各种以及亚种作了严格的查实和系统检索，借助现有的志书对每件标本的特征都进行了逐项的核实，在无异议的前提下确定物种和亚种名，对少数无法获取的标本（例如 Oliver K. 和 Brett W. B. 等于 2005 年在湖南舜皇山和大围山采集的，目前收藏于美国堪萨斯大学自然历史博物馆的标本），我们根据原始描述、地理环境、生态习性等因素综合评价，最后决定物种的取舍，有疑问的物种我们暂不列入本书。

本书广泛地参考了现有的各种鸟类专志和彩色图鉴，对各种类的中文名、别名和英文名逐一推敲，为求准确，对于比较熟悉的种类，根据约定俗成的原则，采用已通用的名称。在编写中我们将雀科（Passeridae）改名为麻雀科，以别于传统观念的雀科（Fringillidae）。

本书的撰写由主编邓学建和王斌、钟福生两位编者共同完成。内容有以下分工：

王斌负责撰写燕科、卷尾科、八色鸫科。

钟福生负责撰写鸦科、椋鸟科。

邓学建负责撰写前言、概述、湖南省自然概貌、湖南省雀形目鸟类研究历史、湖南省雀形目鸟类新纪录、湖南省雀形目鸟类区系及其分布、湖南雀形目鸟类分科检索、百灵科、鹡鸰科、山椒鸟科、鹎科、叶鹎科、太平鸟科、伯劳科、黄鹂科、河乌科、鸫科、画眉科、鸦雀科、莺科、扇尾莺科、鹟科、王鹟科、山雀科、长尾山雀科、䴓科、攀雀科、啄花雀科、花蜜鸟科、绣眼鸟科、梅花雀科、雀科、燕雀科、鹀科、后记和参考文献。

谨将本书献给指导我多年的周昌乔老师、沈猷慧老师和叶贻云老师，以及顾辉清老师、梁启燊老师和刘素孋老师。前贤们携我步入了动物学的殿堂，授予我从事动物学研究的知识和技能。我之所以有今天的成绩，全仰仗于你们的悉心指导。为此，将该书作为礼物敬献给你们，以表学生的感恩之心。

在《湖南动物志鸟纲雀形目》编写的过程中，作者曾前往中国科学院动物研究所、武汉大学、中南林业科技大学、陕西师范大学、吉首大学、衡南鸟洲自然保护区、长沙市第一中学等单位查看标本，得到了各单位的大力支持和帮助。北京师范大学生命科学学院博士生导师、中国鸟类学会秘书长张正旺教授在百忙之中为本书撰序并给予了高度评价，谨此一并致谢。

本书的问世得力于中国科学院动物研究所何芬奇先生的大力支持，鸟类图片全部由中国环境与发展国际合作委员会生物多样性工作组提供。书中的照片除部分出自笔者外，主要由姚毅、李剑志、万献军、戴年华、朱英、王斌、喻勋林、林和荣、钱斌、刘子祥、郑永福、唐梓钧、刘汀、邓伟红、廖晓东、李飞云、康祖杰、梁栋等朋友和同事提供，在此深表感谢。

本人早在 1992 年就开始酝酿撰著本书，在漫长而艰苦的收集整理过程中，湖南师范大学生命科学学院的许多学生都付出了心血，其中有生命科学学院 1994 级的蒋金菊、夏军红，1995 级的唐平、晏佳明，1996 级的廖海兵、李合英、艾如能、夏利华、胡希凡、彭志宏、傅进保、陈金海、周宇生，1997 级的彭佑谋、赖新华、周华光、肖松江等。特别是笔者的得意门生李自君、陈顺德、郭克疾、米小其、梁栋、牛艳东、周毅、任巍、王星、刘汀、曾峰、唐梓钧、舒服和刘子祥等，他们都付出了艰辛的工作，为该书的整理完善做了大量工作。

最后需要感谢的是我的家人，是我的父母一直鼓励我不断进取，永攀高峰，在本书结稿之际严父不幸辞世，未能在他有生之年向他献上此书令我终生遗憾，至今慈母孤身一人住在老家，作为儿子的我忠孝不能两全，伏案疾书间我时常仿佛听到了她的叮咛和嘱咐，每每此时，我的心在流血，震颤的灵魂不能自已，即使经常携妻儿去看望她，可永远也难弥补对她的孝心。在我伏案疾书之际，家中的大小事务全丢给了我的妻儿，他们不但为我全程服务，还不时为书稿校对和补遗。就是在家人的大力支持下，本书才如期完成。

在《湖南动物志鸟纲雀形目》的审校和编辑过程中，得到了湖南科学技术出版社编审刘堤地以及编辑李丹、欧阳建文的支持，在他们的艰辛修订下，该书才得以完善，对于他们的付出，在此深表敬意。

由于本人水平有限，书中肯定有不足甚至错误之处，部分资料遗漏也在所难免，恳请广大读者和同行批评指正。

编　者

2011 年 11 月 11 日

Forewords

Nowadays the research on the background resources of birds in our country has made great progresses. Through the efforts of ornithologists of several generations, the research on bird resources in China has improved a lot. Volume 1～14 (a few volumes have not yet came out) of *Fauna Sinica Aves* composed by Zheng Zuoxin et al along with *China Avifauna* written by Zhao Zhengjie and *Categorization and Distribution List of Aves in China* written by Zheng Guangmei fully applied modern ornithologists' understandings on species and species evolution. They integrated a great deal of research achievements on morphology, biogeography, ecology, behavioral science, embryology and paleontology, conducted an in-depth investigation of both supraspecific and infraspecific taxonomic categories, laying the foundation of micro ornithological systematics and modern systematic categorization of avifauna, which has been widely accepted. Since the 1970s, ornithologist represented by Sibley C. G has investigated the systematic categorization and phylogenetic development of avifauna using the techniques of protein electrophoresis and DNA hybridization. This research was the pioneering work of solving the problem of ornithological systematics through the theory and methods of molecular biology. In spite of the controversies over the amendments of world classification system of avifauna, this technique provides a new way in judging sibling species and superspecics and in the research of genetic relationships among higher taxonomic categories. Based on this, *A Field Guide to the Birds of China* compiled by MacKinnon J., Phillips K. and He Fenqi was first published in 2000, exercising certain influence in China, especially for those bird appreciators all around China. Since the 1990s, ornithologists represented by Alstrom P. and Olsson U investigated several groups of birds of Passeriformes and raised a series of new species or promoted subspecies to species through combining bird songs with morphological features using sound spectrum technology. The application of new technology greatly promoted the development of ornithological systematics. However, the accuracy of DNA samples, the singing effects of songbirds (Oscines) as well as "dialects" should be treated with caution. Zhen Guangmei (1995) pointed out that in categorizing Aves, all the existing parameters of morphology, geography, ecology, genetics, etc. should be integrated and balanced so as to focus on some morphologically stable and identifiable features. He also proposed that only phenotype identification programs are theoretically and pragmatically valuable. Based on this opinion, this book follows the traditional taxonomic system and systematically introduces Passeriformes that have been found in Hunan Province. This book involves 32 families, 88 genera, 232 species and subspecies of Passeriformes distributed in Hunan. It mainly describes the features, keys to families, genera and species, species names, aliases, synonyms, identifying features, morphological descriptions, metrical data, ecological behaviors, distribution and economic significance. Each species is accompanied with color pictures and over 140 species with color photographs. In addition, this book also introduces the history of ornithological study and the distribution of avifaunas in Hunan Province. It also analyses the community structure, Fauna characters and degrees of rarity of Passerines in Hunan.

InHunan, there are not yet monographs introducing background resources of Aves of Hunan Province published. Research article about Aves in Hunan was first seen in 1900, when Ogilvie-Geantj recorded 32 species of birds of Dongting Lake. Later Ren Guorong issued an article entitled Etude D' une Collection D' oiseaux du Sud Hunan (China). Since then some experts from home and abroad have conducted investigations about the Aves in Hunan Province, among which relatively systematical ones are seen in 1950s when China Science Academy organized a survey lasting 3 years (1955～1957) to investigate the bird resources in Hunan. The investigation results were published on the magazine China Zoology by Zhen Zuoxin in 1960 in which 124 species of Passerines found in 22 counties of Hunan were reported. In 1965, Liang Qishen in Hunan Educational Institute (predecessor of Hunan Normal University) reported 14 species of Passerines distributed in Hunan Province. Since then, people who are interested in avifauna in Hunan increased annually. So far, over 300 professionals have researched avifauna in Hunan and published more than 400 articles and monographs. Particularly after the adjustment of university faculties in 1953 and the establishment of Biology Department of Hunan Educational Institute, continuous investigations on the avifauna resources of Hunan have been carried out. A large number of specimens were collected and abundant materials were accumulated through special investigations and field practices, which laid a sound foundation for the compiling of this book.

This book applies the classification system of A Checklist on the Classification and Distribution of the Birds of China, published in 2005 by Zheng Guangmei. The marshalling sequence is based on "alphabetical index of Latin scientific names and English names". We consult synonyms of *A Checklist on the Distribution of the Birds of China* published in 1978 by Zhen Xinzuo and base our study on the bird specimens collected in Hunan Province and stored in the animal specimen room of Hunan Normal University and other domestic specimen rooms. According to this, we strictly verify and systematically retrieve each species and subspecies. We verified term by term each characteristic of every specimen with the aid of current annals and confirm names of species and subspecies on condition that there are no objections. As to a small number of specimens that can' t be attained (such as those stored up by the Natural History Museum of the University of Kansas of U. S. A that were collected in 2005 by Oliver K. , Brett W. B. in Shun Emperor Mountain and Dawei Mountain), we deal with them according to primitive descriptions, geographical environment, ecological behaviors, etc. Those species about which there are controversies are not included in this book.

We widely consult available avifauna annals and illustrated handbooks and scrutinize detail by detail the Chinese names, aliases and English names of each species. For the sake of accuracy, we employ the common names according to conventional principles for those relatively familiar species. In this book we renamed the Chinese translation of Passeridae as "Maqueke" to distinguish it from "Queke" (Fringillidae) in traditional concept.

In the writing process of this book, the work division is as follows:

Wang Bin is responsible for Hirudinidae, Dicruridae and Pittidae.

Zhong Fusheng is responsible for Corvidae and Sturnidae.

Deng Xuejian is responsible for the preface, overview, natural status of Hunan Province, history of Passeriformes research of Hunan Province, new records of Passeriformes of Hunan Province, distribution and ornithofauna of Passeriformes of Hunan Province, systematic searching of Passeriformes of Hunan Province, Alaudidae, Motacillidae, Campephagidae, Pycnonotidae, Chloropseidae, Bombycillidae, Laniidae, Oriolidea, Cinclidae, Turdidae, Babblers, Parrotbills, Sylviidae, Cisticolas, Muscicapidea, Monarchidae, Paridae, Aegithalidae, Sittidae, Remizidae, Parmoptila, Nectariniidae, Zosteropidae, Waxbills, Passeridae, Fringillidae, Emberizidae, postscript and reference.

This book is dedicated to my teachers Zhou changqiao, Shen youhui, Ye yiyun, Gu huiqing, Liang qishen and Liu suli, who have guided me for years. You taught me to acquire a wealth of knowledge and skills during college. Without your instruction, I would not have made such progress. For this reason, I wish to show my gratitude and thanks with this gift.

When compiling Passeriformes Aves Hunan Fauna, the author went to units such as the Institute of Zoology of Chinese Academy of Science, Wuhan University, Central South University of Forestry and Technology, Shanxi Normal University, Jishou University, Hengnan Natural Reserve of Birds and Islets and the First Middle School of Changsha to view specimens and was wholeheartedly supported and helped by the foregoing units. After completion, Passeriformes Aves Hunan Fauna was presented to Zhang zhengwang, doctoral supervisor of Beijing Normal University and Secretary General of China Ornithological Society. He wrote the preface for this book, to which along with others the author extends sincere gratitude.

The coming out of this book benefits by the substantial support from He Fenqi of the Institute of Zoology of Chinese Academy of Science. All the pictures of birds are offered by workgroup of biodiversity, China Council for International Cooperation on Environment and Development. Apart from the author, friends and colleagues also contribute photographs to the book. They are Yayi, Zhen Yongfu, Chen Jianzhong, Chen Tongqing, Liao Xiaodong, Zhu Ying, Li Yunfei, Wang Jiyi, Zhen Kanghua, Jiang Hangdong, Li Jianzhi, Pan Xuebing, Tang Zhenping, Peng Xianglin, Xiang Ping, Kang Zujie, Liang Dong, Wang Bin, Liu Ting, Niu Yandonag, Tang Zijun, etc. Their endeavor is very much appreciated.

The preparation of this book can be backdated to 1992. In the lengthy and arduous process of collecting and collating materials, many students in the College of Life Science of Hunan Normal University paid efforts; they are Jiang Jinju, and Xia Junhong of Grade 1994, Tang Ping and Yan Jiaming of Grad 1995, Liao Haibing, Li Heying, Ai Runeng, Xia Lihua, Hu Xifan, Peng Zhihong, Fu Jinbao, Chen Jinhai, Zhou Yusheng of Grade 1996, Peng Youmou, Lai Xinhua, Zhou Huaguang, Xiao SongJiang, etc. Particularly the favorite students of the author contributed a lot to the collating and perfection of this book. They include: Li Zijun, Chen Shunde, Guo Keji, Mi Xiaoqi, Liang Dong, Niu Yandong, Zhou Yi, Ren Wei, Wang Xin, Liu Ting, Zeng Feng, Tang Zijun, Shu Fu, Liu Zixiang, etc.

During the revision and edition of this book, President of Hunan Science and Technology Press Liu Didi and Li Dan paid a lot. It is under their endeavor that this book was perfected. Their hardworking is sincerely acknowledged.

Due to my limited ability, there must be errors and shortcomings in this book, and omissions of some materials are also inevitable. Critical suggestions are very much appreciated.

November 11, 2011

目 录

总 论

各 论

Contents

Overview

Subchapters

总　　论

第一章　湖南省自然概貌

湖南省具有较丰富的鸟类资源，这与多样的自然环境有着密切联系。就全国而言，湖南省位于长江中游以南，南岭山地之北，在云贵高原向江南丘陵以及南岭山地向江汉平原过渡地区，介于北纬 24°39′～30°08′，东经 108°47′～114°15′之间。东以幕阜、武功诸山系与江西交界；西以云贵高原东缘连贵州；西北以武陵山脉毗重庆；南承南岭与广东、广西相邻；北以滨湖平原与湖北接壤。省界极端位置，东为桂东县清泉镇大黄连坪，南为江华瑶族自治县河路口镇姑婆山，北达石门壶瓶山。省域东西宽 660km，南北长 770km，面积 21.18 万 km^2。

在全国地势轮廓中，湖南省属自西向东呈梯级降低的云贵高原东部延伸部分。境内以雪峰山为界，以西为全国地势的第二个阶梯，以东为第三个阶梯，自西向东逐渐过渡。罗霄山脉耸立在东部边陲，南岭山脉向北倾斜。因此，形成东、南、西三面山地围绕，北面为洞庭湖平原的马蹄形地貌。就山脉地势而言，省内西部地势高，雪峰、武陵等山脉在海拔 1500m 左右；西北部的壶瓶山，海拔 2099m，居全省诸峰之冠；西南部的二宝顶，海拔 2021m；南部五岭逶迤，海拔多在 1000m 以上，其中韭菜岭海拔 2009m；东部连云山海拔 1600m，八面山海拔 2042m。湘中地区为丘陵地带，海拔在 200～500m 之间。湘北洞庭湖平原海拔在 45m 以下，地表平坦，河网发育，水道纵横，湖泊众多。岳阳临湘市黄盖湖海拔 21m，为省境最低点。不难看出，湖南省境内地层发育齐全，地貌形态各异，有典型的脉状延伸或块状隆起的山地地貌；有侵蚀、剥蚀的丘陵、台地；有起伏不一的岩溶山地、岩溶侵蚀丘陵和台地；有湖积、湖积冲击平原和冲击洪积的河谷平原。虽然全省地貌多样复杂，但地域组合仍以山地、丘陵为主，其中山地占 46.3%，丘陵占 35.8%，平原占 12.6%，水面占 5.3%。

鸟类虽然是恒温动物，但是许多鸟类的食物是有季节性的，例如昆虫、植物的花、芽、种子和果实等。因此，鸟类的种类和数量与当地的气候有着密切的关系，湖南省地处亚热带，位于东亚季风区，属亚热带季风湿润气候，具有气候温和、四季分明、雨水集中、光热资源丰富的特点。年均气温 16℃～18℃。由于受季风和地形的影响，气温分布的总趋势是湘南高于湘北，东部高于西部。通常郴州比岳阳年均气温高 0.8℃左右，长沙比吉首年均气温高 0.3℃左右。一年四季中，冬季（12～2 月）平均气温 4℃～9℃。通常平均 4 天有一次强弱不等的北方寒潮侵入。冷空气较强时，常形成寒潮大风天气。最低气温可达－6℃。极端低温曾在 1969 年的 1 月 31 日出现于临湘，当天的气温为－18.1℃。春季（3～5 月）气温回升较快，初春全省月平均气温已达10℃以上，比2月高了5℃左右。由于气温回升较快，常引起强对流活动，3月中旬到4月下旬会出现短期日气温低于2℃的倒春寒。到5月份气温稳定上升，各地气温已超过20℃，湘南已达22℃～23℃。进入夏季（6～8月）湖南境内的太平洋副热带高压增强，逐渐北挺西伸，6月平均气温已升高到25.5℃以上。7月是湖南省夏季风最盛行的时期，也是一年中温度最高、天气最热的一个月，常出现35℃以上的高温天气，极端高温天气见于1961年的7月24日，这一天益阳市的气温高达43.6℃。高温平均气温在27℃～29℃之间。8月份太阳辐射逐渐减弱，平均气温较7月低0.5℃～1℃。而山地和丘陵地区减温较快。湖南的秋季（9～11月）是夏季风逐渐转为冬季风的过渡时期。9月受初发的极地大陆气团影响，各地温度渐降，由于太阳辐射仍然很强，气温降幅不大，除山区外，月平均气温在22℃～25℃之间。10月份气温降到18℃以下，11月份降至11℃～14℃之间。

湖南鸟类，有不少系水域鸟类，这与湖南省丰富的湿地资源又有着密切的联系。湖南省年平均降雨量1300～1600mm之间，是全国降雨量较多的省份之一。降水强度大，历史月最大降雨量超过800mm，最大日降雨量300mm，6小时最大降雨量曾达200mm，1小时最大雨量达15mm，接近国内极值。降水时间集中，降水量的一半集中在4～6月之间，形成较长的梅雨季。而12月、1月和2月的降水很少，仅为4、5、6月的1/4，形成冬旱。湖南的降水分布不均匀，全省有三个多雨区和三个少雨区，多雨区是雪峰山北端以安化为中心（年降雨量1692mm）；幕阜山区以浏阳为中心（年降雨量1547mm）；湘东南山地以桂东为中心（年降雨1640mm）。三个少雨区是洞庭湖区以安乡为中心（年降雨1220mm）；衡阳盆地以祁东为中心（年降雨1217mm）；怀化地区西部以新晃为中心（年降雨1135mm）。另外，湖南省的降水年际变换较大，50年以来，有15年大涝，8年大旱。大涝的1954年年降雨量2366mm，其中6月降雨859mm。大旱的1968年年降雨量仅787mm，而6月降雨量为56mm，是1954年6月降雨量的1/15。这样的降水形成了湖南省特殊的水温环境，整个境内河流稠密，水系完整，除湘南、湘东少数河流属于珠江和赣江水系外，均属长江流域。以湘、资、沅、澧四水为主干，5km以上的河流有5341条，自西、南、东三面汇入洞庭湖，形成扇形水系。长江在洪峰期也借松滋口、太平口和藕池口等三处分泄入湖。随后会同四水经城陵矶出洞庭湖流入长江。境内河流总长9.93万km，流域面积近26.28万余km^2，多年平均径流量1623亿m^3。除此之外，境内还将有大型水库249座，总容量282.33亿m^3，小型水库13095座，总容量63.81亿m^3。如此丰富的湿地资源，为鸟类生存栖息提供了有利的条件。

湖南省不但是湿地环境多样的省份，还是我国南方重点林区省份之一。林业用地面积1210.82万hm^2，占全省国土总面积的57.16％。其中有林地面积947.05万hm^2，疏林面积36.89万hm^2，灌木林地面积145.91万hm^2，其余是无林地等所占面积。全省森林覆盖率为52.44％。境内有高等植物250多科，1360多属，5360多种，其中木本植物1900多种，占全国总数的25％，木本树种800多种，用材树种主要有杉木、马尾松、楠竹、杨树、擦木、柏木、樟树等。经济林树种主要有油茶、油桐、漆树、乌桕、杜仲、柑橘、柿、枣、板栗等。珍贵树种有珙桐、银杏、水杉、银杉、资源冷杉等。就植物资源整体来看，湘北洞庭湖一带以栽培植物为主，低丘岗地生长有马尾松、油茶林、毛竹林等。湘中、湘东一带，是我国中亚热带典型地段，植物区系主要成分为壳斗科、樟科、山茶科、木兰科、冬青科、竹亚科和松柏科。湘西北一带，落叶阔叶林比重较大，基本上汇集了我国大部分的温带、东亚特产的和东亚-北美特产的木本植物，部分地区残存了大量孑遗植物，如珙桐、银杏、水杉、白豆杉、香果树等。湘西南一带，雪峰山纵贯该地，气候土壤适宜林木生长，植物区系复杂，除有成片的阔叶林区外，还是马尾松、杉木的速生高产区。湘南一带，是我国华东和华南植物区系的交汇地，地带性植被主要为长绿阔叶林、次生长绿落叶阔叶混交林。境内有10个植被类型，67种植物群落。即①针叶林类型，包括马尾松林（占全省林地面积的39.39%）、杉木林（占全省林地面积的34.94%）、柏木林、华南五针松与阔叶树混交林、福建柏与阔叶树混交林、长苞铁杉与阔叶树混交林、银杉及铁杉与阔叶混交林、资源冷杉与阔叶树混交林、黄山松林、黄杉林、华山松林、柳杉林、金钱松林、江南油杉林、铁坚杉林、水杉及池杉林16种植物群落；②常绿阔叶林，包括红勾栲及木荷林、小红栲及刺栲木荷林、甜槠及疏齿木荷林、甜槠及银木荷林、甜槠及南岭荷红楠林、钩栗及猴欢喜林、苦槠及青冈栎石栎林、青冈栎林8种植物群落；③常绿阔叶落叶混交林，包括光叶水青冈及多脉青冈林、光叶水青冈及香桦多脉青冈林、水青冈及甜槠缺萼枫香林、光皮树及青冈栎林、青檀及青冈栎林5种植物群落；④落叶阔叶林，包括光叶水青冈林、光皮桦及响叶杨林、枫香林、赤杨叶林、锥栎及栓皮栎林、黄檀及山槐白栎林、江南桤木林7种植物群落；⑤山顶矮林，包括华南杜鹃矮林、倒卵叶青冈矮林、假地枫皮林、乌冈栎矮林、短柄桴树及化香矮林、湖南白檀矮林等6种植物群落；⑥竹林，包括毛竹林、刚竹林、慈竹林、洞竹丛生林、箭竹散生复合林等5种植物群落；⑦灌丛，包括檵木及南方荚蒾毛冬青南岭荛花灌丛、檵木及白栎乌饭树映山红灌木丛、檵木及白栎长蕊杜鹃地瓜灌丛、小果蔷薇及细圆齿火棘云实竹叶花椒灌丛、映山红及吊灯花黄杨水马桑灌丛等5种植物群落；⑧草丛，包括五节芒草丛、芒草丛、野古草草丛、臭根子草及刺芒野古草纤毛鸭咀草草丛、黄背草及纽鞘香茅草丛、芒萁草丛、蕨草丛等7种植物群落；⑨草甸，包括荠菜及泥湖菜飞蓬草甸、狗牙根及香附子水蓼草甸2种植物群落；⑩沼泽，包括江南桴木林、鸡婆柳及芦苇沼泽、薦草及灯芯草沼泽等3种植物群落；⑪水生植物，包括竹叶眼子菜等沉水植物群落、莲菱及水鳖浮水植物群落、野慈姑及凤眼莲等挺水植物群落等3种群落。由此可见，湖南具有复杂的植被类型，这为不同类型的鸟类提供了觅食、筑巢、隐蔽、繁殖的良好场所。

湖南省不但有丰富的植物资源，而且有丰富的动物资源，这也为湖南鸟类的生存提供了前提条件。湖南省在世界动物地理区划上属于东洋界，华中区，横跨西部山地高原亚区和东部丘陵平原亚区。湖南的生态动物地理群则属于亚热带林灌、草地——农田动物群。就目前所知，全省分布的脊椎动物有近900种，隶属5纲43目144科449属，其中哺乳动物有9目25科62属92种；鸟类有19目71科209属440种，其中33科232种与亚种系本书介绍的雀形目物种；爬行动物有3目15科56属98种；两栖动物有2目9科19属67种；鱼类有10目24科103属202种。发现的森林昆虫总数计19目、278科、2659属、4881种；其中有蚂蚁73种；蜘蛛类900多种，其中稻田蜘蛛有198种，常见类群和优势种是拟水狼蛛、食虫沟瘤蛛、八斑鞘腹蛛等。全省的软体动物调查不够系统，仅湘江长沙段的双壳类软体动物就发现24种3亚种，隶属双壳纲3科17属，其中主要是蚌科珠蚌亚科的种类，而螺类发现了31种，隶属腹足纲6科11属，其中主要是田螺科的种类。境内的土壤动物，并不完全了解，已知的土壤动物有500多种，隶属5门12纲39目143科209属，其中矛线目、蜱螨目、蜘蛛目、垫刃目属于优势类群，弹尾目、膜翅目、单齿目、小杆目等属于常见类群。虾蟹类仅洞庭湖就发现有4科9种。通过洞庭湖监测站调查资料可以发现，湖南省境内的浮游藻类和浮游动物也很丰富。目前已发现浮游藻类有98属，其中蓝藻门15属，隐藻门2属，金藻门 2 属，甲藻门 4 属，硅藻门 29 属，裸藻门 2 属，绿藻门 45 属。浮游动物有 100 多种，其中轮虫占 60%，枝角类占 20%，桡足类占 10%，其他类群占 10%。如此丰富的动物资源，为鸟类提供了良好的生存条件，保证了湖南省鸟类群落数量和种类均保持着较高的水平。

第二章　湖南省雀形目鸟类研究历史

雀形目鸟类虽然个体较小，但由于其种类多，数量大，其经济意义和观赏价值并不亚于非雀形目种类，它们同样是重要的森林和农田益鸟，在鸟类分类学上有着很重要的地位。

有关湖南省鸟类报道的最早科学记载见于1900年，当时由Ogilvie-Geantj记述了洞庭湖的32种鸟，其次是任国荣于1933年发表了题为《Étude d'une collection d'oiseaux du sud Hunan (China)》的文章，其中涉及湖南鸟类114种。梁启燊于1957发表了题为《长沙附近的鸟类及其食性的调查研究》的文章，文中报道了湖南境内的83种鸟，其中雀形目鸟类47种。1958年报道了长沙10种雀形目鸟类的食物成分。沈猷慧先生通过对洞庭湖鸟类的多年调查，于1960年在动物学杂志上发表了题为《洞庭湖的野鸭及其狩猎方法》的文章，报道了湖南省分布的18种雁鸭类，其中16种系湖南的新纪录。中国科学院动物研究所的郑作新先生于1955～1957年对湖南省22个县进行了连续3年的资源调查，于1960年报道了湖南省分布的非雀形目鸟类，1961年报道了湖南分布的雀形目鸟类，使湖南省的鸟类增加到了180种，其中雀形目鸟类124种。1965年梁启燊报道了湖南省分布的204种鸟，其中新增加了14种雀形目鸟。

至此，湖南省分布的雀形目鸟类数量达到了138种。此后，由于历史原因，湖南省的鸟类研究与全国各地一样，进入了停滞阶段。一直到20世纪80年代才陆续出现分类系统性的研究文章。

1981年笔者随同湖南师范大学的周昌乔先生参与了湖南省内第一次自然资源综合考察——湘西八大公山自然资源综合科学考察。该考察由湖南省科委和科协领导，由省生态学会牵头，组织了20多个单位及学会的84人参加，历时4个月，是湖南历届考察中规模最大，涉及专业最多的一次。当时参加脊椎动物考察的还有湖南师范大学的叶贻云先生、省环保学校的杨彬然先生，以及就读于湖南师范大学的张志光、韩勇明、徐晖和就读于省环保学校的刘强国等人。考察报告于1982年完成，报告中报道了该保护区的64种野生鸟类，其中雀形目鸟类有14科47种。该考察团还发现了白喉噪鹛、矛纹草鹛、眼纹噪鹛、橙翅噪鹛、白领凤鹛、黄腹柳莺、橙胸姬鹟、棕腹仙鹟等8种湖南省雀形目鸟类新纪录。

1982年笔者随同周昌乔先生、叶贻云先生参与了道县、江永以及江华大源口的野生动物资源调查。参加这次调查的还有原湖南师范大学的赵爱民、刘又一，湖南省林业厅的彭亚辉以及永州的刘树森、胡向红、陈安凤等人。这次调查研究了解了千家洞地区的陆生野生动物资源，为建立千家洞自然保护区提供了有力的科学资料。

1983年在湖南省《森洋通源》* 的爱鸟周专辑上笔者发表了题为《可爱的鸟类》一文，就沅江县发现的湖南新纪录种作了报道。同年，浙江的唐家明在野生动物杂志上也报道了湖南新发现的草鸮。1983年2月，绥宁县林业局的杨光辉，根据自己多年的研究经验，在动物学杂志上发表了题为《黄桑自然保护区用家鸡孵化红腹锦鸡》的文章。

1984年，在湖南省农业区划委员会的领导下，由省林业厅和省林业区划办组织了由10

* 编注：湖南省林业厅杂志，今改为《湖南林业》。

个单位 32 人构成的考察队伍，对湖南省桂东八面山自然保护区进行了自然资源综合考察。通过 1 个多月的实地调查，湖南师范大学的叶贻云先生和林业厅的桂小杰局长完成了动物考察报告，报告中介绍了分布于八面山的 54 种鸟，其中雀形目鸟有 13 科 38 种。

曾参加过八大公山自然保护区动物资源调查的徐晖，自湖南师范大学毕业后考入中山大学攻读动物学硕士，于 1986 完成了他的毕业论文——江口鸟类自然保护区鸟类群落的研究，该论文以湖南省衡南县耒水河畔的江口自然保护区为研究对象，利用 2 年的时间，记载了保护区的全部鸟类物种和数量，分析了鸟类的群落结构和区系特征，总结了鸟类的栖息规律，报道了分布于该保护区的 123 种鸟，其中雀形目鸟类 15 科 65 种。该报告为保护区的建设和管理提供了可靠的基础资料。

1987 年，湖南省志编纂委员会出版发行了《湖南省地理志》修订本，在书的下册第五篇中，周昌乔先生根据多年的研究资料并汇集以往的研究结果，撰写了湖南鸟类部分。书中报道了分布于湖南境域的鸟类有 17 目 52 科 373 种。其中雀形目鸟类有 21 科 156 种。同年 9 月，周昌乔先生和叶贻云先生应湖南省建筑设计院的邀请，参加了郴州五盖山林场主要狩猎鸟兽资源的调查，在他们的调查报告中报道了分布于当地的鸟类 26 种。

1989 年，在野生动物杂志第 5 期上，原湖南林业专科学校的钟福生发表了《湖南鸟洲越冬鸭类调查报告》的文章，就发现于衡南鸟洲的 13 种雁鸭类作了专门报道，其中有 3 种系湖南省的新纪录。

1990 年，笔者在原有的基础上，与就读于湖南师范大学生命科学学院的戴松、李文、戴海明、肖什元、肖宏、刘笃文、曾榕、陈兰柏、刘辰阳、周斌、曾贤良、孟顺祥等人，对长沙岳麓山的鸟类进行了全年的调查监测，在湖南师范大学学报第 13 期上发表了题为《岳麓山地区鸟类资源调查及区系分析》的文章，文中报道了分布于岳麓山的鸟类 16 目 37 科 129 种，其中雀形目鸟类 16 科 81 种。文中还报道了湖南省雀形目鸟类新纪录 6 种，即北椋鸟、红点颏、灰斑鸫、云雀、小云雀和灰背伯劳。同年，由湖南师范大学的周昌乔先生、叶贻云先生以及周先生之子周晓峰等人在实地调查的基础上，完成了壶瓶山自然保护区科学考察报告中的动物考察部分，报告中报道了分布于壶瓶山的 77 种鸟，其中雀形目鸟 16 科 52 种。报告中还报道了湖南省鸟类新纪录——栗背短脚鹎。

1991 年，笔者与就读于湖南师范大学生命科学学院的肖什元、虞红梅、肖宏、刘笃文等人，对繁殖于湘江长沙段河洲上的山斑鸠作了调查研究，在四川动物杂志第 10 期上发表了题为《山斑鸠繁殖生态初步观察》的文章，就山斑鸠营巢、产卵、孵化、雏鸟生长等项目作了调查，发现了山斑鸠的活动规律，揭示了幼雏的生长曲线。

受湖南省科委的委托，省生态学会组织了一个由 5 个单位 36 人构成的调查队伍，于 1985 年 7 月对湖南省武陵源（现张家界市）进行自然资源综合考察，负责脊椎动物考察的有周昌乔先生、叶贻云先生和笔者本人，调查报告由于种种原因于 1992 年才完成。该报告中介绍了分布于湖南武陵源地区的鸟类 74 种，其中雀形目鸟类有 17 科 47 种。与此同时，湖南师范大学的王斌和原郴州教师进修学院的廖晓东对宜章莽山的野生鸟类进行了调查，根据以往的记录和采集标本，报道了分布于莽山的鸟类 111 种，其中雀形目鸟类 16 科 82 种。该调查结果为建立莽山自然保护区提供了重要的科学资料。

作为湖南省炎陵县（原酃县）桃源洞自然保护区的负责人，侯碧清于 1993 年主编出版发行了《湖南酃县桃源洞自然保护区综合科学考察报告》，该报告是在中南林学院、湖南师范大学、湖南省林科所、省植物园、省经济地理研究所等单位的专家实地考察的基础上完成的，担任脊椎动物调查任务的是湖南师范大学的叶贻云先生和省林业厅的桂小杰局长。在他们的报告中，介绍了分布于桃源洞自然保护区的鸟类 105 种，其中雀形目鸟类有 14 科 67 种。

1993 年，笔者在动物学杂志第 28 卷第 1 期上发表了题为《湖南鸟类新纪录》的文章，文中报道了采集于石门、桑植、张家界、道县、江永、江华等地的湖南省鸟类新纪录种 40 个，其中雀形目物种 20 个，除前文提到的外，还有小仙鹟、棕顶树莺、黑颏凤鹛、黄喉穗鹛、红尾水鸲和北灰鹟。同年在同一期刊的同一卷期上，原郴州师院的廖晓东报道了发现于湖南莽山的黄腹角雉，开启了湖南黄腹角雉的研究历史。

1994 年出版发行了由宋大祥先生主编的《西南武陵山地区动物资源和评价》，该书是中国科学院在“七五”期间实施“中国生物资源调查与评价”项目的总结性著作。该项目动员了中科院 13 个所 500 多位科技人员，利用 1988～1990 年 3 年的时间，对湘、黔、川、鄂接壤的武陵山地区生物资源进行了全面调查。参与鸟类调查的负责人是动物研究所的许延恭先生、杨岚先生和韩联宪先生。在武陵源鸟类资源调查中，涉及湖南省境内的是湘西的石门、桑植、慈利、张家界、永顺、凤凰和新晃，在这些县域共发现鸟类 129 种，其中雀形目鸟类有 16 科 95 种。文中报到了毛脚燕、斑翅鹩鹛、鹊色奇鹛、橙背鸦雀、酒红朱雀等 5 个雀形目的湖南新纪录种以及 4 个亚种新纪录，即红尾伯劳的指名亚种（*L. c. cristatus*）、黑喉石即鸟 的青藏亚种（*S. t. przewalskii*）、绣脸钩嘴鹛的云南亚种（*P. e. odicus*）、乌鹟的西南亚种（*M. s. rothschildi*）。到目前看来，除了绣脸钩嘴鹛的云南亚种还待进一步证实外，其余的均被以后的研究所证实。1994 年 7 月间，由华东师范大学出版社出版发行了《中国水鸟研究》，书中由湖南省洞庭湖环境保护监测站的刘齐德、黄正其和省环保局的张志光撰写了洞庭湖湿地鸟类初步研究的文章，该文介绍了 1991～1992 年间在洞庭湖观察到的非雀形目鸟类，报道了它们的种类和数量，分析了鸟类数量变化的原因，提出了整改措施。同年 12 月，原湖南大学邵阳分校生物系的赵秀壁先生在动物学杂志第 29 卷第 6 期上发表了题为《湘西南的鸟类区系与群落及数量动态的研究》的文章，赵先生利用 1982～1992 年间学生野外实习的机会，对湘西 8 县（新宁、东安、武冈、城步、绥宁、洞口、隆回、邵阳）和邵阳市的鸟类进行了专项调查，文中报道了分布于该区域的鸟类 128 种，其中雀形目鸟类有 18 科 84 种，文中报道了雀形目的湖南省鸟类新纪录——冕柳莺。

1995 年先后发表 5 篇文章，除刘齐德等人在动物学杂志第 30 卷第 1 期重复刊出了洞庭湖湿地鸟类初步研究外，其余 4 篇全是湖南鸟类新纪录介绍。在动物学杂志第 30 卷第 2 期上笔者报道了湖南鸟类新纪录 17 种，其中雀形目物种 14 个，除前文提到的外还有山鹨、鹊色黄鹂、白尾斑地鸲、斑背燕尾、棕噪鹛、金胸雀鹛、栗头鹟莺、山蓝仙鹟和灰斑鹟。在同期刊物上，吉首大学的阎中军、李金生报道了 3 种非雀形目的湖南省新纪录鸟种。在同年的动物学杂志第 6 期上，原郴州教师进修学院的廖晓东报道了一种雀形目新纪录——挂墩鸦雀。而在吉首大学学报 1995 年第 16 卷增刊上，笔者与吉首大学的陈康贵发表了题为《湖南雀形目鸟类新纪录 6 种》的文章。文中介绍了采集于宜章、衡南、道县等地的 6 种雀形目鸟类。这 6 种新纪录分别是：红尾歌鸲、小鳞鹪鹛、赤尾噪鹛、红翅鵙鹛、小蝗莺、蓝鹀。

1996 年湖南师范大学的叶贻云先生与笔者完成了《湖南索溪峪自然保护区科学考察报告》的陆生脊椎动物资源部分。该报告是在 1981 年、1984 年、1989 年调查的基础上进行了补充调查得出的结果，在报告中报道了分布于当地的 91 种鸟类，其中雀形目鸟类有 16 科 54 种。报告中就当地的鸟类区系特点和资源状况进行了分析，提出了保护与发展并进的新思路。1996年12月，笔者在以往的研究基础上，于1991～1993年对石门县壶瓶山的鸟类作了专项调查研究，撰写了湖南壶瓶山自然保护区鸟类多样性分析的文章，发表于生态科学杂志1996年第15卷第2期上。参加调查的除笔者外还有湖南师范大学的王斌、壶瓶山自然保护区的廖先胜、杜范章、严逢兵等。在该文章中阐述了143种分布于壶瓶山的鸟，其中雀形目鸟类有17科93种。特别值得一提的是，在这次调查中发现了酒红朱雀、棕腹仙鹟、栗头鹟莺、黑颏凤鹛、白领凤鹛、山蓝仙鹟、棕噪鹛、斑背燕尾、白尾斑地鸲、山鹨等10多个湖南省新纪录，这些物种均在专门的期刊中进行了报道。另外，1996年9月笔者还就岳麓山鸟类的群落结构进行了总结分析，撰写了题为《岳麓山地区鸟类群落生态研究》的文章发表在湖南师范大学自然科学学报第19卷第3期上。同年6月原湖南林业专科学校的袁金荣，总结了以往的调查成果，撰写了《湖南野生动物资源类型及现状的综合评价》的论文，发表于湖南林业科技1996年第23卷第2期上。

从1997年开始，湖南省的鸟类研究进入了一个新的层次，不但有区系分类的研究文章，还出现了鸟类生态、鸟类饲养和鸟类保护新的研究。特别4月间，湖南省林业厅利用国际联盟的优势，召开了中国湖南省森林和湿地生物多样性保护研讨会，大大促进了湖南省生物多样性的研究。这一年共发表8篇有关鸟类的论文，其中有4篇出自这次会议。在区系分类方面的文章由湖南师范大学叶贻云先生和笔者撰写的题为《湖南省陆生脊椎动物及其分布特征》的论文总结了近100年来湖南陆生脊椎动物的研究成果，报道了湖南省分布的鸟类348种，其中雀形目鸟类22科192种，几乎达到了现在的研究水平。在该次会议中笔者还宣读了题为《武陵源自然保护区鸟类调查和湖南长沙丘陵林区夏季鸟类群落结构及群落多样性的研究》2篇论文，参加这2项研究的还有湖南师范大学的王斌、莫小阳以及湖南省经济地理研究所的阳国梁。会议期间，湖南省林业厅的彭亚辉和东洞庭湖保护区的雷刚发表了《东方白鹳越冬生态初步研究》的文章，对东洞庭湖越冬的东方白鹳习性作了较全面的介绍。同年10月，原湖南林业专科学校的钟福生完成了国家濒危物种办公室下达的观赏动物资源、饲养与贸易现状调查及人工饲养技术研究科研项目，该项目通过了专家鉴定，并获得了较高的评价。参加这一研究的人员除钟福生外还有莫小林、曾元根、彭亚辉、艾国良、汤伟和戴丽霞。1997年还出版了两本有价值的书籍。一本是东洞庭湖国家级自然保护区管理局的宋发宗、徐孟奇、陈魁武编撰的《东洞庭湖国家级自然保护区管理计划》和湖南省林业厅桂小杰编撰的《洞庭湖鸟类资源考察》。这两本书对洞庭湖的鸟类资源作了较全面的阐述，书中提出了一系列保护与发展并存的措施，对整个洞庭湖的保护与建设管理具有实际的指导意义。在1987年的12月，湖南师范大学的沈猷慧先生与胡细兴、刘旭光在湖南师范大学学报第10卷第4期上发表了题为《长沙池鹭繁殖生态研究》的文章，就繁殖于长沙烈士公园和动物园的池鹭进行了全繁殖期的观察记录，报道了池鹭筑巢、产卵、孵化、幼鸟生长以及育雏、领飞等方面的生态学现象，为湖南省鸟类个体生态学研究开创了新的领域。

为了加快千家洞自然保护区的建设速度，1998省林业厅组织了湖南师范大学，中南林学院和省农林勘查设计院组织专家对都庞岭进行补充调查，负责陆生脊椎动物调查的是笔者和湖南师范大学的王斌，以及中南林学院的杨道德等。笔者负责撰写了鸟类资源调查报告。报告结合以往的资料共描述了分布于当地的88种鸟，其中雀形目鸟类有16科57种，还报道了湖南省雀形目鸟类新纪录——棕褐短翅莺，以及田鹨云南亚种。同年，在生命科学研究刊物上笔者发表了题为《千家洞自然保护区鸟类群落调查及多样性分析》的文章，对当地的鸟类群落多样性进行了全面的分析。在《科学启蒙》第16第4期上报道了洞庭湖发现大红鹳的消息。为了配合湖南省野生动物的普查，笔者编写了《湖南省陆生野生动物资源野外调查实用手册》供全省普查队队员使用。中南林学院的杨道德于1998年在中南林学院学报上发表了《湖南浏阳大围山实验林场鸟类资源及保护对策》的文章，文中提到大围山的111种鸟以及珍稀程度和保护对策。同年10月，中国林业出版社出版了《湿地与水禽保护》，书中由东洞庭湖自然保护区的雷刚撰写了一篇题为《东洞庭湖保护区内的濒危鸟类的现状和保护对策》的文章，第一次提出保护湿地珍稀濒危鸟类，开了湖南鸟类保护的先河。

从1999年开始，随着贯彻国家加强保护区建设的精神，湖南省极力建造一批自然保护区，许多具备或者基本具备了保护价值的县、市，相继进行自然资源综合考察，申报省级甚至国家级自然保护区。在这一形势下，大大加速了湖南的动、植物资源包括鸟类资源的研究，特别是物种的地理分布状况在每次调查中得到了证实和补充。就在1999年笔者先后受湖南省环保局和会同县人民政府的委托，组织了湖南省境内地貌、气候、土壤、植物、动物、旅游等研究领域的学术带头人，对桃源县乌云界和会同县鹰嘴界进行了生物资源综合考察，于1999年完成了这两地的考察报告，乌云界自然资源调查报告中介绍了分布于当地的91种鸟，其中雀形目鸟类有16科56种。会同鹰嘴界自然资源调查报告中报道了分布于当地的99种鸟，其中雀形目鸟类16科59种。由于该报告真实地反映了当地生物资源的现状，充分地分析了其重要性和必要性，使得桃源县的乌云界以及会同县的鹰嘴界顺利地通过了省级自然保护区评审乃至后来晋升为国家级保护区。同年10月，为了对湖南省水府庙地区进行旅游规划，笔者受湖南师范大学旅游研究所翟辅东教授的邀请，对湖南省水府庙地区的鸟类资源进行了调查和评价。这是笔者的初步尝试，也是湖南省首篇对野生鸟类资源的旅游价值进行评价的文章。实践证明，野生鸟类在生态旅游中占据着重要地位，只要充分发挥当地鸟类资源的优势，打造出一批能够吸引游客，又不影响鸟类资源的旅游产品，这在生态旅游中将是一个新型项目，具有长远而引人入胜的特色。在完成以上3种调查报告的同时，笔者又在《动物学杂志》1999年第34卷第2期上发表了题为《全武陵源夏季鸟类多样性研究》的文章，对武陵源地区89种夏季鸟类进行了区系分析和多样性统计，其中雀形目鸟类有16科59种。

2000年，湖南师范大学的沈猷慧先生在《动物学研究》第21卷第3期上发表了《湖南省鸡形目鸟类及其分布》的文章，该文总结了湖南省鸡形目40多年的研究成果，介绍了15种及亚种的分布状况，讨论了湖南省鸡形目物种的资源状况和保护利用的途径。笔者在这一年中与湖南师范大学的王斌以及目平湖湿地自然保护区的邓树德分别在《四川动物》和《湖南师范大学学报》上发表了《南洞庭湖冬季鸟类群落结构及多样性分析》和《目平湖冬季鸟类的群落结构及多样性分析》两篇文章，论述了这两处的越冬鸟类的结构和多样性状况。这一年中，中国科学院南京地理研究所的窦鸿身和姜加虎编写出版了《洞庭湖》，对中国第二大淡水湖进行了总结性的论述。书中报道了分布于洞庭湖的62种水禽和涉禽，并未涉及到雀形目种类。在同一年，湖南省林业调查规划设计院先后组织了湖南小溪自然保护区自然资源科学考察和湖南莽山国家级自然保护区综合考察，在前者调查报告中报道了分布于小溪保护区的鸟类111种，其中雀形目鸟类16科62种。在后一调查报告中报道了分布于莽山保护区的鸟类149种，其中雀形目鸟类19科108种。这两个考察报告分别为国家级保护区提供了宝贵的资料，使小溪自然保护区和莽山自然保护区分别在2001年和2004年顺利地通过了国家的评审。

2001年是湖南省野生动物研究的丰收之年，这一年中，在国家林业局的资助下，湖南圆满地完成全省范围内首次野生动物资源的本底普查和湖南省湿地资源普查的工作。在该项目中，笔者承担了湖南野生动物专项调查和湖南湿地生物资源调查的任务。这项历经了 3 年的调查工作，将湖南省的野生动物资源研究推向了一个新高度，所完成的调查报告全面地反映了湖南省陆生野生脊椎动物的状况，同样也全面地反映了湖南省鸟类的群落结构和分布状况。除此之外，湖南省林业调查规划设计院组织有关人员对湖南桃源洞自然保护区进行了自然资源综合考察。湘西自治州林业勘测设计院先后组织了湖南凤凰九重岩自然保护区综合科学考察和湖南凤凰两头羊自然保护区综合科学考察。以上 3 处的调查报告均为申报建立自然保护区提供了有力的依据，因此，这 3 处均顺利地通过了湖南省自然保护区的评审。2001 年有关湖南省鸟类的文章，重点在鸟类生态学方面。一篇是湖南环境生物学院的唐小平、钟福生、阳海林等发表的《湖南江口鸟洲池鹭繁殖生态研究》。另一篇是笔者与湖南师范大学的王斌以及东洞庭湖自然保护区的雷刚在《动物学杂志》上发表的《东洞庭湖冬季鸟类及其多样性分析》。

2002 年，湖南环境生物学院在以往调查资料的基础上，对南岳自然保护区进行了综合考察，刘振湘、钟福生在调查报告中报道了分布于南岳山的鸟类 104 种，其中雀形目鸟类有 15 科 57 种。由湘西自治州林业勘测设计院组织的湖南龙山印家界自然保护区综合科学考察也完成了报告，借此考察报告顺利地通过了省级自然保护区的评审。2002 年召开了省野生动物学年会，会议期间笔者宣读了题为《湖南脊椎动物资源拾遗》的论文，文中报道了鸟类和鱼类的几个新纪录。在会议期间，湖南师范大学的王斌也宣读了《湖南隆回打鸟凹飞鸟扑火研究》的文章。

2003 年完成了 11 个区域的生物资源调查，出版了 2 本地方资源专著，涌现了一大批地方资源调查报告。其中笔者在以前撰写的《都庞岭脊椎动物本地资源及其多样性研究》由湖南科学技术出版社出版发行。该书介绍了都庞岭的脊椎动物 236 种，其中鸟类 100 余种，而雀形目鸟类有 16 科 60 余种。同年，由张海浪、刘国云和袁正科撰写的《湖南省通道县龙底沟谷森林生态系统自然保护区自然资源研究》一书，由湖南科技技术出版社出版，书中介绍了当地的鸟类 92 种，其中雀形目鸟类 55 种。同年，湖南省林业调查规划设计院先后组织了湖南八面山自然保护区综合科学考察和湖南黄桑自然保护区综合考察，撰写了八面山和黄桑的科学考察报告，2003 年间笔者也几乎在野外度过了一整年，带领着湖南师范大学的王斌、李自君、陈约周、陈顺德，中南林业科技大学的杨道德、熊建利、王德良、冯斌生，环境保护科学研究所的刘伟志、成应向，桃源县环保局的万子卿、彭惠绒、杨华，刘国华、高世锦等人员，先后完成了桃江、桃源、通道、黑麋峰、沅陵、碗米坡水库、会同、双牌和岳麓山的自然资源调查，撰写了《湖南省桃江县鸟类旅游资源调查报告》、《湖南省乌云界自然保护区科学考察报告》、《湖南省万佛岩自然保护区脊椎动物调查报告》、《湖南省黑麋峰水库脊椎动物调查报告》、《湖南省沅陵县鸟类旅游资源调查报告》、《湖南省碗米坡水库大鲵资源调查报告》、《湖南鹰嘴界自然保护区综合科学考察报告》、《湖南阳明山自然保护区自然资源综合科学考察报告》和《湖南省岳麓山脊椎动物调查报告》中的有关部分。以上的调查报告，均在保护区申报评审中起到了重要作用，也为湖南省鸟类的分布地域补充了可靠的资料。另外，笔者与湖南省林业厅的汤伟、湖南师范大学的王斌在《湖南环境生物职业技术学院学报》2003 年第 9 卷第 2 期上发表了题为《湖南隆回打鸟坳迁徙鸟类资源的调查研究》的文章。阐述了湖南省境内的一个鸟类迁徙古道以及导致鸟类扑火的原因。

2004 年湖南鸟类研究仍然保持地方物种调查和鸟类生态的研究态势，出版了 2 本著作，完成了6处资源调查，发表了2篇论文。由湖南师范大学旅游学院翟辅东主编的《沅陵县旅游总体规划》由湖南地图出版社出版发行，虽说是旅游规划，可是在这本书中第一次介绍了鸟类旅游因素，书中对野生动物在旅游中的开发利用作了尝试性的研究。由壶瓶山自然保护区的张国珍和中南林业科技大学杨道德在总结了以往的调查成果的基础上进行了补充调查，编著了《湖南壶瓶山国家级自然保护区科学考察报告集》。受有关部门的委托，笔者与湖南师范大学的王斌、李自君、郭克疾、陈顺德等人对张家界的天门山自然保护区、浏阳的朱树桥库区、祁阳挂榜山小鲵保护区和衡阳一炎陵段高速公路进行了动物资源调查，分别撰写了《湖南省天门山自然保护区脊椎动物调查报告》、《湖南浏阳朱树桥水库脊椎动物调查报告》、《湖南省挂榜山小鲵保护区脊椎动物调查报告》和《湖南省衡一炎公路脊椎动物调查报告》，报道了当地的鸟类组成和数量以及活动规律。由肖仲伯等人组成的莽山志编委会编写了《莽山志》，总结和报道了莽山的自然资源和人文资源。由湖南省林业调查规划设计院等组织的调查队伍，对湖南保靖白云山自然保护区进行了科学考察，撰写的《湖南白云山自然保护区综合考察报》报道了当地的自然资源，其中涉及当地的鸟类113种，而雀形目鸟类有18科63种。笔者与陈顺德、王斌、李自君、郭克疾等人在《生命科学研究》和《湖南师范大学学报》上分别发表了《天鸡岭夏季鸟类资源及其多样性研究》、《乌云界鸟类资源及其冬季鸟类多样性研究》的文章，就当的鸟类群落结构和种群树量以及多样性进行了报道。

2005年，湖南鸟类研究除地方资源调查外，新出现了机场鸟害防治和鸟类羽毛显微结构的研究，开创了湖南省鸟类研究的新领域。湖南师范大学的黎红辉、沈猷慧和长沙动物园的马再玉在《动物分类学报》上发表了题为《鸟类飞羽羽小枝的显微结构比较》的论文。文中涉及湖南省分布的18种鸟。美国堪萨斯大学的Oliver K. Brett W. B. Guojun CHEN，在《动物学研究》第26卷第1期上发表《late summer ornithological inventories of Mt. Shunhuang and Mt. Dawei in Hunan. China》的论文，文中报道了发现于舜皇山的雀形目鸟类53种和大围山的雀形目鸟类33种，该文中有4种雀形目鸟类有待商榷，其中白腹凤鹛（*Yuhina zantholeuca*）和暗绿柳莺（*Phylloscopus trochiloides*）系作者在野外观察，并未获得照片和标本，有可能误判，而海南蓝仙鹟（*Niltava hainanus*）和灰脚柳莺（*Phylloscopus tenellipes*）他们均采集了标本（现收藏于美国堪萨斯大学自然历史博物馆中），如果鉴定无误，那将使湖南鸟类新增加2种。2005年间，笔者与王斌、郭克疾、米小其、牛艳东、周毅等，总结了3年来长沙大托铺军用机场的鸟类群落结构、种群数量和活动规律，撰写了《长沙大托铺机场鸟撞防治研究报告》，报道了当地的鸟类组成，分析了机场鸟类和飞机训练的矛盾关系，提出了一系列杜绝或者降低鸟撞的措施。实践证明，这一研究大大降低了鸟撞事故的发生。本年度中南林业调查规划设计院等组织了湖南安化六步溪自然保护区综合考察。笔者与郭克疾、米小其、周毅、牛艳东等人完成了《六步溪自然保护区脊椎动物资源调查报告》，报告中报道了分布于当地的鸟类127种，其中雀形目鸟类16科71种。湖南省林业调查规划设计院等组织了湖南芷江三道坑自然保护区综合考察，由中南林业科技大学野生动植物保护研究所的杨道德、张志强、刘松、李竹云等人报道了分布于当地的138种鸟，其中雀形目鸟类18科80种。由中南林业科技大学森林旅游研究中心组织的湖南沅陵借母溪自然保护区综合考察，杨道德在调查报告中报道了分布于当地的133种，18科77种。在《动物学研究》2005年第26卷第2期上，由中南林业科技大学的王德良、辜娇峰，八大公山自然保护区的谷祺、田连成发表了题为《湖南八大公山夏季鸟类名录及其多样性》的论文，文章中介绍了当地夏季的鸟类77种，其中雀形目鸟类18科55种。

2006年是湖南地方鸟类资源调查丰收之年，先后出台了8处地方资源调查报告，2篇学术论文。由湖南省林业调查规划设计院组织的调查队伍先后对临湘的黄盖湖、整个洞庭湖保护区进行了自然资源科学考察。而中南林业调查规划设计院组织了对资兴东江湖、新宁舜黄山和古丈高望界的自然资源考察，笔者与王斌、郭克疾、米小其、牛艳东、周毅等人曾参与了整个调查，并撰写了《黄盖湖湿地保护与恢复项目可行性研究报告》、《湖南洞庭湖自然保护区总体规划》、《湖南资兴东江湖国家湿地公园总体规划》、《湖南舜皇山自然保护区综合科学考察报告》和《湖南高望界自然保护区科学考察报告》中的脊椎动物资源的部分。在报告中分别介绍了当地的鸟类资源，提出了保护利用的实施措施，为申报保护区或湿地公园提供了科学依据。由湖南师范大学旅游学院等组织的桂东旅游资源调查实施了2年，笔者与米小其、周毅、牛艳东、郭克疾等负责桂东县动物旅游资源调查和规划，在《湖南省桂东县旅游总体规划》中阐述了分布于桂东主要景区的鸟类资源，提出了旅游鸟类资源的开发新思路，其设想受到了当地政府的高度重视。与此同时，广州军区空军后勤部等结合3年来对机场鸟类的调查结果，委托笔者撰写了《中南机场鸟类识别与防治》，该书描述了中南地区常见的500多种鸟，书中不但提出了鸟撞的防治措施，还对每一种鸟的野外识别特征、形态结构特点、生活习性、迁徙时间和迁徙高度进行了阐述，书中配有鸟类彩色图片和地理分布图。2006年的2篇论文分别是刊载于长江流域资源与环境的《退田还湖对洞庭湖鸟类群落的影响》与刊载于湖南林业科技的《长沙黑麋峰冬季鸟类资源及多样性分析》。这2篇论文均系笔者与湖南师范大学的王斌、米小其、周毅、陈顺德、李自君等人完成。

2007年先后发表了8篇论文、3个调查报告和1本专著。在《野生动物杂志》第28卷第1期上刊出了2篇湖南鸟类的文章，一篇是笔者与牛艳东、米小其、周毅等报道的湖南鸟类新纪录——蓝歌鸲（*Luscinia cyane*），另一篇由隆回县林业局、邵阳市林业局的胡中常、袁志湘、刘继群、覃晓春以及屏风界保护区的廖汉军撰写的湖南屏风界候鸟种类与迁徙规律调查，该文报道了发现于当地的95种鸟，其中雀形目鸟类8科37种。文中提及的鸟类中白喉矶鸫（*Monticola gularis* ）系湖南省鸟类新纪录，而另一新纪录白喉雪雀（*Dendronanthus indicus*）则有待进一步考证。在《湖南林业科技》第34卷的第1期上由周毅等发表了《长沙县大山冲鸟类群落结构调查》的论文，报道了发现于当地的81种鸟及其群落结构。在该刊物同一卷的第2期上，由米小其等报道了湖南新纪录烟腹毛脚燕（*Delichon dasypus cashmeriensis*），接着在《动物学杂志》第42卷第2期上，米小其等人发表了《烟腹毛脚燕生态习性初步观察》的文章，就烟腹毛脚燕的食性、居留和繁殖情况进行了报道。张志强等总结了1年来对长沙黄花机场鸟类调查的结果，撰写了《长沙黄花机场鸟类群落物种多样性分析》的文章，发表于《动物学杂志》42卷第1期上，文中报道了黄花机场112种鸟及其种群数量。《生态环境》杂志2001年第16卷第5期刊登了钟福生等撰写的洞庭湖湿地珍稀濒危鸟类群落组成及多样性的文章。文中介绍了分布于洞庭湖湿地的珍稀濒危保护鸟类218种，分析了群落结构、居留习性、生态类型和保护级别，并统计了鸟类群落的多样性指数和均匀性指数。同年钟福生在《嘉应学院学报》的第25卷第3期上发表了《南洞庭湖湿地鸟类群落结构及多样性分析》的文章，文中介绍了南洞庭湖的164种鸟类及其多样性。2007年1月间，笔者受世界自然基金会的委托，对沅江漉湖建立大型风力发电站进行生态评估，经过实地调查分析，撰写了《漉湖风力发电机对鸟类影响的评价》报告。指出了漉湖建立风力发电站的种种弊端，提议改变地址或者建立有效的驱鸟设施，杜绝或者减少对迁徙鸟类的伤害。由笔者参与调查并撰写的《湖南康龙自然保护区综合科学考察报告》通过了省级专家的评审，报告中阐述了当地分布的135种鸟，其中雀形目鸟类23科68种。由湖南林业调查规划设计院组织完成的《湖南集成麋鹿自然保护区资源调查报告》及工程建设规划通过了省级评审，报告中罗列了集成的鸟类57种，其中雀形目鸟类24种。同年11月间由湖南师范大学出版社出版了笔者著的《洞庭湖脊椎动物监测及鸟类资源》，书中报道了分布于洞庭湖的255种鸟。其中雀形目鸟类92种。书中还报道了由姚毅等人在洞庭湖发现的2个湖南省新纪录种，即蓝额红尾鸲（*Phoenicurus frontalis*）和宝兴歌鸫（*Turdus mupinensis*）。这两种虽然没有采集标本，但是都有清晰的照片和调查基地的详细记录，完全可以作为新纪录的依据。

2008年间共有6篇论文8个报告和1本专著问世。这一年湖南的鸟类研究有了一点变化，除传统的地理区系文章外，出现了一些应用性的研究。所发表的论文分别是钟福生、邓学建、颜亨梅等撰写的《西洞庭湖湿地鸟类群落组成、多样性及保护对策》一文在《长江流域资源与环境》刊物第17卷第3期上发表，文中介绍了发现于西洞庭湖的217种鸟类（实际名录中有234种），其中雀形目鸟类78种；邓学建、米小其、牛艳东等研究总结的洞庭湖杨树林及原生湿地生态环境中鸟类的群落结构的文章在《农业现代化研究》第29卷第1期上刊登，文中就洞庭湖栽培加拿大速生杨对鸟类群落结构的影响进行了论述，对湿地栽培杨树的负面作用发表了自己的观点；由任巍、张志麟、米小其等发表的中华秋沙鸭在湖南的新分布在《动物学杂志》第43卷第4期上刊出，报道了这种国家一级保护野生动物在桃源的新发现；邓学建、戴枚兵、王斌等研究的南洞庭湖冬季鸟类群落监测一文在《湖南林业科技》第35卷第4期上发表，文中介绍了于2006年冬季在南洞庭湖检测的61种鸟类的个体数量、群落结构、居留习性和生物多样性状况；韩庆、梁瑜、何超在《四川动物》第27卷第4期发表了《湖南花岩溪白鹭繁殖习性研究》的文章，就当地小白鹭的繁殖习性作了报道；由李华兵、王德良撰写的《湖南天门山国家森林公园夏季鸟类资源调查及其多样性分析》在《江西农业学报》第20卷第6期上发表，文中将7～9月间发现的68种鸟类（其中雀形目鸟类49种）作了分析报道。出版的专著是由湖南林业科学院袁正科教授主编的《洞庭湖湿地资源与环境》由湖南师范大学出版社出版发行，该专著从洞庭湖的形成、湿地类型和分布、洲滩的时空变化、湿地土壤资源、植物资源、脊椎动物资源、生态功能评价、水环境、地质环境、湿地退化以及湿地资源保护等方面进行了论述，实为近年来对洞庭湖研究的总结性著作。书中介绍了分布于洞庭湖区的鸟类280种，其中雀形目鸟类99种。8个报告分别是湖南省农林工业勘察设计院李光辉等组织完成的《湖南洞庭湖区珊珀湖、明塘湖湿地资源调查报告》，其中罗列了分布于当地的152种鸟，其中雀形目鸟类有40种；中南林业科技大学李星照、袁正科在当地政府的支持下，组织了笔者在内的省内部分专业人员实施完成的《湖南省通道侗族自治县生物多样性调查与研究报告》、《湖南省新宁县崀山生物多样性调查与研究报告》、《湖南省通道侗族自治县万佛山生物多样性调查与研究报告》，其中通道县的动物资源涵盖了万佛山的资源，介绍了鸟类115种，而雀形目鸟类有23科67种，新宁县崀山报告中介绍了鸟类94种，而雀形目鸟类有17科55种。这3份报告分别通过了省内专家的评审，特别是为崀山申报世界自然遗产奠定了基础；国家林业局中南林业调查规划设计院但新球、刘扬晶和郭克疾等在当地政府的资助下完成了湖南衡东县天光山自然保护区的综合科学考察，在报告中报道了217种脊椎动物，其中鸟类107种，而雀形目鸟类有62种。国家林业局调查规划设计院同年对望城县千龙湖湿地公园作了资源调查和建设规划，其中提及到当地的鸟类有126种；受大唐华银电力有限公司和华能电力有限公司邀请，笔者分别对计划建设风电场的城步南山和岳阳城陵矶野生鸟类进行了调查，在掌握了本地资源的前提下，通过内蒙古辉腾锡勒风电场和上海崇明岛风电机的考察比对，撰写了《南山野生鸟类资源调查及风电场对野生鸟类影响的评价》及《湖南君山风电场对鸟类影响的评价报告》，评价报告均顺利地通过了省级专家评审，为这两处风电场的建设提出了积极的建议。这两份报告中分别提及雀形目鸟类有21科86种和19科111种。值得一提的是，2008年间，国家环保局下达了湖南省生物多样性调查项目，调查工作由省环保厅和省环保学院组织完成，调查内容包括植物、脊椎动物和外来物种等。

2009年湖南省地域鸟类研究的成果有论文5篇，专业报告12部。这一年的成果中以湿地公园建设规划明显高于往年。这5篇论文分别是湖南师范大学生命科学学院的黎红辉、邓学建在《生命科学研究》第13卷第2期上发表的雉科8种中央尾羽分类特征研究，该文章对红腹角雉等8种雉科鸟类的中央尾羽作了细微的对比研究，从微观的角度丰富了鸟类传统分类的元素；湖南省环保学院的李倦生、周凤霞、张朝阳等在《环境科学研究》第22卷第12期上发表了《湖南生物多样性现状调查与评价》的文章，文中提及湖南省的鸟类有435种；湖南师范大学生命科学学院硕士任巍、牛艳东、米小其、周毅、王星等在《湖南师范大学自然科学学报》第32卷第4期上发表了《湖南舜皇山自然保护区鸟类区系及物种多样性研究》的文章，文中报道了新宁舜皇山发现的97种鸟，其中雀形目鸟类有25科57种；桂东县林业局的刘萍萍、谢庆凯在《湖南林业科技》第36卷第2期上发表了《桂东县候鸟资源种类及迁徙线路调查》的文章，文中报道了迁徙鸟类61种，其中雀形目鸟类有2科（实际为7科）16种。谢庆凯、邓仁湘又在《中国林业》的第25期上撰写了《众多候鸟迁徙缘何必经湖南桂东》的文章，文中介绍了迁徙通道的地理原因。

12部专业报告中，有保护区综合科学调查报告3部，即湖南省农林工业勘察设计院的赵克金和王福生等在地方政府的资助下组织，笔者参与实施了湖南茶陵云阳山自然保护区的调查，撰写了《茶陵县云阳山自然保护区综合科学考察报告》，在报告中报道了分布于当地的鸟类90种，其中雀形目鸟类有24科52种；湖南省农林工业勘察设计院的赵克金和王福生等在地方政府的资助下组织，笔者参与实施了湖南平江慕阜山自然保护区的调查，撰写了《平江慕阜山自然保护区综合科学考察报告》，在报告中报道了分布于当地的鸟类90种，其中雀形目鸟类有24科52种；由中国林业科学研究院、吉首大学等完成的《湖南白云山自然保护区综合科学考察报告》中罗列了鸟类194，其中雀形目鸟类有28科110种（48种缺资料）。有关风电、水电建设生态评价报告3部，即桃源和长沙水电站以及漉湖风电场。受中国水电集团中南水电勘察设计院的委托，笔者与省林科院的张灿明承接了水电站建设的生态评价研究，经一年的调查研究撰写了《桃源水库建设对陆生生态环境影响的评价》，该评价报告中介绍了该江段中的鸟类97种，其中雀形目鸟类有17科52种；中国华顺风电集团为了在沅江漉湖建造风电场，委托笔者对风电场建设对鸟类影响进行调查研究，经实地调查研究撰写了《沅江华顺漉湖风电一期工程对鸟类影响的评价报告》，在该评价报告中介绍了漉湖的鸟类209种，其中雀形目鸟类有20科59种；为了在望城蔡家洲修建长沙水利枢纽，长沙市发改委委托笔者进行分析评价，在对自衡阳至望城131.4km的库区系统调查后，编写了《湘江长沙综合枢纽对陆生生态环境影响分析》的报告。该报告顺利地通过了有关部门的评审，为该项目的建设实施奠定了基础。该报告中提及分布当地的鸟类120种，其中雀形目鸟类有18科74种。关于湿地公园建设的调查报告有5部，即中南林业调查规划院但新球、吴后建和郭克疾等组织实施的湖南安化雪峰湖国家湿地公园的调查与建设规划，在资源报告中介绍了当地的鸟类 127 种，其中雀形目鸟类有 16 科 71 种；中南林业调查规划院郭克疾、梁曾飞和但新球等组织实施了湖南汨罗江国家湿地公园的调查与建设规划，在专题研究中报道了当地的鸟类 115 种，其中雀形目鸟类有 20 科 41 种；中南林业调查规划院但新球和郭克疾等组织实施了湖南湘阴洋沙湖一东湖国家湿地公园的调查与建设规划，在规划中提及到当地的鸟类 108 种，其中雀形目鸟类有 19 科 38 种；湖南省农林工业勘察设计院的戴振华、赵克金和王福生组织，中南林业科技大学参与实施的湖南吉首峒河湿地公园的调查和建设设计，在规划说明书中提及到分布于当地的鸟类 89 种（附录名录为 84 种），其中雀形目鸟类有 13 科 43 种。国家林业局调查规划设计院孙晓娟、唐小平等组织实施了宁乡金洲湖湿地公园建设规划，规划中提及金洲湖的鸟类有 126 种（未附名录）。另外受湖南省林业科学院张灿明的委托，笔者参与了湖南洞庭湖水系主要生态敏感区脊椎动物资源的调查研究，编写了《湖南洞庭湖水系主要生态敏感区动物研究》，在该报告中介绍了洞庭湖 19 个生态敏感垸、“四水”中 9 个生态敏感江段的脊椎动物，报告中对各敏感地域的鸟类作了分别论述。在这一年，受湖南省城步苗族自治县政府及县林业局的委托，笔者组织一支综合考察队伍，开始对城步金童山进行为时 3 年的综合考察工作。

2010 年，湖南地域鸟类的研究成果包括论文 4 篇，专业报告 9 部。其中 4 篇论文分别为湖南省农林工业勘察设计院的戴振华、刘松、张志强等在《湖南林业科技》第 37 卷第 3 期上发表的吉首峒河湿地公园鸟类群落结构调查及多样性研究，文中共记录鸟类 84 种，其中雀形目鸟类有 43 种；益阳市林业局的戴枚斌、易合成和李剑志在《岳阳职业技术学院学报》第 25 卷第 2 期上发表了《2009 年南洞庭湖冬季鸟类监测报告》的文章，文中报道了南洞庭湖的 66 种冬季鸟类，其中雀形目鸟类有 14 科 30 种；中南林业科技大学野生动植物保护研究所的李益得、杨道德、张志强在《四川动物》第 29 卷第 3 期上发表了《湖南常德桃花源机场鸟类的时空分布与鸟击防范》的文章，文中就机场鸟类事故防范作了论述，其中报道了黄花机场的鸟类 91 种，其中雀形目鸟类有 21 科 46 种；西洞庭湖自然保护区的彭平波、彭波涌和曹锋在《岳阳职业技术学院学报》第 25 卷第 2 期上发表了《青山垸湿地恢复与鸟类资源保护研究》的文章，文中介绍了青山垸的 135 种鸟，其中雀形目鸟类有 13 科 51 种。9 部专业报告中有 3 部是有关湿地公园建设的，即中南林业调查规划院组织，笔者参与的五强溪国家湿地公园建设规划、津市毛里湖国家湿地公园建设规划和湖南耒水国际湿地公园建设规划。撰写的《沅陵县五强溪国家湿地公园动物资源调查报告》中报道了分布于水库的 118 种鸟，其中雀形目鸟类有 18 科 64 种；《津市毛里湖国家湿地公园动物资源调查报告》中报道了分布于水库的 127 种鸟，其中雀形目鸟类有 21 科 55 种；《湖南耒水国际湿地公园总体规划》中报道了分布于耒水 110 种鸟，其中雀形目鸟类有 23 科 58 种。有关保护区综合科学考察报告有 4 部，即由中南林业科技大学杨道德、喻勋林等组织，笔者参与的浏阳大围山、常宁大义山和东安舜皇山，以及湖南省农林工业勘察设计院的曾昭军组织，笔者参与的泸溪天桥山保护区的考察。在撰写的《湖南大围山自然保护区综合科学考察报告》中介绍了分布于浏阳大围山的 147 种鸟，其中雀形目鸟类有 26 科 96 种；《湖南大义山自然保护区综合科学考察报告》中介绍了分布于常宁大义山的 101 种鸟，其中雀形目鸟类有 22 科 56 种；《湖南东安舜皇山自然保护区综合科学考察报告》中介绍了分布于东安舜皇山的 146 种鸟，其中雀形目鸟类有 26 科 95 种；《湖南天桥山自然保护区综合科学考察报告》中介绍了分布于泸溪天桥山的 104 种鸟，其中雀形目鸟类有 23 科 58 种。受中南水电院的委托，笔者与省林科院的张灿明对拟建鲁荷金风电场的地域进行了调查，撰写的《鲁荷金风电场一期工程生态环境现状调查与评价》中报道了分布于当地的 84 种鸟，其中雀形目鸟类有 20 科 57 种。由国家林业局、省林业厅实施的湖南湿地调查由笔者、喻勋林和省林勘院完成，在撰写的《第二次全国湿地调查·湖南省湿地资源调查报告》中，介绍了分布于湖南湿地的 286 种鸟，其中雀形目鸟类有 25 科 111 种。

2011 年的 1 月，湖南师范大学出版社出版了由邓学建、蒋志刚、杨青礼、李向阳等主编的《湖南金童山自然保护区综合科学考察报告》，在该专著中介绍了分布于城步金童山保护区的 142 种鸟，其中雀形目鸟类有 25 科 82 种。在本书即将落稿之时，获悉石门壶瓶山的康祖杰获得 3 个需定名的物种，经反复比对排查，系湖南省的新纪录种，又为中国鸟类增加了新的分布点。更令人兴奋的是由湖南师范大学生命科学学院的王斌于湖南石门壶瓶山保护区的联防哨所附近拍到了一张隐藏于灌丛中的鸟类照片，从照片判断是岩鹨，如果得以证实，这将使湖南的鸟类再增加一个科和种。

是年岁末，硕士研究生唐梓钧、刘子祥和舒服在野外调查中，拍摄了大量鸟类照片与录像，在众多的照片中发现了 2 种鸟与众不同，经反复排查与核实，最后确定为湖南省的鸟类新纪录。至此，湖南省鸟类总数增加到了 232 种。

除以上专门对湖南地域鸟类进行的调查研究外，还有许多书籍和资料涉及了湖南省的鸟类。我国鸟类研究领域的元老郑作新先生撰著的《中国鸟类系统检索》、《中国鸟类分布名录》、《中国经济动物志·鸟类》均提及了分布于湖南的大部分物种。自 1978 年第一本《中国动物志·鸟纲》出版后，陆陆续续由郑作新、李桂垣、傅桐生、陈服官、王岐山等人出版了其余卷志。在这些总结性的权威志书中，都介绍了分布于湖南省的鸟类物种。许维枢（1995）、朱熹和邹小平（2001）、高玮（2002）等编著的《中国猛禽》、《中国鹭类》、《中国隼形目鸟类生态学》就这些类群的物种进行了专门论述，书中均阐述了湖南省有关物种分布的情况。2000 年由约翰·马敬能等编的《中国鸟类野外手册》，采用 DNA 的最新研究成果，对鸟类分类系统进行了重新编排。书中就 1329 种鸟类进行了描述，并配有彩色图片和分布图。该书除部分鸟类分布图有待考证外，其彩色图片给人以全新感受，在国内具有较大的影响。权威的著作是 2001 年赵正阶先生编著的《中国鸟类志》，该书沿用传统的分类系统，对我国的 1288 种鸟类作了详尽的论述，是目前最全面、描述物种最多的鸟类专著。2005 年郑光美先生编著的《中国鸟类分布与分布名录》特别值得一提，该书收录了中国鸟类 1331 种（2260 种及亚种），在传统分类模式的基础上，吸收了新的研究成果，对部分的分类阶元、种以及亚种进行了调整，提出了中国鸟类隶属 24 目 101 科 429 属的新分类框架。其中雀形目由原来的 28 科调整成了 44 科，提升和增加了叶鹎科、雀鹎科、盔䴗科、鸫科、画眉科、鸦雀科、莺科、扇尾莺科、扇尾鹟科、王鹟科、戴菊科、长尾山雀科、旋壁雀科、织雀科和鹀科，将雀科、文鸟科、太阳鸟科分别改名为燕雀科、梅花雀科和花蜜鸟科，新增加一个与旧称含义不同的雀科（Passeridae，而不是 Fringillidae）。在该书中报道了楔尾伯劳、斑翅鹩鹛、棕眉柳莺、钝翅稻田苇莺、斑背大尾莺等湖南鸟类新纪录，其中除白尾地鸦的湖南省分布还有待进一步的核实外，极大地丰富和完善了湖南鸟类地理分布。

由于种种原因，还有一些研究成果未被收入，就目前收集的资料来看，100 多年来，参与了湖南省鸟类研究的人员有 300 多人，发表的文章和考察报告在 400 篇以上。笔者通过对这些文章和报告进行总结，仅就分布于湖南省的雀形目鸟类进行了论述，共描述湖南雀形目鸟类 32 科 87 属 227 种与亚种。在整理这些资料的过程中，湖南师范大学生命科学学院部分学生，在完成本科生毕业论文之际参与了资料汇总和研究，其中有 94 级的蒋金菊、夏军红，95 级的唐平、晏佳明，96 级的廖海兵、李合英、艾如能、夏利华、胡希凡、彭志宏、傅进保、陈金海、周宇生，97 级的彭佑谋、赖新华、周华光、肖松江等。特别是笔者的研究生李自君、陈顺德、郭克疾、米小其、梁栋、牛艳东、周毅、任巍、王星、刘汀、曾峰、唐梓钧、刘子祥、舒服等，他们先后付出了艰辛的工作，为该书的整理完善做了大量工作。

随着时间的推移，关心和爱护鸟类的人将越来越多，研究方法也将越来越先进，我们希望有更多的人加入到研究队伍里来，使湖南鸟类研究更加深入，更加广泛。

第三章 湖南省雀形目鸟类的地理分布

湖南省雀形目鸟类目前记录有 33 科 88 属 232 种与亚种，由于湖南的环境东西不同，南北相异，鸟类的分布也呈现出区域性和斑块性，主要特点为周边的林区鸟类多于湘中地区，湘西、湘西北的画眉科鸟类多于湘东地区。特别是相继建立的自然保护区，为鸟类保留了赖以栖息繁衍的生存家园，使得湖南省鸟类的分布与保护区的位置有着密切关系。根据标本采集和已有的分布记录将湖南雀形目鸟类的分布情况汇总于下表（见表 3－1）。

表 3－1　　湖南省雀形目鸟类一览表

种名	中国分布	珍稀濒危度	湖南省分布													
			长沙	株洲	湘潭	衡阳	邵阳	岳阳	张家界	益阳	常德	娄底	郴州	永州	怀化	湘西
仙八色鸫 *Pitta nympha* Temminck et Schlegel	C S	2 日 Ⅱ VU				√	√	√					√			
云雀 *Alauda arvensis intermedi* Swinhoe	Ne N Mx C S	有	√	√	√	√	√	√	√	√	√	√	√	√	√	√
小云雀 *Alauda gulgula coelivox* Swinhoe	Qz Sw C S	有	√	√	√	√	√	√	√	√	√	√	√	√	√	√
灰沙燕 *Riparia riparia ijimae* (Lonnberg)	Ne N Mx Qz Sw C S	日有						√		√						
家燕 *Hirundo rustica gutturalis* Scopoli	Ne N Mx Qz Sw C S	日 澳 有 湘	√	√	√	√	√	√	√	√	√	√	√	√	√	√
金腰燕 *Hirundo daurica japonica* Temminck et Schlegel	Ne N Mx Qz Sw C S	日有湘	√	√	√	√	√	√	√	√	√	√	√	√	√	√
烟腹毛脚燕西南亚种 *Delichon dasypus cashmeriensis* (Gould)	Ne N Mx Qz Sw C S	日有						√			√		√			
烟腹毛脚燕福建亚种 *Delichon dasypus nigrimentalis* (Hartert)	Ne N Mx Qz Sw C S	日有				√	√									
山鹡鸰 *Dendronanthus indicus* (Gmelin)	Ne N Sw C S	日有	√	√	√	√	√		√	√	√	√	√	√	√	√
黄鹡鸰 *Motacilla flava macronyx* (Stresemann)	Ne N Mx Qz Sw C S	日澳有	√	√												
灰鹡鸰 *Motacilla cinerea robusta* (Brehm)	Ne N Mx Qz Sw C S	澳有	√	√	√	√	√	√	√		√		√	√	√	√
黄头鹡鸰 Motacilla citreola citreola Pallas	Ne N Mx Qz Sw C S	日澳有						√		√					√	
白鹡鸰普通亚种 *Motacilla alba leucopsis* Gould	Ne N Mx Qz Sw C S	日澳有	√	√	√	√	√	√	√	√	√	√	√	√	√	√
白鹡鸰东北亚种 *Motacilla alba baicalensis* Swinhoe	Ne N Mx Qz Sw C S	日澳有	√	√	√					√	√	√		√	√	√

续表 1

种　名	中国分布	珍稀濒危度	湖南省分布													
			长沙	株洲	湘潭	衡阳	邵阳	岳阳	张家界	益阳	常德	娄底	郴州	永州	怀化	湘西
田鹨华南亚种 *Anthus richardi sinensis* (Bonaparte)	Ne N Mx Qz C S	日有	√	√	√	√	√	√		√	√	√	√	√	√	√
田鹨东北亚种 *Anthus richardi richardi* Vueillot	Ne N Mx Qz C S	日有	√	√									√			
树鹨普通亚种 *Anthus hodgsoni hodgsoni* Richmond	Ne N Mx Qz Sw C S	日有	√	√	√	√	√	√	√	√	√	√	√	√	√	√
树鹨东北亚种 *Anthus hodgsoni yunnanensis* Uchida et Kuroda	Ne N Mx Qz Sw C S	日有		√	√	√	√	√	√	√	√	√	√	√	√	√
水鹨 *Anthus spinoletta japonicus* Temminck et Schlegel	Ne N Mx Qz C S	日有	√	√	√		√	√		√		√	√	√	√	√
红喉鹨 *Anthus cervinus* (Pallas)	Ne N C S	日有						√								
山鹨 *Anthus sylvanus* (Hodgson)	Qz Sw C S	有							√							
暗灰鹃鵙 *Coracina melaschistos intermedia* Hume	N Sw C S	有	√	√		√	√		√	√	√		√	√	√	√
小灰山椒鸟 *Pericrocotus cantonensis* Swinhoe	Ne N Sw C S	有 NT	√	√	√	√	√	√	√	√	√	√	√	√	√	√
灰山椒鸟 *Pericrocotus divaricatus divaricatus* (Raffles)	Ne N C S	日有				√			√		√				√	
灰喉山椒鸟 *Pericrocotus solaris griseigularis* Gould	C S	有湘				√	√		√				√			
赤红山椒鸟 *Pericrocotus flammeus fohkiensis* Buturlin	Sw C S	有湘	√	√							√		√			
领雀嘴鹎 *Spizixos semitorques semitorques* Swinhoe	Sw C S	有湘	√	√	√	√	√	√	√	√	√	√	√	√	√	√
红耳鹎 *pycnonotus jocosus jocosus* (Linnaeus)	Sw S	有		√										√		
黄臀鹎 *Pycnonotus xanthorrhous andersoni* (Swinhoe)	Sw C S	有湘	√	√			√		√				√	√	√	
白头鹎 *Pycnonotus sinensis sinensis* (Gmein)	Sw C S	有湘	√	√	√	√	√	√	√	√	√	√	√	√	√	√
白喉红臀鹎 *Pycnonotus aurigaster latouchei* Deignan	Sw C S	有湘												√		
绿翅短脚鹎 *Hypsipetes mcclellandii holtii* Swinhoe	Sw C S		√	√	√	√	√		√	√	√	√	√	√	√	√
栗背短脚鹎 *Hypsipetes castanonotus canipennis* (*Seebohm*)	Sw C S			√			√		√		√		√	√	√	√
黑短脚鹎四川亚种 *Hypsipetes madagascariensis leucocephalus* (Gmelin)	Sw C S	有湘							√		√			√	√	√

续表 2

种名	中国分布	珍稀濒危度	湖南省分布													
			长沙	株洲	湘潭	衡阳	邵阳	岳阳	张家界	益阳	常德	娄底	郴州	永州	怀化	湘西
黑短脚鹎东南亚种 *Hypsipetes madagascariensis leucothorax* (Mayr)	Sw C S	有湘		√		√	√	√					√			
橙腹叶鹎 *Chloropsis hardwickii melliana* Stresemann	Sw C S								√				√		√	
小太平鸟 *Bombycilla japonica* (Siebold)	Sw C S	日 NT	√													√
虎纹伯劳 *Lanius tigrinus* Drapiez	Ne N C S	日有湘	√	√	√	√	√	√	√	√	√	√	√	√	√	√
牛头伯劳 *Lanius bucephalus bucephalus* Temminck et Schlegel	Ne N Sw C S	有湘						√		√						√
红尾伯劳普通亚种 *Lanius cristatus lucionensisi* Linnaeus	Ne N C S	日有湘	√			√	√	√		√	√			√		
红尾伯劳指名亚种 *Lanius cristatus cristatus* Linnaeus	Ne N C S	日有湘							√						√	
棕背伯劳 *Lanius schach schach* Linnaeus	Sw C S	有湘	√	√	√	√	√	√	√	√	√	√	√	√	√	√
灰背伯劳 *Lanius tephronotus tephronotus* (Vigors)	Qz Sw C S	日有湘	√													
楔尾伯劳 *Lanius sphenocercus sphenocercus* Cabanis	Ne N Mx Qz Sw C	有						√								
黑枕黄鹂 *Oriolus chinenesis diffuses* Sharpe	Ne N Mx C S	日有湘	√	√	√	√	√	√	√	√	√	√	√	√	√	√
鹊色黄鹂 *Oriolus mellianus* Stresemann	C	有湘	√								√		√	√	√	
黑卷尾 *Dicrurus macrocercus cathoecus* Swinhoe	Ne N Sw C S	有湘	√	√	√	√	√	√	√	√	√	√	√	√	√	√
灰卷尾 *Dicrurus leucophaeus salangangsis* Reichenow	N Sw C S	有湘	√	√		√	√	√	√	√	√	√	√	√	√	√
发冠卷尾 *Dicrurus hottentottus brevirostris* (Cabanis et heine)	N Sw C S	有湘	√			√	√		√		√		√	√	√	√
灰背椋鸟 *Sturnus sinensis* (Gmelin)	Sw C S	有					√		√		√				√	√
北椋鸟 *Sturnus sturninus* (Pallas)	Ne N C S	有	√		√			√					√			
紫翅椋鸟 *Sturnus vulgaris potlaratskyi* Finch	Mx Sw S		√					√								
丝光椋鸟 *Sturnus sericeus* Gmelin	Sw C S	有	√	√	√	√	√	√	√	√	√	√	√	√	√	√
灰椋鸟 *Sturnus cineraceus* Temminck	Ne N Mx Qz Sw C S	有	√	√	√	√	√	√	√	√	√	√	√	√	√	√

续表 3

种　名	中国分布	珍稀濒危度	湖南省分布													
			长沙	株洲	湘潭	衡阳	邵阳	岳阳	张家界	益阳	常德	娄底	郴州	永州	怀化	湘西
黑领椋鸟 *Sturnus nigricollis* (Paycull)	S		√													
八哥 *Acridotheres cristatellus cristatellus* (Linnaeus)	C S	有湘	√	√	√	√	√	√	√	√	√	√	√	√	√	√
松鸦 *Garrulus glandarius sinensis* Swinhoe	Ne N Mx Qz Sw C S	湘	√	√	√	√	√	√	√	√	√	√	√	√	√	√
红嘴蓝鹊 *Urocissa erythrorhynchus erythrorhynchus* (Boddaert)	N Sw C S	有湘	√	√	√	√	√	√	√	√	√	√	√	√	√	√
灰喜鹊 *Cyanopica cyana swinhoei* Hartert	Ne N S	有湘	√					√		√	√					
喜鹊 *Pica pica serica* Gould	Ne N Mx Qz Sw C S	有湘 NT	√	√	√	√	√	√	√	√	√	√	√	√	√	√
灰树鹊 *Dendrocitta formosae sinica* Stresemann	Sw C S	有				√			√				√	√	√	
达乌里寒鸦 *Corvus dauuricus* Pallas	Ne N Mx Qz Sw C S	日湘				√		√		√		√		√		√
秃鼻乌鸦 *Corvus frugilegus pastinator* Gould	Ne N Mx C S	日有湘											√	√		
大嘴乌鸦 *Corvus macrorhynchus colonorum* Swinhoe	Ne N Qz Sw C S	湘	√			√	√	√	√	√	√		√		√	√
白颈鸦 *Corvus torquatus* Lesson	N Sw C S	湘	√	√		√	√		√	√	√	√	√	√	√	√
褐河乌 *cinclus pallasii pallasii* Temminck	Ne N Mx Qz Sw C S		√	√	√	√	√	√	√	√	√	√	√	√	√	√
棕胸岩鹨 *Prunella strophiata strophiata* (Blyth)	Qz Sw C										√					
白喉短翅鸫 *Brachypteryx leucophrys carolinae* La Touche	Sw C S												√			
蓝短翅鸫 *Brachypterys Montana sinensis* Rickett and La Touche	Sw C S												√			
红尾歌鸲 *Luscinia sibilans* (Swinhoe)	Ne Sw C S	日有											√			
红喉歌鸲（红点颏） *Luscinia calliope* (Pallas)	Ne N Mx Sw C S	日有	√							√			√			
蓝喉歌鸲（蓝点颏） *Luscinia svecica svecica* (Linnaeus)	Ne N Mx Qz Sw C S	日有	√										√			
蓝歌鸲 *Luscinia cyane* (Pallas)	Ne N Qz Sw C S	日有	√							√						
红胁蓝尾鸲 *Tarsiger cyanurus cyanurus* (Pallas)	Ne N Qz Sw C S	湘日有	√	√	√	√	√	√	√	√	√	√	√	√	√	√

续表 4

种名	中国分布	珍稀濒危度	湖南省分布													
			长沙	株洲	湘潭	衡阳	邵阳	岳阳	张家界	益阳	常德	娄底	郴州	永州	怀化	湘西
鹊鸲 *Copsychus saularis prosthopellus* Oberholser	Sw C S	有	√	√	√	√	√	√	√	√	√	√	√	√	√	√
黑喉红尾鸲 *Phoenicurus hodgsoni* (Moore)	Qz Sw C S		√		√		√									
北红尾鸲 *Phoenicurus auroreus auroreus* (Pallas)	Ne N Mx Qz Sw C S	日有	√	√	√	√	√	√	√	√	√	√	√	√	√	√
蓝额红尾鸲 *Phoenicurus frontalis* Vigors	Qz Sw C S							√								
红尾水鸲 *Rhyacornis fuliginosus fuliginosus* (Vigors)	N Qz Sw C S		√	√	√	√	√	√	√	√	√	√	√	√	√	√
白尾斑地鸲 *Cinclidium leucurum leucurum* (Hodgson)	Sw C S										√					
小燕尾 *Enicurus scouleri* Vigors	Sw C S	湘	√	√		√	√	√	√	√	√	√	√	√	√	√
灰背燕尾 *Enicurus schistaceus* (Hodgson)	Sw C S	湘	√	√		√	√		√		√		√	√		√
白额燕尾 *Enicurus leschenaultia sinensis* Gould	Sw C S	湘	√	√	√	√	√	√	√	√	√	√	√	√	√	√
斑背燕尾 *Enicurus maculatus bacatus* Bangs et Phillips	Sw C S								√		√					
黑喉石䳭青藏亚种 *Saxicola torquata przewalskii* (Pleske)	Ne N Mx Qz Sw C S	日有	√					√	√		√					
黑喉石䳭东北亚种 *Saxicola torquata stejnegeri* (Parrot)	Ne N Mx Qz Sw C S	日有	√	√	√	√	√									
灰林䳭 *Saxicola ferrea haringtoni* (Hartert)	Qz Sw C S		√	√		√	√	√					√			
白顶溪鸲 *Chaimarrornis leucocephalus* (Vigors)	N Qz Sw C S		√						√		√		√		√	√
白喉矶鸫 *Monticola gularis* (Swinhoe)	Ne N C S					√					√		√			
栗腹矶鸫 *Monticola rufiventris* (Jardine et Thrush)	Qz Sw C S			√									√		√	
蓝矶鸫 *Monticola solitarius philippensis* (Müller)	Ne N Qz Sw C S		√	√		√	√	√			√			√	√	√
紫啸鸫 *Myiophoneus caeruleus caeruleus* (Scopoli)	Ne N Qz Sw C S	湘	√	√	√	√	√	√	√	√	√	√	√	√	√	√
橙头地鸫 *Zoothera citrina melli* (Stresemann)	C S		√	√		√		√		√						
白眉地鸫 *Zoothera sibirica sibirica* (Pallas)	Ne N C S	日有											√			

续表 5

种　名	中国分布	珍稀濒危度	湖南省分布													
			长沙	株洲	湘潭	衡阳	邵阳	岳阳	张家界	益阳	常德	娄底	郴州	永州	怀化	湘西
虎斑地鸫 *Zoothera dauma aurea* (Holandre)	Ne N Mx Sw C S	日有	√	√		√	√	√	√	√		√			√	√
灰背鸫 *Turdus hortulorum* Sclater	Ne N C S	日有	√	√		√		√		√						
乌灰鸫 *Turdus cardis* Temminck	C S	日有				√		√		√						
乌鸫 *Turdus merula mandarinus* Bonaparte	Mx Qz Sw C S	湘	√	√	√	√	√	√	√	√	√	√	√	√	√	√
白腹鸫 *Turdus pallidus* Gmelin	Ne N Mx C S	日有	√				√	√		√					√	
白眉鸫 *Turdus obscurus* Gmelin	Ne N Mx C S	日有											√			
红尾斑鸫 *Turdus naumanni* Temminck	Ne N Mx Qz Sw C S	湘日有	√	√	√	√	√	√	√	√	√	√	√	√	√	√
斑鸫 *Turdus eunomus* Temminck	Ne N Mx Qz Sw C S	湘日有	√	√	√	√	√	√	√	√	√	√	√	√	√	√
宝兴歌鸫 *Turdus mupinensis* (Laubmann)	N Sw C	有特						√								
白喉林鹟 *Rhinomyias brunneata brunneata* (Slater)	C S	有 VU					√				√		√	√	√	√
白眉姬鹟 *Ficedula zanthopygia* (Hay)	Ne N Mx C S	日有				√	√									√
鸲姬鹟 *Ficedula mugimaki* (Temminck)	Ne N Sw C S	日有	√			√				√			√	√		
红喉姬鹟 *Ficedula parve albicilla* (Pallas)	Ne N Mx Sw C S	有	√				√				√					
白腹姬鹟 *Ficedula cyanomelana cumatilis* (Thayer et Bangs)	Ne N C S	日				√							√			
小仙鹟 *Niltava macgrigoriae macgrigoriae* (Burton)	Sw S								√		√		√	√		
棕腹仙鹟 *Niltava sundara denotata* Bangs et Phillips	Qz Sw C S								√		√			√		
山蓝仙鹟 *Niltava banyumas whitei* (Harington)	Sw S										√					√
乌鹟指名亚种 *Muscicapa sibirica sibirica* Gmelin	Ne N Qz Sw C S	日有	√	√		√	√						√			
乌鹟西南亚种 *Muscicapa sibirica rothschildi* (Stuart Baker)	Ne N Qz Sw C S	日有	√						√						√	√
斑胸鹟（灰纹鹟） *Muscicapa griseisticta* (Swinhoe)	Ne N Sw C S	有	√	√		√							√			

续表 6

种 名	中国分布	珍稀濒危度	湖南省分布													
			长沙	株洲	湘潭	衡阳	邵阳	岳阳	张家界	益阳	常德	娄底	郴州	永州	怀化	湘西
北灰鹟 *Muscicapa dauurica dauurica Pallas*	Ne N Mx Sw C S	日有	√			√	√				√		√	√		
铜蓝鹟 *Muscicapa thalassina thalassina* Swainson	Qz Sw C S												√			
方尾鹟 *Culicicapa ceylonensis calochrysea* (Swainson)	Qz Sw C S					√			√	√	√		√	√		√
寿带 *Terpsiphone paradisi incei* (Gould)	Ne N Sw C S	湘有	√			√	√		√	√	√	√				
紫寿带 *Terpsiphone atrocaudata atrocaudata* (Eyton)	Ne N C S	日有 VU								√						
锈脸钩嘴鹛 *Pomatorhinus erythrogenys abbreviatus* Stresemann	N Sw C S	湘		√			√				√		√			
棕颈钩嘴鹛中南亚种 *Pomatorhinus ruficllis hunanensis* Cheng	Sw C S	湘	√	√	√			√	√			√	√	√	√	√
棕颈钩嘴鹛长江亚种 *Pomatorhinus ruficollis styani* Seebohm	Sw C S	湘				√	√			√	√		√			
斑翅鹩鹛 *Spelaeornis troglodytoides nanchuanensis* Li et Yang	Sw S								√		√					
小鳞胸鹪鹛 *Pnoepyga pusilla pusilla* Hodgson	Sw C S					√										
红头穗鹛 *Stachyris ruficeps davidi* (Oustalet)	Sw C S			√	√	√	√				√	√	√	√	√	√
矛纹草鹛 *Babax lanceolatus latouchei* Stresemann	Sw C S	有		√					√		√		√			
黑脸噪鹛 *Garrulax perspicillatus* (Gmelin)	N C S	湘有	√	√	√	√	√	√	√	√	√	√	√	√	√	√
白喉噪鹛 *Garrulax albogularis eous* Riley	Qz Sw C S	有							√		√					
小黑领噪鹛 *Garrulax monileger melli* Stresemann	C S	有							√		√		√			
黑领噪鹛 *Garrulax pectoralis picticollis* Swinhoe	C S	湘有					√		√		√					√
灰翅噪鹛 *Garrulax cineraceus cinereiceps* (Styan)	N Sw C S	有				√			√		√				√	
眼纹噪鹛 *Garrulax ocellatus artemisiae* (David)	Sw C S	有							√		√					
棕噪鹛 *Garrulax poecilorhynchus berthemyi* (David et Oustalet)	Sw C S	有特							√		√					
画眉 *Garrulax canorus canorus* (Linnaeus)	Sw C S	2 有 湘 NT	√	√	√	√	√	√	√	√	√	√	√	√	√	√

续表 7

种　名	中国分布	珍稀濒危度	湖南省分布													
			长沙	株洲	湘潭	衡阳	邵阳	岳阳	张家界	益阳	常德	娄底	郴州	永州	怀化	湘西
白颊噪鹛 *Garrulax sannio sannio* Swinhoe	Sw C S	有	√	√	√	√	√	√	√	√	√	√	√	√	√	√
橙翅噪鹛 *Garrulax elliotii* (Verreaux)	Qz Sw C	有特							√		√					
赤尾噪鹛 *Garrulax milnei sinianus* (Stresemann)	C S	有							√				√			
红嘴相思 *Leiothrix lutea lutea* (Scopoli)	Sw C S	2 有 湘 NT	√	√	√	√	√	√	√	√	√	√	√	√	√	√
红翅鵙鹛 *Pteruthius flaviscapis ricketti* Ogilvie—Grant	Sw C S												√			
蓝翅希鹛 *Minla cyanouroptera wingatei* (Ogilvie—Grant)	Sw C S												√			
火尾希鹛 *Minla ignotincta jeroni* Verreaux	Sw C S													√		
金胸雀鹛 *Alcippe chrysotis swinhoii* (Verreaux)	Sw C S												√			
褐头雀鹛 *Alcippe cinereiceps fucata* (Styan)	Sw C S										√					
褐胁雀鹛 *Alcippe dubia genestieri* Oustalet	Sw C S								√		√					
褐雀鹛 *Alcippe brunnea superciliaris* (David)	C S		√			√						√	√			
灰眶雀鹛 *Alcippe morrisonia davidi* Styan	Sw C S		√	√	√	√	√	√	√	√	√	√	√	√	√	√
鹊色奇鹛 *Heterophasia melanoleuca desgodinsi* (Oustalet)	Sw C S						√				√			√	√	
栗头凤鹛 *Yuhina castaniceps torqueola* (Swinboe)	Sw C S		√	√		√	√				√		√		√	
白领凤鹛 *Yuhina diademata diademada* Verreaux	Sw C S								√		√					
黑颏凤鹛 *Yuhina nigrimenta intermedia* Rothschild	Sw C S								√					√		√
棕头鸦雀 *Paradoxornis webbianus suffusus* (Swinhoe)	Ne N Sw C S	湘	√	√	√	√	√	√	√	√	√	√	√	√	√	√
白眶鸦雀 Paradoxornis conspicillatus rocki (Bangs et Peters)	Qz Sw C	有特 NT									√					
黑喉鸦雀 *Paradoxornis nipalensis craddcki* (Bingram)	Sw C S												√			
灰头鸦雀 *Paradoxornis gularis fokiensis* (David)	Sw C S	有							√		√		√		√	

续表 8

种名	中国分布	珍稀濒危度	湖南省分布													
			长沙	株洲	湘潭	衡阳	邵阳	岳阳	张家界	益阳	常德	娄底	郴州	永州	怀化	湘西
挂墩鸦雀（短尾鸦雀） *Paradoxornis davidianus* (La Touche)	C	有 VU											√			
棕扇尾莺 *Cisticola juncidis tinnabulans* (Swinhoe)	C S							√					√			
黄头扇尾莺 *Cisticola exilis courtoisi* La Touche	C S												√			
褐头鹪莺 *Prinia inornata extensicauda* (Swinhoe)	Sw C S		√	√	√	√	√	√	√	√	√	√	√	√	√	√
褐山鹪莺华南亚种 *Prinia polychroa parumstriata* (David et Oustalet)	Sw C S					√	√							√		√
山鹪莺华中亚种 *Prinia criniger catharia* Reichenow	Sw C S								√							√
鳞头树莺 *Cettia squameiceps* (Swihoe)	Ne N C S	日有				√										
树莺（短翅树莺） *Cettia diphone canturians* (Swinhoe)	Ne N Mx C S		√			√							√			
强脚树莺（山树莺） *Cettia fortipes davidiana* (Verreaux)	Sw C S		√	√	√	√	√	√	√	√	√	√	√	√	√	√
黄腹树莺 *Cettia acanthizoides acanthizoides* (Verreaux)	Sw C S					√	√									
棕褐短翅莺 *Bradypterus luteoventris luteoventris* (Hodgson)	Sw C S												√	√		
斑背大尾莺 *Megalurus pryeri sinensis* (Seebohm)	Ne C	有 VU						√		√						
小蝗莺 *Locustella certhiola minor* David et Oustalet	Ne N Mx C S					√										
矛斑蝗莺 *Locustella lanceolata* (Temminck)	Ne N Mx C S	日有					√									
东方大苇莺 *Acrocephalus arundinaceus orientalis* (Temminck et Schlegel)	Ne N Mx Sw C	日澳有	√	√		√									√	
黑眉苇莺 *Acrocephalus bistrigiceps* (Swinhoe)	Ne N C S	日有											√	√		
厚嘴苇莺 *Acrocephalus aedon rufescens* (Stegmann)	Ne N Mx Qz Sw C S						√									
钝翅稻田苇莺 *Acrocephalus concinens concinens* (Swinhoe)	Ne N Mx C S						√			√						
黄腹柳莺 *Phylloscopus affinis* (Tickell)	Qz Sw C S	有	√						√				√			
棕腹柳莺 *Phylloscopus subaffinis subaffinis* Ogilvie-Grant	Sw C S	有		√							√					

续表 9

种　　名	中国分布	珍稀濒危度	湖南省分布 长沙	株洲	湘潭	衡阳	邵阳	岳阳	张家界	益阳	常德	娄底	郴州	永州	怀化	湘西
褐柳莺 *Phylloscopus fuscatus fuscatus* (Blyth)	Ne N Qz Sw C S	有	√			√			√	√			√		√	
棕眉柳莺 *Phylloscopus armandii perplexus* Tiechurst	Ne N Qz Sw C S	有									√					
巨嘴柳莺 *Phylloscopus schwarzi* (Radde)	Ne N Mx C S	有	√										√			
黄眉柳莺 *Phylloscopus inornatus* (Brooke)	Ne N Mx Qz Sw C S	日有	√	√	√	√	√	√	√	√	√	√	√	√	√	√
黄腰柳莺 *Phylloscopus proregulus proregulus* (Pallas)	Ne N Qz Sw C S	有	√	√	√	√	√	√	√	√	√	√	√	√	√	√
极北柳莺 *Phylloscopus borealis borealis* (Blasius)	Ne N Mx Qz Sw C S	日澳有					√							√	√	√
双斑绿柳莺 *Phylloscopus plumbeitarsu* Swihoe	Ne N Mx Qz Sw C S					√										
冕柳莺 *Phylloscopus coronatus coronatus* (Temminck *et* Schlegel)	Ne N C S	日有					√									
冠纹柳莺 *Phylloscopus reguloides claudiae* (La Touche)	Sw C S	有				√		√								
白斑尾柳莺 *Phylloscopus davisoni disturbans* (La Touche)	Sw C S	有				√										
黑眉柳莺 *Phylloscopus ricketti ricketti* Slater	Sw C S			√			√			√						
栗头鹟莺 *Seicercus castaniceps sinensis* (Rickett)	Sw C S		√				√				√		√	√		
金眶鹟莺 *Seicercus burkii valentine* (Hartert)	Sw C S										√					
棕脸鹟莺 *Abroscopus albogularis fulvifacies* (Swinhoe)	Sw C S		√				√							√		√
长尾缝叶莺 *Orthotomus sutorius longicaudus* (Gmelin)	S												√			
暗绿绣眼 *Zosterops japonica simplex* Swinhoe	N Sw C S	有湘	√	√	√	√	√	√	√	√	√	√	√	√	√	√
红胁绣眼 *Zosterops erythropleurus* Swinhoe	Ne N Sw C S	有	√													
中华攀雀 *Remiz consobrinus consobrinus* (Swinhoe)	Ne N Mx Sw C	有						√								
银喉长尾山雀 *Aegithalos caudatus glaucogularis* (Moore)	Ne N Qz Sw C	有									√					
红头长尾山雀 *Aegithalos concinnus concinnus* (Gould)	Sw C S	有湘	√	√	√	√	√	√	√	√	√	√	√	√	√	√

续表 10

种名	中国分布	珍稀濒危度	湖南省分布													
			长沙	株洲	湘潭	衡阳	邵阳	岳阳	张家界	益阳	常德	娄底	郴州	永州	怀化	湘西
银脸长尾山雀 *Aegithalos faliginosus* (Verreaux)	Sw C										√					
大山雀 *Parus major commixtus* Swinhoe	Ne N Qz Sw C S	有湘	√	√	√	√	√	√	√	√	√	√	√	√	√	√
绿背山雀 *parus monticolus yunnansis* La Touche	Qz Sw C S	有湘				√	√		√		√			√		
黄颊山雀 *Parus xanthogenys rex* David	Sw C S	有湘		√									√			
黄腹山雀 *parus venustulus* Swinhoe	N Sw C S	有湘特	√	√	√	√	√	√	√	√	√	√	√	√	√	√
普通鳾 *Sitta europaea sinensis* Verreaux	Ne N Mx Sw C S	湘	√				√							√		
纯色啄花鸟 *Dicaeum concolor olivaceum* Valden	Sw S												√			
红胸啄花鸟 *Dicaeum ignipectus ignipectus* (Blyth)	Sw C S			√		√			√				√	√		
蓝喉太阳鸟 *Aethopyga gouldiae dabryii* (Verreax)	Sw C S	有湘							√		√					√
叉尾太阳鸟 *Aethopyga christinae latouchii* Slater	C S	有湘											√		√	
树麻雀 *Passer montanus saturatus* Stejneger	Ne N Mx Qz Sw C S	有湘 NT	√	√	√	√	√	√	√	√	√	√	√	√	√	√
山麻雀 *Passer rutilans rutilans* Temminck	N Qz Sw C S	日有	√	√	√	√	√	√	√	√	√	√	√	√	√	√
白腰文鸟 *Lonchura striata swinhoei* (Cabanis)	Sw C S		√	√	√	√	√	√	√	√	√	√	√	√	√	√
斑文鸟 *Lonchura punctulata topela* (Swinhoe)	Sw C S		√			√		√			√		√			
褐灰雀 *Pyrrhula nipalensis ricketti* La Touche	Sw S	有									√					
灰头灰雀 *Pyrrhula erythaca erythaca* Blyth	N Qz Sw C S	有									√					
燕雀 *Fringilla montifringilla* Linnaeus	Ne N Mx Sw C S	日有	√			√		√		√	√		√			
金翅 *Carduelis sinica sinica* (Linnaeus)	Ne N Mx Qz Sw C S	有湘	√	√	√	√	√	√	√	√	√	√	√	√	√	√
黄雀 *Carduelis spinus* (Linnaeus)	Ne N C S	日有						√						√		
酒红朱雀 *Carpodacus vinaceus vinaceus* Verreaux	Sw C S	有									√					

续表 11

种名	中国分布	珍稀濒危度	湖南省分布													
			长沙	株洲	湘潭	衡阳	邵阳	岳阳	张家界	益阳	常德	娄底	郴州	永州	怀化	湘西
朱雀 *Carpodacus erythrinus roseatus* Blyth	Ne N Mx Qz Sw C S	日有				√					√					
黑头蜡嘴雀 *Eophona personata magnirostris* Hartert	Ne N Sw C S	有湘	√										√			
黑尾蜡嘴雀 *Eophona migratoria sowerbyi* Riley	Ne N Sw C S	日有湘	√	√	√	√	√	√	√	√	√	√	√	√	√	√
锡嘴雀 *Coccothraustes coccothraustes coccothraustes* (Linnaeus)	Ne N Mx C S	日有						√								
栗鹀 *Emberiza rutila* Pallas	Ne N C S	有	√			√		√			√		√			
黄胸鹀指名亚种 *Emberiza aureola aureola* Pallas	Ne N Mx Sw C S	日有湘 NT	√	√		√		√	√				√			
黄胸鹀东北亚种 *Emberiza aureola ornate* Shulpin	Ne N Mx Sw C S	日有湘 NT	√	√				√		√						
黄喉鹀 *Emberiza elegans elegantula* Swinhou	Ne N Sw C S	日有湘	√						√		√		√			√
灰头鹀 *Emberiza spodocephala spodocephala* Pallas	Ne N Qz Sw C S	日有	√			√	√	√					√			
三道眉草鹀 *Emberiza cioides castaneiceps* Moor	Ne N Mx Qz Sw C	有	√	√	√	√	√	√	√	√	√	√	√	√	√	√
赤胸鹀（栗耳鹀） *Emberiza fucata fucata* Pallas	Ne N Sw C S	日有	√													
田鹀 *Emberiza rustica rustica* Pallas	Ne N Mx C S	日有	√					√								
小鹀 *Emberiza pusilla* Pallas	Ne N Mx Qz Sw C S	日有	√	√	√	√	√	√	√	√	√	√	√	√	√	√
黄眉鹀 *Emberiza chrysophrys* Pallas	Ne N C S	有	√			√		√				√	√			
白眉鹀 *Emberiza tristrami* Swinhoe	Ne N C S	日有					√	√				√	√		√	√
苇鹀 *Emheriza pallasi pdaris* Middendroff	Ne N Sw C S							√								
蓝鹀 *Emberiza siemsseni* Martens	Sw C	有特				√		√								
凤头鹀 *Melophus lathami* Gray	Sw C S	有					√						√	√		√

注：Ne：东北区；N：华北区；Mx：蒙新区；Qz：青藏区；Sw：西南区；C：华中区；S：华南区。Ⅱ：国家Ⅱ级保护动物。VU：IUCN 易危级别；NT：IUCN 近危级别。2：濒危野生动植物国际贸易公约附录二保护动物。有：国家保护的有益的或者有重要经济、科学研究价值的陆生野生动物。湘：湖南地方重点保护物种。日：中国与日本候鸟保护物种；澳：中国与澳大利亚候鸟保护物种。特：中国特有物种。

第四章 湖南雀形目鸟类的群落结构与区系特点

第一节 鸟类群落结构

湖南雀形目鸟类目前已知有 232 种与亚种，隶属 33 科，88 属，各科的属数和物种数不尽相同，其中以鸫科最多，有 14 个属，36 种与亚种，其次是画眉科，有 12 个属，31 种与亚种，再次是莺科，有 9 个属，29 种与亚种。各科的属数和物种数汇总如下表（见表 4－1）。

表 4－1 湖南雀形目鸟类群落结构一览表

科　名	属　名	种与亚种数
八色鸫科 *Pittidae*	八色鸫属 *Pitta*	1
百灵科 *Alaudidae*	云雀属 *Alauda*	2
燕科 *Hirundinidae*	灰沙燕属 *Riparia*	1
	燕属 *Hirundo*	2
	毛脚燕属 *Delichon*	2
鹡鸰科 *Motacillidae*	山鹡鸰属 *Dendronanthus*	1
	鹡鸰属 *Motacilla*	5
	鹨属 *Anthus*	7
山椒鸟科 *Campephagidae*	鹃鵙属 *Coracina*	1
	山椒鸟属 *Pericrocotus*	4
鹎科 *Pycnonotidae*	领雀嘴鹎属 *Spizixos*	1
	鹎属 *Pycnonotus*	8
叶鹎科 *Chloropseidae*	叶鹎属 *Chloropsis*	1
太平鸟科 *Bombycillidae*	太平鸟属 *Bombycilla*	1
伯劳科 *Laniidae*	伯劳属 *Lanius*	7
黄鹂科 *Oriolidae*	黄鹂属 *Oriolus*	2
卷尾科 *Dicruridae*	卷尾属 *Dicrurus*	3
椋鸟科 *Sturnidae*	椋鸟属 *Sturnus*	6
	八哥属 *Acridotheres*	1
鸦科 *Corvidae*	松鸦属 *Garrulus*	1
	蓝鹊属 *Urocissa*	1
	灰喜鹊属 *Cyanopica*	1
	喜鹊属 *Pica*	1
	树鹊属 *Dendrocitta*	1
	鸦属 *Corvus*	4
河乌科 *Cincldae*	河乌属 *Cinclus*	1

续表 1

科　　名	属　　名	种与亚种数
岩鹨科 *Prunellidae*	岩鹨属 *Pranella*	1
鸫科 *Turdidae*	短翅鸫属 *Brachypteryx*	2
	歌鸲属 *Luscinia*	4
	蓝尾鸲属 *Tarsiger*	1
	鹊鸲属 *Copsychus*	1
	红尾鸲属 *Phoenicurus*	3
	水鸲属 *Rhyacornis*	1
	地鸲属 *Cinclidium*	1
	燕尾属 *Enicurus*	4
	䳭属 *Saxicola*	3
	溪鸲属 *Chaimarrornis*	1
	矶鸫属 *Monticola*	3
	啸鸫属 *Myiophoneus*	1
	地鸫属 *Zoothera*	3
	鸫属 *Turdus*	8
画眉科 *Timaliidae*	钩嘴鹛属 *Pomatorhinus*	3
	鹩鹛属 *Spelaeornis*	1
	鹪鹛属 *Pnoepyga*	1
	穗鹛属 *Stachyris*	1
	草鹛属 *Babax*	1
	噪鹛属 *Garrulax*	11
	相思鸟属 *Leiothrix*	1
	鵙鹛属 *Pteruthius*	1
	希鹛属 *Minla*	2
	雀鹛属 *Alcippe*	5
	奇鹛属 *Heterophasia*	1
	凤鹛属 *Yuhina*	3
鸦雀科 *Paradoxsornithidae*	鸦雀属 *Paradoxornis*	5
莺科 *Sylviidae*	树莺属 *Cettia*	4
	短翅莺属 *Bradypterus*	1
	大尾莺属 *Megalurus*	1
	蝗莺属 *Locustella*	2
	苇莺属 *Acrocephalus*	4
	柳莺属 *Phylloscopus*	13
	鹟莺属 *Seicercus*	2
	拟鹟莺属 *Abroscopus*	1
	缝叶莺属 *Orthotomus*	1

续表 2

科　　名	属　　名	种与亚种数
扇尾莺科 *Cisticolidae*	扇尾莺属 *Cisticola*	2
	鹪莺属 *Prinia*	3
鹟科 *Muscicapidae*	林鹟属 *Rhinomyias*	1
	姬鹟属 *Ficedula*	4
	仙鹟属 *Niltava*	3
	鹟属 *Muscicapa*	5
	方尾鹟属 *Culicicapa*	1
王鹟科 *Monarchidae*	寿带属 *Terpsiphone*	2
山雀科 *Paridae*	山雀属 *Parus*	4
长尾山雀科 *Aegithalidae*	长尾山雀属 *Aegithalos*	3
鳾鸟科 *Sittidae*	鳾属 *Sitta*	1
攀雀科 *Remizidae*	攀雀属 *Remiz*	1
啄花鸟科 *Dicaeidae*	啄花鸟属 *Dicaeum*	2
花蜜鸟科 Nectariniidae	太阳鸟属 *Aethopyga*	2
绣眼科 *Zosteropidae*	绣眼属 *Zosterops*	2
（麻）雀科 *Passeridae*	麻雀属 *Passer*	2
梅花雀科 *Estrildidae*	文鸟属 *Lonchura*	2
燕雀科 *Fringillidae*	灰雀属 *Pyrrhula*	2
	燕雀属 *Fringilla*	1
	金翅雀属 *Carduelis*	2
	朱雀属 *Carpodacus*	2
	蜡嘴属 *Eophona*	2
	锡嘴雀属 *Coccothraustes*	1
鹀科 *Emberizidae*	鹀属 *Emberiza*	13
	凤头鹀属 *Melophus*	1
33 科	88 属	232 种与亚种

第二节　鸟类的区系特征

在动物地理区划上湖南省属于东洋界、华中区，湘西、湘西北为西部山地高原亚区，其余为东部丘陵平原亚区。湖南省的雀形目鸟类有 26 种类型，在这 26 种类型中以东洋界（西南区—华中区—华南区）数量最多，占了湖南雀形目鸟类种数的 29.5%，其次是广泛分布物种，即在全国 7 大区均有分布的物种有 31 种，其数量占该湖南雀形目鸟类总数量的 13.7%；东北区—华北区—华中区—华南区共有类型 18 种，其数量占 7.9%，其余类型比例较低（见表4－2）。

表4－2　湖南雀形目鸟类区系类型及数量表

区系类型	物种数量	比例
东北区—华北区—华南区	1	0.004
东北区—华北区—青藏区—西南区—华中区	1	0.004
东北区—华中区	1	0.004
东北区—西南区—华中区—华南区	1	0.004
华北区—华中区—华南区	1	0.004
华北区—西南区—华中区	1	0.004
华南区	1	0.004
蒙新区—青藏区—西南区—华中区—华南区	1	0.004
西南区—华中区	1	0.004
东北区—华北区—蒙新区—青藏区—西南区—华中区	2	0.009
东北区—华北区—蒙新区—西南区—华中区	2	0.009
华中区	2	0.009
青藏区—西南区—华中区	2	0.009
东北区—华北区—蒙新区—青藏区—华中区—华南区	3	0.013
华北区—青藏区—西南区—华中区—华南区	4	0.018
西南区—华南区	6	0.026
东北区—华北区—蒙新区—西南区—华中区—华南区	8	0.035
华北区—西南区—华中区—华南区	9	0.04
东北区—华北区—青藏区—西南区—华中区—华南区	12	0.053
东北区—华北区—蒙新区—华中区—华南区	13	0.057
东北区—华北区—西南区—华中区—华南区	13	0.057
华中区—华南区	13	0.057
青藏区—西南区—华中区—华南区	13	0.057
东北区—华北区—华中区—华南区	18	0.079
东北区—华北区—蒙新区—青藏区—西南区—华中区—华南区	31	0.137
西南区—华中区—华南区	67	0.295

利用聚类统计法，将上表各亚区成分汇总，其统计结果能够绘制成较直观的区系成分比例图（见图4－1）。从饼图不难看出，湖南雀形目鸟类的东洋界成分占64％，古北界成分占

36%。而东洋界成分中又以华中区成分最高，其次是华南区，再次是西南区。古北界成分中又以华北区成分比例较高，其余依次为东北区、青藏区、蒙新区。

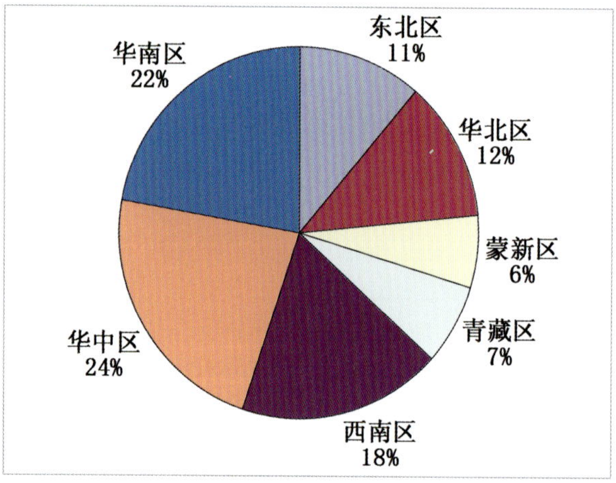

图 4-1 湖南雀形目鸟类区系成分比例图

第五章 珍稀濒危和受保护的鸟类

湖南雀形目鸟类不乏珍稀濒危和受保护的种类，其中国家Ⅱ级重点保护野生动物有1种，即仙八色鸫（*Pitta nympha*），该物种最早在城步的屏风界发现，当时由地方林业部门和世界自然基金会组织，日本山阶鸟类研究所、国家林业局鸟类环志中心、湖南省林业厅和湖南师范大学等单位参加的调查活动中，首次在湖南境内发现，后来又在岳阳和衡阳等市有发现。

2000年8月国家林业局颁发了7号令，发布了《国家保护有益的或者有重要经济、科学研究价值的陆生野生动物名录》，弥补了国家野生动物保护法的不足。湖南雀形目鸟类有150种为7号令指定的保护物种，其数量占总物种数的66.1％。

中国环境与发展国际合作委员会生物多样性工作组，按照世界自然保护联盟（IUCN）的评价标准，召集了100多位专家，用3年半的时间，对我国现生物种的生存及保护现状作了评估，于2009年出版了《中国物种红色名录》（CSRL）第二卷脊椎动物，书中对我国分布的1330多种鸟类进行了评价。IUCN的评价标准分为6个等级，分别是野外灭绝（EW）；极濒危级别（CR）；濒危级别（EN）；易危级别（VU）；近危级别（NT）；无危级别（LR），除此之外还制定了缺乏数据类（DD）；不宜评估类（NA）和未评价类（NE）。按照这一标准，湖南雀形目鸟类中有5种易危鸟类和9种近危鸟类。其名录如下（见表5-1）。

表5-1　　湖南雀形目鸟类濒危鸟类（IUCN）物种名录

物种名称	IUCN 濒危级别	物种名称	IUCN 濒危级别
仙八色鸫 *Pitta nympha*	VU	红嘴相思 *Leiothrix lutea*	NT
小灰山椒鸟 *Pericrocotus cantonensis*	NT	白眶鸦雀 *Paradoxornis conspicillatus*	NT
小太平鸟 *Bombycilla japonica*	NT	挂墩鸦雀 *Paradoxornis davidianus*	VU
喜鹊 *Pica pica*	NT	斑背大尾莺 *Megalurus pryeri*	VU
白喉林鹟 *Rhinomyias brunneata*	VU	树麻雀 *Passer montanus*	NT
紫寿带 *Terpsiphone atrocaudata*	VU	黄胸鹀 *Emberiza aureola*	NT
画眉 *Garrulax canorus*	NT	银脸长尾山雀 *Aegithalos fuliginosus*	NT

中国地大物博，动物资源丰富，是世界上鸟类最多的国家之一，其中不乏中国特有的物种。而湖南雀形目鸟类有9种系中国特有物种，它们分别是宝兴歌鸫（*Turdus mupinensis*）、棕噪鹛（*Garrulax poecilorhynchus*）、橙翅噪鹛（*Garrulax elliotii*）、白眶鸦雀（*Paradoxornis conspicillatus*）、黄腹山雀（*parus venustulus*）、银脸长尾山雀（*Aegithalos fuliginosus*）和蓝鹀（*Emberiza siemsseni*）。

红嘴相思（*Leiothrix lutea*）、画眉（*Garrulax canorus*）和仙八色鸫（*Pitta nympha*）这3种鸟是《濒危野生动植物种国际贸易公约》附录Ⅱ中指定的保护物种。

1981年和1986年中国政府先后与日本国政府以及澳大利亚政府签订了保护候鸟及其栖

息环境协定。湖南雀形目鸟类中有 70 余种系中国与日本候鸟保护种，有 8 种系中国与澳大利亚候鸟保护种。

2002 年湖南省人民政府下达了《湖南省人民政府关于修订湖南省地方重点保护野生动物名录和湖南省地方重点保护野生植物名录的通知》，在该文件中，涉及到需要保护的鸟类有 144 种，其中有 63 种是雀形目鸟类。

第六章　鸟类分类常识

鸟类的分类鉴定主要依据外部特征，对于形态的描述，有国际通用标准。这里对在分类鉴定中经常遇到的特征和术语作简单介绍。

第一节　鸟体的测量

鸟体的量衡度对于分类鉴定十分重要，特别是亲缘种和亚种的鉴定。积累不同地区、不同季节的量衡度，还可了解生长、年龄、换羽及迁徙等生物学信息。因而在采集到标本以后，必须立即准确地进行测量和记录。值得注意的是，体重与全长的数据待制成标本以后已不可能获得。

1. 全长　国内一些著作称为体长。将鸟体仰置于一平面上，喙前伸达于自然位置（此时颈部略有“S”形回缩，是正常状态，不可过于将颈部拉长），然后测量自喙尖到尾端的长度，以毫米（mm）记数（其他部位量度亦如此）。对于大多数环志鸟类，需在活体测量；小型鸟类可以一手握住，以食指及中指夹持颈部，一手以钢卷尺测量；大型鸟类则需二人操作，对猛禽必须首先控制住喙和腿脚。

2. 尾长　为自尾羽基部至末端的直线距离。通常从 2 枚中央尾羽之间，以钢卷尺触寻羽根发出的皮肤褶来断定尾基。在已剥制的标本中，由于制作技术的差异，有时从腹面不易判明尾基，此时也可从背面尾基的羽下寻找尾脂腺突出物，自此向尾端测定的长度也一般等同于标准尾长长度。

3. 翅长　自翼角（翼的弯折处，相当于腕关节）至翼尖的直线距离。在测量时先将翅收折至自然态，然后以钢卷尺头钩住翼角，即可方便地测量。

4. 展翅长　对于一些翅特别长的鸟类，尤其是桡尺骨及肱骨相对较长的种类（例如大型海鸟、猛禽等），需要在活体状态下记录这一量度，对种类的识别有用。展翅长的测量是将双翅拉开平伸，测量从一翅尖到另一翅尖的距离。

5. 喙长　通常所测的喙长多系指嘴峰长，就是从喙基与羽毛的交界处沿喙正中背方的隆起线，一直量至上喙尖的直线距离。对于某些飞翔食虫的鸟类，有时增加测定口裂项目，即沿喙的侧面测量喙尖至口角的直线距离。

6. 跗蹠长　为胫跗骨与跗蹠骨之间的关节处至跗蹠骨与中趾间的关节处的距离。后一关节一般以跗蹠部前缘最下方的一枚整片鳞缘为标志，此鳞片下缘恰好相当于中趾与跗蹠骨的关节处。但是对于一些足被羽的种类或被网鳞的种类，上述测量方法有一定困难。在这种情况下，活体标本可借弯曲有关关节来判断，剥制标本可凭经验矫正实测的位置。

7. 嘴峰长　自嘴基生羽处至上嘴先端的直线距离。

8. 趾长　趾的长度（不包括爪）。

9. 爪长　爪基至爪尖的直线距离。

10. 嘴裂长　嘴角至嘴端的直线距离。

第二节 形态描述术语

1. 头部

额　与上喙基部相接连的头的最前部。

头顶　额后的头顶正中部。

图 6-1　雀形目鸟类头部斑纹示意图

枕部　或称后头，为头的最后部。

冠羽　头顶上伸出的长羽，常成簇后伸。

侧冠纹　在头顶两侧的纵纹。

枕冠　枕部伸出的成簇长羽。

顶部　常用来指额、头顶、后头前部直到眉纹以上的一大块区域。

眼先　位于眼前嘴角之后。

围眼部　眼周围区域，有时为裸皮。

颊　指眼下的颧部区后方；或指耳覆羽；或指此二区的联合。

耳羽　眼后耳孔上方区域。

眉纹　位于眼上方的类似“眉毛”的斑纹，短者称眉斑，长者称眉纹。

过眼纹　又称穿眼纹或贯眼纹，自眼先穿过眼（及眼周）延伸至眼后的纵纹。

颊纹　自喙基侧方贯穿颊部的纵纹。

颚纹　自下喙基部侧下喙向后延伸的纵纹。

颏　喙基部腹面所接续的一小块羽区。

颏纹　纵贯于颏部中央的纵纹。

2. 颈部

后颈　与头的枕部相接近的颈后部，又分上颈与下颈。

下颈　后颈的后部，与背部相接。

颈冠　着生于后颈部的长羽。

翎领　着生于颈部四周的长羽，形成领状。

披肩　着生于后颈的披肩状长羽。

喉　紧接颏部的羽区。

3. 躯干部

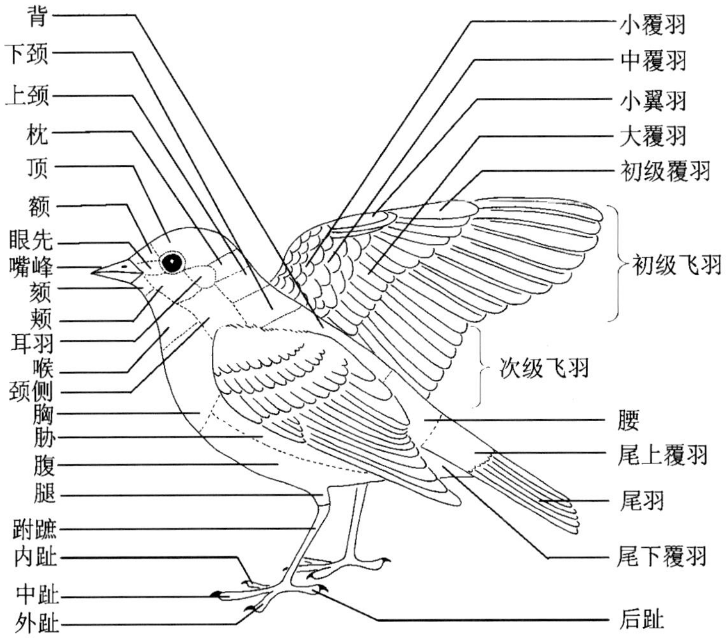

图 6-2　雀形目鸟类外形结构示意图

背　自颈后至腰前的背方羽区。

肩　背的两侧、翅基部的长羽区域。

翕　上背部、肩部及翅的内侧覆羽合成的一块羽区。

腰　下背部之后、尾上覆羽前的羽区。

胸　龙骨突起所在区域，为躯干下面最前的一部，前接前颈（或喉部），后接腹部。又可分为前胸（或上胸）及下胸。

胁　体侧相当于肋骨所在区域。

腹　胸部以后至尾下覆羽前的羽区，可以泄殖腔孔为后界。

肛周　围绕泄殖腔四周的一圈短羽。

4. 喙

会合线　嘴角至喙尖的咬合线，其边缘称啮缘。

隆端　喙端的隆起部。

鼻孔　喙基的成对开孔。

鼻沟　上喙侧部的一对深沟，鼻孔位于沟内，见于某些海鸟。

嘴须　嘴角上方的成排长须，在某些飞捕昆虫的鸟类发达。

副须　头部除嘴须以外的成排小须，依着生部位可分别称鼻须、颏须。

5. 翼

飞羽　为翅的一列大型羽毛，依着生部位可分为：着生于掌指骨（手部）的初级飞羽，多为 9～10 枚；着生于尺骨（前臂）上的次级飞羽；着生于肱骨上的三级飞羽。三级飞羽数目不多，仅在少数种类（例如鹡鸰科、百灵科等）特别加长，成为分类特征之一，而大多数种类不甚发达，故近来大多不使用“三级飞羽”这个名称，统称内侧飞羽。区分活体鸟类的初级飞羽与次级飞羽比较容易，可以拇指指甲轻轻抵在手部与前臂间的关节处，来回轻轻张、折翅膀，从而依初级飞羽的活动情况而辨认其与次级飞羽的分界。对于制标本会有困难，此时除小心以拇指甲触及分界处的羽根来区分之外，尚可注意飞羽的羽梢：初级飞羽的羽干末端（连同羽征）稍向外倾或直伸，而次级飞羽的羽干末端常向内侧略弯。

覆羽 为覆盖在飞羽基部的小型羽毛。其中覆于初级飞羽基部的称初级覆羽，覆于次级飞羽基部的称次级覆羽。次级覆羽可明显地分为3层，即大覆羽、中覆羽和小覆羽。在鸟类翅膀的背、腹两面均有上述的各类覆羽，从而构成流线型外廓。

翼角 翼的腕关节弯折处。

翼镜 翼上特别明显的色斑，通常为初级飞羽或次级飞羽的不同羽色区段所构成。

腋羽 翼下基部的覆羽。

肩羽 位于翼背方最内侧的覆盖三级飞羽的多层羽毛，当翅合拢时恰好位于肩部。

切迹 初级飞羽羽片的外翈先端突然变窄，致使这一段的外翈几乎贴紧羽干，形成“切迹”，是许多鸟类的种间分类依据（例如柳莺）。

6. 尾羽

根据尾末端的形状，将鸟的尾分为以下类型：

平尾 中央尾羽与外侧尾羽长短相等。

圆尾 中央尾羽较外侧尾羽稍长。

凸尾 中央尾羽较外侧尾羽为长，长短相差较大。

楔尾 中央尾羽较外侧尾羽为长，长短相差更大。

尖尾 中央尾羽较外侧尾羽为长，长短相差极甚。

凹尾 中央尾羽仅较外侧尾羽为短，相差较少。

燕尾或称叉尾 中央尾羽仅较外侧尾羽为短，相差较显著。

铗尾 中央尾羽仅较外侧尾羽为短，相差甚大。

尾部的羽毛有以下类型

尾上覆羽 上体腰部之后、覆盖尾羽羽根的羽毛。

尾下覆羽 下体泄殖腔开口之后、覆盖尾羽羽根的羽毛。

中央尾羽 居于中央的1对尾羽。其外侧者统称外侧尾羽。

外侧尾羽 位于中央尾羽的外侧者，其位于最外侧者，称最外侧尾羽。

7. 腿和脚

足是重要的分类依据，简要归纳如下：

股或大腿 为脚的最上部，与躯干相接，通常被羽。

胫或小腿 在股之下，跗蹠之上；或被羽或裸出。

跗蹠 在胫之下，趾之上。为鸟脚部最显著的部分。

跗蹠或被羽或附生鳞片。跗蹠后缘常具两片大型的鳞。

其前缘的鳞可分为下列各种：

盾鳞 呈横鳞状。

网状鳞 呈网眼状。

靴状鳞 呈整片状。

足型 鸟类的足型有：

①常态足 或称不等趾足，即3趾朝前、1趾朝后的正常足型。

②对趾足 为第2、3趾朝前，第1、4趾朝后。

③异趾足　似对趾足，但第 3、4 趾朝前，第 1、2 趾朝后。

④半对趾足　似常态足，但第 4 趾可后转成对趾足。

⑤并趾足　似常态足，但前趾基部有不同程度的连并现象。

⑥前趾足　4 趾均朝前。

⑦离趾足　大多数雀形目鸟类的趾型属常态足，但各前趾基部清晰分离，后趾强大，适于栖树握枝。

⑧攫足　猛禽的足。强壮有力，并具有锋利而弯曲的爪。

蹼　鸟类的蹼型有：

①常态蹼足　前 3 趾之间有蹼，后趾或具扩展的侧皮褶。

②凹蹼足　与常态蹼足相似，但各趾间的蹼膜显著凹入。

③半蹼足　足蹼比凹蹼足更不发育，仅在趾间基部留存。

④全蹼足　4 趾间均以蹼相连。

⑤瓣蹼足　为常态足，在各趾的两侧均有莲花瓣状的皮褶。

8. 羽毛

通常用于分类学上的有：夏羽、冬羽点斑，鳞斑，横斑，蠹状斑（亦称不规则鳞状斑，条纹，块斑及羽干纹，后者为羽干颜色不同于羽片而形成的条纹或沿羽干区分布较窄的条纹。

夏羽　即繁殖羽，是成鸟在繁殖季节的羽毛，从早春开始，通过部分换羽而呈现。旅鸟在春季迁徙过程中逐渐变成夏羽。

冬羽　即非繁殖羽，繁殖期过后经过一次完全换羽而产生，旅鸟冬羽在迁徙过程中完成换羽过程。

翈　即羽瓣（羽片），由具钩和缺刻的羽枝勾搭而成，其位于羽毛内侧者称内翈，位于羽毛外侧者称外翈，通常外翈较内翈狭窄。

纵纹　羽毛上与羽轴平行或接近平行的斑纹，其与羽轴重合者称轴纹（羽干纹）；多羽连成一条带状斑纹者称带斑。

横斑　与羽轴垂直的斑纹，有的左右成对。

端斑　位于羽毛末端的斑块。

次端斑　紧邻端斑内侧的斑块。

蠹状斑　甚为细密的波纹状或不规则的横斑，犹如小蠹虫在树皮下筑成的坑道而得名。

羽缘斑　沿羽毛边缘形成的斑纹，如山斑鸠的翼上覆羽。

翼镜　鸭科鸟类次级飞羽闪金辉的外翈连成一个块斑特称翼镜。

羽干纹　沿羽轴的色差线形成的浅色或深色的条纹。

第三节　发育与行为术语

留鸟　终年留居在出生地（繁殖区）而不迁徙的鸟类，有时有短距离游荡。

候鸟　在春秋季节，沿着固定的路线往返于繁殖地与越冬地之间的鸟类。

夏候鸟　春夏季居留并繁殖的候鸟，在该地称为夏候鸟。

冬候鸟　仅在冬季居留的候鸟，在该地称为冬候鸟。

旅鸟　仅春秋迁徙时可见停留的鸟，这些候鸟就该地区而言即为旅鸟。

迷鸟　由某种原因，从栖居地漂泊至异地或在迁徙途中偶然至异地的鸟。

雏鸟　孵出后至廓羽长成之前，通常不能飞翔。

幼鸟　离巢后能独立生活，但尚未达性成熟的鸟。

亚成鸟　比幼鸟更趋向成熟的阶段，通常用于第 2 年或更长的时间尚不能达到性成熟的鸟类。有时也作幼鸟的同义词。

成鸟　性腺发育成熟（羽色也显示出物种特征），具有繁殖能力的鸟。一般小型鸟出生后第 2 年即为成鸟，大中型鸟常需 3～5 年。

早成鸟　雏出壳后全身覆盖绒羽，眼睁开，有视、听觉和避敌反应，有一定的维持恒温能力，能站立和行走并随亲鸟自行取食，又称离巢鸟。

晚成鸟　雏出壳后体裸无羽或仅稀疏被羽，眼未睁，仅有最简单的求食反应，不能站立，要亲鸟保温送食一个时期后才能离巢，又称留巢鸟。

第七章　湖南雀形目鸟类分科检索

1. 跗蹠后缘钝，具盾状鳞 …… 百灵科
2. 跗蹠后缘侧扁成棱状，光滑无盾状鳞 …… 3
3. 上下嘴前端的嘴缘具细形锯齿 …… 4
   上下喙前缘无锯齿 …… 5
4. 翅端圆形，初级飞羽 10 枚 …… 花蜜鸟科
   翅端方形，初级飞羽 9 枚 …… 啄花鸟科
5. 翅端圆形，初级飞羽 10 枚其第 1 枚较最长者短甚 …… 6
   翅端尖形或方形，初级飞羽大都 9 枚，若为 10 枚时，其第 1 枚特短小 …… 23
6. 足攀型；后趾（连爪）与中趾（连爪）等长或更长，嘴不具缺刻 …… 䴓科
   足非攀型；后趾（连爪）较中趾（连爪）为短，嘴常具缺刻 …… 7
7. 跗蹠被以靴状鳞（少数如白头鹎除外） …… 8
   跗蹠被以盾状鳞（有时不很明显） …… 13
8. 体羽柔长而疏松；上颈和枕部具纤羽如发，跗蹠短弱 …… 鹎科
   体羽稠密而结实；上颈和枕部不具发状纤羽，跗蹠粗长 …… 9
9. 嘴形较粗，最外侧之初级飞羽达内侧者 4/5 的长度 …… 八色鸫科
   嘴形似鸫或较细，最外侧初级飞羽较短，不及内侧者 4/5 的长度 …… 10
10. 无嘴须，尾短 …… 河乌科
    有嘴须，尾较长 …… 11
11. 嘴粗健而侧扁，缺刻明显翅长而平 …… 鸫科
    嘴形尖细，缺刻不显著，翅短而凹 …… 12
12. 尾较翅长 …… 扇尾莺科
    尾较翅短 …… 莺科
13. 鼻孔全部被羽或须所遮盖 …… 14
    鼻孔裸露或仅有少数羽或须盖于其上 …… 17
14. 第 1 枚初级飞羽超过第 2 枚的一半长 …… 16
    第 1 枚初级飞羽不及第 2 枚的一半长 …… 15
15. 尾较短，圆形或叉形 …… 山雀科
    尾较长，凸型 …… 长尾山雀科
16. 体形大；翅长超过 120mm，嘴形粗长；体形结实而有光泽 …… 鸦科
    体形小，翅长短于 100mm；嘴短厚似鹦鹉咀，体羽较松软 …… 鸦雀科
17. 鼻孔全部裸露 …… 黄鹂科
    鼻孔多少有羽或须遮蔽着 …… 18
18. 腰羽的羽轴坚硬 …… 山椒鸟科
    腰羽的羽轴正常 …… 19
19. 嘴强壮而侧扁；上嘴具钩与缺刻；并常有齿突 …… 伯劳科

嘴形较细；常具缺刻；钩与缺刻均存在时，嘴多少呈扁平状 …………………………… 20

20. 体羽纯黑或暗灰色；尾羽 10 枚，呈深叉状 …………………………………………… 卷尾科

体羽非纯黑或暗灰；尾羽 12 枚，不呈深叉状 ………………………………………… 21

21. 体羽主要为蓝色、绿色或黄绿色，颈项常有纤羽如发，跗蹠较嘴（从嘴角量起）为短 ……………………………………………………………………………………… 叶鹎科

羽色各异，颈无发状纤羽；跗蹠较嘴（从嘴角量起）为长 ………………………… 画眉科

22. 第 1 枚飞羽最长；其内侧羽突然短缩，故形成尖形翼端 ………………………… 23

翼端方形 ………………………………………………………………………………… 25

23. 嘴形扁阔，初级飞羽 9 枚，脚细弱 ……………………………………………… 燕科

嘴短强而不扁平；初级飞羽 10 枚；最外侧飞羽很小，脚正常 …………………… 24

24. 翅与尾上具辉斑 ……………………………………………………………………… 太平鸟科

翅与尾上无辉斑 ……………………………………………………………………… 椋鸟科

25. 最长的次级飞羽接近翅端；初级飞羽 9 枚，后爪常特长 ……………………… 鹡鸰科

最长的次级飞羽仅达翅长之半或稍超过；后爪正常，初级飞羽 10 枚；其最外侧者甚形退化 ……………………………………………………………………………… 26

26. 嘴短粗，呈圆锥状 …………………………………………………………………… 30

嘴不呈圆锥状 ………………………………………………………………………… 27

27. 嘴形平扁 ……………………………………………………………………………… 28

嘴形不平扁 …………………………………………………………………………… 29

28. 尾较翅长，凸型 ……………………………………………………………………… 王鹟科

尾较翼短或等长 ……………………………………………………………………… 鹟科

29. 体形纤小，翅长不及 60mm，上体几乎纯绿色；眼周白色 ………………………… 绣眼鸟科

体形适中，翅长超过 60mm，上体不呈纯绿色；眼周非无白色 ………………… 33

30. 初级飞羽 10 枚（麻雀等属例外），巢呈曲瓶状，巢置于窟窿或树洞里 ……… 31

初级飞羽 9 枚，巢无盖，置于地面 …………………………………………………… 32

31. 尾呈方形 …………………………………………………………………………… （麻）雀科

尾成楔形 ……………………………………………………………………………… 梅花雀科

32. 下喙底缘明显上曲，上下喙咬合不紧密 ………………………………………… 鹀科

下喙底缘平直或稍上曲，上下喙咬合紧密 ………………………………………… 燕雀科

33. 有嘴须，鼻孔被有盖膜、不被鼻顶遮盖 …………………………………………… 岩鹨科

无嘴须，鼻孔被鼻须遮盖 …………………………………………………………… 椋鸟科

各　论

一、八色鸫科 Pittidae

这类鸟大小如乌鸫，但较肥胖。羽毛鲜艳，具有蓝、红、黑、绿等色彩。嘴粗壮，较长而侧扁，嘴峰具轻微的拱曲。颈部粗短。尾甚短，明显短于翅长。腿强健，跗蹠部长，其前缘鳞片不明显，较为光滑。四趾成三前一后排列，前三趾基部不相连。

分布于热带、亚热带丛林中，多活动于常绿阔叶林下的灌木、草丛之中。在阴暗、潮湿的地面寻找食物。主要以昆虫、蚯蚓等小型动物为食。

该科鸟类仅 1 属，全世界发现有 32 种，在中国有 1 属 9 种。湖南省仅发现 1 种，即：仙八色鸫 *Pitta nympha* Temminck *et* Schlegel。

1. 仙八色鸫 *Pitta nympha* Temminck *et* Schlegel 图 1－1、照片 1－1

多数研究者认为，该物种目前还没有发现亚种的分化。

英 文 名：Blue-winged Pitta；Moduccan Pitta；Lesser Blue-winged Pitta；Fairy Pitta

别　　名：八色鸫、蓝翅八色鸫

历史沿革：*Pitta nympha* Temminck et Schlegel 1850，in. Siebold's Fauna Japonica，Aves，Pt. 5，p. 135，附图版 A（模式产地：朝鲜）

Pitta nympha melli Stresemann，1923，Journ. f. Ornith.，71，p. 326.（模式产地：广东龙头山）

Pitta nympha，Delacoue，1931，3：25－26

Pitta brachyuran nympha，Vaurie，1959，1；郑作新，1976，中国鸟类分布名录：384－385

Pitta nympha Temminck *et* Schlegel，Traylor，1979，8：324－325；郑宝赉，中国动物志 鸟纲 第八卷 1985：47；赵正阶，中国鸟类志 下卷 2001：8；郑光美，2011，中国鸟类分类与分布名录：160。

鉴别特征：体长 160～220mm。羽色鲜艳。头顶栗褐色而具黑色的冠纹。眉纹黄白，黑色贯眼纹在后颈连接成领环。背部羽毛油绿色。翅上小覆羽、腰和尾上覆羽亮蓝色。下体茶黄色，腹中央至尾下覆羽猩红色。

形态描述：头顶深栗褐色而被黑色冠纹分成左右两部分，如同侧冠纹。紧接其外侧的是狭长的黄白色眉纹，自额基一直延伸到后颈两侧。眼先、颊、耳羽黑色，构成宽阔醒目贯眼纹，该纹向后延伸至后颈，左右连接形成翎环。颏、喉白色，且紧切贯眼纹向颈侧延伸。体背和肩部羽毛油绿色。腰、尾上覆羽钴蓝色而具金属光泽。下体皮黄色，腹中央和尾下覆羽猩红色。飞羽和初级覆羽黑色，初级飞羽 10 枚，除外侧 2 枚外，其余初级飞羽外翈中段白

图 1-1 仙八色鸫（仿 Karen Phillipps）

照片 1-1 仙八色鸫（万献军 摄）

色，构成醒目的翼斑。次级飞羽外翈油绿色，具蓝绿色端缘。中覆羽和大覆羽油绿色微沾蓝色。小覆羽钴蓝色亦具金属光泽。尾羽 12 枚，黑色，具钴蓝色端斑。

嘴粗壮，黑色。虹膜暗褐色。跗蹠长而健，呈淡黄褐色。

生活习性：主要栖息在热带、亚热带丛林中，多活动于常绿阔叶林下的灌木、草丛和疏林地带。常单独活动，行动敏捷，性机警而胆怯，善跳跃，多在地上跳跃行走，在阴暗、潮湿的地面寻找食物。主要以昆虫、蚯蚓等小型动物为食。飞行路线直而低，飞行速度较慢。

湖南省境内很少见到，2002 年 5 月在隆回县的屏风界捕获过一次，估计系湖南省的旅鸟。

测量数据：（mm）

编号	性别	体长	翅长	嘴峰	尾长	跗蹠长
2002052301	—	175	109	22	39	39

地理分布：广泛分布于宜章、隆回等湘南地区。

经济意义：珍贵的观赏鸟类和食虫益鸟，国家二级保护动物，国际野生动植物贸易公约保护物种；《中国濒危动物红皮书》中提及的濒危物种。中-日候鸟保护物种。

二、百灵科 Alaudidae

体形如同麻雀大小，体色枯黄而多纵纹。喙细尖呈圆锥形，鼻孔被悬羽。跗蹠后缘钝圆，被有盾鳞。后爪直而特别长出。初级飞羽 10 枚，第 1 枚极短小，三级飞羽特长。尾羽 12 枚，较翅为短，外侧 2 枚白色。雌雄羽色和外形相似。

生活在开阔环境，多见于草滩、耕地、沼泽、湖滨和谷地。在地面筑巢，巢材以杂草为主，内层具有羽毛铺垫。主要以杂草种子、嫩芽和幼根为食，也吃昆虫。

该科全世界已发现有 19 属 91 种，中国有 6 属 14 种（44 亚种），湖南省目前发现 1 属 2 种。其名录如下：

云雀属 *Alauda*

该属的特征在于第一枚初级飞羽短于初级覆羽，冠羽多而短且不显著，只有竖起才能显示。翼短，不达尾端。2 枚外侧尾羽白色，且非端斑。

云雀 *Alauda arvensis intermedia* Swinhoe

小云雀 *Alauda gulgula coelivox* Swinhoe

湖南省百灵科鸟类检索

体形较大，体长大于 150mm，第 5 枚初级飞羽距翼端 5mm 以上…… **云雀** *Alauda arvensis*
体形较小，体长小于 150mm，第 5 枚初级飞羽距翼端 5mm 以下 …… **小云雀** *Alauda gulgula*

1. 云雀 *Alauda arvensis intermedia* Swinhoe 图 2-1、照片 2-1

该物种分化出 10 个亚种，分布于中国的有 6 个亚种（*A. a. dulcivox*；*A. a. kiborti*；*A. a. intermedia*；*A. a. pekinensis*；*A. a. japonica*；*A. a. lonnbergi*），分布于湖南省的为东北亚种。

英 文 名：Eurasian Sky Lark；Northem Skylark；Common Skylark

别　　名：大鹨；天鹨；百灵；告天鸟；朝天柱

历史沿革：*Alauda intermedia* Swinhoe，1863，Proc. Zool. Soc. London：89（模式产地：上海）

Alauda arvensis nigrescens Kistjakowsky et Kotschubei，1925. Mem. Acad. Sci. Ukraine，CI. Phy. Math. 13（1）：247（模式产地：东北兴凯湖）

Alauda arrensis pusilla Иванов　1929（1928），Ежег. Зоол. Акал. Наук. СССР 39：284（模式产地：东北兴凯湖）

Alauda arvensis intermedia Swinhoe，La Touche 1925-1934 A handbook of the birds of eastern China Taylor and Francis，London，1；郑作新，1976，中国鸟类分布名录：395-296；郑宝赉，中国动物志　鸟纲　第八卷 1985：85；赵正阶，中国鸟类志　下卷 2001：29；郑光美，2011，中国鸟类分类与分布名录：164-165。

鉴别特征：体长 150～192mm，上体沙棕色具显著的黑色羽干纹和红棕色羽缘，遇惊头上竖着羽冠，最外侧一对尾羽几乎为纯白色。胸棕白色，具黑色粗纹。

形态描述：额、头顶、枕和后颈沙褐色具较细的黑褐色羽干纹，具羽冠，受惊时竖起甚明显。背部沙褐色，具粗著的黑褐色羽干纹和棕红色羽缘。尾上覆羽沙褐色具细的黑褐色羽

图 2-1 云雀（仿 Karen Phillipps）

照片 2-1 云雀（邓学建 摄）

干纹。眼先和眉纹棕白，颊和耳羽均淡棕色，而杂以细长的黑纹；颧区微具褐纹；胸棕白，密布黑褐色粗纹；下体余部纯白，两胁微有棕色渲染，有时还具褐纹。飞羽黑褐色具棕色外翈缘，且越内侧者棕色羽缘越宽。初级飞羽和次级飞羽黑褐，有的羽端缀棕白色，飞羽式为（包括次级飞羽）：1=2=3>4>16>5>15>17>14>6=12>7=11>8=10>13>9>8。尾截形，但中央尾羽稍短，各尾羽末端至外侧尾羽末端的距离由外至内依次相差：0mm；0mm；0mm；0.2mm；0.6mm。中央尾羽黑褐，而具淡棕色宽缘，最外侧尾羽几乎纯白仅内翈基部有一黑褐色楔形斑。次外侧尾羽仅外翈白色，或为楔形白斑。其余尾羽黑褐色具棕白色羽缘。

虹膜暗褐，嘴角褐色，脚肉褐色，后爪较后趾长而直，爪黑色。雌体雄体相似。幼鸟羽色与成鸟相似，但上体黑色和棕色均较鲜浓，下体的黑褐色斑纹亦较多而密。

生活习性：湖南的冬候鸟。喜栖息于开阔的环境，多集群在地面奔跑，作寻觅食物和嬉戏追逐活动，从不见栖息树枝上；叫声复杂而多音韵，食物大都为植物性，也食昆虫；巢呈碗状，由干枯的植物茎叶、根须构成，没有内垫物，松脆易碎，营于地面凹陷处；雏鸟全为动物性食物，卵每窝产 3～5 枚，卵为灰色，杂以褐色或暗灰色斑点，在卵的钝端尤密集，形成一个圆环状，孵卵全由雌鸟承担。

测量数据：（mm）

全长	翅长	尾长	跗蹠长	喙长	最长飞羽
182	100	89	—	13	88
166	101	63	24	11	89
159	99	70	23	10	70
175	99	63	24	13	81

地理分布：湖南各地均有分布。

经济意义：国家“三有”保护鸟类。此鸟所吃的植物性食物大多为杂草种子，所以在食性方面，此鸟益多害少；同时因它善歌咏，因此，是名贵的笼鸟。

2. 小云雀 *Alauda gulgula coelivox* Swinhoe 图 2-2、照片 2-2

该种中分化出 12 个亚种，中国分布的有 6 个亚种（*A. g. inopinata*；*A. g. weigoldi*；

A. g. coelivox；*A. g. vernayi*；*A. g. sala*；*A. g. wattersi*)，分布于湖南省的是华南亚种。

英 文 名：Leeser Skylark；Oriental Sky Lark

别　　名：大鹨、天鹨、百灵、告天鸟、朝天柱

历史沿革：*Alauda coelivox* Swinhoe，1859，Journ. N. Chian Br. Roy. As. Soc. 19（3）：288（模式产地：福建厦门）

Alauda gulgula pescadoresi，La Touche，Bull. Brit. Orn. Cl. 43：20（模式产地：中国澎湖列岛）

Alauda gulgula coelivox Swinhoe，La Touche 1925－1934 A handbook of the birds of eastern China Taylor and Francis，London：1；郑作新，1976，中国鸟类分布名录：396－398；郑宝赉，中国动物志 鸟纲 第八卷 1985：90；赵正阶，中国鸟类志 下卷 2001：31；郑光美，2011，中国鸟类分类与分布名录：165－166。

鉴别特征：体长 130～157mm。上体呈较暗的砂棕色，满布显著的黑色纵纹，遇惊头上竖着羽冠，最外侧一对尾羽几乎为纯白色。与云雀的区别在于体形较小，尾较短，具黑纵纹的胸部棕褐色。

图 2－2　小云雀（仿 Karen Phillipps）

照片 2－2　小云雀（李剑志　摄）

形态描述：额、头顶和枕部棕褐色具黑褐色细轴纹，头顶有一短的羽冠，受惊时才可见。颈部和颈侧条纹较细、较少，棕白色羽缘宽，故较体背色彩为淡。上体棕褐，背部的羽毛均具较粗的近黑色羽轴纹。眉纹、颊部棕色，耳覆羽棕色较浓，下体棕白，胸部棕色较浓，并密布近黑色羽干纹或点斑。飞羽黑褐色具棕褐色外翈缘，大覆羽和中覆羽黑褐色具较宽的棕白色羽缘。尾羽黑褐色，但次外侧尾羽外翈白色，最外侧尾羽全呈白色。

虹膜褐色，嘴峰铅褐，脚肉黄色，爪肉红色。雌雄相似。

生活习性：湖南较常见的留鸟。食物为杂食性，植物性食物主要有稗子、蓼、杂草种子等；动物性食物有小型甲虫、摇蚊、蜂、地老虎、蝗虫及虫卵、鳞翅目的幼虫、蜘蛛等。卵每窝产 3～4 枚，底色淡灰至近白，或多或少杂以深浅不同的灰色及黑色，其上更散以褐色斑点。

测量数据：　(mm)

编号	日期	采集地	全长	喙长	翅长	尾长	跗蹠长
140	1993	衡阳	155	12	89	57	21

地理分布：全省各地均有分布。

经济意义：国家“三有”保护鸟类。此鸟所吃的植物性东西大多为杂草种子，所以在食性方面，此鸟益多害少；同时因它善歌咏，因此是笼鸟中的名贵者。与云雀相同。

三、燕科 Hirundinidae

燕科为小型鸟类。其嘴短阔而平扁，呈三角形。上嘴先端处具一小缺刻；嘴须明显但较短弱、鼻孔裸出。翅狭长，初级飞羽 9 枚，第 1 枚与第 2 枚几乎等长；次级飞羽仅达翅的中部。尾呈叉形，尾羽 12 枚。跗蹠细弱。雌雄鸟外形相似。

这类鸟系中国的候鸟，常在空旷的田野、谷地上空飞翔，以捕食各类飞行的昆虫。喜群栖电线，特别在迁徙前，结成大群尤为壮观。繁殖期在住宅的屋檐、椽间、墙壁上制作泥巢。

该科鸟类全世界已发现 14 属 90 种，中国有 4 属 12 种 26 亚种。湖南省目前发现 3 属 5 种与亚种，其名录如下：

Ⅰ. 沙燕属 *Riparia*

1. 灰沙燕 *Riparia riparia fokienensis* (La Touche)

Ⅱ. 燕属 *Hirundo*

2. 家燕 *Hirundo rustica gutturalis* Scopoli
3. 金腰燕 *Hirundo daurica japonica* Temminck et Schlegel

Ⅲ. 毛脚燕属 *Delichon*

4. 烟腹毛脚燕福建亚种 *Delichon dasypus nigrimentalis* (Hartert)
5. 烟腹毛脚燕西南亚种 *Delichon dasypus cashmeriensis* (Gould)

湖南省燕科鸟类属、种检索

1. 跗蹠和趾被羽 ………………………………………………………… **毛脚燕属…2**
   跗蹠和趾不被羽 ……………………………………………………………… **3**
2. 尾叉较浅，仅 2～3mm …………… **烟腹毛脚燕福建亚种 *Delichon dasypus nigrimentalis***
   尾叉较深，达 5～7mm …………… **烟腹毛脚燕西南亚种 *Delichon dasypus cashmeriensis***
3. 体羽主要为灰色……………………………… **沙燕属　灰沙燕 *Riparia riparia fokienensis***
   体羽主要为黑色 ……………………………………………………………… **燕属…4**
4. 腰羽颜色不同于背羽颜色 ……………………………… **金腰燕 *Hirundo daurica japonica***
   腰羽颜色与背羽颜色相同 ……………………………… **家燕 *Hirundo rustica gutturalis***

1. 灰沙燕 *Riparia riparia fokienensis* (La Touche) 图 3-1、照片 3-1

该物种分化出 7 个亚种，在中国有 4 个亚种（*R. r. ijimae*；*R. r. diluta*；*R. r. tibetana* 和 *R. r. fokienensis*），湖南省发现的是福建亚种。

英 文 名：Sand Martin；Bank Swallow；Collared Sand Martin

别　　名：淡色崖沙燕、崖沙燕、土燕子、麻燕子

历史沿革：*Cotile fokienensis* La Touche，1908，Bull. Brit. Orn. Cl. 23：17（模式产地：福建邵武及福州）

Riparia riparia fokienensis (La Touche)，La Touche 1925 - 1934 A handbook of the birds of eastern China Taylor and Francis，London，1；Gee 1931 Peking Nat. Hist. Bull. 5；郑作新，1976，中国鸟类分布名录：401～403；郑宝赉，中国动物志　鸟纲　第八卷 1985：

103；赵正阶，中国鸟类志　下卷　2001：36。

鉴别特征：尾呈浅叉状的小型燕类。上体灰褐色，下体白色，胸有一条灰褐色的胸带，跗蹠和趾裸露无羽。

图 3-1　灰沙燕（仿 Karen Phillipps）

照片 3-1　灰沙燕（王斌　摄）

形态描述：体长 110～135mm。嘴短弱，基部宽阔而平扁、背视呈三角形，黑褐色。上嘴端部稍曲，近端处有一小缺刻。鼻孔裸露，不被羽毛掩盖。额羽具灰褐色边缘，头顶黑褐色。颈项、上背、翼上覆羽暗褐色。下背、腰和尾上覆羽亦暗褐色，具白色羽缘。眼先黑褐色，颊和耳羽灰褐。颏、喉白色，该白色且伸展到颈侧。胸部具隐约可见的灰褐色胸带。腹和尾下覆羽白色。两胁灰白而沾褐，腋羽和翼下覆羽灰褐色。翅狭长，初级飞羽 9 枚，第 1 枚与第 2 枚几乎等长。飞羽黑褐色，内翈羽缘较淡，外侧 2 枚初级飞羽羽轴亮黑色，其余羽轴呈栗褐色，羽轴腹面为白色。尾羽较背稍暗，12 枚，除中央尾羽外，其余均具不明显的白色羽缘。尾叉较浅。

跗蹠细弱，前缘被盾状鳞，灰褐色。四趾三前一后，后爪较后趾为短。虹膜黑褐色。

生活习性：在湖南为留鸟。生活于河川、湖沼，常在空中回翔，晨昏间特别活跃，掠过水面或沼泽地，穿梭般地飞行捕食飞虫。当昆虫较少或傍晚饱食后，常大群停栖在沼泽地、稻田、村镇道路旁的电线上。食物为各种飞行昆虫。冬季见于洞庭湖区的水面上。

测量数据：　　　　（mm）

编号	性别	体长	翅长	嘴峰	尾长	跗蹠
891202	雄体	121	101	5.3	52	10
020112	雌体	123	99	5.3	51	10.2

地理分布：广泛分布于洞庭湖区。

经济意义：有益的食虫鸟类。国家“三有”保护鸟类，中-日候鸟保护物种。

2. 家燕 *Hirundo rustica gutturalis* Scopoli 图 3-2、照片 3-2

该物种分化出 8 个亚种，其中有 4 个亚种分布于中国（*H. r. rustica*；*H. r. gutturalis*；

H. r. tytleri；*H. r. mandschurica*），湖南省分布的是普通亚种。

英 文 名：House Swallow；Barn Swallow；Common Swallow

别　　名：燕子、拙燕

历史沿革：*Hirumdp rustica gutturalis* Scopoli，1786，Del. Flor. *et*. Faun. Insubr. 2：96（模式产地：菲律宾）；La Touche 1925－1934 A handbook of the birds of eastern China Taylor and Francis，London，1；郑作新 1976，中国鸟类分布名录：404－405；郑宝赉，中国动物志 鸟纲 第八卷 1985：112；赵正阶，中国鸟类志 下卷 2001：40；郑光美，2011，中国鸟类分类与分布名录：169。

鉴别特征：全长 134～197mm，嘴宽扁，上体呈金属及光的蓝黑色，喉栗红色，腹部白色无斑。

图 3－2　家燕（仿 Karen Phillipps）

照片 3－2　家燕（邓学建　摄）

形态描述：上体呈金属蓝黑色，飞羽和尾羽黑褐，微具绿色光泽，额、颏、喉和前胸均栗红色，后胸有不整齐的黑色横带，腹部乳白色，飞羽狭长，飞羽式为：1＝2＞3＞4＞5＞6＞7＞8＞9。尾深叉状，最外侧尾羽最长，其余由外向内依次递减，各尾羽末端至最外侧尾羽末端的距离由外至内依次为：2.4mm；3.3mm；3.8mm；4.2mm；4.3mm。除了中央一对外，其余尾羽内翈均具白端斑，飞行时尾羽平展呈剪状，白斑互连成“v”形。

雌体与雄体相似，但雌体除最外侧尾羽较短外，额、颏、喉和前胸的栗色也不如雄体鸟艳丽。

幼鸟体色与成鸟相似，但较暗淡，尾羽较短。

虹膜暗褐色，嘴黑褐色，跗蹠及趾黑色。

生活习性：家燕是湖南常见的夏候鸟，夏季常成对地栖息于村镇附近的田野和河岸边的树木上，亦见停息于电线上，飞行轻捷，飞速快，飞行时捕捉飞虫为食，飞行无定向，并发出尖锐急促的叫声；家燕全以昆虫为食，巢由雌体、雄体共同筑成，多置于屋檐下或梁上，或屋内特设的招引架上，呈浅皿状或半碗状；每日早晨 5～8 时产卵，通常每窝 4～5 枚，产卵前可见在巢内或停息在树枝上交配，孵卵由雌体单独承担。

测量数据：(mm)

编号	日期	采集地	性别	全长	喙长	翅长	尾长	跗蹠长	最长飞羽
846038	1984.06.25	阳明山	—	15	0.9	8	5.5	1.5	8.1
—	1984.06.24	双江口	雄体	13.5	0.7	10	—	1.1	8.1
846082	1984.07.03	阳明山	雌体	17.2	1	10.5	6	1	9.0
846019	1984.06.24	双江口	雄体	14	0.8	10.2	5.5	1.4	9.1
846007	1984.06.23	阳明山	雄体	12.8	0.7	7.4	4.5	1.1	9.2
8204020	1982.04.11	—	—	14.2	0.7	11.5	9.5	—	9.6
8203021	1982.04.11	—	—	14.2	0.7	11.3	10.2	0.9	9.4

地理分布：湖南各地均有分布。

经济意义：国家“三有”保护鸟类，湖南省重点保护鸟类，中-日、中-澳候鸟保护协定保护鸟类。家燕是熟知的益鸟，在消灭卫生害虫及农林害虫方面起着巨大的作用；另外，可根据家燕对气候的异常反应来预测天气变化。

3. 金腰燕 *Hirundo daurica japonica* Temminck *et* Schlegel 图 3－3、照片 3－3

该物种分化出 12 个亚种，在中国分布的有 4 个亚种（*H. d. gephyra*；*H. d. daurica*；*H. d. nipalensis*；*H. d. japonica*），湖南省分布的是普通亚种。

英 文 名：Red-rumped Swallow；Golden-rumped Swallow

别　　名：赤腰燕、黄腰燕、巧燕、花燕儿

历史沿革：*Hirundo daurica japonica* Temminck *et* Schlegel，1847，Faun. Jap.，Aves 33：图版Ⅱ（模式产地：日本）；La Touche 1925－1934 A handbook of the birds of eastern China Taylor and Francis，London，1；Gee 1931 Peking Nat. Hist. Bull. 5；郑作新，1976，中国鸟类分布名录：406－407；郑宝赉，中国动物志 鸟纲 第八卷 1985：119；赵正阶，中国鸟类志 下卷 2001：44；郑光美，2011，中国鸟类分类与分布名录：169－170。

鉴别特征：全长 150～206mm，大小与家燕相似，上体蓝黑色，腰有显著的栗黄色横带，下体棕白色，沿羽轴形成黑色纵纹。

图 3－3 金腰燕（仿 Karen Phillipps）

照片 3－3 金腰燕（邓学建 摄）

形态描述：嘴短弱，基部宽，黑褐色，鼻孔椭圆形，具不明显的棱脊。无嘴须和鼻须。

额，头顶蓝黑色具金属光泽，后枕棕红色具黑色羽轴纹。眼先黑色，有极细的棕红色眉纹。眼后与颞部棕红色，颏灰白色具黑色轴纹。背部蓝黑色，具蓝色金属光泽。腰羽棕红色或者栗黄色，形成宽阔的腰带，各羽缀以黑色羽轴纹。尾上覆羽黑色。胸部灰白色染棕，具淡黑色轴纹，肛羽与腹羽同色但无黑色轴纹，尾下覆羽棕黄色具黑色端斑，两胁与腹羽同色，但具较浓的棕黄色。飞羽黑褐色，内翈灰白，羽轴具隐约可见的横纹。大覆羽黑褐色，具狭窄的棕黄色端斑。中覆羽和小覆羽亦然，但具蓝色金属光泽。三级飞羽和最内侧次级飞羽具狭窄的棕黄色端斑。小翼羽黑褐色。飞羽式 2>1>3>4>5>6>7>8>9>10。次级飞羽羽端截形，中央微凹，翼下覆羽棕黄色，翼缘处具细的黑色细纹。尾羽 12 枚，黑褐色，最外侧尾羽较中央尾羽长 32mm。

虹膜暗褐色，跗蹠辉蓝黑色。雌体、雄体相似。幼鸟似成鸟，但上体辉蓝色不及成鸟艳丽。

生活习性：金腰燕为湖南常见的夏侯鸟。该鸟喜结群，主要捕食昆虫，如半翅目、鞘翅目、膜翅目、双翅目昆虫等。金腰燕每年繁殖 2 次。一次在 5 月上旬至下旬；一次在 6 月中旬至 7 月初。每巢产卵 4～6 枚，但以 5 枚为多。卵呈淡蓝灰色，密布淡褐和暗灰色斑点。巢由雌体、雄体共同建筑，孵卵和育雏也由雌体、雄体鸟共同承担。金腰燕的巢为泥质瓶状巢，常建在民宅墙壁与顶板的交界处。

测量数据：　(mm)

编号	日期	采集地	性别	全长	喙长	翅长	尾长	跗蹠长	最长飞羽
847097	1984.07.03	阳明山	雄体	140	6	11	55	14	92
846017	1984.06.24	双江口	—	170	5	12	85	15	92
846029	1984.06.22	阳明山	—	170	—	13	90	15	91
846080	1984.07.03	阳明山	雄体	180	—	10	85	12	88
846028	1984.06.26	阳明山	雌体	150	5	—	60	15	91
846028	1984.06.25	阳明山	—	188	6	11.8	97	13	93
—	—	壶瓶山	雄体	153	7.5	11.1	77	14.5	—
—	—	—	—	170	7	11.7	80	16	98

地理分布：湖南省境内都有分布。

经济意义：国家“三有”保护鸟类，中-日候鸟协定保护鸟类，湖南省重点保护鸟类。对消灭农林害虫、卫生害虫、果树害虫等有重要作用。

4. 烟腹毛脚燕福建亚种 *Delichon dasypus nigrimentalis* (Hartert) 图 3-4、照片 3-4

该物种分化出 3 个亚种，中国有这 3 个亚种（*D. d. dasybus*；*D. d. cashmeriensis*；*D. d. nigrimentalis*）分布。湖南省分布的是福建亚种和西南亚种。

英 文 名：Asian House Martin；Asiatic House Martin；Asian Martin

别　　名：石燕、白腰燕、灵燕、南岳燕

历史沿革：*Hirundo urbica nigrimentalis* Hartert，1910，Vog. pal. Faun. 1：810（模式产地：福建挂墩）

Delichon urbica nigrimentalis，La Touche 1925－1934 A handbook of the birds of eastern China Taylor and Francis，London，1；Gee 1931 Peking Nat. Hist. Bull. 5；郑作新，1976，中国鸟类分布名录：408－410；郑宝赉，中国动物志 鸟纲 第八卷 1985：126－127。

Delichon dasypus nigrimentalis，郑作新，1994，中国鸟类种和亚种分类名录大全；赵正阶，2001 中国鸟类志 下卷：48－49；郑光美，2011，中国鸟类分类与分布名录：171

鉴别特征：全长 110～120mm，稍小于家燕的灰色燕子。上体蓝黑色，腰羽白色。下体烟灰白色，跗蹠和趾被白色绒羽。飞行如家燕，造半球状泥丸巢穴。尾叉仅 2mm，翼长在 92～96mm 之间。

图 3－4 烟腹毛脚燕（仿 Karen Phillipps）

照片 3－4 烟腹毛脚燕福建亚种（邓学建 摄）

形态描述：喙短而宽，鼻孔椭圆形，边缘微隆起。鼻须发达，4 至 5 根，微向下曲。额、头顶、枕及后背蓝黑色，微具金属光泽。腰及尾上覆羽灰白色，具有黑褐色纤细的羽轴纹。颏、喉灰白色，胸带烟灰色，腹部灰白，但具纤细的棕褐色羽轴纹。尾下覆羽灰褐色，外侧尾下覆羽外翈色较深。下眼睑绒羽灰白色。自颏、嘴角、眼下至颈侧形成明显的黑白色界线。两肋烟灰色。翅尖长，后伸超过尾羽末端 3～4mm。飞羽黑褐色，初级飞羽 9 枚，飞羽腹面灰褐色，翼下覆羽烟灰色。尾凹形，尾羽 12 枚，最外侧尾羽较中央尾羽长2～3mm。中央 2 枚尾下覆羽几乎达中央尾羽，两者相距 3～4mm。

嘴黑褐色，尖端稍曲，嘴端微具缺刻。虹膜黑褐色。跗蹠及趾密被白色绒羽，爪角褐色。

生活习性：湖南省的夏候鸟，每年 3～4 月迁入湖南省，在海拔 1000～1290m 的住宅屋檐处筑泥巢，每年繁殖 2 次，第 1 窝产 4 枚卵，第 2 窝产 2～3 枚卵。9 月离开我省。如同家燕一般，在飞行中捕获飞行的昆虫为食。2005 年 5 月调查发现南岳山的民俗文化村有毛脚燕 19 窝，每窝平均 6 只，总共约 114 只。祝融峰有毛脚燕 42 窝，每窝平均 6 只，总共约 252 只。2009 年 9 月间在平江幕阜山海拔 1007m 的幕阜山森林公园管理局的宿舍楼发现 22 个巢穴，共约 110 只。2010 年又在浏阳大围山的玉泉山庄发现了筑巢的繁殖群体。至于宜章莽山的群体系什么亚种还得采集了标本才能判断。

地理分布：衡山南岳山民俗文化村的鬼寨和祝融峰附近。平江幕阜山公园管理局以及浏阳大围山的玉泉山庄。

测量数据： (mm)

编号	全长	喙长	翅长	尾长	跗蹠长
05050601	113	7	93	48	13
05050602	112	7	94	46	12
05050603	112	6	93	49	13
05050604	110	6	94	44	12
05050605	112	6	93	46	12

经济意义：食虫益鸟，国家“三有”保护鸟类，中-日候鸟保护物种。

5. 烟腹毛脚燕西南亚种 *Delichon dasypus cashmeriensis*（Gould）图 3－5、照片 3－5

该物种分化出 3 个亚种，中国有这 3 个亚种（*D. d. dasybus*；*D. d. cashmeriensis*；*D. d. nigrimentalis*）分布。湖南省分布的是福建亚种和西南亚种。

英 文 名：Asian House Martin；Asiatic House Martin；Asian Martin

别　　名：石燕、白腰燕、灵燕、南山燕

历史沿革：*Shelidon cashmeriensis* Gould，1858，Proc. Zool. Soc. London 26：356（模式产地：克什米尔）

Delichon urbica cashmeriensis，Gee 1931 Peking Nat. Hist. Bull. 5；郑作新，1976，中国鸟类分布名录：408－410；郑宝赉，中国动物志 鸟纲 第八卷 1985：126－127

Delichon dasypus cashmeriensis，郑作新，1994，中国鸟类种和亚种分类名录大全；赵正阶，中国鸟类志 下卷 2001：48－49；郑光美，中国鸟类分类与分布名录，2011：171。

鉴别特征：全长 100～120mm，稍小于家燕的灰色燕子。上体蓝黑色，腰羽灰白色。下体烟灰白色，跗蹠和趾被白色绒羽。飞行如家燕，亦筑泥巢。尾叉为 5～7mm，翼长在95～103mm 之间。

图 3－5 烟腹毛脚燕（仿 Karen Phillipps）

照片 3－5 烟腹毛脚燕西南亚种（邓学建 摄）

形态描述：与福建亚种相似。但是翼较长，在 95～103mm 之间。尾叉较深，为 5～7mm。腰羽灰白，羽干纹明显，最长的尾上覆羽黑褐色。下体灰白具丝光亮色，羽干纹细而明显。尾下覆羽纵纹显著。尾凹形，尾羽 12 枚，最外侧尾羽最长，各尾羽末端达最长尾羽末端的距离，由内至外依次为：6.4mm、4.7mm、2.8mm、2.0mm、0.4mm、0mm。但少数个体次外侧尾羽最长，尾羽式为：6mm、4mm、3mm、2mm、0mm、1mm。

生活习性：湖南省城步南山的夏候鸟，每年 3～4 月迁入湖南省，在当地（海拔 1630m）的住宅房檐处筑半圆形泥巢。巢由雌雄共同完成。每年繁殖 2 次，第 1 窝产 4 枚卵，第 2 窝产 2～3 枚卵。每年 4 月初迁来，9 月初至 10 月离开我省。如同家燕一般，在飞行中捕获飞行的昆虫为食。

数量：2006 年 5 月 2 日在南山牧场附近的民宅和学校等建筑的屋檐下，共发现烟腹毛脚燕西南亚种 280 余窝，约 560 余只。

测量数据：（mm）

编号	全长	喙长	翅长	尾长	跗蹠长
20080420001	107.8	6.8	95.9	48.4	10.5
20080420002	108	6.1	95.5	47.9	10

地理分布：城步南山牧场。宜章县莽山林场的个体还未获得标本，故还不能断定其亚种。

经济意义：食虫益鸟，国家“三有”保护鸟类，中-日候鸟保护物种。

四、鹡鸰科 Motacillidae

本科鸟类体形纤小，嘴须发达，鼻孔不被羽，嘴形细长，上嘴先端微具缺刻。翅具 9 枚初级飞羽，第 1、2 枚几乎等长，次级飞羽较长，最长者可达翅尖。尾羽 12 枚，各枚长度相差小，最外的 1 枚为纯白，中央尾羽黑。脚细长，跗蹠前缘具有盾状鳞，后缘光滑成棱状；雌雄差别不大，幼鸟似成鸟，但体色较浅。

多栖息于草地、河滩及沼泽地，多成对或结小群活动。飞行时飞行轨迹呈波浪状，善在地面奔走，而不跳跃。停息时尾羽常不断摆动。常在地面或水边觅食，主要以昆虫为食。巢穴多建筑在地面、石间或穴隙中。

鹡鸰科全世界有 5 属 62 种，中国有 3 属 20 种（42 亚种），湖南省有 3 属 13 种与亚种。其名录如下：

Ⅰ. 山鹡鸰属 *Dendronanthus*

1. 山鹡鸰 *Dendronanthus indicus*（Gmelin）

Ⅱ. 鹡鸰属 *Motacilla*

2. 黄鹡鸰 *Motacilla flava macronyx*（Stresemann）
3. 灰鹡鸰 *Motacilla cinerea robusta*（Brehm）
4. 黄头鹡鸰 *Motacilla citreola citreola* Pallas
5. 白鹡鸰普通亚种 *Motacilla alba leucopsis* Gould
6. 白鹡鸰东北亚种 *Motacilla alba baicalensis* Swinhoe

Ⅲ. 鹨属 *Anthus*

7. 田鹨华南亚种 *Anthus richardi sinensis*（Bonaparte）
8. 田鹨东北亚种 *Anthus richardi richardi* Vueillot
9. 树鹨普通亚种 *Anthus hodgsoni hodgsoni* Richmond
10. 树鹨东北亚种 *Anthus hodgsoni yunnanensis* Uchida et Kuroda
11. 红喉鹨 *Anthus cervinus*（Pallas）
12. 水鹨 *Anthus spinoletta japonicus* Temminck et Schlegel
13. 山鹨 *Anthus sylvanus*（Hodgson）

湖南省鹡鸰科种属、种检索

1. 背羽具纵纹 ………………………………………………………… **2**
   背羽纯色无纵纹 ………………………………………………… **鹡鸰属…9**
2. 凹形尾；中央尾羽较外侧尾羽为短 ……………… **山鹡鸰属…山鹡鸰 *Dendronanthus indicus***
   圆形尾；中央尾羽较外侧尾羽为长 ………………………………… **鹨属…3**
3. 尾羽末端尖形 ……………………………………………… **山鹨 *Anthus sylvanus***
   尾羽末端圆形 ………………………………………………………… **4**
4. 后爪显著弯曲，较后趾短 ………………………………………… **树鹨…5**
   后爪稍曲，较后趾长或等长 ………………………………………… **6**
5. 上体较黄绿；纵纹不显著 ……………… **树鹨东北亚种 *Anthus hodgsoni yunnanensis***
   上体较灰褐；纵纹显著 ………………… **树鹨普通亚种 *Anthus hodgsoni hodgsoni***
6. 体侧几乎为纯色，纵纹不显著或缺 ………………………………… **7**

体侧具粗形暗色纵纹 ………………………………………………………… 红喉鹨 *Anthus cervinus*
7. 胸部沙褐色；后爪淡褐色 ……………………………………………………………………………… 田鹨……8
胸部纯白，繁殖期为淡葡萄红；后爪黑色 ……………………………… 水鹨 *Anthus spinoletta japonicus*
8. 胸部具黑褐色羽轴纹，下体灰白 ……………………………… 田鹨华南亚种 *Anthus richardi sinensis*
胸部具较粗的黑纹，下体近白色 ……………………………… 田鹨东北亚种 *Anthus richardi richardi*
9. 下体白色 …………………………………………………………………………………………………… 10
下体黄色 …………………………………………………………………………………………………… 11
10. 头顶及颈项黑色，背羽灰色 …………………………… 白鹡鸰东北亚种 *Motacilla alba baicalensis*
头顶至腰均黑色 …………………………………………… 白鹡鸰普通亚种 *Motacilla alba leucopsis*
11. 头黄色（雄）或眉纹黄色（雌） …………………………… 黄头鹡鸰 *Motacilla citreola citreola*
非上述特征 ………………………………………………………………………………………………… 12
12. 上体灰色 ……………………………………………………………… 灰鹡鸰 *Motacilla cinerea robusta*
上体染绿色 …………………………………………………………… 黄鹡鸰 *Motacilla flava macronyx*

1. 山鹡鸰 *Dendronanthus indicus*（Gmelin）图 4-1、照片 4-1

该种目前还没有发现亚种的分化。

英 文 名：Forest Wagtail

别　　名：刮刮油、林鹡鸰、横花牛屎䳭、树鹡鸰

历史沿革：*Motacllna indica* Gmelin，1788，Syst. Nat.，ed. 13. 1：902（模式产地：印度）

Dendronanthus indicus，La Touche 1925-1934 A handbook of the birds of eastern China Taylor and Francis，London，1；Gee 1931 Peking Nat. Hist. Bull. 5；郑作新，1976，中国鸟类分布名录：410-411；郑宝赉 中国动物志 鸟纲 第八卷 1985：132；赵正阶，中国鸟类志 下卷，2001：51；郑光美，2011，中国鸟类分类与分布名录：172。

鉴别特征：全长 145～173mm，上体橄榄褐色，翅黑褐，翅上有明显的 2 道白色横斑，下体白色，胸部具 2 道黑褐色横斑。

图 4-1 山鹡鸰（仿 Karen Phillipps）

照片 4-1 山鹡鸰（姚毅 摄）

形态特征：额、头顶、枕和上背橄榄褐而尾上覆羽黑色。眼先、贯眼纹黑褐色，眼圈灰白色，颊部灰白，耳羽和颈侧同背色。眉纹黄白色，自鼻孔经眼后伸达枕部。颏、喉白色，髭纹不明显或者成连续的斑状。胸部有黑、白、黑 3 道胸环，其中上胸的黑色胸环醒目而完整，该环中部的黑色向后延伸，直达其后黄白色胸环以及再后的黑褐色胸中央。腹部、肛周和尾下覆羽白色。飞羽黑褐，外翈有 2 处黄白色斑，形成 2 道翼斑。与外翈基部黄斑相对的内翈有一灰白色斑。大覆羽和中覆羽均具端斑。大覆羽的端斑与飞羽基部的斑重叠，中覆羽的端斑形成翼上另一条翼斑，小覆羽和肩羽同背色，小翼羽黑色，飞羽 10 枚，第 1 枚极小，几乎成披针状，长为初级覆羽的 1/2，第 3～5 枚初级飞羽具切迹。翼尖形，飞羽式为 2>3>4>5>6>7>8>9>10。第 1 枚次级飞羽最短，以内的逐渐加长。倒数第 3 枚次级飞羽最长，其长度几枚与第 4 枚初级飞羽等长。中央尾羽橄榄褐色，羽轴棕色，其外的 3 枚尾羽黑色羽轴亦黑。最外侧的 2 枚外侧尾羽基部黑色，端部有白色楔状斑，该处的羽轴亦白色。尾羽 12 枚，中央尾羽较尾羽端短 3.2mm，其余尾羽几乎等长。

雌体与雄体相似，幼鸟似成鸟，但体色较淡。

嘴角褐色，下嘴基灰白，鼻孔椭圆形，左右可透视。鼻须和嘴弱而短，嘴较直，嘴峰稍曲，尖略下曲，具近端缺刻。跗蹠肉红色，前缘微具盾状鳞，后缘被靴状鳞。虹膜深褐色。

湖南常见但数量较少的夏候鸟。常栖息于林间空地、林缘、河边及村落附近，主要以昆虫为食，也食蜗牛、蛞蝓等，每年 5～6 月间繁殖。喜欢在较粗的树枝上来回走，在树枝上停留时尾喜欢来回摆动并且不停的鸣叫。

测量数据：（mm）

编号	采集地	性别	体重	全长	嘴峰	翅长	尾长	跗蹠长	口裂
151	长沙	雌体	—	152	11	73.5	69	22	17
97081601	江永	—	27.4	163.8	13.9	78.2	66.5	21.3	—
890603	苏仙岭	雄体	20.5	188	13.5	87.5	79	23	—
890607	苏仙岭	雄体	20.5	188	13.5	87.5	79	24	—
547	苏仙岭	雄体	16.1	167	13	74	67	20	18
826010	宜　章	—	28	160	18	100	60	23	12

地理分布：湖南大部分地区有分布。

经济意义：国家“三有”保护鸟类，中-日候鸟协定保护鸟类。食虫益鸟。

2. 黄鹡鸰 *Motacilla flava macronyx*（Stresemann）图 4－2、照片 4－2

该物种分化出 18 个亚种，在中国有 9 个亚种（*M. f. leucocephala*；*M. f. melanogrisea*；*M. f. taivana*；*M. f. plexa*；*M. f. macronyx*；*M. f. beema*；*M. f. angarensis*；*M. f. simillima*；*M. f. tschutschensis*；*M. f. plexa*），湖南省分布的是东北亚种。

英 文 名：Yellow Wagtail

历史沿革：*Budytes macronyx* Stresemann，1920，Avif. Macedon：76（模式产地：西伯利亚海参威）

Motacilla flava macronyx，La Touche 1925－1934 A handbook of the birds of eastern

China Taylor and Francis, London, 1; Gee 1931 Peking Nat. Hist. Bull. 5；郑作新，1976，中国鸟类分布名录：411-413；郑宝赉，1985，中国动物志 鸟纲 第八卷：138；赵正阶，2001，中国鸟类志 下卷：53；郑光美，2011，中国鸟类分类与分布名录：174-175。

鉴别特征：全长150～190mm，雄鸟头顶灰色，上体橄榄绿，翼具2道黄白翼斑。下体皆黄，最外侧两对尾羽大部分为白色。

图4-2 黄鹡鸰（仿 Karen Phillipps）

照片4-2 黄鹡鸰（姚毅 摄）

形态描述：嘴纤细、灰褐色，嘴须弱，鼻圆形裸露。夏羽的额缘、额、头顶、枕及颈灰色，背及腰橄榄绿，尾上覆羽黄绿色。眼先黑色，颊耳羽黑色或灰褐色，颊纹灰白色或不明显。额黄白色，下体和两胁为一致的黄色。方形翼，初级飞羽9枚 1≥2≥3≥4>5>6>7>8>9，第9枚与第8枚相差3mm。各飞羽黑褐色，羽缘为黄白色。大覆羽和中覆羽黑褐色，羽端为黄白色，形成2道明显的翼斑。尾较长，微成凹形，尾羽12枚，中央尾羽稍短。最外侧的2对尾羽大部分为白色，形成楔状白斑，其余尾羽黑褐色具淡色羽缘。冬羽的头顶和上体棕褐色，下体灰白色，无黄色调。

雄雌相似。卵灰白有褐斑和绿色条纹。

足细长，跗蹠具不明显盾状鳞片，趾、爪黑色，虹膜褐色。

生活习性：旅鸟。栖息于河谷、林缘、原野、池畔及居民点附近，垂直分布范围大，常成对或3～4只小群活动，纯以动物为食，夏季繁殖，巢大呈碗状，卵灰白有褐斑和绿条花纹。

测量数据： (mm)

编号	采集地	性别	全长	嘴峰	翅长	尾长	跗蹠长
541	长沙	雌体	164	14.2	79.8	74.5	24

地理分布：湖南省各地均有分布。

经济意义：国家“三有”保护鸟类，中-日、中-澳候鸟协定保护鸟类。食虫益鸟。

3. 灰鹡鸰 *Motacilla cinerea robusta* (Brehm) 图4-3、照片4-3

该物种全世界共有5个亚种，在中国只有一个亚种分布，即普通亚种。

英 文 名：Grey Wagtail

别　　名：马兰花儿、牛屎鵰、黄鹡鸰、黄鸰、点水雀历史沿革：*Pallenura robusta* Brehm，1857，Journ. Orn. 5：32（模式产地：日本）

Motacilla cinerea robusta，La Touche 1925－1934 A handbook of the birds of eastern China Taylor and Francis，London，1；Gee 1931 Peking Nat. Hist. Bull. 5；郑作新，1976，中国鸟类分布名录：415－416；郑宝赉，1985，中国动物志 鸟纲 第八卷：146；赵正阶，2001，中国鸟类志 下卷：56；郑光美，2011，中国鸟类分类与分布名录：176。

鉴别特征：全长170～190mm，上体灰褐色，腰及尾上覆羽黄色，中央尾羽黑色。喉部夏季呈黑色，冬季呈白色，眉纹棕白色，具白色髭纹，下体黄色，后爪弯曲，较后趾长或等长。

图4－3　灰鹡鸰-夏羽（李剑志　摄）

照片4－3　灰鹡鸰-冬羽（姚毅　摄）

形态描述：嘴纤细黑褐，鼻孔椭圆裸露，嘴须3枚。自额、头顶、枕、后颈至背灰褐色，腰及尾上覆羽黄色。眼先及贯眼纹灰褐色，眉纹灰白色，颊染灰白色，耳羽灰褐色，颊下纹灰白色，颊下纹下缘与其平行的是一条细的灰褐色髭纹。喉在夏天呈黑色，冬天为灰白色。胸、腹、肛周和尾下覆羽鲜黄色。翼方形，初级飞羽9枚，飞羽式：1≥2＞3＞4＞5＞6＞7＞8＞9。飞羽黑褐，除1、2枚外其余初级飞羽内翈基部具较宽白斑。次级飞羽较长，最长者达翅端，各次级飞羽基部及羽缘灰白色。三级飞羽基部白色。翼上覆羽先端具灰色狭缘，形成两条狭细的翼斑。尾羽12枚，中央尾羽黑色，次两对中央尾羽亦为黑色但基部具黄色狭缘，3对外侧尾羽除最外侧尾羽纯白外，内侧2枚的外翈和内翈端部为白色，而内翈基部为黑色。

雌鸟与雄鸟相似，但下体黄色不如雄鸟鲜亮，呈黄白。

足、爪褐色，跗蹠前缘具盾状鳞，后缘成棱状，虹膜褐色。

生活习性：湖南较常见，但数量较少。随地域不同或为留鸟或为冬候鸟。一般活动在河流或离河流不远的各类环境中，垂直分布范围较大，从海拔400m至2300m均见分布，多成对活动，巢呈碗状。以昆虫为食，只食极少量的植物性食物。

测量数据：（mm）

编号	采集地	性别	全长	嘴峰	翅长	尾长	跗蹠长
664	长沙	雄体	172	13	80	98	20

续表

编号	采集地	性别	全长	嘴峰	翅长	尾长	跗蹠长
791-54	张家界	雌体	175	12.5	79	102	20

地理分布：广泛分布于湖南境内。

经济意义：国家"三有"保护鸟类，中-澳候鸟协定保护鸟类。灰鹡鸰主要以昆虫为食，是一种重要的农林益鸟。

4. 黄头鹡鸰 *Motacilla citreola citreola* Pallas 图 4-4、照片 4-4

该物种隶属鹡鸰属，全世界分化出 3 个亚种（*M. c. citreola*；*M. c. werae*；*M. c. caLcarata*），这些亚种中国均有分布。湖南分布的是指名亚种。

英 文 名：Citrine Wagtail

别　　名：黄头点水雀

历史沿革：*Motacilla citreola* Pallas，1776，Reise versch. Prov. Russ. Reichs 3：696（模式产地：西伯利亚东部）

Motacilla citreola citreola，La Touche 1925-1934 A handbook of the birds of eastern China Taylor and Francis，London，347；Gee 1931，Peking Nat. Hist. Bull. 482；郑作新，1976，中国鸟类分布名录：413-415；郑作新，1987，中国动物志 鸟纲 第八卷：142-145；赵正阶，2001，中国鸟类志：54-55；郑光美，2011，中国鸟类分类与分布名录：173-174。

鉴别特征：体长 15～19cm。雄鸟头部、头侧和下体黄色，后颈黑颈环明显。雌鸟头部黄褐色，眉纹和下体鲜黄色。尾羽黑褐色，最外侧两对尾羽白色；翅灰褐色，具 2 道白色翅斑。

图 4-4　黄头鹡鸰（仿 Karen Phillipps）

照片 4-4　黄头鹡鸰-雄（李剑志　摄）

形态描述：喙形细尖，黑色；鼻孔椭圆形，靠近额基；嘴须黑褐色。雄鸟夏羽整个头及下体鲜黄色，仅眼先呈黄白色，眼周睫羽黄色更艳。后颈及颈侧具绒黑色领环，该黑色领环逐渐过渡成背部的灰色，两色并不形成鲜明的界线。背、腰、尾上覆羽深灰色，尾上覆羽端部具黑褐色轴斑。颏、喉、胸、腹等下体以及覆腿羽鲜黄色，胸后至肛周黄色逐渐变淡，尾下覆羽灰白色，胁部黄灰色。翼方形，第 1～3 枚初级飞羽尖端的外翈具较长的切迹，其长度达第 7 枚初级飞羽的位置。内侧次级飞羽特别长，最长的伸达初级飞羽末端。飞羽灰褐色，最内侧 3 枚次级飞羽内翈灰褐色，羽轴处黑褐色，外翈缘白色，且越内侧者白色边缘越宽，形成了 3 条白色斜翼纹。初级覆羽灰褐色，大覆羽与中覆羽灰褐色且具较宽的白色羽端和外翈缘，形成 2 道明显的白色翼斑。小覆羽和小翼羽灰褐色；翼肩黑色。尾羽 12 枚，呈圆尾状。中央几枚尾羽黑褐色，最外侧尾羽几乎全白色，次外侧尾羽外翈具大型的楔状白斑。冬羽没有黄色调，而代之于灰白色，出现颊下纹和髭纹。

雌性成鸟头顶、枕和后颈黄绿色，额、眉纹、下颊和颈侧黄色，眼先灰褐色，耳羽黑褐色杂有黄色；上体灰色，后颈及颈侧无黑色领环。颏、喉、胸及下体鲜黄色，其色彩向后逐渐减淡。其他部位特征与雄鸟无明显差异。

亚成体与雌鸟相似，但头侧的黄色区域缀以少数褐色羽，眉纹、眼先和耳羽界限不明显，颏、喉黄色较淡，胸及下体的黄色沾灰色，胁部的灰色区域伸展至腹侧，覆腿羽灰色。

虹膜棕褐色；腿细长，跗蹠前缘具盾状鳞，后缘侧扁成棱状，被靴状鳞。跗蹠与爪黑色，后爪长而尖，稍弯曲，其长度为后趾的 1.5 倍。

生活习性：栖息于临水草地、溪边、湖岸、农田、路边等处，多成对或结小群活动，偶尔也和其他鹡鸰栖息在一起。太阳出来后即开始活动，常沿水边小跑追捕食物。栖息时尾常上下摆动。4 月见于沅江、沅陵及洞庭湖区。食物主要为鳞翅目、鞘翅目、双翅目、膜翅目、半翅目等昆虫，偶尔也吃少量植物性食物。湖南省的冬候鸟或者旅鸟。

测量数据：（mm，g）（据郑宝赉）

性别	体重	全长	嘴峰长	翅长	尾长	跗蹠长
雄体	20.05	174.7	13.1	83.8	83.6	24.7
	17～23	155～195	12.5～14	77～89	76～90	21～29
雌体	18.5	163.2	12.5	84.2	81.6	24.3
	14～21	124～180	12～13	75～90	70～88	21～27

地理分布：2010 年发现于沅江、沅陵，据说岳阳也有发现。国内分布于内蒙古、河北、甘肃、山东、江苏、安徽、山西、陕西、宁夏、青海、西藏、四川、云南、广东、福建。国外分布于俄罗斯、蒙古、阿富汗、巴基斯坦、伊朗，冬季多在中南半岛诸国、中国东南部越冬，有的可迁徙到欧洲西部。

经济意义：国家“三有”保护鸟类，中-日、中-澳候鸟协定保护鸟类。此鸟分布广泛，且具有一定的数量，是一种食虫的鸟类，对林业、农田均有益，应加以保护。

5. 白鹡鸰普通亚种 *Motacilla alba leucopsis* Gould 图 4-5、照片 4-5

该物种分化出 11 个亚种，在中国有 7 个亚种（*M. a. baicalensis*；*M. a. leucopsis*；*M. a. lugens*；*M. a. ocularis*；*M. a. alboides*；*M. a. personata*；*M. a. dukhunensis*）。湖南省分

布的是普通亚种和东北亚种。

英文名：Pied Wagtail；White Wagtail

别　名：白面鸟、点水雀、白颤儿、白颊鹡鸰、马兰花儿、黑背白鹡鸰

历史沿革：*Motacilla leucopsis* Gould，1837，Proc Zool，sol，London：T8（模式产地：印度）

Motacilla alba leucopsis，La Touche 1925－1934 A handbook of the birds of eastern China Taylor and Francis，London，1；Gee 1931 Peking Nat. Hist. Bull. 5；郑作新，1976，中国鸟类分布名录：416－418；郑宝赉，1985，中国动物志 鸟纲 第八卷：154；赵正阶，2001，中国鸟类志 下卷：58－59；郑光美，2011，中国鸟类分类与分布名录：172－173。

鉴别特征：全长156～192mm，通体黑白2种颜色，头顶至上体黑，额和面颊白，胸有扇形黑斑，下体白；尾羽较长呈黑色，最外侧2对尾羽纯白，飞行时尤为明显；飞行呈波浪式曲线，停栖时尾不停上下摆动。

图4－5　白鹡鸰普通亚种（仿 Karen Phillipps）

照片4－5　白鹡鸰普通亚种（邓学建　摄）

形态特征：雄鸟额、头顶前部以及头侧和颈侧为白色；后头、枕、背、肩及腰部黑色，尾上覆羽黑色，近尾基的尾上覆羽外翈白色，内翈黑色，有时具有白色狭缘。额、喉呈白色，上胸部具一半圆形的黑斑，下胸、腹至尾下覆羽概为白色。两胁沾灰，腋羽白色。初级飞羽及次级飞羽黑褐色，外翈具白色狭边，三级飞羽白色边缘较宽。肩羽和小覆羽为黑色，中覆羽和大覆羽外翈及内翈边缘为白色，形成翼上的一块大白斑。尾羽黑色，中央1对尾羽外翈缘以白色，最外侧2对尾羽白色，内翈近羽基处具黑褐色羽缘。

雌鸟大体与雄鸟相同，只背部常杂以灰色或呈暗灰色，尾上覆羽较暗浓，几乎呈黑色，翅上白斑不甚显著。

生活习性：一般活动在河流、湖泊、水库等各种水域周围，有时也在农田、沼泽、水域附近的居民点和公园等地。常单独成对或3～5只呈小群活动。主要以昆虫为食，也吃蜘蛛等无脊椎动物，也有极少量的植物性食物。湖南省为留鸟。

测量数据：（mm）

全长	喙	翅长	尾长	跗蹠长
192.0	12.0	86.0	94.5	21.8

地理分布：湖南省广泛分布。

经济意义：国家“三有”保护鸟类，中-日、中-澳候鸟协定保护鸟类。食虫益鸟。

6. 白鹡鸰东北亚种 *Motacilla alba baicalensis* Swinhoe 图 4-6、照片 4-6

该物种分化出 11 个亚种，在中国有 7 个亚种（*M. a. baicalensis*；*M. a. leucopsis*；*M. a. lugens*；*M. a. ocularis*；*M. a. alboides*；*M. a. personata*；*M. a. dukhunensis*）。湖南省分布的是普通亚种和东北亚种。

英 文 名：Pied Wagtail；White Wagtail

别　　名：白面鸟、点水雀、白颤儿、白颊鹡鸰、马兰花儿

历史沿革：*Motacilla baicalensis* Swinhoe，1871，Proc. Zool. Soc. London：363（模式产地：亚洲东部）

Motacilla alba baicalensis，La Touche 1925－1934 A handbook of the birds of eastern China Taylor and Francis，London，1；Gee 1931 Peking Nat. Hist. Bull. 5；郑作新，1976，中国鸟类分布名录：416－417；郑宝赉，1985，中国动物志 鸟纲 第八卷：153；赵正阶，2001，中国鸟类志 下卷：58－59。郑光美，2011，中国鸟类分类与分布名录：172－173。

鉴别特征：全长 162～180mm，额、眼周、头侧以及颏与喉均成白色；胸部黑斑呈三角形，最大为 12mm，不与颈的黑色相连。与前一亚种不同处在于本亚种头顶和枕部黑色，背灰色。

图 4-6　白鹡鸰东北亚种（仿 Karen Phillipps）

照片 4-6　白鹡鸰东北亚种（邓学建　摄）

形态特征：额、头顶前部以及头侧和颈侧为白色；后头、枕部与后颈黑色。背、肩及腰尾上覆羽灰色，近尾基的尾上覆羽外翈白色，内翈黑色，有时具有白色狭缘。颏、喉白色，上胸部具一三角形的黑斑，下胸、腹至尾下覆羽概为白色。两胁沾灰，腋羽白色。初级飞羽及次级飞羽黑褐色，外翈具白色狭边，三级飞羽白色边缘较宽。肩羽和小覆羽黑色，中覆羽和大覆羽外翈及内翈边缘为白色，形成翼上的一块大白斑。尾羽黑色，中央尾羽外翈缘为灰白色，最外侧 2 对尾羽白色，内翈近羽基处具黑褐色羽缘。

生活习性：湖南少见的旅候鸟。一般活动在河流、湖泊、水库等各种水域周围，有时也在农田、沼泽、水域附近的居民点和公园等地。常单独成对或 3～5 只呈小群活动。主要以

昆虫为食，也吃蜘蛛等无脊椎动物，也有极少量的植物性食物。

测量数据： (mm)

全长	喙	翅长	尾长	跗蹠长
17.2	12.0	84.0	83.6	22.8
18.0	12.2	84.6	84.0	22.6

地理分布：全省广泛分布。

经济意义：国家“三有”保护鸟类，中-日、中-澳候鸟协定保护鸟类。食虫益鸟。

7. 田鹨华南亚种 *Anthus richardi sinensis*（Bonaparte）图 4－7、照片 4－7

该物种分化出 29 个亚种，分布于中国的有 3 个亚种（*A. r. sinensis*；*A. r. richardi*；*A. r. centralasiae*），湖南省分布的是华南亚种和东北亚种。

英 文 名：Paddy-field Pipit；Richard's Pipit

别　　名：花鹨

历史沿革：*Corydalla sinensis* Bonaparte，1850，Consp. Gen. Av. 1：247（模式产地：福建福州）

Anthus novaeseelandiae sinensis ，Gee 1931 Peking Nat. Hist. Bull. 5；郑作新，1976，中国鸟类分布名录：418－419；郑宝赉，1985，中国动物志 鸟纲 第八卷：161；赵正阶，2001，中国鸟类志 下卷：63

Anthus richardi sinensis，La Touche 1925－1930 A handbook of the birds of eastern China Taylor and Francis，London，434；郑光美，2011，中国鸟类分类与分布名录：176。

鉴别特征：全长 154～181mm，上体沙褐色，具暗褐色纵纹，体侧几乎纯色，纵纹不显著，具纵纹的胸部沙棕色，后爪淡褐色，长 15mm。

图 4－7 田鹨华南亚种（仿 Karen Phillipps）

照片 4－7 田鹨华南亚种（李剑志 摄）

形态描述：额、头顶黑褐色，各羽轴处橄榄褐，形成纵纹状。枕和颈部黑褐色轴纹较少，该处色较淡。上背沙褐色，具块状的黑色羽轴纹。下背，腰和尾上覆羽橄榄褐色具界线不清的黑褐色羽轴纹，眼先污白色，眉纹白色，耳羽淡棕黄色，嘴角后的颊纹黑褐色，髭纹由断续的小黑块构成，于颏侧后伸与胸环相接。颈侧羽色与后颈相同。颏白色，至喉逐渐染草黄，胸部草黄染棕，上胸明显的黑色羽轴斑，形成胸环。下胸及腹部淡棕色，尾下覆羽黄白。飞羽黑褐具棕黄色内翈缘，三级飞羽具棕黄宽缘。大、中覆羽黑褐色具棕白色端斑。初级飞羽 10 枚，第 1 枚极小，几乎呈针状，与其并列的还有一等形的针状羽，其长度仅为初级覆羽的 1/2。飞羽式为 2≥3≥4≥5>6>7>8>9>10。倒数第 4 枚内侧飞羽与最长初级飞羽等长，以内的 3 枚内侧飞羽又逐渐变短。腋羽棕黄色，翼下覆羽棕灰色具棕色羽轴纹。尾羽 12 枚，最外侧 2 对尾羽为白色仅内翈基部为暗褐，其余尾羽暗褐具棕黄色羽缘，中央尾羽棕黄色，羽缘较宽。各尾羽除中央 1 对稍短外，其余长度相差不多，尾羽式：0.2mm；0mm；0.5mm；1.2mm；2.5mm；5.1mm。

嘴直而尖，无钩，近端有一缺迹。嘴黑褐色，下嘴基渐黄。鼻孔圆形，周缘稍高，左右鼻孔可相通，无鼻须，嘴须黑色，眼先和下嘴角亦具许多针状黑羽。腿较长，跗蹠和趾角黄色，爪黑褐色，后爪长而尖稍曲，稍长于后趾，跗蹠前缘被盾状鳞，后缘被靴状鳞。虹膜褐色。

生活习性：湖南常见的夏候鸟。栖息于较开阔的林间空地，河滩、草地、沼泽，农田及灌木丛附近，纯以昆虫为食，5～7 月间繁殖。

测量数据：　(mm)

编号	采集地	性别	体重	全长	嘴峰	翅长	尾长	跗蹠长
570	长沙	雄体	—	178	14	92	75	30

地理分布：全省广泛分布。

经济意义：国家“三有”保护鸟类，中-日候鸟协定保护鸟类。食虫益鸟。

8. 田鹨东北亚种 *Anthus richardi richardi* Vueillot 图 4-8

该物种分化出 29 个亚种，分布于中国的有 3 个亚种（*A. r. sinensis*；*A. r. richardi*；*A. r. centralasiae*），湖南省分布的是华南亚种和东北亚种。

英 文 名：Paddy-field Pipit；Richard's Pipit

别　　名：理氏鹨

历史沿革：*Anthus richardi* Vueillot. 1818，Nouv，Dict. Hist. Nat. 26：491（模式产地：法国）

Anthus novaeseelandiae richardi Vueillot，Gee 1931 Peking Nat. Hist. Bull. 5；郑作新，1976，中国鸟类分布名录：418-419；郑宝赉，1985，中国动物志　鸟纲　第八卷：63；赵正阶，2001，中国鸟类志　下卷：63

Anthus richardi richardi，La Touche，1925-1930. 432；Baker，126：288-289；郑光美，2011，中国鸟类分类与分布名录：176。

鉴别特征：全长 156～194mm。与田鹨华南亚种的区别在于本亚种个体较大（全长 18cm）上体棕褐色。眉纹黄白色，下体白色，胸部棕色具粗著的黑色纵纹。肉白色的后爪长于15mm。

图 4－8 田鹨东北亚种（仿 Karen Phillipps）

形态描述：与前述的田鹨形态相似，不同之处在于该亚种上体颜色较深；下体白色，胸部具较粗的黑纹，通常雄体翅长为96.5mm（93～100mm）。脚黄褐色，后爪明显呈肉白色。

生活习性：湖南少见的旅鸟。栖息于较开阔的林间空地，河滩、草地、沼泽、农田及灌木丛附近，纯以昆虫为食，5～7月间繁殖。

测量数据： （mm，g）（据郑宝赉）

性别	体重	全长	嘴峰	翅长	尾长	跗蹠长
雄体	30.3 （23～43）	178.4 （164～194）	14.8 （12～19）	97.2 （86～98）	75.5 （66～85）	30.4 （25～35）
雌体	31.2 （26～38）	170.6 （156～180）	13.2 （11～15）	90.6 （86.5～91.5）	76.7 （71.5～87）	28.3 （24～32）

地理分布：全省广泛分布。

经济意义：国家“三有”保护动物，中-日候鸟保护协定保护鸟类。食虫益鸟。

9. 树鹨普通亚种 *Anthus hodgsoni hodgsoni* Richmond 图 4－9、照片 4－8

该物种分化出2个亚种，这2个亚种中国和湖南均有分布（A. h. *hodgsoni*；A. h. *yunnanensis*）。

英 文 名：Olive-backed Pipit；Oriental Tree Pipit

别　　名：木鹨、麦如蓝儿、树鲁鸲

历史沿革：*Anthus hodgsoni* Richmond，1907，in Black wekder，Publ. Carngie Inst，

Wash 54：493（模式产地：陕西南部）

Anthus maculatus berezowskii Sarudny 1909 Orn Monatsb. 17：14（模式产地：甘肃西南部）

Anthus hodgsoni hodgsoni，La Touche 1925－1934 A handbook of the birds of eastern China Taylor and Francis，London，1:420－421；Gee 1931 Peking Nat. Hist. Bull. 5；寿振黄，1936：783－785；郑作新，1976，中国鸟类分布名录：422－423；郑宝赉 1985 中国动物志　鸟纲　第八卷：169；赵正阶，2001，中国鸟类志 下卷：67－68；郑光美，2011，中国鸟类分类与分布名录：177－178。

鉴别特征：全长 139～169mm。后爪显著弯曲且短于后趾。上体橄榄褐色，具深色纵纹，眉纹棕黄色，耳羽后缘具有白斑，颏与喉白色。尾羽的端部狭而成尖形，最外 1 对尾羽和次外 1 对尾羽端具白斑，胸部具明显黑色粗纹。此鸟停栖时，尾常上下摆动。

图 4－9　树鹨普通亚种（仿 Karen Phillipps）

照片 4－8　树鹨普通亚种（康祖杰　摄）

形态描述：嘴纤细，上嘴褐色，下嘴棕黄，鼻孔裸露，嘴须弱。眉纹淡黄白色，端部杂有灰褐色，贯眼纹黑褐色，上颊和耳羽绿褐色，下颊棕黄颊下纹灰白色，髭纹黑褐色，耳羽后方具一白斑。白额至上背绿褐，并具黑褐色纵纹，纵纹向后渐渐不显，至下背、腰、尾上覆羽几乎为纯褐绿色。颏和喉灰黄色，胸及两胁灰黄并具暗褐色纵纹，腹部白色，腹羽基部黑色，尾下覆羽棕色。方翼形，初级飞羽 9 枚，飞羽式为 1≥2≥3≥4>5>6>7>8>9。飞羽黑褐，外翈具橄榄绿羽缘，次级飞羽和三级飞羽橄榄绿羽缘较宽，内翈中段有灰白色宽缘。大覆羽和中覆羽橄榄绿具灰白色端缘，形成 2 道翅斑。尾凹形，尾羽 12 枚，黑褐色，羽缘橄榄黄绿色，最外侧尾羽内翈先端具较大楔状白斑，次外侧尾羽先端具一小白斑。尾羽式：0mm；0.5mm；0.5mm；1mm；1.9mm；3.0mm。

跗蹠和趾浅肉色，跗蹠前缘具盾状鳞，后缘光滑无鳞。虹膜红褐色。卵呈淡暗青色，密布以淡紫褐和浅褐色斑点，变异很多。

生活习性：湖南常见的冬候鸟。栖息环境多见于杂林、针叶林、阔叶林、灌木丛及其附近的草地，繁殖期成对活动，迁徙期间结小群，主要以昆虫及其幼虫为食，冬季兼食些植物性食物，6～7 月间繁殖。

测量数据：(mm，g)

编号	采集地	性别	体重	全长	嘴峰	翅长	尾长	跗蹠长	尾翼	口裂
127	长沙	雌体	—	157	11	81	64	21	260	16
80032904005	石门	—	26	155	11	83	57	22	260	16
369	长沙	—	21.8	161	11	78	66	20	246	16
223	衡南	—	—	163	—	84	67	21	—	—
408	长沙	雄体	21.7	166	11	85	66	21	273	16
68	莽山	雄体	—	147	11	82	64	21	266	14
39	长沙	雄体	—	165	4.5	85	69	24	270	16

地理分布：广泛分布于湖南境内。

经济意义：国家“三有”保护动物，中-日候鸟保护协定保护鸟类。食虫益鸟。

10. 树鹨东北亚种 *Anthus hodgsoni yunnanensis* Uchida *et* Kuroda 图 4-10、照片 4-9

该物种分化出 2 个亚种，这 2 个亚种中国和湖南均有分布（*A. h. hodgsoni*；*A. h. yunnanensis*）。

英 文 名：Olive-backed Pipit；Oriental Tree Pipit

别　　名：木鹨、麦如蓝儿、树鲁鸡

历史沿革：*Anthus hodgsoni yunnanensis* Uchida et Kuroda 1916，Annot Zool. Japon. 9：134（模式产地：云南南部和台湾）

Anthus hodgsoni inopinatus Hartert et Steinbacher，1932 - 1938，Vog. pal. Faun. Erganzbd.：138（模式产地：西伯利亚萨哈林岛，即库页岛）

Anthus hodgsoni yunnanensis Uchida *et* Kuroda，Gee 1931 Peking Nat. Hist. Bull. 5；郑作新，1976，中国鸟类分布名录：422；郑宝赉，1985，中国动物志 鸟纲 第八卷：168；赵正阶，2001，中国鸟类志 下卷：67 - 68；郑光美，2011，中国鸟类分类与分布名录：170 - 178。

鉴别特征：全长 145～158mm。后爪显著弯曲且短于后趾。上体橄榄绿，头部有黑褐色纵纹，且有明显的棕黄色眉纹和耳后白斑；与指名亚种的区别在于东北亚种上体橄榄绿色且纵纹不明显，颏与喉棕红色。

形态描述：嘴纤细，上嘴黑褐色，下嘴基部黄褐先端黑褐。额、头顶、枕部和后颈黄绿色，具黑褐色羽轴纹。背黄绿色，黑褐色羽干纹隐约可见。腰部纯色。颏和喉则呈棕红色，两侧各有一条黑褐色髭纵，胸部羽毛棕黄色，具明显的黑色粗纹。腹部白色，具黑褐色纵纹。两胁沾黄亦具纵纹。尾下覆羽白色。翼黑褐色，初级飞羽 9 枚，飞羽式：1≥2≥3≥4>5>6>7>8>9，第 2、第 3、第 4 枚初级飞羽有切迹，各飞羽外翈具橄榄绿色狭缘，内翈有灰白色宽缘。大、中覆羽尖端白色，形成 2 道白色的翼斑。尾羽 12 枚，黑褐色，外翈具橄榄绿色狭缘，最外 2 枚外侧尾羽具白色楔状斑。

跗蹠前缘具盾状鳞片，后缘为靴状无鳞。趾、爪浅肉色，虹膜红褐色。

生活习性：湖南少见的冬候鸟。喜栖息环境多见于杂林、针叶林、阔叶林、灌木丛及其附近的草地，繁殖期成对活动，迁徙期间结小群，主要以昆虫及其幼虫为食，冬季兼食些植

图 4-10　树鹨东北亚种（仿 Karen Phillipps）

照片 4-9　树鹨东北亚种（姚毅　摄）

物性食物，6～7 月间繁殖。

测量数据：（mm）

编号	采集地	全长	嘴峰长	尾长	翅长	跗蹠长
128	衡南江口	151	12.5	58.5	78.5	21
123	衡南江口	163	13	67	84.0	21

地理分布：全省各地均有分布。

经济意义：食虫益鸟。国家“三有”保护物种。中-日候鸟保护物种。

11. 红喉鹨 *Anthus cervinus*（Pallas）图 4-11

该物种属鹨属，目前尚未发现亚种。系单型种。

英 文 名：Red-throated Pipit

别　　名：红眉鹨、红颊鹨、红胸鹨

历史沿革：*Motacilla cervinus* Pallas，1811，Zoogt. Rosse-As. 1：511（模式产地：西伯利亚：勘察加）

Anthus rufogularis Brchm，1824，Leheb. Naturg.，Europ. Vog. 2：963（模式产地：非洲东部：努比亚）

Anthus cervinus（Pallas）Gee 1931，Peking Nat. Hist. Bull. 5：49-68；La Touche，1925-1934，A handbook of the birds of eastern China Taylor and Francis，London；郑作新，1976，中国鸟类分布名录：424-425；郑宝赉，1985，中国动物志　鸟纲　第八卷：173-174；赵正阶，2001，中国鸟类志：71-72；郑光美，2011，中国鸟类分类与分布名录：178。

鉴别特征：全长 135～168mm。雄鸟额、颊、颏、喉和上胸棕红色，上体橄榄灰褐色，具黑褐色纵纹。下体黄褐，下胸和两胁具黑褐色纵纹。最外侧尾羽具大的楔状白斑。

图 4－11 红喉鹨（仿 Karen Phillipps）

形态描述：中等体形（15cm）的褐色鹨。雄体额棕红色，头顶、枕和后颈黄褐色具细的黑褐色羽干纹，背部黄褐色具粗著的黑色羽干纹，腰和尾上覆羽的羽轴纹稍窄。眼先、眉纹、颊和耳羽棕红色，眼后具细的黑褐色眼纹。颏、喉、上胸棕红色，其余下体淡棕黄色。下胸、腹和两胁具黑褐色纵纹。飞羽黑褐色，外翈具橄榄灰褐色羽缘，内侧飞羽具淡黄色羽缘。翼上覆羽暗褐色，小翼羽具灰褐色羽缘，中覆羽和大覆羽具宽的乳白色羽缘。尾羽黑褐色，羽缘淡灰褐色，中央尾羽的羽缘呈橄榄灰褐色。最外侧尾羽具大型楔状白色端斑，次外侧尾羽仅具白色端斑。

雌体大体与雄体相似，没有雄体的棕红色色泽。眼先灰褐色，颊和耳羽灰褐色。颊纹和颚纹细，黑褐色。喉淡粉红色，下体皮黄色，褐黑色纵纹亦更显著。

虹膜暗褐色，嘴黑色而基部角褐色。脚黑褐色。

生活习性：湖南不多见的冬候鸟。栖息于开阔的林间空地、草地、灌丛、沼泽地，喜湿润的耕作区和稻田。以昆虫为食。

测量数据：（mm，g）（据郑宝赉）

性别	体重	全长	嘴峰	翅长	尾长	跗蹠长
雄体	20.3 （17～24）	154.2 （154～160）	11.8 （10.5～12）	82.9 （79～86.5）	62.1 （57～66）	22 （21～23）
雌体	20.6 （20～21.5）	149.5 （135～162）	11.6 （11～12.5）	79.9 （76.5～85）	61.6 （58～64）	21.9 （21～22.5）

地理分布：全省各地均有分布。

经济意义：国家“三有”保护动物，中国候鸟保护物种。

12. 水鹨 *Anthus spinoletta japonicus* Temminck *et* Schlegel 图 4－12、照片 4－10

该物种分化出 5 个亚种，分布于中国的有 2 个亚种（*A. s. japonicus*；*A. s. coutellii*），湖南省分布的是东北亚种。

英 文 名：Buff-bellied；Water Pipit

别　　名：黄腹鹨

历史沿革：*Anthus pratensis japonicus* Temminck *et* schlegel，1847，in siebold，Faun，Jap Aves：59（模式产地：日本）；La Touche 1925－1934 A handbook of the birds of eastern China Taylor and Francis，London，1；Gee 1931 Peking Nat. Hist. Bull. 5；郑作新，1976，中国鸟类分布名录：426－427；郑宝赉，1985，中国动物志　鸟纲　第八卷：178；赵正阶 2001，中国鸟类志　下卷：73－74；郑光美，2011，中国鸟类分类与分布名录：179。

鉴别特征：全长 148～175mm。上体灰褐色，具不太明显的暗褐色纵纹，胸部纯白具黑褐色胸带，繁殖期胸部转为淡葡萄红色，体侧纵纹不明显，后爪黑色，且稍曲，较后趾为长或与等长。

图 4－12　水鹨（仿 Karen Phillipps）

照片 4－10　水鹨（姚毅　摄）

形态描述：额、头顶及上体暗橄榄褐色，头顶及背部微具黑褐色纵纹，后颈和尾上覆羽无纵纹。眉纹棕白色。眼先灰褐色，颊部灰白染褐，耳羽橄榄褐色颊下纹灰白，髭纹细，黑褐色。颏、喉灰白色无斑，胸部白色，深色斑点和条纹构成胸带。腋、翼下灰白，下胁部具灰褐色条纹，上胁部灰褐色。腹部、肛周和尾下覆羽棕白。两翅暗褐色，各羽具灰白色羽缘，中覆羽和大覆羽具棕色端斑。尾羽黑褐，具灰黄色羽缘，中央尾羽灰褐色，最外侧尾羽具大型楔状白色端斑，次外侧尾羽仅具小白色端斑。

脚角褐色，爪黑色。上嘴暗褐色，下嘴基部角黄色。虹膜褐色。

生态习性：湖南不多见的冬候鸟。多活动于多水的环境，如河滩、湖边、沼泽地等附近。主要以昆虫为食，有时食少量的植物性食物。

测量数据：（mm）

编号	采集地	全长	喙长	翼	尾长
208	衡南江口鸟洲	153	13	80	63.5

地理分布：全省各地均有分布。

经济意义：国家“三有”保护鸟类，中日候鸟协定保护鸟类。食虫益鸟。

13. 山鹨 *Anthus sylvanus*（Hodgson）图 4－13

该物种为单型种，没有亚种分化。

英 文 名：Upland Pipit

历史沿革：*Heterura sylvana* Hodgson，in Bkyth，1845，Journ. As. soc. Brngal 14：556（模式产地：尼泊尔）

Corydala kiangsinensis，David et Oustalet，1877，Ois Chine. 311，图版 37（模式产地：江西）

Anthus sylvanus，La Touche 1925－1934 A handbook of the birds of eastern China Taylor and Francis，London，1；Gee 1931 Peking Nat. Hist. Bull. 5；郑作新，1976，中国鸟类分布名录：427；郑宝赉，1985，中国动物志　鸟纲　第八卷：179－180；赵正阶，2001，中国鸟类志 下卷：75；郑光美，2011，中国鸟类分类与分布名录：179。

鉴别特征：全长 136～180mm。额、头顶，上体棕褐色，各羽具粗的黑色纵纹，尾羽的端部狭而呈尖形，下体除颏、喉和下腹中央部分以外均具黑褐色狭细纵纹。

图 4－13　山鹨（仿 Karen Phillipps）

形态描述：额、头顶、枕和后颈棕褐色具细的黑褐色羽轴纹。背、腰棕色或棕褐色具粗著的黑褐色纵纹。眉纹棕白色，眼先黑褐色，眼后纹棕褐色，颊部灰白，耳羽棕褐色，髭纹黑褐色。颏、喉灰白色。胸、腹棕白色，除下腹中央外，具黑褐色狭细的羽干状。两翼黑褐色，具灰白色狭缘，内侧次级飞羽及大覆羽的外翈具较宽的棕褐色羽缘。尾羽黑褐色，具淡棕白色狭缘。中央一对尾羽尤为尖细，呈箭状，其余尾羽端部尖细，最外侧尾羽只基部黑褐色，其余部分棕色或褐白色，第 2 对和第 3 对外侧尾羽的端部具棕色或褐白色小斑。

虹膜褐色，嘴暗褐色，下嘴基部呈肉褐色，脚和爪肉红色。

生活习性：湖南不常见的留鸟。栖息于山林、草地、农田，喜在峻峭的山坡、岩石间或灌木丛中，单个或成对活动，主食昆虫，繁殖期多在 4～7 月。巢呈环状，每巢 3～5 枚卵，卵呈灰白色。

测量数据：（mm，g）

性别	体重	全长	嘴峰长	翅长	尾长	跗蹠长
雄体	30.9 （26～33）	165.5 （136～180）	13.2 （12～14.15）	77.5 （76～79）	71.6 （68～73）	22.8 （21～24）
雌体	19	150	9	81	69	19

地理分布：除湘北外，全省广泛分布。

经济意义：国家“三有”保护鸟类。食虫益鸟。

五、山椒鸟科 Campephagidae

体形较瘦小。嘴形短而粗壮，基部较宽阔。上嘴先端微向下弯曲成钩状，且微具缺刻。鼻孔常有羽须覆盖。腿细弱，跗蹠前缘具盾状鳞，后缘为两纵片角质鳞覆盖。翅略尖长，初级飞羽 10 枚，第 1 枚与第 2 枚长度相差较大。尾羽 12 枚。腰羽羽轴坚硬，成坚硬的芒刺状。雌雄有别。

主要生活在山地森林中。多营集群活动或成对或单独活动。鸣声尖锐、嘹亮。以昆虫为食，也吃果实等植物性食物。巢多营于树上，杯状，每产卵 2～5 枚，卵色浅具斑点。

山椒鸟科全世界有 6 属 82 种，国内有 3 属 10 种（22 亚种），湖南省发现有 2 属 5 种，其名录如下：

Ⅰ. 鹃鵙属 *Coracina*

暗灰鹃鵙 *Coracina melaschistos intermedia* Hume

Ⅱ. 山椒鸟属 *Pericrocotus*

小灰山椒鸟 *Pericrocotus cantonensis* Swinhoe

灰山椒鸟 *Pericrocotus divaricatus divaricatus* (Raffles)

灰喉山椒鸟 *Pericrocotus solaris griseigularis* Gould

赤红山椒鸟 *Pericrocotus flammeus fohkiensis* Buturlin

湖南省山椒鸟科属、种检索

1. 尾羽具白色端斑，圆形，外侧尾羽超过尾长的 3/4 ………………………………………… **鹃鵙属…暗灰鹃鵙 *Coracina melaschistos intermedia***

   尾羽不具白色端斑，凸型，外侧尾羽不及尾长之半 ………………………… **山椒鸟属…2**

2. 外侧尾羽白色，腹部灰白色 ………………………………………………………… **3**

   外侧尾羽非白色，腹部黄色或红色 …………………………………………………… **4**

3. 背和腰同为灰色 ……………………………… **灰山椒鸟 *Pericrocotus divaricatus divaricatus***

   腰羽较背色淡，而呈灰黄褐色 ………………………… **小灰山椒鸟 *Pericrocotus cantonensis***

4. 腹部和尾上覆羽红色 ………………………………………………………………… **雄体…5**

   腹部和尾上覆羽黄色 ………………………………………………………………… **雌体…6**

5. 喉黑色，内侧次级飞羽具红色斑 ……………… **赤红山椒鸟雄性 *Pericrocotus flammeus fohkiensis***

   喉非黑色，内侧次级飞羽无色斑 ……………… **灰喉山椒鸟雄性 *Pericrocotus solaris griseigularis***

6. 内侧次级飞羽具色黄斑 ……………………… **赤红山椒鸟雌体 *Pericrocotus flammeus fohkiensis***

   内侧次级飞羽无斑 ……………………………… **灰喉山椒鸟雌体 *Pericrocotus solaris griseigularis***

1. 暗灰鹃鵙 *Coracina melaschistos intermedia* Hume 图 5-1、照片 5-1

该物种分化为 4 个亚种（*C. m. intermedia*；*C. m. saturata*；*C. m. melaschistos*；*C. m. avensis*），这 4 个亚种在中国均有分布。湖南省分布的是普通亚种。

英 文 名：Dark-grey Cuckoo Shrike；Black-winged Cuckoo Shrike

别　　名：黑翅山椒鸟、平尾龙眼燕

历史沿革：*Volvocivora intermedia* Hume，1877，Str，Feath. 5：205（模式产地：缅甸丹那沙林）

Campephaga lugubris asakurai Kuroda，1920，Dobuts. Zasshi 32：244（模式产地：台湾）

Coracina melaschistos intermedia Hume，Gee 1931 Peking Nat. Hist. Bull. 5；郑作新，1976，中国鸟类分布名录：429－430；郑宝赉，1985，中国动物志 鸟纲 第八卷：189－190；赵正阶，2001，中国鸟类志 下卷：77－78；郑光美，2011，中国鸟类分类与分布名录：180。

鉴别特征：全长216～245mm。凸形尾，尾羽具白色端斑。上体淡石板灰色，飞羽和尾深黑色微具绿色金属光泽。下体蓝灰色。

图5－1 暗灰鹃鵙（仿 Karen Phillipps）

照片5－1 暗灰鹃鵙（邓学建 摄）

形态描述：雄体额、头顶、枕、后颈和背部淡石板灰色，腰和尾上覆羽色彩较浅淡。眼先和贯眼纹黑色。颊部、耳羽及颈侧与背同色。颏、喉和胸亦石板灰色，腹部变浅，至尾下覆羽呈灰白色，部分个体的尾下覆羽具白色端斑。飞羽黑色而具金属光泽，内侧飞羽的外翈和羽端白色。两翼腹面具有白色小斑。翼下覆羽石板灰色。尾羽12枚，呈圆尾状，灰黑色，具白色端斑，且从中央尾羽向外侧尾羽的白色端斑逐渐变大。

雌性个体与雄性相似，但较雄性个体的羽色浅淡，缺乏光泽。上下眼睑白色，下体浅灰色而沾有茶黄。自胸向后隐约可见深浅相间的细横纹。尾下覆羽污白色而具黑色波纹。飞羽和尾羽黑色具光泽。

虹膜棕红色，嘴黑色，脚黑色。

生活习性：湖南少见的夏候鸟，3～4月迁入，10～11月离去。栖息活动于400m以下的山地森林中，单独或成对活动。主要以昆虫为食，亦兼食野果和杂草种子。在高大乔木树冠部分的水平枝上筑浅杯状巢，巢材以松针、干草和苔藓为主，内垫以松软的草茎，巢外径12cm，高4cm。1年繁殖2次，第1次产卵4枚，第2次产卵2枚，雌雄交替孵化，共同育雏。

测量数据：（mm）

编号	性别	体长	嘴峰	翅长	尾长	跗蹠长
01991072902	雌体	225	17	114	107	20
2001081213	雄体	227	17	119	109	20

地理分布：除湘北外，全省均有分布。

经济意义：国家“三有”保护鸟类，食虫益鸟，特别是能够大量捕食松毛虫。近来数量明显减少，值得加强保护。

2. 小灰山椒鸟 *Pericrocotus cantonensis* Swinhoe 图 5－2、照片 5－2

该物种目前尚未见有亚种分化，系单型种。

英 文 名：Rosy Minivet

别　　名：粉红山椒鸟

历史沿革：*Pericrocotus cantonensis* Swinhoe，1861，Ibis 3：42（模式产地：广东广州）；赵正阶，2001，中国鸟类志 下卷：79－81

Pericrocotus roseus cantonensis Swinhoe，La Touche 1925－1934 A handbook of the birds of eastern China Taylor and Francis，London，1；Gee 1931 Peking Nat. Hist. Bull. 5；郑作新，1976，中国鸟类分布名录：430－431；郑宝赉，1985，中国动物志 鸟纲 第八卷：195－196；郑光美，2011，中国鸟类分类与分布名录：180－181。

鉴别特征：体长 170～200mm。下体灰白色，腰羽颜色较背部淡。额白色，头和上体灰褐色，尾上覆羽灰色染棕黄，尾羽为黑色，外侧尾羽白色，翅灰褐，胸部具界限不明显的灰褐色胸带。

形态描述：嘴略平扁黑色，具口须，鼻须为白色，鼻椭圆。雄鸟额白色，头顶至枕为灰黑色，背灰黑色渐浅，腰灰色染棕黄，尾上覆羽黄色较浓。眼先灰黑色，眼后纹灰黑色。眉纹短，成白色。耳羽浅灰黑色，颊、颈侧以及颏、喉纯白色。胸部具界限不明显的灰褐色胸带。腹部和尾下覆羽白色。胁部与胸部为一致的灰褐色。翼圆形，初级飞羽 10 枚，第 3、4、5、6 枚有切迹，初级飞羽式：3≥4＞5＞6＞7＞8＞9＞10＞1，第 1 枚与第 10 枚相差 22mm。飞羽黑褐色，内侧初级飞羽基部和外侧次级飞羽内翈基部具宽阔的白斑。大覆羽和中覆羽黑色。翼下覆羽灰黑色，部分具白端斑。尾圆形，尾羽 12 枚，尾羽式为：0mm；1mm；2mm；33mm；49mm；60mm。中央尾羽黑褐色，次中央尾羽亦呈黑褐色，但外翈远端白色，其余尾羽白色，基部具黑褐色斜斑。

雌性成鸟的鼻须稍黑，额和头顶的白色染以灰褐色，至头顶逐渐转为暗褐色。背部较雄鸟浅淡，余部与雄鸟相似。

足黑色，细瘦，附蹠前缘具盾状鳞，后缘光滑。虹膜暗褐。

生活习性：湖南省较常见的夏候鸟。栖息于海拔 2000m 以下的次生阔叶林，混合林、针叶林、开垦耕地和稀疏杂木灌木丛中。大都结群活动于高大乔木上层或中层，喜杂食，主要以昆虫为食，巢呈杯状，每次产卵 3～4 枚，卵呈灰白至带蓝色，染以淡紫，并缀有紫褐或黄色斑点，斑点密集钝端。

图 5-2　小灰山椒鸟（仿 Karen Phillipps）

照片 5-2　小灰山椒鸟（李剑志　摄）

测量数据：（mm）

编号	性别	全长	嘴峰	翼长	展翼	尾长	跗蹠长
165	雌体	197	13	89	278	102	15
166	雄体	182	12	87	267	96	15.5
171	雌体	184	12.5	88	256	95	15

地理分布：湖南省广泛分布。

经济意义：食虫益鸟，国家“三有”保护鸟类。

3. 灰山椒鸟 *Pericrocotus divaricatus divaricatus*（Raffles）图 5-3

该物种分化为 2 个亚种，在中国分布的仅 1 个亚种，即指名亚种，湖南分布的就是该亚种。

英 文 名：Ashy Minivet

历史沿革：*Lanius divaricatus* Raffles，1882，Trans. Linn. Sol. London 13：205（模式产地：新加坡和印度尼西亚的苏门答腊）

Pericrocotus cinereus Lafresnays，1845. Rev. Zool. 8：94（模式产地：菲律宾）

Pericrocotus divaricatus divaricatus（Raffles）La Touche 1925－1934 A handbook of the birds of eastern China Taylor and Francis，London，1；Gee 1931 Peking Nat. Hist. Bull. 5；郑作新，1976，中国鸟类分布名录：431－432；郑宝赉，1985，中国动物志　鸟纲　第八卷：199－200；赵正阶，2001，中国鸟类志　下卷：81－82；郑光美，2011，中国

鸟类分类与分布名录：174。

鉴别特征：全长 183～205mm。嘴略平扁，腰羽羽干刚硬，尾长，形甚凸，黑褐，外侧尾羽先端白色，下体和颈侧皆白。上体为一致的灰色，两翅黑褐，具斜行近白色翼斑。

图 5－3　灰山椒鸟（仿 Karen Phillipps）

形态特征：嘴基宽扁，鼻孔处宽 7.5mm，高 6mm，上喙具缺刻，端部下曲，鼻孔被黑羽遮盖。雄鸟额缘黑色，其后的前额和头顶前部白色。眼先、贯眼纹、头顶后部、枕部、后颈和耳羽黑色。背、腰至尾上覆羽转为石板灰。上、下眼睑黑色，有的呈白色而杂以黑羽；颊、颈侧、颏、喉、胸、腹至尾下覆羽白色，胸侧和两胁灰色，腋羽和翼下覆羽具白色羽端，翼下的大覆羽纯白。飞羽和翼上覆羽黑褐色，三级飞羽外翈缘灰白色，大覆羽外翈缘及羽端或染灰白色。内侧飞羽的中部具一大的白斑，飞行时清晰可见。尾凸形，中央尾羽黑褐，其余尾羽基部黑褐色端部具楔状白斑；尾羽轴棕褐色。

雌鸟成鸟鼻羽，额缘与眼先为黑色，额缘后方微白；头顶、枕、后颈和背灰褐色，腰和尾上覆羽稍浅；耳羽灰色，翼斑黄白。其余与雄体相似。幼鸟鼻羽黑色，鼻孔未被全部覆盖，嘴基染白色。胸侧和胁部隐约可见横斑。腰稍黄绿，腋羽白色染硫黄色，翼下覆羽具白端，中央尾羽和次中央尾羽均黑褐，与再次中央尾羽等长。

生活习性：湖南不常见的旅鸟，结群迁徙，多活动于茂密的原始落叶林和针阔混交林中，也出现在林缘次生林、河岸林，甚至在庭院和村落附近的疏林和高大树上。常在树冠层上空飞翔。主要以甲虫、瓢虫、毛虫等鞘翅目、鳞翅目、同翅目等昆虫为食。

测量数据：（mm）

编号	性别	全长	喙	翼	尾长	跗蹠长
121	雄体	208	12	96	100	14
126	雌体	202	12	96	97	14

地理分布：湖南省广泛分布。

经济意义：食虫益鸟，国家“三有”保护鸟类，中日候鸟保护协定保护鸟类。

4. 灰喉山椒鸟 *Pericrocotus solaris griseigularis* Gould 图 5－4、照片 5－3

该物种共分化为 7 个亚种，分布于中国的有 2 个亚种（*P. s. grseigularis*；*P. s. solaris*），湖南省分布的是华南亚种。

英 文 名：Grey-throated Minivet

别　　名：十字鸟

历史沿革：*Pericrocotus griseigularis* Gould，1862，Proc. Zool. Soc. London：282（模式产地：台湾）

Pericrocotus solaris mandarinnus Stresemann，1923，Journ. Orn. 71：363（模式产地：广东龙山头）

Pericrocotus solaris griseigularis Gould，La Touche 1925－1934 A handbook of the birds of eastern China Taylor and Francis，London，1；Gee 1931 Peking Nat. Hist. Bull. 5；郑作新，1976，中国鸟类分布名录：432－433；郑宝赉，中国动物志　鸟纲　第八卷：203；赵正阶，2001，中国鸟类志　下卷：83－84；郑光美，2011，中国鸟类分类与分布名录：182－193。

鉴别特征：全长 161～195mm。雄鸟头顶至背黑色，腰及尾上覆羽红色，喉灰色，胸部红色，灰色与红色分界清晰。腹部及尾下覆羽红色稍淡，翅与尾黑色具红斑，雌鸟颏灰色，下体为鲜黄色，头及背部暗石板灰色，下背至尾上覆羽黄色。

形态描述：雄性成鸟嘴黑，上嘴先端有缺刻，嘴须、鼻须黑色，鼻孔为鼻须所覆盖。自额、头顶、枕、后颈至背部均成黑色，腰及尾上覆羽红色。眼先黑色，颊，耳羽及颈侧灰色。颏与喉灰色，胸部红色，从腹部、肛周至尾下覆羽红色逐渐变淡，最后染有黄色调。初级飞羽 10 枚，飞羽式 3≥4≥5>2<6>7>8>9>10>1，第 1 枚和第 10 枚相差 15mm，第 2、3、4、5 枚上有切迹。翅黑褐色，第 2 枚飞羽内翈有一段红缘，3、4 枚内翈具红斑，从第 5 枚初级飞羽至内侧飞羽，各羽中段外翈红色，其余部分都为黑褐色。翼上覆羽黑色，大覆羽具红色端斑，形成醒目的红色翼斑。翼下覆羽黄色。尾凸型，尾羽 12 枚，尾羽式为：0mm；1mm；2mm；32mm；44mm；54mm。中央尾羽全黑，其余尾羽基部黑，先端红，且超外侧者红色范围越扩大。

雌性成鸟上体至背部为暗石板灰，下背染以橄榄绿，腰及尾上覆羽暗橄榄黄。下体为深黄色。尾、翅与雄体同，但黄色代替红色。

足黑色，跗蹠前缘具盾状鳞，后缘光滑无鳞，虹膜褐色。

生活习性：湖南省较少见的留鸟，见于平原和山区杂木林、阔叶林、针叶林，以至茶园内。集小群活动，繁殖季节成对。活泼好动，以昆虫为食，繁殖季节有迁徙到高海拔地区的

图 5－4　灰喉山椒鸟（仿 Karen Phillipps）

照片 5－3　灰喉山椒鸟（康祖杰　摄）

现象。每窝产 3～4 枚卵。卵淡绿色、有褐、紫、蓝灰斑纹，多密集于钝端。

测量数据：（mm）

编号	采集地	性别	全长	嘴峰长	翅长	尾长	跗蹠长
9306291	莽山	雄体	189	12	85	101	11
—	—	雄体	170.8	12.4	87	102	14

地理分布：除湘北地区外，广泛分布各林区。

经济意义：食虫益鸟，在森林保护中具有重要意义，且该鸟羽色鲜艳，是很重要的观赏鸟，国家“三有”保护鸟类，湖南省重点保护鸟类。

5. 赤红山椒鸟 *Pericrocotus flammeus fohkiensis* Buturlin 图 5－5、照片 5－4

该物种分化出 20 个亚种，分布于中国的有 3 个亚种（*P. f. fraterculus*；*P. f. fohkiensis*；*P. f. elegans*）。分布于湖南省的是华南亚种。

英文名称：Scarlet Minivet

别　　名：红十字鸟、朱红山椒鸟

历史沿革：*Pericrocotus speciosuis fohkiensis* Buturlin 1910，Oph. pacTh.（模式产地：福建南平附近野猫坑）

Pericrocotus flammeus fohkiensis，La Touche 1925－1934 A handbook of the birds of eastern China Taylor and Francis，London，1；Gee 1931 Peking Nat. Hist. Bull. 5；郑作新，1976，中国鸟类分布名录：436；郑宝赉，1985，中国动物志　鸟纲　第八卷：266－217；赵正阶，2001，中国鸟类志　下卷：89；郑光美，2011，中国鸟类分类与分布名录：182。

鉴别特征：全长 140～200mm。雄体整个头至背部黑亮，腰、尾上覆羽及胸和腹为赤红，翅黑亮，具赤红斑，且内侧次级飞羽具椭圆形红斑。中央尾羽全黑，外侧尾羽赤红而基部具逐渐变大的黑斑，雌体与雄体相似，但各部色的色彩相对较淡，红色区域为黄色。

图 5－5　赤红山椒鸟（仿 Karen Phillipps）

照片 5－4　赤红山椒鸟（邓学建　摄）

形态描述：雄性成鸟嘴黑亮略扁平，上嘴先端缺刻，鼻须多而弱。整个头、颏、喉以及上背亮黑色，下背、腰和尾上覆羽赤红色。胸、腹、肛周、尾下覆羽及胁羽基部黑，中段黄白，先端赤红，从而使整个下体显赤红色。初级飞羽 10 枚，第 3、4、5、6 枚有切迹。飞羽式为 3≥4＝5＞2＞6＞7＞ 8＞9＞10＞1，第 1 枚与第 10 枚相差 21mm 。飞羽和翼上覆羽基调为亮黑色，其中初级飞羽第 1 枚全黑，第 2、3、4 枚的中部内翈有一红斑，第 5～10 枚中部内外翈皆为红色，次级飞羽基部至中段为红色，大覆羽具大的红色端斑。翼下覆羽为红色。尾凸形，尾羽 12 枚，尾羽式为 0 mm；1 mm；2 mm；29 mm；44 mm；56mm。中央尾羽全黑色，其余外侧尾羽基部黑色，先端红色，且越外侧者红色范围越大。

雌鸟额黄色，向后逐渐转灰，头顶、枕、后颈以及上背灰色，下背、腰和尾上覆羽黄色。眼先黑褐色，上下眼睑黄色，耳羽黄灰色。颊、颏、喉至整个下体黄色。翅及尾羽与雄性成鸟相同，但红色部分被黄色代替。

足细瘦，跗蹠前缘具盾状鳞片，后缘光滑无鳞。趾、爪灰褐，虹膜棕色。

生活习性：湖南山地林区不常见的留鸟，栖息于海拔约 2100m 以下的山地和平原的雨林、季雨林，次生阔叶林，也见于松树林，草地或开垦的耕地，结群活动，繁殖季节大都成对，性活泼好动，主食昆虫，食少量植物性物质。

测量数据：（mm）

编号	性别	全长	嘴峰长	翅长	尾长	跗蹠长
—	雌体	175	11	79	88	12
—	雌体	140	12	92	57	17
14－50178	雄体	172	11	92	85	15
—	雌体	175	11	85	90	15
14－50178	雌体	194	11	87	91	16

地理分布：除湘北地区外，广泛分布于湘南的各山地林区。

经济意义：食虫益鸟，国家“三有”保护鸟类，湖南省重点保护鸟类。

六、鹎科 Pycnonotidae

本科鸟类体形适中。体羽通常柔软如绒。枕部具发状纤羽，或长或短。脚弱，跗蹠短小，前缘被盾状鳞。翅短圆，初级飞羽 10 枚。尾羽 12 枚，呈方尾状或圆尾状。雌雄鸟羽色相似，幼鸟体羽较苍淡，基本与雌鸟相似。

栖息在森林中或林缘，有的活动于疏林和灌木丛。喜结群活动。多在树冠觅食，主要取食野生植物果实、种子，亦兼食昆虫等。繁殖期间营巢于树上；巢呈杯状，每窝常产 2～5 枚卵。

该科鸟类全世界有 20 属 130 种，中国有 7 属 22 种（47 亚种），湖南省目前发现 3 属 9 种与亚种。其名录如下：

Ⅰ. 雀嘴鹎属 *Spizixos*

领雀嘴鹎 *Spizixos semitorques semitorques* Swinhoe

Ⅱ. 鹎属 *Pycnonotus*

红耳鹎 *Pycnonotus jocosus jocosus*（Linnaeus）

黄臀鹎 *Pycnonotus xanthorrhous andersoni*（Swinhoe）

白头鹎 *Pycnonotus sinensis sinensis*（Gmein）

白喉红臀鹎 *Pycnonotus aurigaster latouchei* Deignan

Ⅲ. 短脚鹎属 *Hypsipetes*

绿翅短脚鹎 *Hypsipetes mcclellandii holtii* Swinhoe

栗背短脚鹎 *Hypsipetes flavala canipennis*（Seebohm）

黑短脚鹎东南亚种 *Hypsipetes madagascariensis leucocephalus*（Gmelin）

黑短脚鹎四川亚种 *Hypsipetes madagascariensis leucothorax*（Mayr）

湖南省鹎科鸟类属、种检索

1. 鼻孔几乎全为密羽所掩盖，嘴形粗短；颈有领状白圈 ………………………… **雀嘴鹎属**…
……………………………………………… **领雀嘴鹎 *Spizixos semitorques semitorques***

鼻孔裸出，嘴长适中 ……………………………………………………………………… **2**

2. 跗蹠长于嘴峰 ……………………………………………………………………… **鹎属…3**

跗蹠与嘴峰为长或较短 …………………………………………………………… **短脚鹎属…5**

3. 尾下覆羽橙黄色 ……………………………… **黄臀鹎 *Pycnonotus xanthorrhous andersoni***

尾下覆羽白色，羽缘沾黄 ……………………………… **白头鹎 *Pycnonotus sinensis sinensis***

尾下覆羽赤红色 …………………………………………………………………………… **4**

4. 耳羽红色，冠羽高竖 ……………………………………… **红耳鹎 *Pycnonotus jocosus jocosus***

耳羽白色，冠羽不明显 ……………………………… **白喉红臀鹎 *Pycnonotus aurigaster latouchei***

5. 尾呈叉状；嘴呈红色 ……………………………… **黑短脚鹎 *Hypsipetes madagascariensis*…6**

尾呈方形或圆形 …………………………………………………………………………… **7**

6. 胸黑色 ……………………………………………… **黑短脚鹎东南亚种 *H. m. leucocephalus***

胸白色 ……………………………………………… **黑短脚鹎四川亚种 *H. m. leucothorax***

7. 背部栗色 ……………………………………… **栗背短脚鹎 *Hypsipetes flavala canipennis***

背部灰色 ……………………………………… **绿翅短脚鹎 *Hypsipetes mcclellandii holtii***

1. 领雀嘴鹎 *Spizixos semitorques semitorques* Swinhoe 图 6－1、照片 6－1

该物种共分化为 2 个亚种，中国均有分布（*S. s. semitorques*；*S. s. cinereicapillus*）。分布于湖南省的是指名亚种。

英文名称：Collared Finch-billed Bulbul；Collared Finchbill

别　　名：绿鹦嘴鹎、青冠雀、青豆雀、黄爪雀

历史沿革：*Spizixos semitorques* Swinhoe，1861，Ibis 3：266（模式产地：福州北岭）；

Spizixos semitorques semitorques Swinhoe，La Touche 1925－1934 A handbook of the birds of eastern China Taylor and Francis，London，1；Gee 1931 Peking Nat. Hist. Bull. 5；郑作新，1976，中国鸟类分布名录：438－440；郑宝赉，1985，中国动物志 鸟纲 第八卷：231；赵正阶，2001，中国鸟类志 下卷：94；郑光美，2011，中国鸟类分类与分布名录：183。

鉴别特征：全长 172～215mm。嘴短厚，黄白色，头黑色，上体暗橄榄绿，下体橄榄黄尾，尾羽与上体同色，尾端近黑，胸部具一半环状白领。

图 6－1 领雀嘴鹎（仿 Karen Phillipps）

照片 6－1 领雀嘴鹎（赵冬冬 摄）

形态特征：嘴象牙黄，先端勾曲，其近端缺刻。鼻孔圆形，被覆羽毛，嘴须和鼻须粗，鼻孔后缘具一白斑，额至头顶黑色，枕和后颈染灰色。上体余部橄榄绿。枕部纤羽数枚，明显长于枕羽。眼先黑色，颊和耳羽黑色散有白色丝状线纹，口角下方亦具白斑。颏和上喉灰黑色，下喉部具白色环纹。胸、腹、肛周和尾下覆羽橄榄绿，但较背部羽毛偏黄。飞羽内翈灰褐色，第 3～6 枚飞羽具切迹，飞羽式为：6＞5＞4＝7＞8＞3＞9＞10，第 2 枚初级飞羽较最内侧次级飞羽短，第 1 枚初级飞羽较最内侧三级飞羽短。尾羽 12 枚具黑褐色端斑。

足和趾黑褐色，爪亦然。

生活习性：湖南林区常见的留鸟，食性较杂，主要栖息在低山丘陵和山脚平原地区，常成群活动，有时也见单独或成对活动。

测量数据：（mm）

全长	性别	翼展	嘴峰长	翅长	尾长	跗蹠长
192.5	雄体	254	13.5	84	90.5	21

地理分布：全省广泛分布。

经济意义：食虫益鸟，国家“三有”保护鸟类，湖南省重点保护鸟类。

2. 红耳鹎 *Pycnonotus jocosus jocosus*（Linnaeus）图 6－2、照片 6－2

该物种分化出 9 个亚种，分布于中国的有 3 个亚种（*P. j. monticola*；*P. j. hainanensis*；*P. j. jocosus*），湖南省分布的是指名亚种。

英 文 名：Red-whiskered Bulbul

别　　名：黑头公、大头翁

历史沿革：*Lanuis jocosus* Linnaeus，1758，Syst. Nat.，ed. 10：95（模式产地：广东广州）

Pycnonotus jocosus jocosus，La Touche 1925－1934 A handbook of the birds of eastern China Taylor and Francis，London，1；Gee 1931 Peking Nat. Hist. Bull. 5；郑作新，1976，中国鸟类分布名录：442－443；郑宝赉，1985，中国动物志　鸟纲　第八卷：242－245；赵正阶，2001，中国鸟类志　下卷：99；郑光美，2011，中国鸟类分类与分布名录：185。

鉴别特征：全长 178～210mm。体形大小似白头鹎。头黑色，高高竖起的冠羽十分醒目，眼的后下方有一鲜红色小斑，紧贴红斑下方为大块的白斑。尾下覆羽亦红色。上体棕褐色，下体白，两胁烟灰色。

形态描述：额、头顶、枕、后颈和颈侧黑色。有数枚羽毛构成的尖形羽冠向上竖起，其高度大于喙长。眼先和颊前部黑色，眼的后下方具一椭圆形小红斑，红斑之下为一较大的椭圆形白斑，弧形颊纹细而均匀，前连眼先，后接颈侧，构成白色颊斑的下缘。后颈至体背、尾上覆羽棕褐色。颏、喉和上胸白色。颈侧的黑色区域向上胸延伸达上胸两侧。下胸及胁烟灰色。腹部及肛周灰白色。覆腿羽淡棕色。尾下覆羽猩红色，羽缘染白。翼上覆羽与背同色，小翼羽暗褐色。飞羽黑褐色，且具黄褐色外翈缘。翼下覆羽淡棕色。初级飞羽 10 枚，翅式为 5>4>6>7>8>3>9>10>2>1。尾羽 12 枚，近方形，中央尾羽与次中央尾羽几乎等长。尾羽黑褐色，除中央尾羽外，其余尾羽的内翈末端白色，且越外侧者白斑愈大，并且延伸至外翈。

虹膜为棕色。嘴为黑色，嘴峰稍曲，具端钩和近端缺刻。嘴须多，鼻孔外露。跗蹠、趾和爪黑褐色。

生活习性：湘南少见的留鸟。栖息于低山丘陵的长绿阔叶林或阔叶落叶混交林中，也活动于林缘、溪边和开阔的灌丛疏林地。性活泼，喜结群，叫声轻快悦耳。除捕食植物果实、种子、花、芽外，也捕食各种昆虫。4～8 月间繁殖，营巢于灌丛或低矮的树杈间，巢呈杯状，巢材由枯枝、草茎和树叶构成，内垫兽毛、羽毛和枯草。巢径 8cm，高 10cm，深 5cm。

图 6-2 红耳鹎（仿 Karen Phillipps）

照片 6-2 红耳鹎（邓学建 摄）

窝产 2～4 卵，卵粉红色具紫红色斑点。大小为 24mm×16mm。孵化期为 12～14 天。

测量数据：（mm）

编号	口裂长	体长	嘴峰长	翅长	尾长	跗蹠长
510808	19	173	13	81	82	21
510809	18	180	14	93	93	20

地理分布：分布于宜章县。

经济意义：食虫益鸟，国家“三有”保护鸟类。

3. 黄臀鹎 *Pycnonotus xanthorrhous andersoni*（Swinhoe）图 6-3、照片 6-3

该物种分化成 2 个亚种，这两亚种在中国均有分布（*P. x. andersoni*；*P. x. xanthorrhous*），分布于湖南省的是华南亚种。

英 文 名：Yellow-vented Bulbul；Anderson's Bulbul

历史沿革：*Ixus andersoni* Swinhoe，1870，Ann. Mag. Nat. Hist.（4）5：175（模式产地：湖北宜昌）

Pycnonotus hoyi Rilcy，1923，Proc. Biol. Soc. Wash. 36：193（模式产地：湖南岳阳）

Pycnonotus xanthorrhous andersoni，La Touche 1925－1934 A handbook of the birds of eastern China Taylor and Francis，London，1；Gee 1931 Peking Nat. Hist. Bull. 5；郑

作新，1976，中国鸟类分布名录：443－444；郑宝赉，1985，中国动物志　鸟纲　第八卷：247－248；赵正阶，2001，中国鸟类志　下卷：100－101；郑光美，2011，中国鸟类分类与分布名录：185。

鉴别特征：全长171～217mm。体形大小似白头鹎。头顶黑色，具一矮的冠羽，耳羽灰褐，喉部白色。上体棕褐色，灰褐色胸带隐约可见。下体灰白色，尾下覆羽黄色。

图6－3　黄臀鹎（仿 Karen Phillipps）

照片6－3　黄臀鹎（邓学建　摄）

形态描述：雌雄个体基本相似。额、头顶、枕部黑色，头顶冠羽近方形。后颈、背、肩、腰和尾上覆羽棕褐色，羽基部灰色。眼先、眼周和下颊黑色，耳羽棕褐色。颏、喉白色，在野外尤为醒目。上胸灰褐色，形成一隐约可见的胸坏。下胸和腹部污白色，两胁灰褐色。尾下覆羽深黄色。飞羽黑褐色，其外翈缘红褐色。翼上覆羽与背同色，翼下覆羽烟褐色。初级飞羽10枚，翅式为4>5>6>7>3>8>9>10>2>1。尾羽12枚，呈方形，中央尾羽与次级中央尾羽几乎等长。中央尾羽背面的基部灰色，向端部逐渐变为棕褐色。外侧尾羽与中央尾羽的颜色相似，但具有白色端缘。

虹膜为褐色，嘴黑色，嘴峰稍曲，端部下曲，具近端缺刻。嘴须多，鼻孔显露。跗蹠、趾和爪黑褐色。

生活习性：湖南较常见的留鸟。主要栖息于中低山区的阔叶、落叶混交林中，尤其喜欢沟谷、林缘、稀树灌丛的开阔地带，常作季节性垂直迁移。喜结群，鸣叫声清脆洪亮。主食植物果实、种子。也吃昆虫等动物性食物，特别是幼鸟。每年4～7月繁殖，在小树或灌丛上筑碗状巢，巢材主要为植物纤维，内垫以花穗、细草茎等。巢外径为8～9cm，内径6～7cm。巢高7～8cm，深4～5cm。每窝产2～5枚卵，卵色淡红而具紫色斑点，大小为22mm×16mm。

测量数据：（mm）

编号	采集日期	采集地	性别	口裂长	体长	嘴峰长	翅长	尾长	跗蹠长
246	1983.07.03	慈利	雄体	18	180	13	89	80	23

续表

编号	采集日期	采集地	性别	口裂长	体长	嘴峰长	翅长	尾长	跗蹠长
12	1958.02.09	永顺	雄体	19	187	12	88	89	23
807	1959.12.09	永顺	雄体	17	198	12	89	90	22
800	1958.02.10	永顺	雄体	17	180	13	92	80	23
3016	1963.06.11	宜章	雌体	18	190	—	98	90	—
920702	1992.07.02	石门	雌体	—	195	—	80	90	24
920728	1992.06.28	石门	雌体	—	170	—	90	90	24

地理分布：广泛分布于湖南各地。

经济意义：食虫益鸟。国家“三有”保护鸟类，湖南省重点保护鸟类。

4. 白头鹎 *Pycnonotus sinensis sinensis*（Gmein）图 6－4、照片 6－4

该物种分化出 4 个亚种，中国有 3 个亚种（*P. s. sinensis*；*P. s. hainanus*；*P. s. formosae*），湖南省分布的是指名亚种。

英 文 名：Chinese Bulbul

别　　名：白头翁

历史沿革：*Muscicapa sinensis* Gmelin，1789 Syst，Nat.，ed. 13，1：942（模式产地：中国）

Pycnonotus sinensis septentrionalis Stresemann，1923，Journ. Orn. 71：363（模式产地：上海）

Pycnonotus sinensis stresemanni La Touche，1925，Handb. Bds. East. China 1：94（福建西北部）

Pycnonotus sinensis sinensis ，La Touche 1925－1934 A handbook of the birds of eastern China Taylor and Francis，London，1；Gee 1931 Peking Nat. Hist. Bull. 5；郑作新，1976，中国鸟类分布名录：444－445；郑宝赉，1985，中国动物志 鸟纲 第八卷：251－252；赵正阶，2001，中国鸟类志 下卷：102；郑光美，2011，中国鸟类分类与分布名录：185。

鉴别特征：全长 160～220mm。头黑枕白，背面黄绿色，胸部大都为灰褐色，腹面白色；鼻孔裸出；羽冠不显著；跗蹠长于嘴峰；尾呈方形。

形态描述：雄体体形适中（比燕子稍大），额及头顶亮黑。枕羽白，羽缘略带黑色，老鸟枕羽几乎全白。后颈黑褐色，背、腰及尾上覆羽呈橄榄绿色，羽缘缀以黄绿，这些黄绿色羽缘使上体出现了不明显的纵纹。眼先灰白，颊淡褐，耳羽灰白色杂有褐色。髭纹黑褐。颏、喉纯白色。胸部具界限不清晰的灰褐色胸环，腹、肛周及尾下覆羽灰白色，腹部具绿黄色条纹。胁橄榄褐色，腋羽灰白，翼下覆羽白而略杂黄。初级飞羽 10 枚，翅式为：4>5>3>6>7>8>9>10>1。飞羽和翼上覆羽黑褐色，外翈缘橄榄绿色。小翼羽灰褐。尾呈方形，尾羽褐色，外翈缘黄绿色，内翈褐色。尾羽腹面暗褐色，羽干白色。

雌体与雄体羽色相类似，幼鸟（1998 年 8 月采自湖南东安）头灰褐色。喉及耳羽污白。上体橄榄褐色。胸部浅灰褐色，腹部及尾下覆羽灰白。翼及尾灰褐色，外翈隐缀以不鲜明的

图 6－4　白头鹎（仿 Karen Phillipps）

照片 6－4　白头鹎（邓学建　摄）

黄绿色羽缘。

虹膜褐色。嘴黑色，嘴峰稍曲，端部下弯，具近端缺刻。跗蹠、趾爪、黑褐。鼻孔裸露，有瓣膜和嘴须。

生活习性：湖南数量繁多的留鸟，杂食性鸟，既食动物性食物，也吃植物性食物。主要栖息在海拔 1000m 以下的低山丘陵和平原地区的灌丛、草地以及有零星树木的疏林荒坡、果园和村落。常呈 3～5 只至 10 多只的小群活动，冬季有时亦集成 20～30 只的大群活动。善鸣叫，鸣声婉转多变。每窝产卵 3～4 枚，卵椭圆形，淡红，其上有深红、淡紫灰色的斑点。卵平均大小为 23mm×17mm。

测量数据：（mm）

性别	全长	嘴峰长	翅长	尾长	跗蹠长	展翼	口裂
雄体	190.5 （181～210）	14.1 （9.5～17）	84.5 （79～90）	82.0 （76～90）	22.4 （18～25）	268.5 （260～280）	206 （18～72）
雌体	197.2 （174～194）	14.9 （14～17.5）	81.0 （76～89）	78.9 （74～87）	22.1 （19.5～22）	262.0 （250～280）	20.5 （19.5～21.5）

地理分布：广泛分布于湘南各地。

经济意义：白头鹎是我国特有鸟类，食虫益鸟，国家“三有”保护鸟类，湖南省重点保护鸟类。

5. 白喉红臀鹎 *Pycnonotus aurigaster latouchei* Deignan 图 6-5、照片 6-5

该物种分化为 9 个亚种，分布于中国有 3 个亚种（*P. a. resurrectus*；*P. a. latouchei*；*P. a. chrysorrhoides*），湖南省分布的是滇南亚种。

英 文 名：White-cared Bulbul；Golden-vented Bulbul

别　　名：红臀鹎、黑头公

历史沿革：*Pycnonotus aurigaster latouchei* Deignan，1949，Journ. wash. Acad. Sci. 39（8）：275（模式产地：越南西北部莱州，海拔 150m）；郑作新，1976，中国鸟类分布名录：446；赵正阶，2001 中国鸟类志　下卷：105；郑光美，2011，中国鸟类分类与分布名录：186。

Pycnonotus cafer latouchei Deignan，郑宝赉，1985，中国动物志　鸟纲　第八卷：256-260。

鉴别特征：全长 180～232mm。体形似黄臀鹎。额和头顶为灰黑色，耳羽为白色。上体为灰褐色，喉白色，下体为灰白色，尾下覆羽红色。

图 6-5　白喉红臀鹎（仿 Karen Phillipps）

图 6-5　白喉红臀鹎（刘子祥　摄）

形态描述：额、头顶、枕、眼周和颊的前部黑色，具金属光泽。颊的后部和耳羽灰白色。后颈、颈侧和上体灰褐色，各羽均具浅色羽缘，使上背出现隐约可见的斑纹。腰羽及尾上覆羽灰褐色，或者尾上覆羽灰白色。颏与嘴角黑色，喉白色，胸和腹部灰白色。尾下覆羽血红色。飞羽及小翼羽暗褐色，内侧飞羽外翈具浅灰色羽缘。翼上覆羽暗褐色。翼下覆羽和腋羽浅黄褐色。两胁暗褐色。初级飞羽 10 枚，翅式为 5>6>4>7>3>8>9>10>2>1。

尾呈方形，尾羽较长，中央尾羽的长度与外侧尾羽几乎等长。尾羽黑褐色，具白色端斑，且由中央尾羽向外，白色端斑逐渐增大。

虹膜棕色，嘴黑色，嘴峰稍曲，具端钩和近端缺刻。跗蹠、趾和爪黑褐色。

生活习性：湘南、湘东等地不多见的留鸟。栖息在低山丘陵的次生常绿阔叶、落叶混交林中，尤其喜欢沟谷、河滩、林灌丛生地带。主要捕食植物果实、种子和昆虫等动物食物。5～7月繁殖，在灌丛或小树上筑碗状编织巢，巢材为细枝、枯草和树叶，外缠以蛛丝，内垫有细草茎。巢的外径10cm，内径6～8cm，高8cm，深6～7cm。每窝产卵2～5枚，卵玫瑰红色且具紫红色斑点，卵的大小为23mm×16mm。

测量数据：　(mm)

编号	采集地	性别	体长	嘴峰长	翅长	尾长	跗蹠长
02	宜章	—	215	15	102	90	22

地理分布：分布于湘南、湘东等的山地林区。

经济意义：食虫益鸟。国家“三有”保护鸟类，湖南省重点保护鸟类。

6. 绿翅短脚鹎 *Hypsipetes mcclellandii holtii* Swinhoe 图6-6、照片6-6

该物种全世界分化出9个亚种，分布于中国的有3个亚种（*H. m. meelellandii*；*H. m. holtii*；*H. m. similis*）湖南省分布的是华南亚种。

英 文 名：Green-winged Bulbul；Moutain Streaked Bulbul

别　　名：条纹短脚鹎、绿山画眉鸟

历史沿革：*Hypsipetes holtii* Swihoe 1861. Ibis 3：266（福州北岭）

Hypsipetes mcclellandii holtii，La Touche 1925 - 1934 A handbook of the birds of eastern China Taylor and Francis，London，1；Gee 1931 Peking Nat. Hist. Bull. 5；郑作新，1976，中国鸟类分布名录：450；郑宝赉，1985，中国动物志　鸟纲　第八卷：272-273；赵正阶，2001，中国鸟类志　下卷：112；郑光美，2011，中国鸟类分类与分布名录：188。

鉴别特征：全长195～245mm。头顶羽毛狭长而尖细，翼羽、尾羽橄榄绿；头顶冠羽褐色，嘴黑色，嘴细长，跗蹠短于嘴峰。

形态描述：体形适中，额、头顶和后颈为栗褐色，羽轴较浅，头顶具较低的冠羽。背、腰至尾上覆羽灰褐色。头侧与颈侧栗色，颏和喉为灰色，杂以白色轴纹，胸和两胁槠褐色，胸具有浅色纵纹；腹淡棕，尾下覆羽黄棕色。翅式为5>6>4>7>8>9>10>2>3>1。飞羽和翼上覆羽的内翈黑褐色，外翈橄榄绿色。中央尾羽橄榄绿，外侧尾羽与之相似。中央尾羽比次级中央尾羽长5.66mm。

雌体与雄体羽色基本一致，但雌鸟体背羽色较淡。

嘴黑色，嘴峰尖端稍曲，具近端缺刻。鼻孔裸出，嘴须多数。跗蹠、趾和爪浅黄。

图 6-6 绿翅短脚鹎（仿 Karen Phillipps）

照片 6-6 绿翅短脚鹎（刘汀 摄）

测量数据：(mm)

编号	日期	采集地	性别	全长	嘴峰长	翅长	尾长	跗蹠长	口裂
93051609	1993.05.16	石门	雄体	220	25	106	106	18	30
880126	1988.01.26	苏仙岭	雄体	18	106	—	24	99	235
9163006	1996.06.30	—	—	243	20	103	106	21	29
921217	1992.12.17	—	—	243	20	103	106	21	29
17	1955.02.21	长沙	雄体	240	22	110	—	—	—
560825	1956.08.25	—	—	215	19	110	99	20	24

生活习性：湘南林区的留鸟。主要栖息于阔叶林、混交林中，也见于溪流河畔或村寨附近的乔木林中，常结小群活动，性活泼、喧闹，杂食性，以植物的果实和种子为食，也捕食鞘翅目、双翅目、膜翅目昆虫以及它们的幼虫，能捕食飞虫。5～8 月繁殖。在乔木侧枝上筑杯状巢，每窝产 2～4 卵，卵灰白，具紫红色斑。

地理分布：分布于全省各地阔叶林区。

经济意义：食虫益鸟。

7. 栗背短脚鹎 *Hypsipetes castanonotus canipennis*（Seebohm）图 6-7、照片 6-7

该物种在全世界分化出了 2 个亚种，全部分布于中国（*H. c. castanonotus*；*H. c. canipennis*），湖南分布的是华南亚种。

英 文 名：Chestnut Bulbul

别　　名：栗背山画眉鸟、栗短脚鹎

历史沿革：*Hemixos canipennis* Seebohm，1890，Proc. Zool. soc. London：342（模式产地：福建）

Hypsipetes flavala canipennis（Seebohm），La Touche 1925－1934 A handbook of the birds of eastern China Taylor and Francis，London，1；Gee 1931 Peking Nat. Hist. Bull. 5；郑作新，1976，中国鸟类分布名录：450－452；郑宝赉，1985，中国动物志　鸟纲　第八卷：276

Hypsipetes castanonotus canipennis（Seebohm），赵正阶，2001，中国鸟类志　下卷：113－114；郑光美，2011，中国鸟类分类与分布名录：188。

图 6－7　栗背短脚鹎（仿 Karen Phillipps）

照片 6－7　栗背短脚鹎（邓学建　摄）

鉴别特征：全长 185～255mm。背部栗色，头顶具黑色冠羽，飞羽黑褐具灰白色羽缘；下体灰白色，跗蹠的长度较嘴峰的长度短。

形态描述：雄体体形适中，头顶具羽冠，羽冠黑色。额、眼先、耳羽及颈侧以及后颈至腰部栗色，尾上覆羽暗褐色。颏与喉白色，其余下体灰白色。胸和腹部具细而短的白色羽轴纹。两胁沾灰色。腹中央和尾下覆羽白色。飞羽和翼上覆羽内翈灰褐色，外翈黄褐色，外缘灰白色。初级飞羽 10，翅式为：5＞4＞6＞7＞3＞8＞9＞10＞2＞1。尾方形，中央尾羽比次级中央尾羽长 1mm。尾羽数 12 枚，中央尾羽暗褐，外侧尾羽与之相似仅色彩较暗。

雌体与雄体基本一致，但雌体体羽色显苍淡。

嘴黑色，嘴峰稍曲，端部下弯具近端缺，鼻孔裸出，瓣膜位于中部上缘，嘴须多。跗蹠，趾和爪黑褐，跗蹠短。

测量数据： (mm)

编号	日期	采集地	性别	全长	翅长	嘴峰长	尾长	跗蹠长	口裂
宜章 561012	1956.01.12	宜章	雄体	174	99	16	87	17	20
莽山 16	1956.10.12	宜章	雄体	180	103	15	89	17	20
莽山 21	1956.10.12	宜章	雄体	163	101	16	79	18	26
510903	1951.07.03	—	雌体	210	101	21	93	16	24
590321	1959.03.21	湖南	—	178	91	13	78	17	17
87082101	1987.08.21	—	雄体	210	97	18	97	18	24
大围山 18	1960.06.15	浏阳	雄体	195	104	15	90	15	25
宜章 560125	1956.01.25	宜章	雄体	135	71	16	51	14	18
宜章 560126	1956.01.26	宜章	雄体	183	79	17	91	24	16

生活习性：湘南不多见的留鸟。多栖息于阔叶林、针叶林和混交林中，多在高大的乔木上觅食，主要以植物的果实和花芽为食，也捕食鞘翅目、鳞翅目、膜翅目等昆虫及其幼虫。4～6 月繁殖，营巢于乔木或常见的枝杈上，巢呈杯状，窝产 3～5 卵，卵为洋红色，有紫色斑。

地理分布：广泛分布于湘南林区。

经济意义：我国特有鸟类，食虫益鸟。

8. 黑短脚鹎四川亚种 *Hypsipetes madagascariensis leucothorax*（Mayr）图 6－8，照片 6－8

该物种分化出 16 个亚种，分布于中国的有 9 个（*H. m. psaroides*；*H. m. ambiens*；*H. m. concolor*；*H. m. sinensis*；*H. m. stresemanni*；*H. m. leucothorax*；*H. m. leucocephalus*；*H. m. nigerrimus*；*H. m. perniger*），分布于湖南省的有 2 个亚种，即四川亚种和东南亚种。

英 文 名：Black Bulbul

别　　名：白头公、山头白、黑鹎、白首黑鹎

历史沿革：*Microscelis leucocephalus leucothorax* Mayr，1941，Journ. f. orn. 89：381（模式产地：四川中江）；郑光美，2005，中国鸟类分类与分布名录：182

Hypsipetes madagascariensis leucothorax，郑作新，1976，中国鸟类分布名录：454；郑宝赉，1985，中国动物志　鸟纲　第八卷：283－284；赵正阶，2001，中国鸟类志　下卷：117。

鉴别特征：全长 210～256mm。基本体形似白头鹎，但嘴、足鲜红色，头颈和胸白色，体余部黑色，凹形尾。

形态描述：整个头部、颈部和胸部纯白色，其余上体从背、腰到尾上覆羽纯黑色，羽缘具有蓝绿色金属光泽。腹部和两胁纯黑色，尾下覆羽暗褐色，具灰白色羽缘。翼上覆羽与背同色，飞羽背面黑褐色，飞羽腹面灰黑色。翼下覆羽和腋羽褐色，羽缘略带绿辉。初级飞羽 10 枚，翅式为：4＞5＞3＞6＞7＞2＞8＞9＞10＞1。尾羽 12 枚，尾羽背面黑色，尾羽腹面灰黑色。凹形尾，中央尾羽较次中央尾羽短 3～4mm。幼鸟全身黑色，上腹内侧灰白，随着

图 6-8　黑短脚鹎四川亚种（仿 Karen Phillipps）

照片 6-8　黑短脚鹎四川亚种（姚毅　摄）

年龄的增长，头、颈、胸才逐渐变白。

虹膜黑褐色。嘴纤细而长尖，嘴峰棱嵴明显，嘴底平直。嘴鲜红色。脚为橙红色。

生活习性：湖南湘西等山地林区较常见的留鸟。主要栖息于500m以上的山林中，多在长绿阔叶林、混交林的树冠活动。性活泼，善鸣叫。主要以各种昆虫为食，也食植物果实、种子等。每年4～7月繁殖，在高大乔木的水平枝间筑杯状巢，巢材有细枝、枯草、苔藓等，巢外常缠有蛛丝。巢内径6cm，深4cm。每窝产2～4枚卵，大小为27mm×19mm。卵色变化较大，从粉红色到白色不等，掺杂有褐色斑点。

测量数据：（mm）

编号	日期	采集地	性别	体长	嘴峰长	翅长	尾长	跗蹠长	口裂长
93050908	1993.05	石门	雄体	220	20	106	98	20	29
92062344	1992.06	石门	—	250	19	117	92	22	—
580808	1958.08	宁乡	—	210	20	119	115	20	25
沩3	1958.08	宁乡	—	209	21	111	101	20	31
874	1958.08	宁乡	—	204	19	111	92	21	22

地理分布：分布于湘西、湘西北、湘北、湘中、湘东山地林区。

经济意义：国家“三有”保护鸟类，湖南地方重点保护物种，食虫益鸟。

9. 黑短脚鹎东南亚种 *Hypsipetes madagascariensis leucocephalus*（Gmelin）图 6-9，照片 6-9

该物种分化出16个亚种，分布于中国的有9个（*H. m. psaroides*；*H. m. ambiens*；*H. m. concolor*；*H. m. sinensis*；*H. m. stresemanni*；*H. m. leucothorax*；*H. m. leucocephalus*；*H. m. nigerrimus*；*H. m. perniger*），分布于湖南省的有2个亚种，即东南亚种和四川

亚种。

英 文 名：Black Bulbul

别　　名：白头公、山头白、黑鹎、白首黑鹎

历史沿革：*Turdus leucocephalus* Gmelin，1789，Syat，Nat.，cd. 13，1：829（模式产地：中国广东广州）

Turtus melaleucus J. E. Gray，1831，Zool. Misc. 1：1（模式产地：中国南部）

Haringtonia leucocephalus montivagus Bange et penard，1923，Proc. New England Zool. Cl. 8：41（模式产地：福建南平）

Hypsipetes madagascariensis leucocephalus（Gmelin），La Touche 1925 - 1934 A handbook of the birds of eastern China Taylor and Francis，London，1；Gee 1931 Peking Nat. Hist. Bull. 5；郑作新，1976，中国鸟类分布名录：453 - 455；郑宝赉，1985，中国动物志 鸟纲 第八卷：285；赵正阶，2001，中国鸟类志 下卷：117；郑光美，2011，中国鸟类分类与分布名录：190。

鉴别特征：全长 220～259mm。基本体形似白头鹎，但嘴、足为鲜红色，头和颈部白色，体余部黑色，凹形尾。

图 6 - 9 黑短脚鹎东南亚种（仿 Karen Phillipps）

照片 6 - 9 黑短脚鹎东南亚种（李剑志 摄）

形态描述：与前述的黑短脚鹎四川亚种相似，不同的是身体前部的白色区域较小，仅限于头和颈部，并不延伸到胸部，因此，自胸部以后均呈黑色。

生活习性：湘南、湘东的山地林区留鸟。主要栖息于 500m 以上的山林中，多在长绿阔叶林、混交林的树冠活动。性活泼，善鸣叫。主要以各种昆虫为食，也食植物果实、种子等。每年 4～7 月繁殖，在高大乔木的水平枝间筑杯状巢，巢材有细枝、枯草、苔藓等，巢外常缠有蛛丝。巢内径 6cm，深 4cm。每窝产 2～4 枚卵，大小为 27mm×19mm。卵色变化较大，从粉红色到白色不等，掺杂有褐色斑点。

测量数据：　(mm)

编号	日期	采集地	性别	体长	嘴峰长	翅长	尾长	跗蹠长	口裂长
600620	1960.06	宜章	雄体	254	25	122	102	21	—
900316	1990.03	苏仙岭	雄体	220	20	120	99	19	30
道 4	1959.04	楠竹平	—	211	19	112	99	14	22
93070206	1993.07	莽山	雌体	218	23	116	92	19	—

地理分布：分布于湘南山地林区。

经济意义：国家“三有”保护鸟类，湖南地方重点保护物种，食虫益鸟。

七、叶鹎科 Chloropseidae

该科鸟类体形小或中等，嘴形细长而向下曲，长度与头等长。上嘴先端具缺刻，鼻孔卵圆形，大多裸露。嘴须弱，枕部具丝状纤羽。翅为圆形，初级飞羽 10 枚，第 1 枚飞羽为第 2 枚之半长。尾羽 12 枚，多为方形或圆形尾。腰羽长而松软。跗蹠粗短，前缘被靴状鳞或不明显的盾状鳞。体羽鲜艳，具黄、绿、蓝、黑等色彩，雌雄两性异色。

树栖性。不迁徙。鸣声若哨善变。活动于林间或庭院。以果实、种子和昆虫为食。巢精巧，杯状，每产卵 3～4 枚。

该科鸟类全世界有 1 属 8 种。中国有 1 属 3 种 5 亚种，湖南省仅 1 种（亚种）。

1. 橙腹叶鹎 *Chloropsis hardwickei melliana* Stresemann 图 7－1

该物种全世界分化出 4 个亚种，分布于中国的有 3 亚种（*C. h. hardwichei*；*C. h. lazulina*；*C. h. melliana*），分布于湖南省的是华南亚种。

英 文 名：Orange-bellied Leafbird

别　　名：五彩雀

历史沿革：*Chloropsis hardwicki melliana* Stresemann，1923，Journ. f. Orn，71：363（模式产地：广东）；La Touche 1925－1934 A handbook of the birds of eastern China Taylor and Francis，London，1；郑作新，1976，中国鸟类分布名录：458；郑宝赉，1985，中国动物志　鸟纲　第八卷：299；赵正阶，2001，中国鸟类志　下卷：124；郑光美，2011，中国鸟类分类与分布名录：191。

鉴别特征：全长 170～204mm。腹部橙色。上体绿色，小覆羽暗钴蓝，髭纹蓝色，雌雄异色，雄鸟额及头顶两侧微黄，小覆羽暗钴蓝色。外侧飞羽紫色，内侧飞羽表面绿色，尾羽黑色而缀以暗紫；颊、喉为黑色，上胸为蓝色。雌鸟颊、喉、胸及飞羽为蓝色。

形态描述：雄体额、头顶及枕灰绿色，后颈黄绿色，其余上体绿。眼先、颊、耳羽、颈侧以及颏、喉黑色，上胸蓝色，髭纹钴蓝色成棒槌状。下胸、腹、肛周至尾下覆羽橙黄色，两胁淡绿色。初级飞羽外翈蓝紫色，内翈黑褐色。次级飞羽和三级飞羽外翈绿色，内翈黑褐色，但靠内侧的内翈端部为绿色。初级覆羽蓝黑，大覆羽绿，肩羽暗蓝色。飞羽式：1＝最

图 7－1　橙腹叶鹎（仿 Karen Phillipps）

照片 7－1　橙腹叶鹎-（左　雌体，江方明　摄；右　雄体，唐梓钧　摄）

内侧三级飞羽，4≥5>6>3>7>8=2>9>10。尾羽 12 枚，中央尾羽蓝紫色，外侧尾羽内翈边缘黑色，外翈蓝紫色，越向外，黑色范围越大。

雌体额蓝绿色，头顶逐渐染绿色，后颈绿色稍染黄，背至尾上覆羽同雄体。颏、喉灰绿色，下体余部黄绿色，两胁绿色，初级飞羽外翈蓝绿色，内翈黑色，其余翼羽绿色，肩羽染蓝色，尾羽绿色，外侧尾羽稍染蓝。眼先、耳羽蓝绿色。髭纹蓝色。

跗蹠、趾、足以及嘴黑色。

生活习性：湘南少见的留鸟，主要栖息于丘陵和平原地带的森林中，尤喜好次生阔叶林、长绿阔叶林和针阔混交林中。常成对或成 3～5 只的小群，多在乔木冠层间活动，主要以昆虫为食，繁殖期 5～7 月营巢于森林中的树上。

测量数据：（mm）

性别	全长	嘴长	翅长	尾长	跗蹠长
雄体	205	18	98	83	17
雌体	182	18	87	73	17

地理分布：分布于怀化、张家界和宜章县等地。

经济意义：食虫益鸟。

八、太平鸟科 Bombycillidae

该科鸟类体形大小似金翅，但体羽较松软，且具葡萄灰色彩。头顶具有一簇尖而蓬松的冠羽。嘴短强，基部宽阔，先端尖而微向下曲，微具近端缺刻。鼻孔圆形，被以盖膜。初级飞羽 10 枚，最外侧飞羽很小，次级飞羽羽轴延长成蜡状小斑。跗蹠短细而弱，前缘被盾状鳞。尾羽较短，呈方形，具颜色鲜艳的端斑。

主要栖息于平原和山地的森林中，喜结群，食物以昆虫、植物果实、种子等为主。营巢于树上，窝产 3～5 枚卵，晚成雏。

本科鸟类全世界有 1 属 3 种，分布于欧亚大陆北部和北美。中国有 1 属 2 种，湖南省目前仅发现 1 种。

1. 小太平鸟 *Bombycilla japonica*（Siebold）图 8－1

该物种为单型种，目前还没有发现亚种分化。

英 文 名：Japanese waxwing

别　　名：十二红

历史沿革：*Bombycivora japonica* Siebold，1824，Hist. Nat. Japon.：13（模式产地：日本 Higo and Chikuzen）

Bombycilla japonica（Siebold），La Touche 1925－1934 A handbook of the birds of eastern China Taylor and Francis，London，1；Gee 1931 Peking Nat. Hist. Bull. 5；郑作新，1976，中国鸟类分布名录：459－460；陈服官，1998，中国动物志　鸟纲　第九卷：5－6；赵正阶，2001，中国鸟类志　下卷：127－128；郑光美，2011，中国鸟类分类与分布名录：192。

鉴别特征：全长 102～109mm。通体葡萄红色，具明显的羽冠；颏、喉和贯眼纹黑色，尾羽末端红色。

形态描述：雄体成鸟额及头顶前部栗红色，愈向后红色愈淡。头顶长而尖呈簇状冠羽极为醒目，冠羽基部为栗色，末端为栗黑色；枕部后方延长的黑褐羽构成冠羽的后部。额基部、眼先及贯眼纹黑色。后颈、背葡萄红色，向后至尾上覆羽逐渐变成灰色。颊淡栗红色，嘴基及眼后下缘有一小白色斑。耳羽和颈侧葡萄红色。颏、喉黑色，胸栗灰色，腹污灰色染黄绿色，胁淡栗灰色，尾下覆羽红色，羽端红褐色。初级飞羽黑褐色，内翈具棕白色羽缘，外翈缘蓝灰色，且越内侧者蓝灰色越宽。第 3～8 枚初级飞羽外翈具白色端斑，第 5 枚以内的初级飞羽外翈具红色点斑。次级飞羽灰褐色，外翈缘蓝灰，内翈棕黑，各羽具暗红色蜡状端斑。翼上覆羽外翈淡蓝灰色，大覆羽羽缘染棕红色。尾羽褐灰色，末端红色，次端斑黑色，黑色与红色界限清晰而与灰色界限模糊。各尾羽几乎等长。

雌体成鸟羽色似雄体成鸟，但羽冠较短，上体更显暗褐，次级飞羽的红色点斑不明显。尾上覆羽不显灰色，尾端玫瑰红色斑较少，黑色次端斑也不显著。

虹膜为紫红色；嘴黑；脚、爪黑色。

生活习性：湖南少见的冬候鸟，迁徙及越冬期间成小群在针叶林及高大的阔叶树上觅食，以植物果实及种子为主食。

图 8-1　小太平鸟（仿 Karen Phillipps）

测量数据：（mm，g）

编号	采集地	性别	体重	全长	嘴峰	翅长	尾长	跗蹠长
891002	长沙	雄体	55	191	10	104	53	18.8

地理分布：分布于长沙、岳阳。

经济意义：中-日候鸟保护物种。作为笼鸟供观赏。

九、伯劳科 Laniidae

本科鸟类的嘴稍大而强，略似鹰嘴，上嘴尖端具钩和缺刻，还具近端齿突，上喙的齿突与下喙的凹槽相吻合。嘴须发达，鼻孔多为垂羽所掩盖。翅成短圆形，初级飞羽 10 枚，第 1 枚仅为第 2 枚的 1/2。尾长，呈凸形，尾羽 12 枚。跗蹠强健，被盾状鳞片。常具黑色贯眼纹。幼鸟羽多数呈横状斑。

本科鸟类栖息在山麓丘陵开阔的林缘地区。性较凶猛，捕食大型昆虫、鸟类、小型啮齿类动物和小的爬行动物。常栖于树巅。有时将捕食的动物尸体挂于刺上。巢呈杯状，卵呈斑杂状。仅秋季换羽 1 次。雏鸟晚成性。

本科鸟类在全世界有 3 属 81 种，中国有 1 属 12 种（28 亚种），湖南省目前发现有 7 种与亚种，其名录如下：

虎纹伯劳 *Lanius tigrinus* Drapiez

牛头伯劳 *Lanius bucephalus bucephalus* Temminck et Schlegel

红尾伯劳普通亚种 *Lanius cristatus lucionensis* Linnaeus

红尾伯劳指名亚种 *Lanius cristatus cristatus* Linnaeus

棕背伯劳 *Lanius schach schach* Linnaeus

灰背伯劳 *Lanius tephronotus tephronotus* (Vigors)

楔尾伯劳 *Lanius sphenocercus sphenocercus* Cabanis

湖南省伯劳科鸟类物种检索

1. 尾上覆羽与中央尾羽同色……………………………………………………………… **2**

   尾上覆羽与中央尾羽异色……………………………………………………………… **4**

2. 背栗色并具黑色横纹…………………………………………… **虎纹伯劳 *Lanius tigrinus***

   背淡棕色，无黑色横纹 ………………………………………… **红尾伯劳 *Lanius cristatus*… 3**

3. 头顶灰色，额带不明显，眉纹狭而色白 ………………………… **红尾伯劳普通亚种 *L. c. lucionensisi***

   头顶棕褐，白色额带明显，眉纹或狭或宽，色白 ……………… **红尾伯劳指名亚种 *L. c. cristatus***

4. 初级飞羽基部无白斑……………………………………… **灰背伯劳 *Lanius tephronotus tephronotus***

   初级飞羽基部具白斑…………………………………………………………………… **5**

5. 尾上覆羽棕色 ………………………………………………… **棕背伯劳 *Lanius schach schach***

   尾上覆羽非棕色………………………………………………………………………… **6**

6. 尾楔状，甚长，超过 130mm ………………………… **楔尾伯劳 *Lanius sphenocercus sphenocercus***

   尾不呈楔状，尾长不及 125mm ………………………… **牛头伯劳 *Lanius bucephalus bucephalus***

1. 虎纹伯劳 *Lanius tigrinus* Drapiez 图 9－1、照片 9－1

该物种为单型种，目前还没有发现亚种的分化。

英 文 名：Tiger Shrike

别　　名：虎鸡（辞典）、粗嘴伯劳（鸟类试编）、虎花伯劳（北名）、虎伯劳、花伯劳、厚嘴伯劳、三色虎伯劳。

历史沿革：*Lanius tigrinus* Drapiez，1828，in Dict. Class. Hist. Nat. 13：523（模式产地：爪哇岛）；La Touche 1925－1934 A handbook of the birds of eastern China Taylor and Francis, London, 1; Gee 1931 Peking Nat. Hist. Bull. 5; 郑作新等，1976，中国鸟类分布名录：461；陈服官，中国动物志　鸟纲　第九卷：9；赵正阶，2001，中国鸟类志下卷：128－129；郑光美，2011，中国鸟类分类与分布名录：192。

鉴别特征：全长 156～197mm。喙强健具钩和齿，背部羽毛呈栗棕色，并杂以黑色波状细横纹；下体羽几乎为纯白。

图 9－1　虎纹伯劳（仿 Karen Phillipps）

照片 9－1　虎纹伯劳（左　雌体，姚毅　摄；右　雄体，李剑志　摄）

形态描述：雄鸟眼先、额部及贯眼纹黑色，头顶至上背石板灰色；下背至尾上覆羽栗棕色，并杂以黑色波状细横纹。颏、喉及下体白色，两胁沾蓝灰，腋羽沾黄。飞羽暗褐色，外翈缘红棕色，愈内侧者红棕色羽缘越宽。翼上覆羽栗棕色具黑色波状细纹；尾特长，尾羽 12 枚，栗棕色，隐约有深褐色条纹，外侧尾羽具白端斑。

雌鸟与雄体大体相似，但背部羽栗棕色较淡；胸侧及两胁的羽毛杂以黑色斑纹。额灰色，头顶灰白色。

幼鸟头顶与背部几乎同色，而缀以黑色横纹；胸侧及两胁均杂以黑色斑纹，但较雌体色淡。

喙强健，先端具钩、缺刻和齿突，黑色，下嘴基部灰白。虹膜褐色。跗蹠、趾暗褐色。爪钩状，黑色。

生活习性：不常见的夏候鸟，主要栖息于低山丘陵和山脚平原地区的森林和林缘地带，多单独或成对活动，主要以昆虫为食，繁殖于 5～7 月，营巢于小树或灌丛上。巢的外壁较粗糙，内壁较精细，主要以枯草茎、枯草叶、细枝和树皮纤维构成。

测量数据：　(mm)

编号	性别	全长	嘴峰长	翅长	尾长	跗蹠长	翼展	口裂
175	雌体	159	15	85	79	23	244	21
187	雄体	181	15.5	86	78	22.5	244	19
171	雄体	171	18	84	77	24	203	21
190	雄体	178	17	82	80	24	233	19.5
023	—	129	19	70	42	25	248	23

地理分布：广泛分布于湖南各地。

经济意义：食虫益鸟。国家“三有”保护鸟类，中-日候鸟保护物种，湖南地方重点保护鸟类。

2. 牛头伯劳 *Lanius bucephalus bucephalus* Temminck et Schlegel 图 9-2、照片 9-2

该物种分化外出 2 个亚种，中国均有分布（*L. b. bucephalus*；*L. b. sicarius*），湖南省分布的是指名亚种。

英 文 名：Bull-headed Shrike

别　　名：红头伯劳

历史沿革：*Lanius bucephalus* Temminck et Schlegel，1844，in Siebold，Faum. Jap.，Aves：39，图版 14（模式产地：日本）

Lanius bucephalus bucephalus Temminck et Schlegel，La Touche 1925－1934 A handbook of the birds of eastern China Taylor and Francis，London，1；Gee 1931 Peking Nat. Hist. Bull. 5；郑作新等，1976，中国鸟类分布名录：461－462；陈服官，中国动物志　鸟纲　第九卷：11；赵正阶，2001，中国鸟类志　下卷：130－131；郑光美，2011，中国鸟类分类与分布名录：192。

鉴别特征：全长 177～220mm。喙强健具钩和齿，头顶及枕部栗红；背羽灰褐色；尾羽褐色；黑色贯眼纹明显，尾羽褐色；下体羽棕白，两胁深棕色。

图 9-2　牛头伯劳（仿 Karen Phillipps）

照片 9-2　牛头伯劳（姚毅　摄）

形态描述：雄鸟额、头顶及枕部栗红色；背、腰及尾上覆羽灰褐色。眼先、眼周、颊和耳羽黑色，形成粗著的贯眼纹，该纹上缘镶有灰白色细纹。颏、喉和下颊白色。胸、腹以及两胁淡棕色，冬羽具黑褐色鳞纹。腹部中央灰白色。尾下覆羽纯棕色。飞羽黑褐色，羽缘棕色，外侧飞羽基部白色，形成明显的白色翅斑。三级飞羽具皮黄色羽缘。翅上覆羽暗褐色，大覆羽具棕色羽缘。尾羽 12 枚，中央尾羽暗褐色，具浅灰褐色边缘，外侧尾羽灰褐色，各尾羽具狭窄的灰白色端缘和界限不清的黑褐色次端斑。

雌鸟头顶颜色与雄体相似，贯眼纹为栗褐色不完整，仅限于眼后。眼先灰白色。背、腰棕褐色。下体密布黑褐色鳞纹。

喙强健，先端具钩、缺刻和齿突，黑色，下嘴基部灰白。虹膜褐色。跗蹠、趾黑褐色。爪钩状，黑色。

生活习性：湖南不常见的冬候鸟，主要栖息于林间、灌丛、草甸等。主要以昆虫为食。繁殖期为 5～7 月，营巢于小树上，巢呈杯状。

测量数据：（mm）

编号	性别	全长	嘴峰	翅长	尾长	跗蹠长
66010705	雌体	189	14	85	90	25
79010807	雄体	185	14.5	86	92	25.5
67010701	雄体	191	14	84	89	25
长 010910	雄体	198	15	86	91	25
长 01023	—	199	15	86	92	25

经济意义：食虫益鸟。国家“三有”保护鸟类，湖南地方重点保护鸟类。

3. 红尾伯劳普通亚种 *Lanius cristatus lucionensis* Linnaeus 图 9－3、照片 9－3

该物种全世界分化出 10 个亚种，中国分布有 4 个亚种（*L. c. lucionensis*；*L. c. superciliosus*；*L. c. cristatus*；*L. c. confusus*），湖南省分布的是普通亚种和指名亚种。

英 文 名：Brown Shrile；Red-tailed Shrike

别　　名：褐伯劳、土虎伯劳、花虎伯劳、小伯劳、缟鸡、土伯劳、虎伯劳

历史沿革：*Lanius lucionensis* Linnaeus，1766，Syst. Nat.，ed. 12，1：135（模式产地：菲律宾：吕宋）

Lanius cristatus lucionensis Linnaeus，La Touche 1925－1934 A handbook of the birds of eastern China Taylor and Francis，London，1；Gee 1931 Peking Nat. Hist. Bull. 5；郑作新等，1976，中国鸟类分布名录：464；陈服官，中国动物志　鸟纲　第九卷：25；赵正阶，2001，中国鸟类志 下卷：136－137；郑光美，2011，中国鸟类分类与分布名录：194。

鉴别特征：全长 178～210mm。喙强健具钩和齿，黑色贯眼纹明显。额与头顶灰色，背肩部暗灰褐色；尾羽棕色，下体羽棕白色。

形态描述：雄鸟嘴似鹰嘴，鼻孔大，为白色羽覆盖。嘴后缘有须 10 余根伸向前；嘴角，眼先羽至耳羽呈绒黑状斑块；在头两侧形成醒目的贯眼纹。贯眼纹上缘具细的白色眉纹。额、头顶和枕部灰色，上体暗灰褐色，前部较浅，至后部浅渐浓，到腰部为棕褐色。颊、颈侧、颏和喉白色。胸、腹、肛周和尾下覆羽棕白色。两胁棕色较浓，腋羽棕白色。初级飞羽 10 枚黑褐色，具棕白缘。翅上覆羽灰褐色，具棕白色羽缘和先端。尾羽 12 枚，为棕褐色，两侧尾羽有淡棕褐色隐形横纹。

图 9-3 红尾伯劳普通亚种（仿 Karen Phillipps）

照片 9-3 红尾伯劳普通亚种（李剑志 摄）

雌鸟与雄体相似，但头和尾棕红色。头、颈和下体满布黑褐色鳞纹，贯眼纹淡褐色；下体羽棕白色较淡。

幼鸟：背部为棕褐灰色，羽缘棕色；颊部有白色羽毛；下体羽棕白。

喙强健，先端具钩、缺刻和齿突，黑色，下嘴基部灰白。虹膜褐色。跗蹠、趾浅褐色。爪钩状，黑色。

生活习性：湖南较常见的冬候鸟。栖息于低山丘林和山脚平原地带的灌丛和林地，也栖息于草甸、阔叶林和针阔叶混交林。单独或成对活动。主要以昆虫为食。繁殖期在 5～7 月，营巢于人工杨树林、落叶林和林缘灌丛中。巢呈杯状，巢材以枯草茎叶为主，偶混有小树枝，内垫有细草茎、植物纤维和羽毛等。一年繁殖一窝，每窝 5～7 枚卵。

测量数据：（mm）

编号	日期	采集地	性别	全长	嘴峰长	翅长	尾长	跗蹠长
488	1957.04.25	长沙县	雄体	181	145	89.2	88.6	25
162	1956.04.28	—	雌体	179	14	88.1	87.6	25
820543	1982.05.16	—	雌体	180	14	88.5	88	25
无标签	—	—	雌体	201	15	90.1	89	25

地理分布：广泛分布于湖南各地。

经济意义：食虫益鸟。国家“三有”保护鸟类，中-日候鸟保护物种，湖南地方重点保护鸟类。

4. 红尾伯劳指名亚种 *Lanius cristatus cristatus* Linnaeus 图 9-4

该物种全世界分化出 10 个亚种，中国分布有 4 个亚种（*L. c. lucionensis*；*L. c. superciliosus*；*L. c. cristatus*；*L. c. confusus*），湖南省分布的是普通亚种和指名亚种。

英 文 名：Brown Shrile；Red-tailed Shrike

别　　名：褐伯劳、土虎伯劳、花虎伯劳、小伯劳、缟鸡、土伯劳、虎伯劳历史沿革：*Lanius cristatus cristatus* Linnaeus 1758，Syst. Nat.，ed. 10，1：93（模式产地：孟加拉）；Gee 1931，Peking Nat. Hist. Bull. 5：49－68；La Touche，1925－1934，A handbook of the birds of eastern China Taylor and Francis，London；郑作新，1976，中国鸟类分布名录：462－464；郑作新，1987，中国动物志　鸟纲　第九卷：23－28；赵正阶，2001，中国鸟类志：132－134；郑光美，2011，中国鸟类分类与分布名录：193。

鉴别特征：全长 165～205mm。喙强健具钩和齿，黑色贯眼纹明显。额缘和眉纹白色，头和背肩部棕褐色；尾羽棕色，下体羽棕白色。

图 9－4　红尾伯劳指名亚种（仿 Karen Phillipps）

形态描述：与普通亚种相似，所不同之处在于前额基部有 2mm 左右宽的淡灰色额带，向后逐渐过渡为栗褐色，两侧与眉纹相连，眉纹白色，其宽度与额带宽度相似；背羽与尾羽棕褐色，尾上有多条暗褐色隐约可见的横斑。颏、喉白色，胸以下淡锈棕色。

雌鸟与雄体相似，但背羽较暗，额带不明显，眉纹淡黄色。颏、喉污黄色，胸以下不及雄体鲜亮而布满鳞纹。

生活习性：湖南不常见的冬候鸟。栖息于低山丘林和山脚平原地带的灌丛和林地，也栖息于草甸、阔叶林和针阔叶混交林。单独或成对活动。主要以昆虫为食。繁殖期在 5～7 月，营巢于人工杨树林、落叶林和林缘灌丛中。巢呈杯状，巢材以枯草茎叶为主，偶混有小树枝，内垫有细草茎、植物纤维和羽毛等。一年繁殖一窝，每窝 5～7 枚卵。

测量数据：　（mm，g）（据陈服官）

性别	体重	全长	嘴峰长	翅长	尾长	跗蹠长
雄体	32.2	188.5	14.2	86.6	85.1	24.9
雌体	31.5	184.8	13.8	84.9	83.2	25

地理分布：分布于湘西地区，冬候鸟（据许延恭）。

经济意义：食虫益鸟。国家“三有”保护鸟类，中-日候鸟保护物种，湖南地方重点保护鸟类。

5. 棕背伯劳 *Lanius schach schach* Linnaeus 图 9－5、照片 9－4

该物种分化出 12 个亚种，分布于中国的有 4 个亚种（*L. s. tricolor*；*L. s. hainanus*；*L. s. schach*；*L. s. formosae*），湖南省分布的是指名亚种。

英 文 名：Rufous-backed Shrike；Black-headed Shrike

别　　名：大红背伯劳、掛来鸭

历史沿革：*Lanius schach* Linnaeus，1758，Syst. Nat.，ed. 10，1：94（模式产地：中国）

Lanius schach lingulacu Hachisuka，1939，Suppl. publ. Orn. Soc. Japan 15：119（模式产地：上海）

Lanius schach schach Linnaeus，La Touche 1925－1934 A handbook of the birds of eastern China Taylor and Francis，London，1；Gee 1931 Peking Nat. Hist. Bull. 5；郑作新等，1976，中国鸟类分布名录：465－466；陈服官，中国动物志　鸟纲　第九卷：33；赵正阶，2001，中国鸟类志 下卷：139－140；郑光美，2011，中国鸟类分类与分布名录：194－195。

鉴别特征：全长 218～290mm。喙强健具钩和齿，黑色贯眼纹明显。头顶、枕以及上背石板灰；下背红棕色；两翅及尾羽均为黑色；下体大部锈红色。

图 9－5　棕背伯劳（仿 Karen Phillipps）

照片 9－4　棕背伯劳（邓学建　摄）

形态描述：雄体喙黑色，有力，略似鹰嘴，上喙近端部有刻缺及齿与下喙吻合。前额黑色，与贯眼纹相连。头顶、枕和上背石板灰色，下背逐渐变为栗棕色，直至腰和尾上覆羽为红棕色。颊、颈侧、颏和喉纯白色，下体胸部中央近白色，向后渐变为浅棕，两胁、胸侧棕色更深。飞羽黑色，第 4～9 枚初级飞羽基部白色，形成醒目的白色翅斑。内侧飞羽外翈缘棕白色。尾羽 12 枚，中央尾羽黑色，外侧尾羽较深，具棕色羽缘和棕色端斑。

雌体的前额带较窄呈黑褐色，头顶至背染褐色，中央尾羽和贯眼纹沾褐色。

幼体黑额不显，上体具黑色横纹，贯眼纹黑褐色。

嘴强健，先端具钩、缺和齿突，黑色，下嘴基部灰白。虹膜褐色。跗蹠、趾黑色。爪钩状，黑色。

在岳阳东洞庭湖保护区的采桑湖，于 2010 年观察到一只黑色伯劳，考虑到数量极少并未采集标本。对于该个体属于新物种还是棕背伯劳的黑色型，还有待进一步研究。

生活习性：湖南常见的留鸟。栖息于低山丘陵和山脚平原。除繁殖期，多单独活动。捕食昆虫、小鸟、蛙和啮齿类。繁殖期 4～7 月。营巢于树上或高的灌木上，巢呈杯状，主要由细枝、枯草叶、树叶及其他植物纤维构成，内垫细软的草茎或须根。

测量数据：（mm，g）

编号	日期	采集地	性别	体重	全长	嘴峰长	翅长	尾长	跗蹠长	翼展	口裂
02	87.08.11	江永	—	26.6	265	—	108	135	32	—	—
44	1959.06.28	慈利	—	—	236	—	103	112	31.8	316	—
2	1983.06.30	慈利	—	26	150	—	71	40	25	290	—
6	1983.07.21	慈利	—	52	210	—	100	140	—	260	—
15	1983.06.30	慈利	—	35	160	—	75	50	25	140	—
334	57.02.15	长沙	雌体	69.5	256	18	103	125	29	337	26
338	57.02.15	长沙	雌体	73	268	19.5	103	129	32	334	26
255	57.12.06	长沙	雌体	—	280	18.5	100	147	33.5	337	25.5
09	92.08.05	长沙	—	25	180	17	83	81	23	—	—
12	92.08.10	长沙	雌体	53.5	253	19	—	121	32	—	—
04	92.08.12	长沙	雌体	63.5	—	20	101	41	32	—	—
16	92.08.14	长沙	雌体	49.2	245	20	100	127	33	—	—
003	8.26	宜章	—	54.5	245	17	150	124	33	310	24
013	8.26	宜章	雄体	64	261	—	102	135	37	302	22
017	1978.05.13	桃源	雄体	63	290	18	—	135	40	355	—
11020	—	桃源	雄体	59	275	20	110	150	30	355	—
040	1978.5.13	桃源	雄体	64	265	17	130	145	30	300	25
047	1978.5.13	桃源	—	62.5	280	18	142	145	33	305	—
005	8.27	宜章	—	61.5	240	—	105	128	35	305	30
杂 0002	—	长沙	雄体	58	253.9	—	96.5	115.4	31	324	25.3
0017	—	长沙	雄体	62.5	274.2	—	100.5	113.8	31.7	324	26.7
0021	—	长沙	雌体	55	263.9	—	100.7	131.3	31.2	320	26.4
—	1992.7.2	石门	雄体	59.6	218	—	102	84	36	317	—
—	1992.7.2	石门	—	—	255	—	105	136	32	—	—

地理分布：广泛分布于湖南各地。

经济意义：食虫益鸟。国家“三有”保护鸟类，湖南地方重点保护鸟类。

6. 灰背伯劳 *Lanius tephronotus tephronotus*（Vigors）图 9－6

该物种全世界分化出 2 个亚种，分布于中国的仅 1 个亚种，即指名亚种。

英 文 名：Great Grey Shrike

别　　名：灰鵙鸟

历史沿革：*Collurio tephronotus* Vigors，1830－1831，Proc. Comm. Sci. Corr. Zool. Soc. London 1：43（模式产地：喜马拉雅山脉）

Lanius nipalensis Hodgson，1837，Ind. Rev. 1：445（模式产地：尼泊尔）

Lanius lama Dresser. 1905. Proc. Zool. Soc. London 1：55（模式产地：西藏）

Lanius tephronotus tephronotus（Vigors）Gee 1931，Peking Nat. Hist. Bull. 5：49－68；郑作新，1976，中国鸟类分布名录：467；陈服官，1998，中国动物志　鸟纲　第九卷：37－39；赵正阶，2001，中国鸟类志下卷：142－144；郑光美，2011，中国鸟类分类与分布名录：188。

鉴别特征：全长 200～255mm。喙强健具钩和齿，黑色贯眼纹明显；头顶、背部暗灰色；翅尾黑褐；下体近白，胸染锈棕。

图 9－6　灰背伯劳（仿 Karen Phillipps）

形态描述：雄鸟额基、眼先、眼周至耳羽为黑色，形成醒目的贯眼纹。头顶、枕、后颈直至背部暗灰色；腰及尾上覆羽橙棕色。颏、喉及颈侧白色。胸和腹中央白色，胸侧、两胁、覆腿羽及尾下覆羽锈棕色。两翼黑褐，内侧飞羽及大覆羽具淡棕色外翈缘。初级飞羽不具翅斑。中央尾羽近黑褐，具淡棕色缘。外侧尾羽暗褐色，外翈棕黑色。各尾羽具窄的深棕端斑和隐约可见的横纹。

雌鸟与雄体相似，但贯眼纹不完整，只限于眼后。头、背白棕色；头、颈、胁具鳞纹。尾上覆羽棕红色；肩羽略带棕色；下体棕白。

喙强健，先端具钩、缺刻和齿突。雄鸟嘴黑色，雌鸟上嘴角褐色，下嘴灰白色。虹膜褐色。跗蹠、趾黑色。爪钩状，黑色。

生活习性：湖南不多见的留鸟。栖息于低山次生阔叶林和混交林林缘，也进入村寨、农田、人工林、灌丛和稀树草坡。喜立于枝端，当发现猎物时，立即冲下捕取，然后又飞回原处。以昆虫为食，也捕小鸟和啮齿动物。

测量数据：　　(mm，g)

编号	采集地	性别	体重	全长	喙长	翅长	尾长	跗蹠长	翼展
92081303	长沙	雌体	29.5	175	16	—	86	24	—

续表

编号	采集地	性别	体重	全长	喙长	翅长	尾长	跗蹠长	翼展
92081304	长沙	雄体	28.9	183	17	85	90	24	—
92081013	长沙	雌体	29	191	19	81	85	23	—
92081415	长沙	雌体	33.4	179	17	82	85	24	—
80510—1	长沙	雌体	26	189	13	—	85	23	—
80510—4	长沙	—	31	200	14	90	90	25	275
80515—1	长沙	—	28.5	205	16	85	84	25	280
80515—2	长沙	—	27	202	14	86	84	26	280
80515—3	长沙	—	29.5	202	15	85	87	25	275

地理分布：广泛分布于湖南各地。

经济意义：食虫益鸟。国家“三有”保护鸟类，中-日候鸟保护物种，湖南地方重点保护鸟类。

7. 楔尾伯劳 *Lanius sphenocercus sphenocercus* Cabanis 图 9－7、照片 9－5

该物种全世界分化出 2 个亚种，我国均有分布（*L. s. sphenocercus*；*L. s. giganteus*），湖南分布的是指名亚种。

英 文 名：Long-tailed Grey shrike；Chinese Gray Shrike

别　　名：长尾灰伯劳、中国灰伯劳

历史沿革：*Lanius sphenocercus* Cabanis，1873，Journ. f. Orn. 21：76（模式产地：广东广州）；Gee 1931，Peking Nat. Hist. Bull. 5：49－68；La Touche，1925－1934，A handbook of the birds of eastern China Taylor and Francis，London；郑作新，1976，中国鸟类分布名录：470；陈服官，1998，中国动物志　鸟纲　第九卷：47－49；赵正阶，2001，中国鸟类志　下卷：146－148；郑光美，2011，中国鸟类分类与分布名录：196。

鉴别特征：全长 255～315mm。喙强健具钩和齿，黑色贯眼纹明显。伯劳中最大的个体。上体灰色，中央尾羽及飞羽黑色，翼表具大型白色翅斑。尾特长，凸形尾。

图 9－7　楔尾伯劳（仿 Karen Phillipps）

照片 9－5 楔尾伯劳（邓学建 摄）

形态描述：雄鸟额基白色，向后延伸为白色眉纹。额、头顶、枕、后颈、背直至尾上覆羽淡灰色。眼先、眼周和耳羽黑色，形成一条较宽的贯眼纹。贯眼纹上缘即为白色眉纹。颊、颈侧、颏、喉直至整个下体白色。肩羽与背同色。初级飞羽黑色，自第 2 枚以内均具超过羽长之半的白色羽基，构成醒目的白色翼斑。次级飞羽和三级飞羽黑色而具较宽的白色端缘，基部亦白色，形成翼上的第 2 个白色翼斑。翼上覆羽黑色，初级覆羽具白色羽端和羽缘。尾凸形，中央 2 对尾羽黑色。其余尾羽基部黑色，端部白色，越往外者白色区域越大，至最外 3 枚尾羽呈白色，羽轴黑色。

雌体羽色似雄体，但黑羽染褐。幼鸟上体略沾淡褐，下体灰白色，微具暗褐色鳞纹。

喙强健，先端具钩、缺刻和齿突，黑色，下嘴基部灰白。虹膜暗褐色。跗蹠、趾黑褐色。爪钩状，黑色。幼鸟嘴、脚为角褐色。

生活习性：湖南少见的冬候鸟，栖息于平原、河谷、疏林缘、草地和半荒漠地带。除以昆虫为食外，也捕食蜥蜴、小鸟及鼠类。

测量数据： （mm，g）（据陈服官）

性别	体重	全长	嘴峰长	翅长	尾长	跗蹠长
雄性	78.6	293.2	17.5	139.6	162.8	30.8
雌性	81.4	293	17	136.3	156	31.8

地理分布：分布于岳阳、湘阴。

经济意义：益鸟，国家“三有”保护种类。

十、黄鹂科 Oriolidae

体形适中。嘴与头等长，形较粗厚，嘴峰稍向下曲，上嘴先端微具缺刻，嘴须细短；鼻孔裸出，其上部盖以薄膜。翅形尖长，具 10 枚初级飞羽，第 1 枚长于第 2 枚之半。尾较短，稍呈凸状。跗蹠较短，前缘具盾状鳞，爪长而曲。雌雄通常稍不同，雌者较苍淡。幼鸟羽呈纵纹状。

栖息于平原或山区森林地带，喜活动于村落附近的高大乔木上。主食昆虫、浆果等。很少到地面活动。鸣声悦耳多变。在乔木上的水平枝杈间营碗状悬巢。每窝产 2～5 枚卵。雌体孵化，孵化期 13～15 天。雏鸟晚成性，两性育雏，在巢期 14～15 天。离巢后尚需双亲照料 15 天。

此科全世界有 2 属 29 种，分布于东半球的热带与温带地区，但不见于新西兰及太平洋群岛。国内有 1 属 6 种（9 亚种），湖南省有 2 种，其名录如下：

黑枕黄鹂 *Oriolus chinesis diffusus* Sharpe

鹊鹂 *Oriolus mellianus* Stresemann

湖南省黄鹂科种的检索表

羽被颜色主要为黄色和黑色……………………………………………… **黑枕黄鹂 *Oriolus chinesis diffusus***

羽被颜色主要为黑色和栗色 ……………………………………………………………… **鹊鹂 *Oriolus mellianus***

1. 黑枕黄鹂 *Oriolus chinesis diffusus* Sharpe 图 10－1、照片 10－1

该物种分化出 25 个亚种，分布于中国的有 2 个亚种（*O. c. diffsus*；*O. c. tenuirostris*），分布于湖南省的是普通亚种。

英 文 名：Black-naped Oriole

别　　名：黄鹂、黄莺

历史沿革：*Oriolus diffusus* Sharpe，1877，Cat. Bds. Brit. Mus. 3：107，Nom. Nov. Nor *Oriolus indicus* Jerdon，1845，Ill. Ind. Orn.：版图 15（模式产地：印度 Malabar）；nee of Daudin，1799

Oriolus chinesis diffusus Sharpe，La Touche 1925—1934 A handbook of the birds of eastern China Taylor and Francis，London，1；Gee 1931 Peking Nat. Hist. Bull. 5；郑作新等，1976，中国鸟类分布名录：471；陈服官，中国动物志　鸟纲　第九卷：55；赵正阶，2001，中国鸟类志　下卷：149－150；郑光美，2011，中国鸟类分类与分布名录：198。

鉴定特征：全长 225～287mm。通体黄色，黑色贯眼纹粗著，后伸达枕部，形成枕环纹，两翅和尾大都黑色。

形态特征：雄鸟额、头顶鲜黄色。眼先黑色；贯眼纹黑色，左右贯眼纹在枕部相连，形成一道醒目的黑色带纹。后枕、颈、背、腰和尾上覆羽黄色，背部稍沾绿灰。颏、喉、胸、腹肛周、尾下覆羽以及两胁和覆腿羽均成黄色。初级飞羽黑色，除第 1 枚外，其余飞羽的外翈缘均缀以黄色，且延至羽端。次级飞羽亦黑，其黄色的外缘和先端均较宽阔，至三级飞羽则外翈几乎全呈黄色。初级覆羽黑色，羽端黄色。大覆羽的内翈大都黑色，外翈和羽端均黄色，中覆羽和小覆羽黄色。中央尾羽黑色，外侧尾羽亦黑色而具黄色端斑，且愈外侧者黄色

图 10-1 黑枕黄鹂（仿 Karen Phillipps）

照片 10-1 黑枕黄鹂（左 雄体，姚毅 摄；右 雌体，李剑志 摄）

区域愈大，至最外侧尾羽，则大部呈黄色，仅在羽基为黑色。

雌鸟色泽较为暗淡，背部的黄色沾绿较显。眼先灰褐色，贯眼纹不及雄鸟的醒目。胸、腹黄白色具黑褐色纵纹。飞羽和翼上覆羽黑褐色，仅外翈缘黄绿色。

幼鸟无贯眼纹，背面黄绿色，腹面白色，而在胸部稍带黄色，尾下覆羽黄色。颏至下腹部的羽毛均具黑色羽干纹。

虹膜褐红色。雄鸟嘴粉红色，雌鸟和幼鸟的嘴角褐色。脚铅蓝色。

生活习性：湖南地区夏候鸟，栖息于低山丘陵和山脚平原地带的天然次生林、混交林，常单独或成对活动，有时也呈 3～5 只的小群活动，主要在高大的乔木的树冠层活动，很少下到地面活动，主要以昆虫为食，也吃少量植物的种子，繁殖于 5～7 月，营巢于高大的乔木上。

测量数据： (mm)

编号	性别	全长	喙长	翅长	尾长	跗蹠长
46 号	雄体	278	33	152	92	22
79 号	雌体	260	30	148	94	25

地理分布：广泛分布于湖南各地。

经济意义：食虫益鸟，国家“三有”保护鸟类，中-日候鸟保护物种，湖南地方重点保护鸟类。由于它羽色鲜艳，鸣声婉转，常被捕捉为笼养鸟。

2. 鹊鹂 *Oriolus mellianus* Stresemann 图 10-2

该物种是单型种，目前还没有发现亚种分化。

英 文 名：Mell's Maroon Oriole

别　　名：鹊色黄鹂

历史沿革：*Oriolus traillii mellianus* Stresemann，1922，Orn，Monatsb. 30：64（模式产地：广东龙头山）

Oriolus mellianus Stresemann，La Touche 1925-1934 A handbook of the birds of eastern China Taylor and Francis，London，1；Gee 1931 Peking Nat. Hist. Bull. 5；郑作新，

1976，中国鸟类分布名录：473；陈服官，中国动物志　鸟纲　第九卷：61；赵正阶，2001，中国鸟类志　下卷：153；郑光美，2011，中国鸟类分类与分布名录：198。

鉴别特征：全长 245～254mm。体形和习性似黄鹂，但雌雄色彩明显不同，雄鸟头和翼黑，背腹白色，尾栗红色，雌鸟头黑褐，飞羽褐色，背灰色，腹白色而具黑色纵纹，尾栗红色。

图 10-2　鹊鹂（仿 Karen Phillipps）

形态描述：雄鸟整个头、颏、喉、颈黑色，具金属光泽。体背、胸、腹和两胁丝光白色。各羽中段具一近三角形的栗色斑。该斑后缘逐渐转为黑褐色，尾下覆羽栗红色，羽缘银白色，飞羽和覆上尾羽内翈黑褐色，外翈黑色具金属光泽。最内侧次级飞羽具数条隐色细横纹。第 2～6 枚初级飞羽具切迹。飞羽式：4>3≥5>6≥2>7>8>9>10。尾棕红色，外翈边缘染灰白色，羽轴白色，最外侧尾羽具红色的横隐纹。尾圆形，尾羽 12 枚，尾羽式：0mm；2mm；3mm；4mm；5mm；8mm。

雌体额、头顶、枕、颊黑褐色，背、腰灰褐色，具细的深色羽轴纹，尾上覆羽棕红色。颏、喉、胸、腹白色，但各羽均具黑褐色羽轴纹，尾下覆羽浅粉红色，飞羽内翈黑褐色，外翈较淡。中央尾羽红棕色，其余尾羽外翈棕红，内翈有一红色纵斑，越外侧者该斑越宽。

嘴强健，嘴峰稍曲，末端具钩和缺刻，嘴端和嘴喙角白色，其余呈黑褐色，足强健，跗蹠前缘被盾状鳞。足、爪呈黑褐色。

生活习性：夏候鸟，栖息于山地森林中，主要以昆虫为食。

测量数据：　（mm，g）

性别	体重	全长	喙长	翅长	尾长	跗蹠长	海拔
雄体	72	240	25	150	93	26	1400
雌体	—	262	25	146	104	27	—

地理分布：分布于湘南地区。

经济意义：国家“三有”保护动物，中国濒危动物红皮书易危物种，湖南地方重点保护鸟类。

十一、卷尾科 Dicruridae

本科鸟类通常全身羽毛呈黑色，并具金属辉闪的光泽，个别种类呈灰色。嘴粗壮，嘴峰稍弯曲，上喙尖端微具钩。鼻孔为垂羽所掩盖。翅宽长而稍尖，初级飞羽 10 枚。尾长而呈叉状，尾羽 10 枚。中央尾羽短，外侧尾羽逐渐增长，最外侧一对尾羽最长且末端向外卷曲。跗蹠短而健，前缘具盾状鳞，爪曲而尖锐。

本科鸟为树栖鸟类，习性凶猛而好斗，以捕食昆虫为主食。树上营碗状巢，每窝产 2～4 枚卵，晚成雏。雌雄共同营巢、孵化、育雏。

该科鸟类有 2 属 23 种，中国有 1 属 7 种（15 亚种）。湖南省有 3 种，其名录如下：

黑卷尾 *Dicrurus macrocercus cathoecus* Swinhoe

灰卷尾 *Dicrurus leucophaeus salangensis* Reichenow

发冠卷尾 *Dicrurus hottentottus brevirostris*（Cabanis et Heine）

湖南省卷尾科物种检索

1. 额具发状羽冠 ………………………… **发冠卷尾 *Dicrurus hottentottus brevirostris***
   额不具发状羽冠 ………………………… **2**
2. 上体羽深辉黑色 ………………………… **黑卷尾 *Dicrurus macrocercus cathoecus***
   上体羽灰色 ………………………… **灰卷尾 *Dicrurus leucophaeus salangensis***

1. 黑卷尾 *Dicrurus macrocercus cathoecus* Swinhoe 图 11－1、照片 11－1

该物种分化为 7 个亚种，分布于中国的有 3 个亚种（*D. m. albirictus*；*D. m. cathoecus*；*D. m. harterti*），湖南省的是普通亚种。

英 文 名：Black Drongo

别　　名：铁炼甲、铁燕子、篱鸡、黑黎鸡、黑龙野燕、黑鱼燕尾、龙尾燕

历史沿革：*Dicrurus cathoecus* Swinhoe，1871，Proc. Zool. Soc. London，377（模式产地：海南及台湾；限于中国南部，据 Hartert）

Dicrurus macrocercus cathoecus Swinhoe La Touche 1925－1934 A handbook of the birds of eastern China Taylor and Francis，London，1；Gee 1931 Peking Nat. Hist. Bull. 5；郑作新，1976，中国鸟类分布名录：474－475；陈服官，中国动物志 鸟纲 第九卷：65；赵正阶，2001，中国鸟类志 下卷：154－155；郑光美，2011，中国鸟类分类与分布名录：199。

鉴别特征：全长 235～300mm。全身羽毛呈辉黑色，并具蓝绿色光泽；尾羽叉状，最外侧 1 对尾羽末端稍弯曲。

形态描述：雄鸟全身羽毛辉黑色，并缀有蓝紫色金属光泽；前额，眼先羽呈绒黑色；颏、喉部、胸、腹至尾下覆羽均呈黑褐色，仅在胸部具有铜绿金属光泽。翅黑褐色，飞羽外翈缘及翅上覆羽均为黑色，缀铜绿色金属光泽。尾羽叉状，中央尾羽较短，外侧尾羽逐渐增长，最外侧 1 对尾羽最长，其末端向外曲，并微向上弯曲。

雌鸟与雄体相似，仅铜紫金属光泽不如雄鸟艳丽。幼鸟和成鸟大致相似，下体各羽具白色端斑，愈向后者愈明显。

图 11－1　黑卷尾（仿 Karen Phillipps）

照片 11－1　黑卷尾（邓学建　摄）

嘴和脚均为黑色。

生活习性：湖南地区夏候鸟，主要栖息于低山丘陵和山脚平原地带，多成对或成小群活动。主要以昆虫为食，繁殖于 4～8 月，多营巢于阔叶树上，筑巢后开始产卵，每窝产卵 3～4枚，有雌雄亲鸟轮流承担孵卵。

测量数据：（mm，g）

编号	时间	采集地	性别	体重	全长	嘴峰	翅长	尾长	跗蹠	翼展	口裂
524	1957.05.02	长沙	雄体	47.7	282	20	146	148	20	448	27
57	1964.09.13	长沙	—	42.5	264.8	21	126.2	126.2	18	397	29.2
9208149	—	长沙	雄体	50	227	24	122	100	23	—	—
8059—1	—	长沙	雄体	49	290	20	130	145	24	450	29
6261030	—	宜章	—	63	280	20	130	128	27	—	—
827007	—	宜章	—	60	225	15	134	100	21	410	—
827010	—	宜章	—	66	260	20	131	105	20	450	—
827014	—	宜章	—	58.9	220	22	120	91	27	340	—
杂 0010	—	长沙	—	42.5	264.8	21	139	128.4	18	397	29.2

地理分布：湖南省广泛分布。

经济意义：国家“三有”保护动物，湖南省地方重点保护鸟类。

2. 灰卷尾 *Dicrurus leucophaeus salangensis* Reichenow 图 11－2、照片 11－2

该物种分化出 14 个亚种，分布于中国的有 4 个亚种（*D. l. hopwoodi*；*D. l. salangensis*；*D. l. innexus*；*D. l. leucogensis*），湖南省分布的是华南亚种。

英 文 名：Ashy Drongo；Grey Drongo

别　　名：灰铁炼甲、白颊卷尾、白颊乌秋、灰龙尾燕、铁灵甲

历史沿革：*Dicrurus leucogenys salangensis* Reichenow，1890，Nom. Mus. Hein. Orn. p. 69（模式产地：Insula Salang Junk Seylon or Phuket）

Dicrurus leucogenys meridionalis Hachisuka，1926，Bull. Brit. Orn. Cl. 47，p. 56（模式产地：海南五指山）

Dicrurus leucophaeus salangensis，Gee 1931 Peking Nat. Hist. Bull. 5；郑作新，1976，中国鸟类分布名录：476；陈服官，中国动物志 鸟纲 第九卷：69；赵正阶，2001，中国鸟类志 下卷：156；郑光美，2011，中国鸟类分类与分布名录：199。

鉴别特征：全长 245～284mm。通体蓝灰色；叉形尾很长。

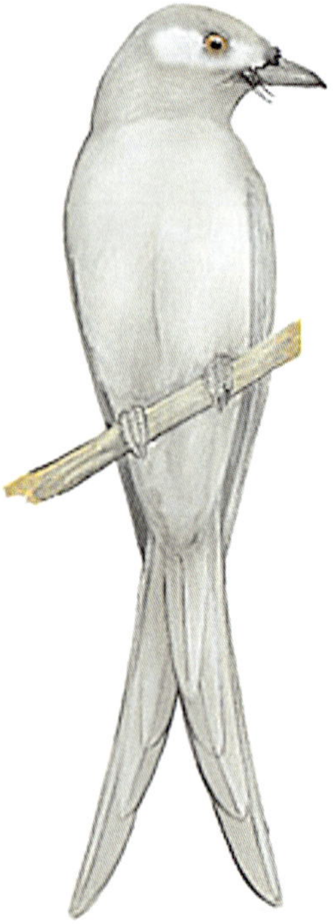

图 11－2 灰卷尾（仿 Karen Phillipps）

照片 11－2 灰卷尾（姚毅 摄）

形态描述：喙黑褐色，上喙略长于下喙；额缘羽毛黑色；眼先及面颊两侧白色略黄。头顶、枕、颈以及上体深灰色。下体及尾下覆羽稍淡，翼下覆羽和腋羽暗灰色。初级飞羽 10 枚，外侧 3 枚黑褐色，末端颜色较深。尾叉形，中央尾羽短，外侧尾羽长并颜色较深，最外侧尾羽末端向外卷曲。

跗蹠、趾、爪黑色。虹膜橙红色。

生活习性：夏候鸟，主要栖息于山地森林中，常单独或成对活动，有时也集小群活动，主要以昆虫为食，繁殖期 4～6 月，多在 5 月开始营巢，巢主要是由细枝、草茎、草根等材料构成。每窝产卵 3～4 枚，由雌雄亲鸟轮流孵卵。

测量数据：（mm，g）

编号	日期	采集地	性别	体重	全长	嘴峰长	翅长	尾长	跗蹠长	喙长	翼展
001	1996.06.29	石门	雄体	46.8	265	—	140	135	17	20	429
002	1996.06.29	石门	雌体	85	245	—	143	106	22	30	390
003	1996.06.29	石门	雄体	38.8	222	—	138	122	19	24	407
004	1996.06.29	石门	雄体	40.8	271	—	139	136	17	22	—
191	1956年	长沙	雌体	—	259	22	137	144	—	—	386
009	1959.07.03	洞口	—	46.5	256	8	45	51	7	—	151

地理分布：湖南广泛分布。

经济意义：国家“三有”保护动物，湖南地方重点保护鸟类。

3. 发冠卷尾 *Dicrurus hottentottus brevirostris*（Cabanis et Heine）图 11－3

该物种分化出 12 个亚种，分布于中国的有 2 个亚种（*D. h. bervirostris*；*D. h. hottentottus*），分布于湖南的是普通亚种。

英 文 名：Hair-crested Drongo

别　　名：黑铁炼甲、山黎鸡、发形凤头卷尾、大鱼尾燕

历史沿革：*Trichometopus brevirostris* Cabanis et Heine，1851，Mus. Hein. 1：112（模式产地：中国）

Dicrurus hottentottus brevirostris，La Touche 1925－1934 A handbook of the birds of eastern China Taylor and Francis，London，1；Gee 1931 Peking Nat. Hist. Bull. 5；郑作新，1976，中国鸟类分布名录：478；陈服官，中国动物志　鸟纲　第九卷：79；赵正阶，2001，中国鸟类志　下卷：159－160；郑光美，2011，中国鸟类分类与分布名录：200。

鉴别特征：全长 283～348mm。通体黑色，缀有蓝绿金属光泽；额顶部具 10 多根发状羽冠，延伸至肩部；叉状尾，外侧尾羽向外曲，并向上内方卷曲。

形态描述：雄鸟前额基部中央有 10 多条丝状羽冠延伸至肩部，基部 1/3 处有细小分枝。额、头顶、眼先、面颊和耳羽绒黑色。颈侧羽狭，披针状，均缀蓝紫色金属光泽。体背羽毛黑色，并缀有铜绿金属光泽；颏、上喉与面颊同色，下喉直至下体黑色，缀绿色金属光泽，在喉部、胸部还有蓝紫、黑色金属光泽的滴状斑。初级飞羽 10 枚，黑色，具明显的铜绿金属光泽。叉状尾较长，尾羽 10 枚，中央尾羽短，两侧尾羽渐长，纯黑色。最外侧 1 对尾羽末端向外卷曲，并向背方弯曲。

雌鸟与雄体相似；最外侧尾羽稍向外曲，并微向上卷。翅缘污白色。下体纯黑，仅在颈侧喉胸部有数枚披针状斑羽。

嘴、脚、爪呈黑色。

生活习性：夏候鸟，主要栖息于低山丘陵和山脚沟谷地带，单独或成对活动，很少成群。主要以各种昆虫为食，繁殖期 5～7 月，5 月开始筑巢，由雌雄亲鸟共同承担，巢主要有枯草茎、枯草叶、须根、树叶、细枝、松针、植物纤维、兽毛材料构成。每窝产卵 3～4 枚。由雌雄亲鸟共同育雏。

图 11-3 发冠卷尾（仿 Karen Phillipps）

测量数据： (mm，g)

编号	日期	采集地	性别	体重	全长	翅长	尾长	跗蹠长	翼展	喙长	口裂
005	1973.07.22	炎陵县	雄体	87	298	178	140	—	48	—	—
006	1973.07.22	炎陵县	—	89	310	161	135	—	46.1	—	—
002	82.6	宜章	雌体	76.5	279	180	130	28	48	30	—
—	1992.07.03	—	雌体	81.5	280	—	128	26	—	30	38

地理分布：湖南省广泛分布。

经济意义：国家“三有”保护动物，湖南地方重点保护鸟类。

十二、椋鸟科 Sturnidae

体形大小适中。嘴型较直而尖，嘴缘平滑或上嘴先端具缺刻，嘴须或存或缺；鼻孔裸露，或为垂羽掩盖。翅长适中，初级飞羽 10 枚，第 1 枚特短而小。尾短而呈平尾状，尾羽 12 枚。脚长而健，前缘具盾状鳞。雌雄相似，幼鸟具纵纹。

大都为地栖性，有的为树栖，喜结群活动。叫声嘈杂，有的很有音调，可仿效鸣声。食物主要为果实和浆果，亦兼吃昆虫，巢营于树洞中。每年仅秋季换羽 1 次。

本科鸟类全球计有 28 属 114 种，主要分布于欧亚大陆的中部和南部，非洲的大陆及南洋群岛，我国有 8 属 18 种（23 亚种），湖南目前发现有 2 属 7 种，其名录如下：

Ⅰ. 椋鸟属 *Sturnus*

灰背椋鸟 *Sturnus sinensis*（Gmelin）

北椋鸟 *Sturnus sturninus*（Pallas）

紫翅椋鸟 *Sturnus vulgaris poltaratskyi* Finsch

丝光椋鸟 *Sturnus sericeus* Gmelin

灰椋鸟 *Sturnus cineraceus* Temminck

黑领椋鸟 *Sturnus nigricollis*（Paykull）

Ⅱ. 八哥属 *Acridotheres*

八哥 *Acridotheres cristatellus cristatellus*（Linnaeus）

湖南省椋鸟科属、种检索

1. 额羽长而竖立 …… **八哥属…八哥** *Acridotheres cristatellus cristatellus*
   额羽短而向后倾 …… **椋鸟属…2**
2. 次级飞羽与翼端的距离超过跗蹠的长度；头侧局部裸出 …… **黑领椋鸟** *Sturnus nigricollis*
   次级飞羽与翼端的距离不及跗蹠的长度；头侧被羽 …… **3**
3. 嘴形较粗，与头几乎等长 …… **4**
   嘴形较细，远较头为短 …… **5**
4. 头为丝光白色，背淡灰色 …… **丝光椋鸟** *Sturnus sericeus*
   头顶为灰黑色，背褐色 …… **灰椋鸟** *Sturnus cinercaceus*
   头与背均黑，具紫绿色金属光泽，密布点状斑 …… **紫翅椋鸟** *Sturnus vulgaris poltaratskyi*
5. 凸形尾 …… **灰背椋鸟** *Sturnus sinensis*
   叉形尾 …… **北椋鸟** *Sturnus sturninus*

1. 灰背椋鸟 *Sturnus sinensis*（Gmelin）图 12-1、照片 12-1

该物种为单型种，目前还没有发现亚种分化。

英 文 名：Grey-backed Starling；Chinese Starling；White-shouldezed starling

历史沿革：*Oriolus sinensis* Gmelin；1788，Syst. Nat.，ed. 13，1：394（模式产地：中国）

Sturnus sinensis，La Touche，1925－1930，A handbook of the birds of eastern China Taylor and Francis，London，287；Gee 1931 Peking Nat. Hist. Bull. 5；郑作新，1976，中国鸟类分布名录：481－482；陈服官，中国动物志　鸟纲　第九卷：91；赵正阶，2001，

中国鸟类志　下卷：164－165；郑光美，2011，中国鸟类分类与分布名录：204。

鉴别特征：全长 170～200mm。头颈部和体背部羽毛均浅灰，飞羽黑色具蓝色光泽，翅具大的白色肩斑。尾羽黑，尾端棕白，腰和尾上覆羽棕黄灰色。嘴蓝色，脚灰色。

图 12－1　灰背椋鸟（仿 Karen Phillipps）

照片 12－1　灰背椋鸟（李剑志　摄）

形态描述：雄鸟夏羽前额灰色，头顶、枕和头侧近灰白色或淡黄色，羽轴近白。背灰色；肩和翼上覆羽白色有时羽端沾黄，形成大型肩斑。腰和尾上覆羽浅灰或沾黄色；颏、喉、胸及下体浅灰色；两胁、尾下覆羽灰沾淡棕色；翅尖形，飞羽黑色，内侧初级飞羽和次级飞羽的外翈和三级飞羽均具蓝色光泽，翼下覆羽近白。尾短呈方形，尾羽黑，羽端棕白。嘴与头等长，圆钝而直；鼻孔被膜覆盖，后半部被羽。头、喉、胸的羽毛呈梳状。

雌雄鸟相似。幼鸟下体有显著的横斑。

虹膜淡蓝色，嘴端淡蓝色，嘴基深蓝色；脚黄褐色。

生活习性：夏候鸟，常数只、数十只成群活动于开阔地、道路两旁的高大树枝上。食物以鳞翅目和直翅目昆虫为主，也吃植物的花果。每年 3 月开始营巢，巢多由枯草和碎物堆积而成。每窝产卵 4～5 枚。

测量数据：　　　　　　　　　　　　　　　　　　　　　　　　（mm，g）

性别	体重	全长	嘴峰长	翅长	尾长	跗蹠长
雌体	40.1	194	18	99	57	23.5

地理分布：在湖南主要分布湘中、湘南地区；国内主要分布于华中、华南区部分地方。

经济意义：此鸟因主要以昆虫为食，故对农林有益。国家“三有”保护动物。

2. 北椋鸟 *Sturnus sturninus*（Pallas）图 12－2

该物种系单型种，目前还没有发现亚种分化。

英 文 名：Daurian Starling；Purple-Backed Starling

别　　名：燕八哥、小椋鸟

历史沿革：*Gracula sturninus* Pallas，1776，Reise versch. Prov. Russ. Reich. 3：695（模式产地：西伯利亚达乌尔地区）

Sturnus sturninus，La Touche，A handbook of the birds of eastern China Taylor and Francis，London，288；Gee 1931 Peking Nat. Hist. Bull. 5；郑作新，1976，中国鸟类分布名录：481－482；陈服官，中国动物志　鸟纲　第九卷：94；赵正阶，2001，中国鸟类志下卷：166－167；郑光美，2011，中国鸟类分类与分布名录：204。

鉴别特征：全长 162～180mm。后头至枕部紫黑色，头颈余部大都暗灰，其余上体黑色而具紫色光泽。尾上覆羽棕白色，下体灰白，翅和尾黑色；外侧一对尾羽的外翈呈棕黄色；叉型尾。

图 12－2　北椋鸟（仿 Karen Phillipps）

形态描述：雄鸟额和头顶暗灰色，具蓝黑色羽基，羽毛长而窄，末端尖细。后头至枕部黑色，具蓝紫色光泽；上背灰辉黑而杂以细而密的灰色羽干纹；下背至腰中央具蓝绿色光泽；腰两侧及尾上覆羽棕白色；眼先、眉纹、耳羽及后颈棕灰色；颏、喉棕白；颈侧、下颈、胸及两胁为浅灰色；腹及尾下覆羽棕白；肩、翅上小覆羽、中覆羽黑色，具蓝紫色光泽，并具淡棕白色羽端，翅上大覆羽黑色，具蓝绿色光泽，内侧数枚略具棕白色端斑；腋羽及翼下覆羽白色；初级飞羽黑褐色，中部外翈具黄褐色阔边，内翈基部棕白色；次级飞羽黑色，外翈呈辉绿色金属光泽，外侧 2 枚外翈中部黄褐色，内侧 2 枚具棕白色端斑；尾羽黑色具绿色金属光泽，外侧 1 对尾羽的外翈棕黄色，其端部黑色。

幼鸟下体有显著的横斑，雌雄鸟相似。

嘴与头等长，圆钝而直；鼻孔被膜覆盖，虹膜暗褐黑色；嘴辉黑色；脚灰褐色。

生活习性：旅鸟，栖息于灌丛、田边或河谷等开阔处的树枝上，1988 年 5 月在长沙湘江河心的孤岛柳树林中采集 1 只，常见于田间、草地、林间开阔地取食，食物多以果实和昆虫为食。繁殖期常成对或单独活动，其他季节常成群活动，繁殖期 5～6 月，营巢于树洞或废弃的房屋墙壁洞穴中，营巢材料主要为枯枝、枯草和树叶。每窝产卵 4～6 枚，由雌雄亲鸟共同孵卵。

测量数据：（mm，g）

性别	体重	全长	嘴峰长	翅长	尾长	跗蹠长
雄体	38.3	178.8	14.5	103	50	24.4
	24.5～44.8	170～191	14～15	101～108	47～54	22～26.3
雌体	43.1	180	14	104	57	26

地理分布：分布于湘北、湘中及湘南地区。

经济意义：主要以昆虫为食，所食鳞翅目幼虫，鞘翅目和直翅目昆虫等是农林生产的重要害虫，国家“三有”保护动物。

3. 紫翅椋鸟 *Sturnus vulgaris poltaratskyi* Finsch 图 12－3，照片 12－2

该物种全世界分化出 11 个亚种，分布于中国的有 2 个亚种（*S. v. poltaratskyi*；*S. v. porphyronotus*），分布于湖南省的为北疆亚种。

英 文 名：Purple-Winged Starling；Common Starling；Nothem Starling

别　　名：黑斑椋鸟、亚洲椋鸟

历史沿革：*Sturnus poltaratskyi* Finsch，1878，Proc. Zool. Soc. London 713（模式产地：阿尔泰）

Sturnus menzbieri Sharpe，1888，Ibis（5）6：438（模式产地：独联体克拉夫斯克）

Sturnus zaidamensis Buturlin，1904，Orn. Jahrb. 15：208（模式产地：柴达木盆地及祁连山北部）

Sturnus dzungaricus Buturlin，1904，Orn. Jahrb. 15：208（模式产地：新疆准噶尔盆地）

Sturnus vulgaris poltaratskyi La Touche，1925－1930，A handbook of the birds of eastern China Taylor and Francis，London，911；Gee 1931 Peking Nat. Hist. Bull. 256；郑作新，1976，中国鸟类分布名录：483－485；许维枢，1998，中国动物志 鸟纲 第九卷：97－99；赵正阶，2001，中国鸟类志 下卷：168－169；郑光美，2011，中国鸟类分类与分布名录：205－206。

鉴别特征：中型鸟类，体长 20～24cm。通体黑色具紫色和绿色金属光泽。冬羽除两翅和尾外，上体各羽端具褐白色斑点，下体具白色斑点。

形态描述：雄鸟（冬羽）头紫绿色，各羽具淡黄色端斑；背、肩、腰和尾上覆羽辉绿色，具淡黄羽端，使整体形成明显的淡黄色斑点。眼先黑色，耳、颊及喉部均金属绿色，密布点状斑。颈侧和前颈紫红，各羽具淡黄色端斑；胸和腹紫铜色，各羽具淡黄色端斑；两胁、尾下覆羽和腿羽紫铜色，羽端稍缀淡黄；头、背和喉、胸部羽均为矛状。飞羽黑色，外翈为淡黄狭缘，并有灰褐色次端斑，内侧次级飞羽为辉绿黑色次端斑，内翈灰褐，羽干为黑色；初级覆羽为沾绿绒黑色，余部浓紫铜色，具暗绿光泽；尾羽褐色，羽干黑色。

雄鸟（夏羽）头、颈呈金属铜紫色。背、肩、腰呈金属绿色；喉和胸暗金属绿色。翅上覆羽金属绿色或紫色，羽缘沙皮黄色，飞羽和尾黑褐色具沙色羽缘。

雌鸟形态与雄鸟相似。

幼鸟上体灰褐色，下体灰白色具棕褐色条纹。飞羽和翼上覆羽黑色，外翈缘棕褐色。尾羽黑色，具棕褐色外翈缘。

图 12-3　紫翅椋鸟（仿 Karen Phillipps）

照片 12-2　紫翅椋鸟（唐梓钧　摄）

虹膜褐色；嘴峰夏季黄色、冬季褐色；跗蹠及爪红褐色。

生活习性：主要栖息于平原和山地等开阔地区，尤以林缘、疏林、采伐迹地、农田、果园、水域岸边和居民点附近等开阔地带较常见，不喜欢茂密的森林、裸露的荒山和荒原，多在有稀疏树木的草地和灌丛地带活动。喜欢在地上行走。多成群活动，特别是迁徙季节常成数百只的大群，有时也见单独和成对活动。食性主要以蝗虫、蚱蜢、甲虫等昆虫和昆虫幼虫为食，也吃少量植物果实、种子和幼苗。觅食主要在地上和灌丛中，也在树上觅食。繁殖期5～7月。营巢于各种天然树洞中，也在人工建筑物缝隙中和人工巢箱中营巢。巢呈碗状，主要由枯草茎、枯草叶和树叶构成。每窝产卵4～7枚，多为5枚。卵淡蓝色，大小为25.8-32.7mm×20-22.3mm。1年繁殖1窝，卵产齐后即开始孵卵，孵卵由雌雄鸟共同承担，孵化期12～13天。雏鸟晚成性，雌雄亲鸟共同育雏，20～22天雏鸟即可离巢出飞。紫翅椋鸟在我国主要为夏候鸟和旅鸟，每年4月成群迁来我国繁殖，9～10月南迁。

湖南省境内很少见到，2011年12月间，湖南师范大学生命科学学院动物学研究生唐梓钧、舒服和刘子祥在湖南野外调查时发现该鸟混合在椋鸟群中，活动于长沙橘子洲的疏林间和草地上。这是湖南省首次发现，作为新纪录仅拍摄了照片，未采集到标本。该鸟系湖南的旅鸟。

测量数据：　　（mm，g）

性别	体重	全长	嘴峰长	翅长	尾长	跗蹠长
雄性	77～85	201.2 (178～215)	28.6 (26.5～31)	125.7 (116.6～130)	66.2 (64～72)	31 (29.2～33)
雌性	75～90	199 (181～215)	27.7 (26.5～30)	123.8 (122～127)	71.6 (64～90)	31.2 (29.5～32.5)

地理分布：湖南省见于岳阳、长沙，国内分布于新疆、青海、甘肃、宁夏、西藏、河北、山东、福建和广东沿海一带。国外见于欧洲、伊朗、伊拉克、尼泊尔、印度和北美。

经济意义：紫翅椋鸟在我国种群数量局部地区较普遍。系食虫益鸟。

4. 丝光椋鸟 *Sturnus sericeus*（Gmelin）图 12－4、照片 12－3

该物种是单型种，目前还没有发现亚种的分化。

英 文 名：Silky Starling；Red-billed Starling

别　　名：牛屎八哥、丝毛椋鸟

历史沿革：*Sturnus sericeus* Gmelin，1788，Syst. Nat.，ed. 13，1：805（模式产地：中国）；La Touche 1925－1934 A handbook of the birds of eastern China Taylor and Francis，London，1；Gee 1931 Peking Nat. Hist. Bull. 5；郑作新，1976，中国鸟类分布名录：485－486；陈服官，中国动物志　鸟纲　第九卷：100；赵正阶，2001，中国鸟类志　下卷：170－171；郑光美，2011，中国鸟类分类与分布名录：205。

鉴别特征：全长 184～221mm。头顶及枕丝光白色；头与颈侧、颏和喉白色而沾棕色；背暗灰色；初级飞羽黑，基部有明显的白斑，嘴朱红色，脚橙黄色，尾黑褐色。

图 12－4　丝光椋鸟（仿 Karen Phillipps）

照片 12－3　丝光椋鸟（邓学建　摄）

形态描述：雄鸟额、头顶、枕和后颈白而沾棕色，各羽呈披散的矛状。颈基、背肩浓灰而较暗；腰和尾上覆羽银灰而较浅；头与颈侧、颏及喉为白色而沾棕色；胸部暗灰，向后变淡；两胁灰色，腹和尾下覆羽为白色。两翼和尾均黑色，具有蓝绿光泽；初级飞羽，其基部有明显的白斑，停栖和飞行时均醒目可辨。

雌鸟头顶前棕白，向后较为暗灰；背部带褐灰色；下体灰色部分较为淡褐色，白色部分沾黄色。

幼鸟下体有显著的横斑。

嘴与头等长，圆钝而直；鼻孔被膜覆盖，后半部被羽；翅尖形，尾短呈方形。头、喉、胸的羽毛呈梳状。虹膜褐色，眼圈白；嘴尖黑色，基部朱红色；跗蹠和趾橘黄色，爪黑褐色。

生活习性：湖南地区留鸟。主要栖于山区、丘陵地带农作区和散有农田的针阔叶混交林中，多 3～5 只成一小群。秋季则成群飞集一些栽培地带啄食农作物种子和其他树木的果实，尤嗜小型坚果。夏季主要食半翅目、鞘翅目及鳞翅目幼虫等昆虫。繁殖期 5～7 月营巢于树洞或屋顶洞穴中。

测量数据：（mm，g）

性别	体重	全长	嘴峰长	翅长	长	跗蹠长
雄体	74.3	221.2	24.4	122	75.4	30.7
	70.3～81.0	189～246	21～26.5	117～128	70～79	26～34
雌体	77.2	220	22	122	71.7	30.5
	69.4～73.4	218～221	21～23	118～125	67～80	30～31

地理分布：在湖南广泛分布。

经济意义：此鸟主要以昆虫为食，虽在秋季窃食种子和果实，但也常在草地、田野、菜园、森林里啄食害虫，所以它对农林确实有益。国家“三有”保护动物。

5. 灰椋鸟 *Sturnus cineraceus* Temminck 图 12－5、照片 12－4

该物种系单型种，目前还没有发现亚种的分化。

英 文 名：Ashy Starling；Grey Starling；White-cheeked Starling

别　　名：高粱头、竹雀、假画眉、哈拉燕

历史沿革：*Sturnus cineraceus* Temminck，1832，in Temminck et Laugier，Pl. Col. Ois. 94：图版 556（模式产地：日本）；La Touche 1925－1934 A handbook of the birds of eastern China Taylor and Francis，London，1；Gee 1931 Peking Nat. Hist. Bull. 5；郑作新，1976，中国鸟类分布名录：486；陈服官，中国动物志　鸟纲　第九卷：102；赵正阶，2001，中国鸟类志　下卷：171－172；郑光美，2011，中国鸟类分类与分布名录：205。

鉴别特征：全长 186～230mm。头顶和枕部灰黑色，头的两侧白色；嘴橙红色，嘴尖黑色，尾上覆羽和尾下覆羽白色；尾羽黑褐色，外侧尾羽具白色端斑，全身余部几乎褐灰色。

图 12－5　灰椋鸟（仿 Karen Phillipps）

照片 12－4　灰椋鸟（邓学建　摄）

形态描述：雄鸟额、眼先、颊、耳区等均白，杂有黑色条纹；头顶、枕和后颈黑色，略有绿色光泽；颈侧褐而杂以白羽；背、肩、腰及位于后方的尾上覆羽和中央尾羽概为灰褐色；位于前方的尾上覆羽白色，而呈显著的一白色横带；外侧尾羽黑褐，内翈均具白色端斑，外侧的白斑大于内侧。颏白；喉和上胸浓褐而杂以不明显的灰白色羽干纹；下胸、上腹和两胁褐灰，下体余部较为淡褐色；尾下覆羽白；两翼的内侧覆羽和次级飞羽为灰褐色；初级飞羽和外侧的次级飞羽黑褐，外翈并具白色狭缘，次级飞羽的白缘变宽；翼下覆羽及腋羽白而缀以褐斑。各尾羽等长，最长尾下覆羽短于尾羽。

雌鸟与雄鸟相似。不同的是，颈侧、喉及上胸黑褐色，上喉杂有白羽；下胸暗灰褐色，具灰白色羽干纹，各羽矛状，腋羽、翼下覆羽白色，黑斑仅限于翅缘处，最长尾下覆羽几乎与最外侧尾羽等长。

幼鸟下体有显著的横斑。

嘴与头等长，圆钝而直；鼻孔被膜覆盖，后半部被羽；翅尖形，尾短呈方形。头、喉、胸的羽毛呈梳状。虹膜褐色，眼圈白色；嘴橙红色，尖端黑色；跗蹠及趾橙黄色，爪黑褐色。

生活习性：留鸟。主要栖息于低山丘陵和开阔平原地带，性情活泼，飞行疾速，有波状起伏，常集群旋飞或结群栖于树上。冬季灰椋鸟集群在空中旋飞。杂食性鸟类，若发现有食物的树木，则成群地落在树枝上进行啄食；冬季吃植物性食物，大都是人们不采摘的留在树上的干枯的果实和种子。繁殖期 5～7 月，雌雄共同筑巢，巢呈碗状，由枯草茎、叶、草根等材料构成，每窝产卵 5～7 枚，孵卵主要是由雌鸟承担。

测量数据：（mm，g）

性别	体重	全长	嘴峰长	翅长	尾长	跗蹠长
雄体	88.6	218.7	25	107	70	29.2
	84～93.2	205～226	23～27	126～129	67～72	28～32
雌体	83.4	217.3	23.7	129.6	76.1	30.4
	79～87.4	190～235	23～25	128～134	66～104	28～37

地理分布：在湖南广泛分布。

经济意义：国家“三有”保护鸟类。夏季繁殖季节以昆虫为食，冬季虽吃植物性食物，但只吃残果，故对农林还是有益处的。

6. 黑领椋鸟 *Sturnus nigricollis*（Paykull）图 12－6、照片 12－5

该鸟系单型种，没有亚种的分化。

英 文 名：Black-collared Starling

别　　名：黑脖八哥、白头椋鸟

历史沿革：*Gracula nigricollis* Paykull，1807，Kongl. Vet-Akad. Nya Handl. Stockh. 28：291，图版 9（模式产地：广东广州）

Sturnus nigricollis La Touche，1925－1930，A handbook of the birds of eastern China Taylor and Francis，London，263；Gee 1931 Peking Nat. Hist. Bull. 923；郑作新，1976，中国鸟类分布名录：486－487；许维枢，1998，中国动物志 鸟纲 第九卷：103；赵正阶，2001，中国鸟类志 下卷：173；郑光美，2011，中国鸟类分类与分布名录：203。

鉴别特征：大型椋鸟，体长 27～29cm。头和下体白色，上胸黑色并向两侧延伸至后颈，形成宽阔的黑色领环。上体白色，两翅黑色，具白色翅斑，尾黑色具白色端斑。眼周裸皮黄色，嘴黑色，脚黄色。

形态描述：雄鸟整个头呈白色；颈、下喉和上胸的黑色，形成一宽阔的黑色领环，后颈

图 12-6　黑领椋鸟（仿 Karen Phillipps）

照片 12-5　黑领椋鸟（唐梓钧　摄）

黑色领环后有一窄的白环。翕、背和尾上覆羽黑褐色，缀以浅褐鱼鳞斑；腰白色；初级飞羽黑色；次级飞羽羽端白色；尾羽暗褐色，外侧尾羽具白色宽端斑。眼先白色，眼下以及眼后直至耳区裸露无羽，该处裸皮鲜黄色。颏、上喉和领环之后的下体均白色；两胁沾褐，略呈横纹状；翅下覆羽亦褐白相间。初级飞羽黑色，先端微白，次级飞羽和三级飞羽黑褐色具白色端斑。初级覆羽白色，中覆羽和大覆羽具白色尖端。尾黑褐色具白色端斑，且越往外侧尾羽白色端斑越大。

雌鸟形态与雄鸟相似。

幼鸟：头、颈侧、喉和胸为土褐色，羽基白色；上体土褐色，而不呈黑色；腹部污白。

虹膜黑褐；嘴黑色；跗蹠角褐色，爪黑褐色。

生活习性：主要栖息于山脚平原、草地、农田、灌丛、荒地、草坡等开阔地带。白天活动，不时在空中飞翔，休息时和夜间多停栖于高大乔木上。常成对或成小群活动，有时也见和八哥混群。鸣声单调、嘈杂，常且飞且鸣，特别是当人接近的时候，常常发出嘈杂的叫声。觅食多在地上。食性主要以甲虫、鳞翅目幼虫、蝗虫等昆虫为食，也吃蚯蚓、蜘蛛等其他无脊椎动物和植物果实与种子等。

湖南省境内很少见到，2011 年 12 月由唐梓钧、舒服和刘子祥在湖南野外首次发现。当时观察到 6 只在长沙橘子洲的草地上觅食。该物种以往仅仅分布于云南、广西、广东和福建，在南岭以北还未见有报道。这一小群是湖南省的迷鸟还是长沙鸟语林饲养的逃逸个体还待进一步调查。

测量数据：　　（mm，g）（据许维枢）

性别	体重	体长	翅长	嘴峰	尾长	跗蹠长
雄体	164 （150～175）	285.2 （281～290）	163.8 （160～168）	32 （30～33）	90.8 （93～103）	42.4 （40～44）
雌体	153.1 （134～180）	276.6 （244～290）	156 （149～160）	30.5 （30～31）	93.3 （80～101）	40.6 （39～43）

地理分布：国内分布于云南西部、南部和东南部，广西、广东和福建。国外见于缅甸、

泰国、马来西亚和中南半岛。

经济意义：数量较少和分布狭窄的珍贵观赏鸟类和食虫益鸟。

7. 八哥 *Acridotheres cristatellus cristatellus* (Linnaeus) 图 12-7、照片 12-6

该物种分化出 3 个亚种，中国均有分布（*A. c. brevipensis*；*A. c. cristatellus*；*A. c. formosanus*），分布于湖南省的是指名亚种。

英 文 名：Crested Myna；Chinese Jungle Myna；Tufted Myna

别　　名：牛屎八哥、凤头八哥

历史沿革：*Grocula cristatellus* Linnaeus，1766，Syst. Nat.，ed. 12，1：165（模式产地：中国）

Acridotheres cristatellus cristatellus，La Touche 1925-1934 A handbook of the birds of eastern China Taylor and Francis，London，1；Gee 1931 Peking Nat. Hist. Bull. 5；郑作新，1976，中国鸟类分布名录：488-490；陈服官，中国动物志　鸟纲　第九卷：110；赵正阶，2001，中国鸟类志　下卷：177；郑光美，2011，中国鸟类分类与分布名录：202。

鉴别特征：全长 226～277mm。通体黑色，额前具羽簇；两翅有白色翼斑，飞行时尤显；尾羽先端亦白。

图 12-7　八哥（仿 Karen Phillipps）

照片 12-6　八哥（邓学建　摄）

形态描述：嘴比头短，嘴峰弯曲。鼻孔和额羽延长成一羽冠。翅钝圆；尾圆形。嘴基部有一束长羽，一部分直竖成冠；另一部分向前侧下，形成鼻的覆羽。通体几乎纯黑色；头顶、颊、枕及耳羽具金属光泽；各羽呈矛状；上体余部不如头部之辉亮，而缀以褐色。下体暗灰黑，肛周呈浅灰；初级覆羽先端和初级飞羽的基部均白，形成明显的白色翼斑，在飞翔时像一个“八”字，故名“八哥”；尾羽绒黑，除中央 2 枚外，均具白色羽端；尾下覆羽黑色，亦具白色羽端。

虹膜橙黄色；嘴乳黄色；跗蹠黄色。

生活习性：留鸟，常停落在耕牛背上觅食虱类，或结群栖息于村寨附近的大树上，或成群站立在屋脊上和高压电线上，或在田间随耕牛后啄食犁锄翻出的蚯蚓、昆虫和块茎等。黄昏时，结群夜宿于竹林、大树或苇丛中。一年大部分时间以蠕虫和直翅目、双翅目、膜翅目、鞘翅目的昆虫为食；兼食果实和嫩叶等。繁殖季节为4～7月间，多在5月产卵。巢营在屋檐下或树洞内；有的在稻草堆中，有时也利用喜鹊的旧巢。营巢材料以枯叶、苇茎、兽毛、残羽及其他废屑等堆叠而成的不整齐的杯状。每年繁殖2次，每次产4～6枚卵。雌雄鸟共同育雏。

测量数据：　(mm，g)

性别	体重	全长	嘴峰长	翅长	尾长	跗蹠长
雄体	118	261.3	25.3	138	88.6	41.9
	104～126	246～274	22～30	132～142	84～98	37～49
雌体	121	272.5	24.5	139	95	40.6
	116～124	264～289	22～28.5	133～143	88～100	38～44.5

地理分布：在湖南省各地分布。

经济意义：此鸟主要以昆虫为食，国家"三有"保护动物，湖南地方重点保护物种。性易驯，并善仿它鸟叫或人语，所以很受人们的喜爱，是有名的笼鸟。

十三、鸦科 Corvidae

该科是雀形目中的大形鸟类，其嘴、脚均粗壮，嘴的长度与头的长度几乎等长，嘴缘光滑。鼻孔圆形，被羽掩盖（秃鼻乌鸦除外）。体羽结实而具金属光泽，初级飞羽 10 枚，第 1 枚的长度超过第 2 枚长度 1/2。尾羽 12 枚，不成叉尾或凹尾。脚粗壮而强健，跗蹠前缘被盾状鳞。具四趾，三前一后；中趾的基部和外趾并合。雌雄羽色相同，幼鸟和成鸟羽色相似。

一般为留鸟，广泛栖息于陆上任何隐蔽的树林和建筑物；用枝条筑巢在树上、树洞或岩洞内。杂食性，食物包括谷类、昆虫、小动物、鸟卵、雏鸟、腐肉等。

本科鸟类全世界计有 23 属 117 种，遍布全球。我国有 13 属 30 种（64 亚种），广泛分布于全国。湖南分布的有 6 属 9 种。其名录如下：

Ⅰ. 松鸦属 *Garrulus*

松鸦 *Garrulus glandarius sinensis* Swinhoe

Ⅱ. 蓝鹊属 *Urocissa*

红嘴蓝鹊 *Urocissa erythrorhyncha erythrorhyncha* (Boddaert)

Ⅲ. 灰喜鹊属 *Cyanopica*

灰喜鹊 *Cyanopica cyana swinhoei* Hartert

Ⅳ. 喜鹊属 *Pica*

喜鹊 *Pica pica serica* Gould

Ⅴ. 树鹊属 *Dendrocitta*

灰树鹊 *Dendrocitta formosae sinica* Stresemann

Ⅵ. 鸦属 *Corvus*

达乌里寒鸦 *Corvus dauuricus* Pallas

秃鼻乌鸦 *Corvus frugilegus pastinator* Gould

大嘴乌鸦 *Corvus macrorhynchus colonorum* Swinhoe

白颈鸦 *Corvus torquatus* Lesson

湖南省鸦科鸟类属、种检索

1. 体羽为葡萄棕色；翅缘具蓝、白、黑三色相间的翅斑 ……………… **松鸦属…松鸦 *Garrulus glandarius sinensis***

   体羽为别的颜色；翅上无上述特征 ……………… **2**

2. 尾远较翅为长 ……………… **3**

   尾远较翅为短 ……………… **鸦属…6**

3. 嘴决非黑色 ……………… **蓝鹊属…红嘴蓝鹊 *Urocissa erythrorhyncha erythrorhyncha***

   嘴为黑色 ……………… **4**

4. 尾和体羽并非黑白而为灰色 ……………… **灰喜鹊属…灰喜鹊 *Cyanopica cyana swinhoei***

   体羽主要为黑、白色 ……………… **5**

5. 体羽纯黑、白色，中央尾羽正常 ……………… **鹊属…喜鹊 *Pica pica serica***

   体羽主要为黑、白，杂有褐灰色，中央尾羽逐渐扩大 ……………… **树鹊属…灰树鹊 *Dendrocitta formosae sinica***

6. 嘴基裸露 …… **秃鼻乌鸦 *Corvus frugilegus pastinator***
　嘴基被羽 …… **7**
7. 颈具白色环纹 …… **8**
　颈无白色环纹 …… **大嘴乌鸦 *Corvus macrorhynchus colonorum***
8. 腹部白色 …… **达乌里寒鸦 *Corvus dauuricus***
　腹部黑色 …… **白颈鸦 *Corvus torquatus***

1. 松鸦 *Garrulus glandarius sinensis* Swinhoe 图 13-1、照片 13-1

该物种分化出 36 个亚种，分布于中国的有 7 个（*G. g. leucotis*；*G. g. brandtii*；*G. g. kansuensis*；*G. g. pekingensis*；*G. g. interstinctus*；*G. g. sinensis*；*G. g. taivanus*），分布于湖南省的是普通亚种。

英 文 名：Jay

别　　名：山和尚

历史沿革：*Garrulus sinensis* Swinhoe，1863，Proc. Zool. Soc. London：304（nom. nud.）；ibid.，1871：381（华南，西抵四川）

Garrulus glandarius sinensis，La Touche 1925-1934 A handbook of the birds of eastern China Taylor and Francis，London，1；Gee 1931 Peking Nat. Hist. Bull. 5；郑作新，1976，中国鸟类分布名录：495-496；陈服官，中国动物志　鸟纲　第九卷：134；赵正阶，2001，中国鸟类志　下卷：185-186；郑光美，2011，中国鸟类分类与分布名录：206-207。

鉴别特征：全长 295～355mm。体羽大都具葡萄棕色且带灰色；翅缘具蓝、白、黑三色相间的圆形斑块；鼻须端部黑色。

形态描述：体色鲜丽，翅上有鲜蓝色纹镶嵌；嘴强直，约等于头长的 1/4，鼻须短而多，几乎完全覆盖鼻孔，其末端成黑色；尾中等长，稍呈楔形。额、头顶、头侧、后颈、背和腰为葡萄棕色而带有灰色，头和后颈较为鲜亮；前额与覆嘴羽先端黑色；肩羽为棕褐色；尾上覆羽白色；下嘴基部有一块向后延伸至颈侧的条形黑斑；颏、喉至前胸灰白；胸、腹、胁和腋羽均为葡萄棕色，但较上体色淡；肛周和尾下覆羽淡棕色；初级飞羽黑色，外侧 6 枚飞羽内翈基部为白色，次级飞羽绒黑，最内侧 1 枚为栗色，内侧初级飞羽和外侧数枚次级飞羽基部及大覆羽的内翈有黑白相间的块斑，构成翅表醒目的花斑。尾羽黑色。

雌雄羽色相同。

虹膜灰色；嘴黑色；脚肉色；爪黑褐色。

生活习性：湖南较常见的留鸟。栖息于松树林中，多在树上活动，有时也下地取食活动。平时多成对活动，冬季聚集成数只的小群；繁殖季节常见站在树梢上鸣叫，鸣声粗涩单调，作“ga-a-a”声，从一树飞向另一树时发出叫声，冬季很少鸣叫。食性杂，繁殖季节以各种森林昆虫为食，多以鞘翅目、鳞翅目的昆虫为主；冬季主要以松子为主，兼食部分昆虫。

图 13－1　松鸦（仿 Karen Phillipps）

照片 13－1　松鸦（梁栋　摄）

测量数据：（mm，g）

性别	体重	全长	嘴峰长	翅长	尾长	跗蹠长
雄体	130.4	333.8	29.3	165.3	142.8	40
	99～136.7	325～345	27.5～32	152～177	131～152	38～42
雌体	140.9	319	29.5	170	149.5	39.5
	132.3～149.5	312～326	28～31	169～171	145～154	38～41

地理分布：全省各林区均有分布。

经济意义：湖南地方重点保护物种。食大量的森林昆虫，为森林益鸟；冬季吃食部分林木种子、草籽等，影响部分收成，但有贮存种子习性，故有帮助林木种子传播的作用。

2. 红嘴蓝鹊 *Urocissa erythrorhyncha erythrorhyncha*（Boddaert）图 13－2、照片13－2

该物种分化出 5 个亚种，分布于中国的有 3 个（*U. e. erythrorhyncha*；*U. e. brevi- vexilla*；*U. e. alticola*），分布于湖南省的是指名亚种。

英 文 名：Red-billed Blue Magpie；Chinese Blue Magpie

别　　名：蛇尾巴鹊、红嘴长尾蓝鹊

历史沿革：*Corvus erythrorhynchus* Boddaert，1783，Tabl. Pl. enlum. Hist. Nat.：38（模式产地：中国）

Cissa erythrorhyncha erythrorhyncha，郑作新，1976，中国鸟类分布名录：500。

Urocissa erythrorhyncha erythrorhyncha，La Touche，1925－1930；陈服官，中国动物

志　鸟纲　第九卷：148；赵正阶，2001，中国鸟类志　下卷：191；郑光美，2011，中国鸟类分类与分布名录：208－209。

鉴别特征：全长425～620mm。嘴、脚红色。头、胸黑色，背蓝，枕至颈具有一块大的淡蓝色白斑，腹近白色；尾长，凸形，具白色端斑和黑色次端斑。

图13－2　红嘴蓝鹊（仿Karen Phillipps）

照片13－2　红嘴蓝鹊（邓学建　摄）

形态描述：羽毛紫蓝色；嘴为红色，鼻孔位于嘴基，并有软羽和硬毛覆盖。额、头顶前部及颈的两侧均为黑色；头顶各羽具淡蓝白色端斑，这些端斑向后逐渐扩大，形成白色块状斑；背、腰及两肩暗紫蓝色；尾上覆羽淡紫色而具黑色端斑和白色次端斑。颏、喉及胸部均黑色；下体余部白而微带棕色，两胁带淡蓝色。两翼暗褐，表面紫蓝，飞羽具白端；楔尾，尾羽紫色具白色端斑，外侧尾羽还具黑色次端斑。

虹膜红褐色；嘴和脚橙红色；爪角色。

生活习性：湘南常见的留鸟。喜聚集成小群活动于山区阔叶林或村庄附近乔木林中。飞翔动作轻盈灵巧，鸣声嘈杂多变。常于林缘开阔的开垦区取食昆虫，有时亦在林内取食野果和其他植物。4月份开始繁殖，巢筑于山区中等高度的树上，巢呈盘状，较简陋，外层由细藤、细树根、枯枝、苔藓构成，内层以细藤为铺垫物。产3～6枚卵，呈土黄色而有斑纹。

测量数据：（mm，g）

性别	体重	全长	嘴峰长	翅长	尾长	跗蹠长
雄体	168	582	34.4	180	382	43.2
	146～200	472～662	22.5～37	150～202	265～433	32～49
雌体	143.5	529.4	31.4	176.4	343	2.3
	140.2～146.8	403～591	27～37	162～185	224～400	37～46

地理分布：本省大部分地区均有分布。

经济意义：国家“三有”保护物种，湖南地方重点保护鸟类。此鸟繁殖季节主要以鞘翅目昆虫和鳞翅目幼虫为食；秋季主要以直翅目、鞘翅目部分昆虫以及鳞翅目幼虫和野果与其他植物为食，一年大部分时间以昆虫为食，所以它对农林保护起到重要作用。

3. 灰喜鹊 *Cyanopica cyana swinhoei* Hartert 图 13-3、照片 13-3

该物种分化出 9 个亚种，分布于中国的有 6 个（*C. c. cyana*；*C. c. stegmanni*；*C. c. palliscens*；*C. c. interposita*；*C. c. kansuensis*；*C. c. swinhoei*），分布于湖南省的是长江亚种。

英 文 名：Azure-winged Magpie

别　　名：山喜鹊

历史沿革：*Cyanopica cyana swinhoei* Hartert，1910，Vog. Pal. Faun. 1：24（模式产地：江西九江）；La Touche 1925-34 A handbook of the birds of eastern China Taylor and Francis，London，1；Gee 1931 Peking Nat. Hist. Bull. 5；郑作新，1976，中国鸟类分布名录：502；陈服官，中国动物志　鸟纲　第九卷：156；赵正阶，2001，中国鸟类志　下卷：193-194；郑光美，2011，中国鸟类分类与分布名录：210。

鉴别特征：全长 390～395mm。头顶黑色，背灰色；翅和尾青蓝色；下体灰白色。尾长，凸形。

图 13-3　灰喜鹊（仿 Karen Phillipps）

照片 13-3　灰喜鹊（邓学建　摄）

形态描述：形状似喜鹊，但体小而嘴短。尾和体羽并非黑色而为灰黑，尾长，翅的第 4、5、6 枚初级飞羽等长，第 1 枚形状特殊。嘴、脚均黑色。额、头顶、枕及后颈均黑，具暗蓝色金属光泽；肩、背、腰羽棕灰色。颏、喉纯白，并向颈侧延伸至后颈；下体灰白而沾棕色；第 1、2 枚初级飞羽黑褐色，第 3 枚以内的初级飞羽外翈先端一半白色，基部一半灰蓝色，内翈黑褐色；最内侧 2 枚三级飞羽青蓝，其余飞羽的外翈青蓝，内翈黑褐色。尾羽青蓝色，先端灰白，中央尾羽最长。

虹膜褐色；嘴、脚及爪均黑色。

生活习性：湖南常见的留鸟。多栖息于各种森林类型的林缘、疏林及村庄、城镇的庭院里的树上。常 3～5 只成群或 7～8 只成队的寻找食物，冬季则几十甚至几百只成群的栖宿于避风僻静的地方，白天则成群地觅食。炎夏常成群活动在疏林或次生林，甚至到农田和居民区附近，经常穿梭似地在丛林间上下跳跃，不喜久留。1990 年 7 月份在衡阳县苗圃见有二十几只灰喜鹊在松树、玉兰树中活动。性凶猛，也常集群飞鸣，发出“Jiě! Jiě!”的声音。食物以动物性为主，其中绝大部分是昆虫，如金龟子、鳞翅目的幼虫等，秋冬季亦吃植物种子、草籽、浆果等。每年 4 月份开始建巢繁殖，巢筑在中等高度的树上，巢平台状，凹陷不显著，巢置于树杈上，外层为干细树枝，内层为大麻、纤维、兽毛等作铺垫层，产 5～6 枚卵，呈灰白色，布满褐色斑点。

居留类型：留鸟。

测量数据：（mm，g）

性别	体重	全长	嘴峰长	翅长	尾长	跗蹠长
雄体	124.5	393.5	26	143	240	35
	115～134	392～395	25～27	141～145	238～242	34～36

地理分布：全省大部分地区有分布。

经济意义：国家“三有”保护动物，湖南省地方重点保护物种。据报道，一只灰喜鹊一年能吃松毛虫 15000 余条，保护松林一亩多，可见此鸟对农林有益，应积极保护、繁殖，有计划地进行驯养。

4. 喜鹊 *Pica pica serica* Gould 图 13-4、照片 13-4

该物种分化出 13 个亚种，分布于中国的有 4 个（*P. p. sericea*；*P. p. bottanensis*；*P. p. serices*；*P. p. bactriana*；*P. p. leucoptera*），分布于湖南省的是普通亚种。

英 文 名：Magpie；Black-billed Magpie；Eurasian Magpie

别　　名：客鹊、山喳喳、麻野雀

历史沿革：*Pica serica*（*sic*）Gould，1845，Proc. Zool. Soc. London，13：2（模式产地：福建厦门）

Pica pica serica，La Touche 1925-1934 A handbook of the birds of eastern China Taylor and Francis，London，1；Gee 1931 Peking Nat. Hist. Bull. 5；郑作新，1976，中国鸟类分布名录：503；陈服官，中国动物志　鸟纲　第九卷：161；赵正阶，2001，中国鸟类志　下卷：195；郑光美，2011，中国鸟类分类与分布名录：211。

鉴别特征：全长 412～508mm。两肩各具一块白斑，腹部白色；身体余部均黑色。飞时拖展一长而楔形的尾巴。

形态描述：体羽黑白色，第 1 枚初级飞羽形状特殊；尾很长，为楔形；嘴、脚均为黑色。头、颈、背及尾上覆羽均为黑色，后头和后颈微闪紫辉，背部略带蓝绿色；腰呈灰白相

图 13-4 喜鹊（仿 Karen Phillipps）

照片 13-4 喜鹊（邓学建 摄）

杂；颏、喉黑色，羽干灰白色；胸和肛周及尾下覆羽均黑色；两胁和腹部纯白色，腋羽、覆腿羽为黑色；初级飞羽内翈大部分纯白色；初级飞羽外翈及先端黑色而显蓝绿色光辉；次级和三级飞羽黑色，内翈边缘显蓝色和蓝绿色亮辉；翼上覆羽与内侧飞羽同色；尾羽黑色而显深绿色亮辉，末端有红紫色和深蓝绿色的宽带。

虹膜黑色；嘴、脚及爪均黑色。

生活习性：以往湖南常见的留鸟，近几年明显减少。各地常见的鸟类，常栖息于山脚、林缘、村庄或城市附近的大树上，平时多在田野、路旁、粪堆、草丛及耕过的地内觅食，有时亦在农田及山涧的小树林边活动。觅食后多停留在树枝、石碑、电线杆及田埂上。通常成对活动，秋冬季节多聚集成数十只大群活动；夜间栖宿在树枝上。鸣叫单调动听，常常作“già—jià”声；性很机警，它们成对觅食时，却轮流分工守望和找食，即一方找食时另一方站在高处守望，发现疑物，守望鸟发出惊叫声，同觅食鸟一同飞走。杂食性，繁殖季节多吃直翅目、鞘翅目和鳞翅目的幼虫及成虫碎片，也食蛙、螺类；冬季主要食草籽、农作物瓜果、种子，兼食部分昆虫。湘南地区在 2 月初可见其筑巢，巢多筑于高大的乔木上，尤喜筑于村庄的大树上，离地 10m。

1988 年 4 月 10 日在衡阳市北郊松木王冲见一巢，筑于该村庄的樟树最高的树枝上，巢呈球状，有顶盖，外面由粗树枝构成，间有杂草和泥土，内面的树枝较细，其内壁涂有很多泥土，巢的侧面有一个出入口，里面用麻丝、毛、草根及少量的羽毛作铺垫。窝内发现有 6 枚卵，卵圆形，灰色，杂有淡褐色的斑点。

测量数据： (mm，g)

性别	体重	全长	嘴峰长	翅长	尾长	跗蹠长
雄体	241.6	447.2	33.5	200.8	237.4	53.9
	236.8～244.3	353～496	27～38	171～215	210～271	46～65
雌体	221.5	417.3	30.2	164.5	231.4	52.2
	201～233.6	339～466	25～35	161～210	175～269	49～57

地理分布：全省广泛分布。

经济意义：国家“三有”保护动物，湖南省地方重点保护物种。喜鹊与人类活动联系比较密切，对庭院绿化、美化环境方面具有很大的意义。尤其在繁殖季节，食大量的农林害虫，对抑制虫害发生有一定作用。

5. 灰树鹊 *Dendrocitta formosae sinica* Stresemann 图 13－5、照片 13－5

该物种分化出 8 个亚种，分布于中国的有 5 个（*D. f. himalayensis*；*D. f. formosae*；*D. f. sapiens*；*D. f. sinica*；*D. f. insulae*），分布于湖南省的是华南亚种。

英 文 名：Gray Tree Pie

别　　名：山喜鹊、山老鸹

历史沿革：*Dendrocitta formosae sinica* Stresemann，1913，Orn. Monatsb. 21：9（模式产地：福建青风岭）；陈服官，中国动物志　鸟纲　第九卷：171；赵正阶，2001，中国鸟类志　下卷：198－199。郑光美，2011，中国鸟类分类与分布名录：210

Crypsirina formosae sinica，La Touche 1925－1934 A handbook of the birds of eastern China Taylor and Francis，London，1；Gee 1931 Peking Nat. Hist. Bull. 5；郑作新，1976，中国鸟类分布名录：504－505。

鉴别特征：全长 310～372mm。额、眼先均黑色，上体褐灰色，尾上覆羽灰白色，翼、尾均黑，初级飞羽上有一块白斑，飞翔时特别明显。

图 13－5　灰树鹊（仿 Karen Phillipps）

照片 13－5　灰树鹊（戴年华　摄）

形态描述：嘴黑色，具有坚硬的鼻羽，覆盖鼻孔；中央尾羽逐渐扩大。额黑色，头顶、枕及后颈灰色；背肩棕褐；腰、尾上覆羽灰白色而带有褐色；眼先、眼周、眼后及喙基黑色；头侧余部、颏及喉烟褐色，颈侧及胸部色较淡，至腹部转为褐灰色；尾下覆羽灰白色；

翼黑，初级飞羽除第1～2枚外，基部具白斑；尾羽黑色。

虹膜红褐色；嘴黑色；脚褐色。

生活习性：湘南不多见的留鸟。常成对或数只一小群在针、阔叶林的树梢上活动，喜小群活动，完全树栖，很少在地面活动。杂食性，食物主要以昆虫为食，兼食植物种子和野果。繁殖期4～6月，营巢于树上或灌木上，巢由枯枝和枯草构成。每窝产卵3～5枚。卵乳白色或淡红色，偶尔也有淡绿白色，杂有灰褐色或红褐色斑点。雌雄亲鸟轮流孵卵，属晚成鸟。

测量数据： (mm，g)

性别	体重	全长	嘴峰长	翅长	尾长	跗蹠长
雄体	85	321	29	144	172	29.5
雌体	114	315	29.1	141	164	29

地理分布：湖南主要分布于湘南、湘东地区。

经济意义：国家“三有”保护动物。湖南省地方重点保护物种。生活在森林中以昆虫为主食，故对森林保护有益处。

6. 达乌里寒鸦 *Corvus dauuricus* Pallas 图13-6、照片13-6

该物种为单型种，没有亚种分化。

英 文 名：Daurian Jackdaw

别　　名：寒鸦、白颈鸦、白肚皮乌鸦、小老鸹

历史沿革：*Corvus dauuricus* Pallas，1776，Reise Versch. Prov. Russ. Reichs 3，Anhang：694（西伯利亚：Baikalem）；陈服官，中国动物志 鸟纲 第九卷：201；赵正阶，2001，中国鸟类志 下卷：212-213。

Corvus monedula dauuricus Pallas，La Touche 1925-1934 A handbook of the birds of eastern China Taylor and Francis，London，1；Gee 1931 Peking Nat. Hist. Bull. 5；郑作新，1976，中国鸟类分布名录：514-515；郑光美，2011，中国鸟类分类与分布名录：213。

鉴别特征：全长214～370mm。后颈、颈侧及腹均为灰白色，余体各羽皆为黑色。

形态描述：体羽大部呈黑色，黑色中带紫或蓝色光泽，颈和腹部白色。嘴较长而尖，鼻孔靠前，在嘴的1/3处被硬羽所覆盖。第1枚初级飞羽的长度至少达第2枚的1/2，第3、4枚最长。翅长于尾，尾呈圆形。后颈、颈侧、腹及两胁概为灰白色，其余体羽均呈黑色，并具有闪紫蓝色光泽；头侧和耳羽具白色细纹；肛羽具白缘。

幼鸟当年秋季换羽后至第2年秋季换羽前通体黑色。

虹膜黑褐色；嘴、脚均为黑色。

生活习性：湖南不多见的冬候鸟。冬季见于开阔的平原和林缘的开垦区，常集群活动，晚上栖息于树冠较大的树上，有时栖宿于村庄中较大的树上，拂晓即飞至田野觅食，有时边飞边鸣，叫声尖锐而脆，有时也与其他鸟混在一起。食特杂，其食物有昆虫（包括鞘翅目、鳞翅目的昆虫和幼虫），还有其他无脊椎动物和小鸟，以及谷和豆类等食物。繁殖期4～6月。巢通常筑于悬崖洞穴中，也见于树洞或高大建筑屋檐下。巢外层为枯枝，内层为树皮、

图 13－6　达乌里寒鸦（仿 Karen Phillipps）

照片 13－6　达乌里寒鸦（刘子祥　摄）

棉花、纤维、毛发和羽毛等柔软材料。每窝产卵 4～8 枚。卵蓝绿色、淡青色或淡蓝色，上有紫色或暗褐色斑点。

测量数据：（mm，g）

性别	体重	全长	嘴峰长	翅长	尾长	跗蹠长
雄体	200	317	26.9	224	129	48

地理分布：湖南主要分布于湘西、湘北和湘南地区。

经济意义：中-日候鸟保护物种，湖南省地方重点保护鸟类。在冬、春季对农作物和播种有一定危害；但大部分时间以农林昆虫和尸体为食，对农林业和环境卫生有一定的益处。

7. 秃鼻乌鸦 *Corvus frugilegus pastinator* Gould 图 13－7

该物种分化出 2 亚种，这 2 个亚种中国均有分布（*C. f. frugilegus*；*C. f. pastinatoe*），分布于湖南省的是普通亚种。

英 文 名：Rook；Eurasian Rook

别　　名：老鸹

历史沿革：*Corvus pastinator* Gould，1845，Proc. Zool. Soc. London，p. 1（模式产地：中国浙江舟山）

Corvus frugilegus pastinator Gould，郑作新，1976，中国鸟类分布名录：514－515；陈服官，中国动物志　鸟纲　第九卷：208；赵正阶，2001，中国鸟类志　下卷：209－210；郑光美，2011，中国鸟类分类与分布名录：213－214。

鉴别特征：全长 423～498mm。通体亮黑色，与一般乌鸦相同，但可从其嘴基裸出的灰白色皮肤加以识别。

形态描述：体羽全部或近于全部呈黑色，黑色中带紫或蓝色光泽。嘴较长而尖，鼻孔靠前且裸露。上喙基部裸露无羽呈灰白色，眼先和颏部被有黑色羽毛。第 1 枚初级飞羽的长度至少达第 2 枚的 1/2，第 3、4 枚最长。翅长于尾，尾呈圆形。翼和尾羽微带铜绿色。

图 13-7 秃鼻乌鸦（仿 Karen Phillipps）

虹膜暗褐色；嘴、脚及爪均黑色。

生活习性：湖南很少见的冬候鸟。生活于靠近居民区的郊野、河滩和耕地中。食物特杂，多以昆虫和幼虫为食，春耕及秋收时也食花生、玉米等作物。每年 3 月初开始筑巢繁殖，常在村庄附近的高大树上，巢碗状，外层由树枝做成，内层铺草、毛、棉及纸屑等。4 月初产卵，每窝产 3～6 枚，卵蓝绿色有褐斑。

测量数据： （mm，g）

性别	体重	全长	嘴峰长	翅长	尾长	跗蹠长
雄体	463	485	56	322	196	58

地理分布：湖南主要分布于湘南、湘中、湘东地区。

经济意义：中-日候鸟保护物种，国家“三有”保护动物，湖南省地方重点保护鸟类。因啄食大量的农田害虫，故对农业有益；但也危害农作物，故在秋季可扎草人惊吓，可减少或防止对农作物的危害。

8. 大嘴乌鸦 *Corvus macrorhynchus colonorum* Swinhoe 图 13-8、照片 13-6

该物种分化出 11 个亚种，分布于中国的有 4 个（*C. m. mondschuricus*；*C. m. colonorum*；*C. m. intermedius*；*C. m. tibetosinensis*），分布于湖南省的是普通亚种。

英 文 名：Jungle Crow；Thick-billed Crow

别　　名：老鸹

历史沿革：*Corvus colonorum* Swinhoe，1864，Ibis. 6：427（模式产地：台湾）

Corvus macrorhynchus colonorum ，La Touche 1925-1934 A handbook of the birds of eastern China Taylor and Francis，London，1；Gee 1931 Peking Nat. Hist. Bull. 5；Vaurie，1959，169；郑作新，1976，中国鸟类分布名录：515-517；陈服官，中国动物志 鸟纲 第九卷：214；赵正阶，2001，中国鸟类志 下卷：214；郑光美，2011，中国鸟类分类与分布名录：215。

鉴别特征：全长 412～560mm。嘴粗大，嘴长 50～60cm，通体黑色；上体除两翅和尾有暗紫色光泽外，余羽均闪绿色光泽；后颈羽毛柔软松散，羽干不明显。

图 13-8　大嘴乌鸦（仿 Karen Phillipps）

照片 13-7　大嘴乌鸦（邓学建　摄）

形态描述：体羽全部或近于全部呈黑色，黑色中带紫或蓝色光泽。嘴较长而尖，鼻孔靠前；在嘴的 1/3 处被硬羽所覆盖。第 1 枚初级飞羽的长度至少达第 2 枚的 1/2，第 3、4 枚最长。翅长于尾，尾呈圆形。后颈羽毛柔软松散，羽干不明显；两翼和尾有蓝紫色的金属光泽，上体余羽有绿色光泽；喉部闪深蓝辉；胸、两胁及尾下覆羽有绿或蓝辉；下体余羽色较暗。

虹膜褐色；嘴和脚、趾及爪均黑色。

生活习性：湖南不多见的留鸟。栖于山区或近村庄的树丛中，常活动在田野、屋檐、沙滩等地。步行缓慢，不跳跃，常翻升地取食土中的动物。性机警，成群活动；如一鸟远远见持枪人，则喧噪起飞。平时常和秃鼻乌鸦、白颈鸦混在一起活动；1988 年 12 月在湖南江口鸟洲见到数十只与白颈鸦混在沙滩活动。杂食性，食物为玉米、花生、豆类、瓜果及耕地上的害虫，以及残肉、蛙类和鼠类等。据记载，常德某地种植 2 亩花生，1 天内被此鸟吃光。3 月份开始筑巢繁殖，巢筑在山林中高大树顶上，盆状，以枯枝为主要材料，内铺马尾松叶、棕丝和兽毛等，卵 3～6 枚，蓝绿色，布满大小不等的淡褐色斑点，钝端更为密集。

测量数据：（mm，g）

性别	体重	全长	嘴峰长	翅长	尾长	跗蹠长
雄体	457	453	54	310	188	54
雌体	445	456	52	308	191	52

地理分布：湖南广泛分布。

经济意义：湖南省地方重点保护鸟类。此鸟啄食玉米、花生等作物，特别在春播和秋熟期间危害严重，但它也啄食不少害虫和鼠类，特别在繁殖期，所以对农业也有一定益处。

9. 白颈鸦 *Corvus torquatus* Lesson 图 13－9、照片 13－7

该物种为单型种，目前还没有发现亚种分化。

英 文 名：Collared Crow

别　　名：白脖子老鸹

历史沿革：*Corvus torquatus* Lesson，1831，Traite. Orn.：328（模式产地：中国南部）；La Touche 1925－1934 A handbook of the birds of eastern China Taylor and Francis，London，1；Gee 1931 Peking Nat. Hist. Bull. 5；郑作新，1976，中国鸟类分布名录：518－519；陈服官，中国动物志 鸟纲 第九卷：217；赵正阶，2001，中国鸟类志 下卷：217；郑光美，2011，中国鸟类分类与分布名录：215。

鉴别特征：体羽全部或近于全部呈黑色，后颈、上背至颈侧向下延伸到胸部均为白色，形成白色项圈。

图 13－9 白颈鸦（仿 Karen Phillipps）

照片 13－8 白颈鸦（姚毅 摄）

形态描述：体羽全部或近于全部呈黑色，黑色中带紫或蓝色光泽，自后头、后颈、上背，并由颈侧向下斜伸到胸部均为白色，形成白色胸环；通体其他余部均为黑色，上体具紫蓝色光泽，下体色较暗。嘴较长而尖，鼻孔靠前，在嘴的 1/3 处被硬羽所覆盖。第 1 枚初级飞羽的长度至少达第 2 枚的 1/2，第 3、4 枚最长。翅长于尾，尾呈圆形。

虹膜褐色；嘴、脚及爪均黑色。

生活习性：湖南不多见的留鸟。栖息于低山、丘陵和平原地带的竹丛、灌木丛、林缘疏林、小块丛林和稀树草坡。单独或成 3～5 只或 10 余只小群活动。食性较杂，以昆虫、蜗牛、泥鳅、蛙、蜥蜴、小鸟、卵、腐肉等动物性食物为食，也兼食植物果实。繁殖期较长，2～8 月。营巢于高大乔木上，巢呈碗状，主要由枯枝构成，内垫毛发、纤维和碎石等。每窝产卵 3～7 枚，卵淡蓝绿色，有红灰色和紫灰色两层斑点。

地理分布：分布于全省。

经济意义：湖南省地方重点保护鸟类。从其食性可知，白颈鸦益害兼有，随季节有不同的变化。

测量数据：　（mm，g）

性别	体重	全长	嘴峰长	翅长	尾长	跗蹠长
雄体	425.6	486.5	49.4	331	203	61.5
	447.6～463.6	476～497	47～51.7	313～350	196～210	58～67

十四、河乌科 Cinclidae

河乌科是鸟类中小型鸟类。其体羽稠密，喙细窄而直，先端稍下弯，鼻孔被盖膜覆，无嘴须，仅嘴角有绒绢状短羽。翅短而圆，初级飞羽 10 枚。尾甚短，尾羽 12 枚。腿较长而健壮，跗蹠前缘被靴状鳞。雌雄羽色相似，幼鸟具横斑。

在山溪急流地带活动，捕食水生生物，能潜水追捕鱼虾和水生昆虫。用植物纤维等材料在石缝间编球状巢。每窝产 4～5 枚卵，孵化期为 16 天，双亲育雏 3 周即离巢。在欧、亚、美洲呈分散的不连续分布。该科鸟类有 1 属 5 种，中国有 2 种，湖南省仅 1 种。

1. 褐河乌 *Cinclus pallasii pallasii* Temminck 图 14－1、照片 14－1

该物种分化出 4 个亚种，分布于中国的有 2 个亚种（*C. p. pallasii*；*C. p. tenuirostris*），分布于湖南的是指名亚种。

英 文 名：Brown Dipper

别　　名：水乌鸦、小水乌鸦

历史沿革：*Cinclus pallasii* Temminck，1820. Man. Orn. 1：177（模式产地：西伯利亚东部）

Cinclus pallasii pallasii，La Touche 1925－1934 A handbook of the birds of eastern China Taylor and Francis，London，1；Gee 1931 Peking Nat. Hist. Bull. 5；郑作新，1976，中国鸟类分布名录：522；陈服官，中国动物志　鸟纲　第九卷：230；赵正阶，2001，中国鸟类志　下卷：221－222；郑光美，2011，中国鸟类分类与分布名录：216－217。

鉴别特征：全长 198～249mm。山地溪流地带的中型鸟类，全身黑褐色，嘴和足亦黑褐色。常站在溪边或河中石头上，沿溪流飞行，边飞边发出单声的鸣叫。

图 14－1　褐河乌（仿 Karen Phillipps）

照片 14－1　褐河乌（邓学建　摄）

形态描述：雌雄羽毛相似，整个头、体呈茶褐色，仅眼圈呈白色且常被眼周羽毛遮盖不易发现。背和尾上覆羽具棕色羽缘。颏、喉、胸和下体茶褐色，腹部中央和尾下覆羽浅黑色。飞羽黑褐色，初级飞羽外翈具茶褐色狭缘，其中第 1、2 枚尤其明显，内翈基部淡灰褐色。翼上覆羽茶褐色，羽缘较浅淡。尾羽黑褐色，较短。

幼鸟上体黑褐色具棕黄色鳞状斑，下体自胸以下至尾下覆羽具棕褐色弧形斑，次级飞羽具白色狭缘。

虹膜褐色，嘴、脚黑褐色。

生活习性：湖南山区溪边的常见留鸟。栖息于山区溪流和河谷沿岸，常见于水流清澈的林区河谷地带。多站在河边或河中露出的石头上，尾羽上翘，头和尾时不时地上下摆动。晚上栖息于河边陡壁的缝隙中。觅食时多潜入水中，亦能在水中行走。主要捕食各类水生昆虫，也食鱼虾和小型软体动物。4～6 月繁殖，营巢于河边或者瀑布后面的陡壁洞穴内，雌雄共同筑巢，巢材以苔藓为主，掺杂有树叶和植物纤维，巢内垫枯草、树叶、兽毛和羽毛。巢外径 11～19cm，内径 6～14cm，深 3～8cm。每窝产卵 4～5 枚，卵的大小为(25～29mm)×(18～20)mm，重 5～6g，白色，尖卵圆形。由雌体孵化，孵化期为 15 天，晚成雏。雌雄共同育雏，在巢期 22 天左右。

测量数据：　(mm，g)

编号	采集地	性别	体重	体长	嘴峰长	翅长	尾长	跗蹠长
壶-0821	石门	雄体	99	218	21	111	61	32
浏-0533	浏阳	雄体	102	213	21	108	62	32
莽-0702	宜章	雌体	90	211	21	103	59	32
千-1022	道县	雌体	98	216	21	107	58	32

地理分布：全省各山地林区均有分布。

经济意义：食虫益鸟，山林环境指示性鸟类。

十五、岩鹨科 Prunellidae

本科鸟类体形均较小，如一般麻雀大小。嘴细尖，嘴基较宽，而在嘴长的中间部位有一明显的紧缩，这是本科鸟类特异之处；鼻孔大而斜向，并有皮膜盖着；嘴须少而柔软；前额羽稍松散，并不彼此紧贴覆盖；尾为方尾或稍凹；跗蹠前缘具盾状鳞。

分布从北欧的斯堪底那维亚、英国、法国、北非至中东到喜马拉雅山脉周围地区。是古北界的代表鸟类。生活在海拔较高的裸岩、荒漠地区或荒漠干燥的灌丛、草丛地区，亦有在林间居民点附近或林缘灌丛。但很难在森林中见到。多以各种昆虫和草籽为食物。在高山、荒漠和林间居民点的篱棚附近常能听到其清脆悦耳的鸣叫声。

本科鸟类仅 1 属共 13 种；中国有 1 属 9 种。湖南省仅发现 1 种，级棕胸岩鹨 *Prunella strophiata strophiata*（Blyth）

1. 棕胸岩鹨 *Prunella strophiata strophiata*（Blyth）图 15-1，照片 15-1

该物种全世界分化出 2 个亚种，分布于中国的仅为指名亚种。

英 文 名：Rufous-breasted Accentor

别　　名：山顶雀

历史沿革：*Accentor strophiatus* Blyth ex Hodgson，1843，Journ. As. Soc. Bengal 11：959（模式产地：尼泊尔）

Accentor multistriatus David，1871，Ann. Mag. Nat. Hist.（4）7：256（模式产地：四川宝兴）

Prunella strophiata strophiata（Blyth）Gee 1931 Peking Nat. Hist. Bull. 707；郑作新，中国鸟类分布名录 1976，529-530；罗时有，中国动物志　鸟纲　第九卷 1998：250-253；赵正阶，中国鸟类志　下卷 2001：229-230；郑光美，2011，中国鸟类分类与分布名录：219。

鉴别特征：小型鸟类，体长 13～15cm。上体淡棕褐色，具黑褐色羽轴纹；眉纹显著，前段灰白向后呈棕红色。下体白色，颏、喉具黑褐点斑，胸具棕色带斑。

形态描述：雄鸟棕褐色，头顶、枕以及整个上体棕褐色，各羽具黑色纵纹，腰和尾上覆羽羽色浅淡，黑色纵纹亦不显著。眉纹前段白色、较窄，后段棕红色、较宽阔。黑色的侧冠纹紧贴于眉纹上缘。上眼圈前段黑褐色后段白色，下眼圈白色。眼先、贯眼纹和颊部黑褐色，耳羽黑褐色杂有棕红色。髭纹前段白色后段棕红色。颈侧灰色具黑褐色纵纹。颏、喉白色，下喉杂以黑褐色斑。胸棕红色，形成宽阔的胸带，下胸以下白色，具黑色纵纹。两胁和尾下覆羽沾棕具黑褐色纵纹。两翅褐色，羽缘棕红色，中覆羽、大覆羽和三级飞羽黑褐，具灰白羽端斑。尾褐色，羽缘较浅淡。

雌性成鸟体羽色调与雄相似，但较浅淡；胸部带斑浅棕具黑色羽端；肛周白色。

虹膜褐色，嘴黑褐色，基部角黄色，脚肉红色，爪黑色。

生活习性：繁殖期间主要栖息于高海拔的高山灌丛、草地、沟谷、牧场、高原和林线附近，秋冬季多下到海拔较低的中低山地区。除繁殖期成对或单独活动外，其他季节多呈家族群或小群活动。性活泼而机警，常在高山矮林、溪谷、溪边柳树灌丛、杜鹃灌丛、高山草甸、岩石荒坡、草地和农耕地上活动和觅食，当人接近时，则立刻起飞，飞不多远又落入灌

图 15-1　棕胸岩鹨（仿 Karen Phillipps）

照片 15-1　棕胸岩鹨（王斌　摄）

丛或杂草丛中。繁殖期为 5～7 月，5 月初成对活动并见衔巢材营巢。巢由柔软的细草茎及少许须根缠绕而成，巢浅杯状，内垫有苔藓和少量毛；巢外径为 105mm×97mm，内径 65mm×62mm，高 42mm，深 25mm；卵色浅蓝，钝端微布褐色小点斑；卵大小为(17.3～21.1）mm×（13.0～15.0）mm。8 月上旬幼鸟出巢。留鸟。

棕胸岩鹨为杂食性鸟类，4～8 月主要为动物性食物，10 月以后主要为植物性食物。其中动物性食物有蚂蚁、鳞翅目幼虫和虫卵及其他昆虫碎片，植物性食物有豆科、沙草科、禾本科、茜草科和伞形花科等植物的种子为食，也吃花楸、榛子、荚莲等灌木果实和种子。

湖南省境内很少见到，2008 年 12 月由王斌在湖南石门县壶瓶山的顶坪附近首次发现。当时仅拍摄到该鸟的照片。该物种以往仅仅分布于青藏陕川和云南等高海拔（1500～4500m）地区，在海拔 1000m 地带还未见有报道。分布于湖南省的群落结构和生态习性还待进一步调查。

测量数据：（mm，g）

性别	体重	全长	嘴峰长	翅长	尾长	跗蹠长
雄体	17.9 （14～20）	139.9 （125～153）	10.8 （10～12）	65.9 （60～69）	60.4 （55～67）	21 （19～22）
雌体	17.5 （16～20）	138.7 （132～148）	10.8 （9～12）	65 （62～68）	63 （55～71）	20.4 （19～22）

地理分布：本亚种分布于石门县的壶瓶山。国内分布于陕西、甘肃、青海、四川、云南、西藏。国外见于尼泊尔，锡金，不丹，印度，缅甸。系当地的留鸟。

经济意义：棕胸岩鹨系食虫益鸟，在我国仅见于西南地区，种群数量较丰富。

十六、鸫科 Turdidae

该科鸟类体形大小适中，体羽较松软，腰羽羽轴正常，颈无发状纤羽。后趾（连爪）较中趾（连爪）为短，跗蹠后缘侧扁成棱状，跗蹠前缘被以靴状鳞，跗蹠较嘴（从嘴角量起）为长。嘴形侧扁而长，喙前缘无锯齿，端部具缺刻。常具嘴须，鼻孔有羽或须盖于其上。翅长而尖，具 10 枚初级飞羽，第 1 枚甚短。尾短而呈平截状或有时长而呈凸尾状；尾羽 12 枚。不呈深叉状。跗蹠长而粗壮，通常被靴状鳞。幼鸟体羽具点斑。

本亚科鸟类大都陆栖。活动于开阔环境或者疏林。以昆虫为食，兼食其他动物，如蠕虫、蜗牛、蜘蛛等，还嗜吃果实和其他植物性物质。巢呈杯状，由杂草、苔藓、地衣及类似物质等构成。晚成雏。雌鸟筑巢、孵化，双亲育雏。

该亚科全世界有 59 属 335 种，中国有 20 属 94 种（148 亚种），湖南省有 14 属 36 种与亚种，其名录如下：

Ⅰ. 短翅鸫属 *Brachypteryx*

1. 白喉短翅鸫 *Brachypteryx leucophrys carolinae* La Touche
2. 蓝短翅鸫 *Brachypteryx montana sinensis* Rickett and La Touche

Ⅱ. 歌鸲属 *Luscinia*

3. 红尾歌鸲 *Luscinia sibilans*（Swinhoe）
4. 红喉歌鸲 *Luscinia calliope*（Pallas）
5. 蓝喉歌鸲 *Luscinia svecica svecica*（Linnaeus）
6. 蓝歌鸲 *Luscinia cyane*（Pallas）

Ⅲ. 鸲属 *Tarsiger*

7. 红胁蓝尾鸲 *Tarsiger cyanurus cyanurus*（Pallas）

Ⅳ. 鹊鸲属 *Copsychus*

8. 鹊鸲 *Copsychus saularis prosthopellus* Oberholser

Ⅴ. 红尾鸲属 *Phoenicurus*

9. 黑喉红尾鸲 *Phoenicurus hodgsoni*（Moore）
10. 北红尾鸲 *Phoenicurus auroreus auroreus*（Pallas）
11. 蓝额红尾鸲 *Phoenicurus frontalis* Vigors

Ⅵ. 水鸲属 *Rhyacornis*

12. 红尾水鸲 *Rhyacornis fuliginosus fuliginosus*（Vigors）

Ⅶ. 地鸲属 *Cinclidium*

13. 白尾斑地鸲 *Cinclidium leucurum leucurum*（Hodgson）

Ⅷ. 燕尾属 *Enicurus*

14. 小燕尾 *Enicurus scouleri* Vigors
15. 灰背燕尾 *Enicurus schistaceus*（Hodgson）
16. 白额燕尾 *Enicurus leschenaulti sinensis* Gould
17. 斑背燕尾 *Enicurus maculatus guttatus* Gould

Ⅸ. 石即鸟属 *Saxicola*

18. 黑喉石鹏东北亚种 *Saxicola torquata stejnegeri*（Parrot）

19. 黑喉石䳭青藏亚种 *Saxicola torquata przewalskii* (Pleske)
20. 灰林䳭 *Saxicola ferrea haringtoni* (Hartert)

Ⅹ. 溪鸲属 *Chaimarrornis*

21. 白顶溪鸲 *Chaimarrornis leucocephalus* (Vigors)

Ⅺ. 矶鸫属 *Monticola*

22. 蓝矶鸫 *Monticola solitarius philippensis* (Miiller)
23. 白喉矶鸫 *Monticola cinclorhymchus gularis* (Swinhoe)
24. 栗腹矶鸫 *Monticola rufiventris* (Jardine et Thrush)

Ⅻ. 啸鸫属 *Myiophoneus*

25. 紫啸鸫 *Myophonus caeruleus caeruleus* (Scopoli)

XⅢ. 地鸫属 *Zoothera*

26. 橙头地鸫 *Zoothera citrina melli* (Stresemann)
27. 白眉地鸫 *Zoothera sibirica sibirica* (Pallas)
28. 虎斑地鸫 *Zoothera dauma aurea* (Holandre)

XⅣ. 鸫属 *Turdus*

29. 灰背鸫 *Turdus hortulorum* Sclater
30. 乌灰鸫 *Turdus cardis* Temminck
31. 乌鸫 *Turdus merula mandarinus* Bonaparte
32. 白腹鸫 *Turdus pallidus* Gmelin
33. 白眉鸫 *Turdus obscurus* Gmelin
34. 红尾斑鸫 *Turdus naumanni* Temminck
35. 斑鸫 *Turdus eunomus* Temminck
36. 宝兴歌鸫 *Turdus mupinensis* Laubmann

湖南省鸫亚科属、种检索表

1. 翅甚短圆，其长度不及跗蹠长的 2.5 倍 …… **短翅鸫属…2**
   翅尖而长，其长度超过跗蹠长的 3 倍 …… **3**
2. 颏和喉白色 …… **白喉短翅鸫 *Brachypteryx leucophrys carolinae***
   颏和喉青蓝色 …… **蓝短翅鸫 *Brachypteryx montana sinensis***
3. 体形较大，翅长超过 110mm …… **4**
   体形较小，翅长在 110mm 以下 …… **15**
4. 次级飞羽的下面具一道明显的白斑 …… **地鸫属…5**
   次级飞羽的下面无白斑 …… **6**
5. 下体几乎为纯栗色，不呈斑杂状 …… **橙头地鸫 *Zoothera citrina melli***
   下体蓝灰或黑褐，腹部中央白色 …… **白眉地鸫 *Zoothera sibirica sibirica aurea***
   下体白，羽端杂以点斑 …… **虎斑地鸫 *Zoothera dauma***
6. 体羽几乎纯蓝黑色 …… **啸鸫属…紫啸鸫 *Myophonus caeruleus caeruleus***
   体羽不呈蓝黑色 …… **7**
7. 雄性体羽不呈蓝色，腋羽和翼下覆羽纯色 …… **鸫属…8**
   雄性体羽主要为蓝色，腋羽和翼下覆羽雄性纯色，雌性具杂斑 …… **矶鸫属…29**
8. 体羽为一致的黑色 …… **乌鸫 *Turdus merula mandarinus***

体羽非纯黑色 …… 9
9. 头、颈和胸纯黑色 …… 乌灰鸫 *Turdus cardis*
头、颈和胸非纯黑色 …… 10
10. 翼下覆羽和腋羽栗黄色 …… 11
翼下覆羽和腋羽呈灰色 …… 14
11. 两胁橙棕色，无斑点 …… 灰背鸫 *Turdus hortulorum*
胁具斑点 …… 12
12. 耳羽前棕后黑，形成明显的深色斑块 …… 宝兴歌鸫 *Turdus mupinensis*
耳羽纯灰褐色或暗褐色 …… 13
13. 胸部具栗色斑点 …… 红尾斑鸫 *Turdus naumanni*
胸部具褐色斑点 …… 斑鸫 *Turdus eunomus*
14. 具白色眉纹 …… 白眉鸫 *Turdus obscurus*
无眉纹 …… 白腹鸫 *Turdus pallidus*
15. 第1枚初级飞羽长于50mm …… 16
第1枚初级飞羽短于50mm …… 17
16. 中央尾羽黑，外侧尾羽白色 …… 鹊鸲属…鹊鸲 *Copsychus saularis prosthopellus*
尾羽均黑色，仅羽基具白斑 …… 地鸲属…白尾斑地鸲 *Cinclidium leucurum leucurum*
17. 脚黑色或黑褐色 …… 18
脚为其他颜色 …… 22
18. 尾羽栗红色 …… 19
尾羽非栗红色 …… 石鹏属…30
19. 尾较短，约为跗蹠的2倍；雌雄异色 …… 水鸲属…红尾水鸲 *Rhyacornis fuliginosus fuliginosus*
尾较长，远超过跗蹠长度的2倍；雌雄同色 …… 20
20. 尾成圆尾状；雌雄同色；习性近水 …… 溪鸲属…白顶溪鸲 *Chaimarrornis leucocephalus*
尾成方尾状；雌雄异色；习性陆栖 …… 红尾鸲属…21
21. 尾羽具深色端斑 …… 蓝额红尾鸲 *Phoenicurus frontalis*
尾无端斑，雌体和雄体次级飞羽内、外翈具白斑 …… 北红尾鸲 *Phoenicurus auroreus auroreus*
尾无端斑，雄体次级飞羽外翈基部白色，雌体无翼斑 …… 黑喉红尾鸲 *Phoenicurus hodgsoni*
22. 尾成深叉状 …… 燕尾属…23
尾不成深叉状 …… 25
23. 尾较翅短，尾长不及8cm …… 小燕尾 *Enicurus scouleri*
尾较翅长，尾长超过8cm …… 24
24. 背部具白色斑点 …… 斑背燕尾 *Enicurus maculatus guttatus*
背部纯黑色；喉、胸均为黑色 …… 白额燕尾 *Enicurus leschenaulti sinensis*
背部纯灰色；喉黑色，胸部白色 …… 灰背燕尾 *Enicurus schistaceus*
25. 跗蹠较粗长，长于25mm …… 歌鸲属…26
跗蹠较短细，短于25mm …… 鸲属…红胁蓝尾鸲 *Tarsiger cyanurus cyanurus*
26. 喉为白色 …… 27
喉非白色 …… 28
27. 上体暗蓝色 …… 蓝歌鸲（雄体）*Luscinia cyane*
上体橄榄褐 …… 红尾歌鸲（雄体）*Luscinia sibilans*
28. 喉为蓝色 …… 蓝喉歌鸲（雄体）*Luscinia svecica svecica*
喉为红色 …… 红喉歌鸲（雄体）*Luscinia calliope*
29. 喉部白色 …… 白喉矶鸫 *Monticola cinclorynchus gularis*

喉部蓝色 ………………………………………………………… 蓝矶鸫 ***Monticola solitarius philippensis***
喉黑色而缀有蓝色，其余下体栗红色 ……………………………… 栗腹矶鸫 ***Monticola rufiventris***
30. 喉及头黑色 ……………………………………………………………………………………… **31**
喉白色头灰色 ……………………………………………………… 灰林䳭（♂）***Saxicola ferrea haringtoni***
31. 雄鸟翅长在 70mm 以上 ………………………… 黑喉石䳭青藏亚种（♂）***Saxicola torquata przewalskii***
雄鸟翅长不及 70mm ………………………… 黑喉石䳭 东北亚种（♂）***Saxicola torquata stejnegeri***

1. 白喉短翅鸫 *Brachypteryx leucophrys carolinae* La Touche 图 16－1

该物种于短翅鸫属，全世界分化出 5 个亚种，中国有 2 个亚种（*B. l. nipalensis*；*B. l. intermedi*），湖南省分布的是华南亚种。

英 文 名：Lesser Shortwing；Brown Shortwing

历史沿革：*Brachypteryx carolinae* La Touche ，1898，Bull. Brit. Orn. Cl. 8：9（模式产地：福建挂墩）

Brachypteryx leucophory carolinae ，La Touche 1925－1934 A handbook of the birds of eastern China Taylor and Francis，London，1；Gee 1931 Peking Nat. Hist. Bull. 5；郑作新，1976，中国鸟类分布名录：532－536；郑作新，1995，中国动物志 鸟纲 第十卷：15－17；赵正阶，2001，中国鸟类志　下卷：237－238；郑光美，2011，中国鸟类分类与分布名录：221。

鉴别特征：全长 113～130mm。翅短，不及跗蹠的 2.5 倍，尾短，不及跗蹠的 2 倍，雄鸟体背灰蓝色，雌鸟体背锈褐色，具醒目的短的白色眉纹。

图 16－1　白喉短翅鸫（仿 Karen Phillipps）

形态描述：体较似麻雀大小，雄鸟上体暗石板蓝色，额、眼先和眼周黑色。眉纹白色，仅存于眼的前上方。颏、喉白色，胸带浅褐色，腹部白色。

雌体头顶及枕为较暗的锈褐色，枕部各羽后缘稍暗，构成隐约可见的弧形纹。背及腰羽锈褐色，尾上覆羽棕红色。眼先，颊与体背同色，耳羽羽轴稍染污白，眉纹白色，但很短，起自额缘，至于眼中部。颏、喉和胸白色，但羽后缘的黄褐色形成许多横纹，以胸部为甚，到腹部逐渐转为纯白色，尾下覆复羽白色染黄褐色，胁黄褐色。飞羽和翼上覆羽内翈黑褐色，外翈锈褐色。第2～6枚初级飞羽具切迹，该外翈缘灰白色，飞羽式：6≥5>4>3≥7>8>9>10。尾羽锈褐色，羽轴背面呈黑色，腹面呈灰白色。尾羽12枚，外侧者稍短，自外向内距尾端距为4mm；2mm；1mm；0.5mm；0mm。

嘴黑褐色，细长，嘴峰稍曲，具一不很明显的缺刻，嘴须和鼻须不甚发达。跗蹠长健，角褐色，爪浅角褐色。后爪明显长于其他爪。

生活习性：湖南不常见的留鸟。主要栖息于林下植物发达的常绿阔叶林中，尤以溪流和河谷附近的常绿阔叶林中较常见。常单独或成对活动，很少成群。以昆虫为食，也吃小型软体动物、甲壳动物等。繁殖期4～7月。营巢于树上、灌丛、竹丛或岩石间。巢呈球形或椭圆形，主要由枯草、草根、竹叶、苔藓等材料编制而成。每窝产卵3～4枚。橄榄绿色杂由褐色斑点。雌雄鸟轮流孵卵。

测量数据： (mm)

编号	采集地	全长	嘴峰长	翅长	尾长	跗蹠长
94002	莽山	119	14	60	37	26

地理分布：仅见于湘南地区。

经济意义：食虫益鸟。

2. 蓝短翅鸫 *Brachypteryx montana sinensis* Rickett and La Touche 图16-2

该物种属于短翅鸫属，全世界分化出13个亚种，中国有3个亚种（*B. m. cruralis*；*B. m. sinensis*；*B. m. goodfellowi*），湖南省分布的是华南亚种。

英 文 名：Blue Shortwing

别　　名：白眉短膀

历史沿革：*Brachypteryx sinensis* Rickett and La Toeche，1897，Bull. Brit. Orn. cl. 6：50（模式产地：福建挂墩）

Brachypteryx montana sinensis，La Touche 1925-1934 A handbook of the birds of eastern China Taylor and Francis，London，1；Gee 1931 Peking Nat. Hist. Bull. 5；郑作新，1976，中国鸟类分布名录：536-537；1995，中国动物志 鸟纲 第十卷 18-19；赵正阶，2001，中国鸟类志 下卷：239-240；郑光美，2011，中国鸟类分类与分布名录：221。

鉴别特征：全长124～142mm。翅短，不及跗蹠的2.5倍，尾也短，不及跗蹠的2倍，雌雄异色，雄体暗蓝色，具白色眉纹，雌体草黄色，无眉纹。

形态描述：体形大小似麻雀一样，雄体的额、头顶、枕、背、腰及尾上覆羽暗蓝色，额缘和眼先绒黑色。眉纹白色，自鼻额缘伸达头顶后方。颊和耳羽较背稍黑，颏和喉石板灰染蓝，颏和上喉部具隐约可见的细横纹。胸灰蓝色，腹部逐渐变灰，至肛羽和尾下覆羽成污白色，两胁暗蓝色，飞羽和翼上覆羽内翈黑褐色，外翈缘暗蓝色，内侧飞羽的暗蓝色几乎占整个外翈。第2～6枚初级飞羽具切迹，且切迹处外翈缘不呈暗蓝，而呈污白色。飞羽式：

图 16-2 蓝短翅鸫（仿 Karen Phillipps）

5>4=6>7≥3>8>9>10，2≤第一次级飞羽。尾羽 12 枚，中央尾羽暗蓝，最外侧尾羽黑褐色，其余尾羽内翈黑褐，外翈暗蓝。外侧 3 枚尾羽距尾端距分别是 7.5mm；5mm；2mm。次中央尾羽最长，中央尾羽距尾端 2mm。

雌体额缘棕褐色，向后逐渐转为橄榄褐，直至尾上覆羽。眼先与眼圈棕褐色，耳羽同背，但具丝的灰白色羽轴纹。颏、喉污白色染棕黄，胸部较暗，腹部逐渐变为白色，尾下覆羽草黄色，两胁黄褐色。初级覆羽和飞羽内翈黑褐色。外翈缘暗棕红色。最内侧几枚次级飞羽内外翈均呈棕红色，中央尾羽和其余尾羽内翈褐色，外翈棕褐嘴平直，先端具缺，角褐色。跗蹠前缘被靴状鳞，角黑褐色，爪色较淡。

生活习性：湖南不常见的留鸟。栖息于常绿阔叶林、山顶林缘灌丛顶端和草地。主要以昆虫为食。繁殖期多在 4～6 月。营巢于树上或岩石苔藓中，巢由苔藓和枯草编织而成，内垫有细根，呈球形或椭圆形，侧面开孔。每窝产 3 枚卵，橙色、紫皮黄色或红褐色。

测量数据：（mm，g）

编号	采集地	性别	体重	全长	翅长	尾长	跗蹠长
94050803	莽山	雄体	15.8	134	65	52	30
94050701	莽山	雌体	13.6	135	62	47	30

地理分布：分布于湘南地区。

经济意义：食虫益鸟。

3. 红尾歌鸲 *Luscinia sibilans*（Swinhoe）图 16-3

该物种属于歌鸲属，系单型种，目前还没有发现亚种分化。

英 文 名：Red-tailed Robin；Swinhoe's Robin；Rufous-tailed Robin

别　　名：红腿欧鸲

历史沿革：*Larvivora sibilans* Swinhoe，1863，Proc. Zool. Soc. London：292（模式产地：澳门）

Luscinia sibilans（Swinhoe），La Touche 1925－1934 A handbook of the birds of eastern China Taylor and Francis，London，1；Gee 1931 Peking Nat. Hist. Bull. 5；Dementiev等，1954，592－595；郑作新，中国动物志 鸟纲 第十卷 24－25；赵正阶，2001，中国鸟类志 下卷：243；郑光美，2011，中国鸟类分类与分布名录：222。

鉴别特征：全长 120～150mm。上体橄榄褐色，尾上覆羽和尾羽红褐色。下体白色，颏、喉、胸具鳞状斑。

图 16－3 红尾歌鸲（仿 Karen Phillipps）

形态描述：雄体，额、头顶及枕部各羽橄榄褐，夏羽稍染红棕。背部较头色淡，尾上覆羽棕色，眼先、颊污白，羽缘橄榄褐形成不明显的点状小斑。眉纹污白色，始于鼻孔后部至眼前缘，不伸向眼后方。眼眶污白色，耳羽橄榄褐，具纤细的白色轴纹。颏上喉白色，羽缘具橄榄褐，下喉几乎为纯白色，胸部污白各羽羽缘具较宽的橄榄褐，构成胸带，这种深色向两侧延伸达胁呈全橄榄褐色（夏羽胸带几呈褐色）。腹部白色，中央的尾下覆羽白色或污白色，外侧的尾下覆羽外翈棕色。飞羽内翈黑褐，外翈棕褐色而羽轴棕色。第 3～6 枚初级飞羽具切迹。翼圆形，飞羽式：4＞3＝5＞6＞2≥7＞8＞9＞10。第 1 枚初级飞羽与最内侧次级飞羽几等长，小翼羽及初级覆羽与飞羽同色，大覆羽的羽轴前端具小的草黄色次端斑（夏羽不明显）构成不太明显的翼横斑。尾羽棕红色，尾羽末端尖形。各尾羽几等长。

雌体同雄体，但颏、喉白色，仅勉强可见草黄色羽缘，胸带细而明显，呈草黄褐色，下胸、腹及尾下覆羽均呈白色，两胁淡草黄色。背羽染橄榄绿色，尾上覆羽同背，仅羽端染棕，尾羽橄榄褐色，外侧者色较淡，飞羽仅 3～5 枚初级飞羽具切迹。

嘴黑褐色（部分个体染棕褐），足黄白色爪亦同。

生活习性：湖南不多见的冬候鸟。栖息于山地针叶林、针阔叶混交林和阔叶林中。常单独或成对活动。主要以鞘翅目和鳞翅目等昆虫为食。繁殖期 6～7 月营巢于树干下部天然洞穴中。巢多呈杯状，主要由枯草、树叶、苔藓等材料构成，有时巢内也垫有细草茎和须根。每窝产 4～6 枚卵，淡蓝色被有褐色斑点。雌鸟孵卵，雄鸟警戒，雌雄亲鸟共同育雏，属晚成鸟。

测量数据： (mm，g)

性别	采集地	体重	体长	嘴峰长	翅长	尾长	跗蹠长
雄体	郴州	15	132	12	67	47	26.5
雌体	郴州	16	132	12	69	46.5	26
雄体	莽山	—	129	12	68	53	26

地理分布：广泛分布于湘南地区。

经济意义：国家“三有”保护物种，中-日候鸟保护动物。食虫益鸟。

4. 红喉歌鸲 *Luscinia calliope*（Pallas）图 16－4、照片 16－1

该物种属于歌鸲属，系单型种，目前还没有发现亚种分化。

英 文 名：Siberian Rubythroat

别　　名：红点颏、红脖、红脖雀（雄体）；白点颏（雌体）

历史沿革：*Motacilla calliope* Pallas，1776，Reise versch. Prov. Russ. Reicha 3 Anhang：697（模式产地：西伯利亚 Yenesei-Lena 河）

图 16－4 红喉歌鸲（仿 Karen Phillipps）

照片 16－1 红喉歌鸲（姚毅 摄）

Luscinia calliope（Pallas），La Touche 1925－1934 A handbook of the birds of eastern China Taylor and Francis，London，1；Gee 1931 Peking Nat. Hist. Bull. 5；郑作新，1976，中国鸟类分布名录：540；郑作新，1995，中国动物志，鸟纲 第十卷 28－29；赵正阶，2001，中国鸟类志 下卷 245－246；郑光美，2011，中国鸟类分类与分布名录：223。

鉴别特征：全长 131～161mm。较麻雀稍大，体褐色，雄鸟的颏、喉部赤红色，非常醒目，雌鸟该处为白色。

形态描述：较麻雀稍大，身体较瘦长，足长，嘴平直，额、头顶和枕棕褐色，背、腰和尾上覆羽橄榄褐色，尾上覆羽颜色稍淡。眉纹白色自鼻孔后方向伸达头顶后部，眉纹前粗后细。眼先和颊黑色，耳羽同头顶色，但具灰白色的细羽轴纹，颈侧同背色。下颊纹白色，髭纹黑色。颏、喉赤红色，形成半圆形红斑。胸、腹、两胁、肛周和尾下覆羽砂褐色，腹中央白色。飞羽内翈黑褐，外翈棕褐，小覆羽末端色较浅形成隐约可见的鳞纹。飞羽式：4≥5>3>6>7>8=2>9>10。尾羽暗褐，近圆形，尾羽自外向内距尾端为 8mm；5mm；3mm；1mm；0mm。

雌鸟颏、喉白色，胸砂褐色，眉纹棕白色，颊下纹和髭纹不明显，眼先黑褐色，颊暗褐色杂有棕白色细纹，余部羽色与雄鸟略同，老的雌鸟，其颏和喉部均稍染红色。

嘴暗褐，嘴基稍淡，脚呈角色，趾爪更暗些。

生活习性：湖南不多见的旅鸟或冬候鸟。栖息于低山丘陵和山脚平原地带的次生阔叶林和混交林中，也栖于平原地带茂密的树丛和芦苇中，尤其喜欢近水地方。多单独或成对活动。以昆虫为食。繁殖期 5～7 月。营巢于次生林缘或茂密的灌丛中地上，呈椭圆形。亲鸟共同育雏，属晚成鸟。

测量数据： (mm)

编号	性别	全长	嘴峰长	翅长	尾长	跗蹠长
901117	雄体	143.8	11.8	88.4	61.5	28.3

地理分布：分布在湘南、湘中和湘北地区。

经济意义：国家“三有”保护物种，中-日候鸟保护种类。著名笼养鸟，食虫益鸟。

5. 蓝喉歌鸲 *Luscinia svecica svecica*（Linnaeus）图 16－5、照片 16－2

该物种属于歌鸲属，全世界分化为 9 个亚种，中国有 5 个亚种（*L. s. svecica*；*L. s. saturatior*；*L. s. kobdensis*；*L. s. przevalskii*；*L. s. abbotti*），湖南省分布的是指名亚种。

别　　名：蓝脖子雀、蓝点颏

英 文 名：Bluethroat

研究历史：*Motacilla svecica* Linnaeus，1758，Syst. Nat. ed. 10. 1：187（模式产地：欧洲北部：Lapland）

Luscinia svecica svecica La Touche 1925－1934 A handbook of the birds of eastern China Taylor and Francis，London，1；Gee 1931 Peking Nat. Hist. Bull. 5；郑作新，1976，中国鸟类分布名录：541－542；郑作新，1995 中国动物志 鸟纲 第十卷 29－33；赵正阶，2001，中国鸟类志 下卷 247－248；郑光美，2011，中国鸟类分类与分布名录：223。

鉴别特征：全长 122～156mm。雄鸟上体除头顶黑褐色，其余为土褐色；喉棕红色，紧接其后的是蓝色、黑色和棕红胸带；腹部灰白色。雌鸟上体与雄鸟相似；颏、喉灰白；喉、胸两侧具黑色纵带；胸具黑褐色横带；下体余与雄鸟相似。

形态描述：雄鸟额土褐色；头顶黑褐色，有黑色细纹；枕、颈、背、腰、尾上覆羽土褐色。眼先黑褐；眉纹白色；颊和耳羽土褐色，有白色细纹，颊下纹白色，髭纹蓝色而后段为黑褐色。颏棕白色；喉棕红色。胸带由 3 种颜色构成，紧接喉斑之后的是一条辉蓝色横带，其后接一条黑色横带，黑羽末端棕白色，黑带后接一条棕色宽带。腹部灰白色；尾下覆羽棕

图 16－5 蓝喉歌鸲（仿 Karen Phillipps）

照片 16－2 蓝喉歌鸲（李剑志 摄）

色；两胁灰褐色。圆形翼，土褐色，飞羽边缘染淡褐色，具 10 枚初级飞羽，飞羽式 2>3>4>5>6>7>8>9>10>1；翼上覆羽和小翼羽土褐色，大覆羽具棕白色外翈缘和端斑。平型尾，中央 1 对尾羽黑褐色，外侧尾羽基部栗红色，先端 1/3 为黑褐色。

雌性成鸟上体羽色较雄鸟淡；眉纹、颊下纹白色；颏、喉灰白；胸前一条黑褐横带；下体余羽色较雄鸟淡。余与雄鸟相似。

嘴黑色，侧扁而粗健，嘴端具缺刻。鼻孔椭圆，裸露。嘴须和副须发达。虹膜暗褐。离形足，跗蹠、爪、趾肉褐色，跗蹠被靴状鳞。

生活习性：湖南不常见的冬候鸟或旅鸟。栖息、觅食于潮湿而阴暗的矮灌丛或芦苇丛地面上。以昆虫和昆虫幼虫为食，兼食植物种子。营巢于灌丛或草丛中地面稍凹处或植物根间，由枯草、叶、根筑成，内铺以细草和兽毛残羽等构成。每窝产卵 4～6 枚，卵淡绿色或橄榄褐色。

测量数据： （mm）

性别	嘴峰长	翅长	尾长	跗蹠长
雄性	12.3	71.4	55.7	27.3
	（11.8～12.9）	（65.9～73.9）	（50.1～64）	（26.9～28.4）
雌性	12.5	69.7	52.5	26.7
	（11.7～13.4）	（66.9～71.9）	（50～57）	（24.3～25.8）

地理分布：广泛分布于湘中、湘南、湘北地区。

经济意义：国家“三有”保护鸟类，中-日候鸟保护物种。笼养鸟，食虫益鸟。

6. 蓝歌鸲 *Luscinia cyane*（Pallas）图 16－6、照片 16－3

该物种隶属歌鸲属，没有亚种分化，系单型种。

英 文 名：Siberian Blue Robin

别　　名：蓝鸲、青鸲

历史沿革：*Motacilla cyane* Pallas，1776，Reise. versch. Prov. Russ. Reich 3：220，697（模式产地：西伯利亚达乌尔地区）

Luscinia cyane（Pallas）La Touche 1925－1934 A handbook of the birds of eastern China Taylor and Francis，London，1；Gee 1931 Peking Nat. Hist. Bull. 5；郑作新，1976，中国鸟类分布名录：545－546；郑作新，1995 中国动物志　鸟纲　第十卷：43－44；赵正阶，2001，中国鸟类志　下卷：254－256。

Luscinia cyane cyane 郑光美，2011，中国鸟类分类与分布名录：224－225。

鉴别特征：全长 112～145mm。雄鸟上体暗蓝色，面颊黑色，下体白色，两翅和尾暗褐色。雌鸟上体橄榄褐色，腰和尾上覆羽暗蓝色，翅上大覆羽具棕黄色末端，形成明显的棕黄色翅斑。下体白色，胸缀褐色有时微沾皮黄色。

图 16－6　蓝歌鸲（仿 Karen Phillipps）

照片 16－3　蓝歌鸲（左　雄体，邓学建　摄；右　雌体，朱英　摄）

形态描述：雄鸟额、头顶、颈、背及尾上覆羽铅蓝色。尾上覆羽后伸达尾的 2/3 处。眼先、头侧和颊部绒黑色，耳羽近黑，颈侧深蓝色，颊后部有一条黑纹沿着颈侧伸至胸侧。下体自颏、喉、胸到尾下覆羽白色。尾下覆羽后伸达尾的 4/5 处。两翅内侧覆羽和飞羽黑褐色，外翈羽缘铅蓝色。飞羽式：5>4>3>6>2≥7>8>9>10。第 1 枚初级飞羽甚短，第 4、5 枚初级飞羽外翈具切痕。第 1 枚次级飞羽长度介于第 8、9 枚初级飞羽之间，其余次级飞羽与第 8 枚初级飞羽几乎等长。尾呈圆形，尾羽 12 枚。中央尾羽暗蓝色，外侧尾羽黑褐色。

雌鸟上体橄榄褐色，腰和尾上覆羽缀有蓝色。尾黑褐色，除外侧 1 对尾羽外，其余尾羽外翈均缀有蓝色。两翅暗褐色，飞羽外翈淡棕褐色，内翈蓝褐色，眼周棕白或淡棕色。颏、喉、上胸白色沾黄棕，胸皮黄色，羽端沾褐色，胸侧和两胁橄榄褐色，腹白色。

生活习性：主要栖息于山地针叶林、针阔叶混交林和疏林灌丛中。主要以昆虫和昆虫的幼虫为食。该鸟在东北繁殖，在东南亚越冬。2006 年 9 月在长沙大托铺机场的粘网上捕捉到 1 只，获得了湖南省境内的第一份公布资料，后在洞庭湖又有发现。该鸟系湖南省的旅鸟。

测量数据：（mm）

编号	性别	体长	嘴峰长	翅长	尾长	跗蹠长
06092901	雄性	130	10	70	50	24

地理分布：湘北、湘中、湘南地区。

经济意义：食虫益鸟，国家“三有”保护鸟类，中-日候鸟保护鸟类。

7. 红胁蓝尾鸲 *Tarsiger cyanurus cyanurus*（Pallas）图 16-7、照片 16-4

该物种属于鸲属，全世界分化为 3 个亚种，中国有 2 个亚种（*T. c. rufilatus*；*T. c. cyanurus*），湖南省分布的是指名亚种。

英 文 名：Red-flanked Bush Robin，Orange-flanked Bush Robin

别　　名：蓝尾巴根子、蓝尾述、青鹟、蓝尾歌鸲、红胁歌鸲

历史沿革：*Motacilla Cyanurus* Pallas，1773，Reise Versch Prov. Russ，Reichs 2：709，（模式产地：西伯利亚的 Yenisei 河）

Tarsiger cyanurus cyanurus（Pallas），La Touche 1925-1934 A handbook of the birds of eastern China Taylor and Francis，London，1；Gee 1931 Peking Nat. Hist. Bull. 5；郑作新，1976，中国鸟类分布名录：546-547；郑作新，1995，中国动物志　鸟纲　第十卷：46-48；赵正阶，2001，中国鸟类志　下卷：256-257；郑光美，2011，中国鸟类分类与分布名录：225。

鉴别特征：全长 120～154mm。雄鸟上体灰蓝，两胁橙棕色。雌鸟上体橄榄褐，尾灰蓝色，两胁橙棕色。

形态描述：雄鸟上体灰蓝色，侧冠纹、翼上覆羽和尾上覆羽辉蓝色，眉纹白色，两胁橙棕色。中央尾羽黑色，羽缘蓝色，外侧尾羽黑色，但外翈缘沾蓝色。颏、喉、胸灰白，胸侧灰蓝，腹至尾下覆羽白色。

雌体头背与体背橄榄褐色，头顶较体背更深，腰羽和尾上覆羽蓝灰色。眼先灰褐色，眼周污白色，颊和耳羽暗黄褐色，具浅色羽轴纹，颏灰白色，喉斑白色，胸带浅黄褐色，边缘不明显，胸带两端与胁部的橙红色相连。腹部中央和尾下覆羽污白色，肛羽稍染浅黄，腹部两侧草黄逐渐向胁下转为橙红色。飞羽和大覆羽黑褐色，外翈棕黄色，小覆羽橙棕色。飞羽

图 16-7 红胁蓝尾鸲(仿 Karen Phillipps)

照片 16-4 红胁蓝尾鸲（左 雌体，梁栋 摄；右 雄体，王斌 摄）

羽轴，背面黑色腹面灰白。尾羽黑褐色，外翈缘蓝灰色，越向外越淡，羽轴背面棕黑腹面灰白色。飞羽式 4≥5>3=6>2=7>8>9>10，第 1 枚初级飞羽的长等于最内侧的次级飞羽。第 3～6 枚初级飞羽有切迹。尾羽 12 枚，内翈明显宽于外翈。羽轴向外延伸明显地突出，故尾羽末端呈斜角形，中央尾羽距尾端短 5mm，外侧尾羽和次中央尾羽距尾端 2mm，其余各尾羽等长。

嘴、足、爪黑色，虹膜黑褐色。

生活习性：湖南较常见的冬候鸟。繁殖期栖息于山地针叶林、针阔叶混交林以及高山林缘疏林灌丛地带。单独或成 3～5 只小群活动。以昆虫和昆虫幼虫为食。于山崖上或树干的洞穴营巢，呈杯状，主要由苔藓构成，内垫兽毛和松针。每窝产卵 4～7 枚。卵白色，钝端有红褐色细小斑点。雌鸟孵卵，亲鸟共同育雏。

测量数据：（mm）

编号	全长	嘴峰长	翅长	尾长	跗蹠长
142	136	10	73	62	22
173	151	11	80	64	21
187	133	11	80	63	22

地理分布：湖南广泛分布。

经济意义：食虫益鸟，国家“三有”保护动物，中-日候鸟保护物种，湖南地方重点保护鸟类。

8. 鹊鸲 *Copsychus saularis prosthopellus* Oberholser 图 16-8、照片 16-5

该物种属于鹊鸲属，全世界分化为 17 个亚种，中国分布 2 个亚种（*C. s. prosthopellus*；*C. s. erimelas*），湖南省分布的是华南亚种。

英 文 名：Magpie Robin；Oriental Magpie Robin；Asian Magpie Robin

别　　名：四喜、猪屎雀、信鸟、屎坑雀、屎鸦雀

历史沿革：*Copsychus saularis prosthopellus* Oberholser，1923，Smiths Misc Coll. 76（6）：1（模式产地：香港），La Touche 1925-1934 A handbook of the birds of eastern China Taylor and Francis，London，1；Gee 1931 Peking Nat. Hist. Bull. 5；郑作新，1976，中国鸟类分布名录：550-551；郑作新，1995，中国动物志　鸟纲　第十卷 57-59；赵正阶，2001，中国鸟类志　下卷：262-263；郑光美，2011，中国鸟类分类与分布名录：226。

鉴别特征：全长 187～277mm。雄鸟上体大都黑色，翅有白斑，下体前黑后白，黑白相杂犹如喜鹊，故名鹊鸲。雌鸟似雄鸟而黑色部分转为蓝灰色。

图 16-8　鹊鸲（仿 Karen Phillipps）

照片 16-5　鹊鸲（左　雄体，刘子祥　摄；右　雌体，邓学建　摄）

形态描述：雄体上体自额至尾上覆羽概金属蓝黑色。下体自颏至胸蓝黑色，胸以下纯白，两胁略沾灰色，腋羽和翼下覆羽白，而缀以灰褐色斑。两翅大都黑褐，中部纵贯以一道宽阔白斑，自翼角的小覆羽直伸至内侧的大覆羽以及中部几枚次级飞羽的外缘，飞行时白斑

特别显著。飞羽式：4=5>6>3>7>8>2>9>10，第1枚初级飞羽长于大覆羽和最内侧次级飞羽，但短于次内侧次级飞羽，尾圆形。中央尾羽和次中央尾羽黑色，再次中央尾羽白，仅内翈基部为黑色，其余尾羽纯白。

雌体上体呈黑灰色，背部稍带蓝色，但却无雄鸟的金属闪亮。翅和尾与雄鸟同，不过亦较苍淡。头侧、喉、胸均暗灰色。眼先和颊的羽端缀白。腹白，两胁和尾下覆羽转为淡棕色。

幼鸟上体暗褐，喉和胸微沾黄褐，各羽的羽缘近黑，白色的部分与成鸟相同。

虹膜褐，嘴黑，脚黑褐（雄体）或铅褐色（雌体）。

生活习性：湖南常见的留鸟，主要栖息于低山丘陵和山脚平原地带，常单独或成对活动。主要以昆虫为食，繁殖期4～7月，通常营巢于树洞、墙壁以及建筑物的洞穴中，巢呈浅杯状或碟状，主要由枯草、草根、细枝和苔藓等材料构成，每窝产卵4～6枚，多为5枚，孵卵由雌雄亲鸟共同承担。

测量数据：（mm）

编号	全长	嘴峰长	翅长	尾长	跗蹠长
104号	214	18	102	93	30

分布：在湖南省广泛分布。

经济意义：食虫益鸟。国家“三有”保护鸟类。

9. 黑喉红尾鸲 *Phoenicurus hodgsoni*（Moore）图16-9

该物种属于红尾鸲属，为单型种，全世界还未发现有亚种分化。

英 文 名：Hodgson's Redstart

别　　名：何氏鸲

研究历史：

Ruticilla hodgsoni Moore，1854，Proc. Zool. Soc. London 22：26（模式产地：尼泊尔）

Phoenicurus hodgsoni（Moore），Baker，1924，2：74-75；郑作新，1958，136；郑作新，1976，中国鸟类分布名录：555；郑作新，1995，中国动物志　鸟纲　第十卷：73-75；赵正阶，2001，中国鸟类志　下卷：273-274；郑光美，2011，中国鸟类分类与分布名录：228。

鉴别特征：全长132～161mm。雄鸟上体灰色，尾上覆羽、尾羽棕色，颏、喉、胸黑色，腹棕红色；翼有白色翼斑。雌鸟上体除尾上覆羽、尾羽棕色，余为浅灰褐色，下体淡灰褐近白色。

形态描述：雄鸟额基黑色；额灰白色；头顶、枕为浅灰色；后颈灰色；背、腰暗灰色；尾上覆羽棕色；眼先、眼后、耳羽、面颊黑色；但在前额及眼上和眼先的上方，羽色稍淡；颏、喉、胸黑色；腹部棕红；尾下覆羽棕色；胁棕红色；圆形翼，初级飞羽10枚，飞羽式：3>4>5>6>7>8>9>10>2>1，初级飞羽黑褐色，外翈缘棕灰色；次级飞羽黑褐色，外翈基部白色，形成明显的白斑；大覆羽褐色；小翼羽、中覆羽暗灰色；尾羽棕红色，中央尾羽褐色具棕红色羽基。

图 16-9　黑喉红尾鸲（仿 Karen Phillipps）

雌性成鸟额至腰浅灰褐；尾上覆羽棕色；颏、喉、胸、腹淡灰褐色近白色；尾下覆羽浅棕色；翼羽深褐色，外翈缘浅沙色；尾羽浅棕色，中央尾羽褐色具棕色外翈。其余与雄鸟似。

嘴粗健而侧扁，嘴端具缺刻，黑褐色。嘴须、副须发达。鼻孔椭圆，被羽。虹膜暗褐色。离形足，跗蹠被靴状鳞。跗蹠、趾、爪黑色。

生活习性：湖南不常见的冬候鸟。栖于丘陵地区的低矮树林或灌丛间，也常见于村落附近的绿篱和行道树上，常单独或成对活动。以蚂蚁、蝗虫、瓢虫甲和鳞翅目与双翅目幼虫等昆虫为食，兼食野果。筑巢于墙中，由兽毛、草根、茎构成。每窝产卵 4～6 枚。

测量数据：　　　　(mm，g)（仿郑作新，1995）

性别	体重	全长	嘴峰长	翅长	尾长	跗蹠长
雄体	21.2	150.6	11.5	80.2	69.8	23.1
	(20～25)	(138～161)	(11～12)	(78～82)	(67～73)	(21～5)
雌体	20.1	146.6	10.9	74.6	66.6	22.4
	(18～23)	(132～160)	(10～11.5)	(71～77)	(64～69)	(21～24)

地理分布：分布于湘中、湘北地区。

经济意义：食虫益鸟。

10. 北红尾鸲 *Phoenicurus auroreus auroreus*（Pallas）图 16-10、照片 16-6

该物种属于红尾鸲属，全世界分化出 2 个亚种（*P. a. auroreus*；*P. a. leucopterus*），我

国均有分布。湖南省的是指名亚种。

英 文 名：Daurian Redstar

别　　名：花红燕儿、朗鹟

历史沿革：*Molacilla aurorea* Pallas，1776，Reise versch. Prov. Russ. Reichs 3：695（模式产地：西伯利亚 Selenka，Lake Baikal）

Phoenicurus auroreus orientalis Domaniewski，1933，Acta. Orn. Mus. Polonici：81（模式产地：西伯利亚东南部沿海地区 Sidemi）。

Phoenicurus auroreus auroreus（Pallas），La Touche 1925－1934 A handbook of the birds of eastern China Taylor and Francis，London，1；Gee 1931 Peking Nat. Hist. Bull. 5；郑作新，1976，中国鸟类分布名录：558－559；郑作新，中国动物志 鸟纲 第十卷：79－82；赵正阶，2001，中国鸟类志 下卷：277－279；郑光美，2011，中国鸟类分类与分布名录：229。

鉴别特征：全长 128～159mm。雄鸟头顶和上背石板灰色，下背和两翼黑色，具明显的翅斑。前额基、头侧及颏、喉为黑色，下体橙棕。雌鸟上体为橄榄褐色，两翅黑褐具白翅斑，下体暗黄褐色。

图 16－10 北红尾鸲（仿 Karen Phillipps）

照片 16－6 北红尾鸲（邓学建 摄）

形态描述：雄鸟额、头顶至上背石板灰色，下背黑色，腰和尾上覆羽橙色。两翅黑色，次级飞羽和三级飞羽基部白色，形成明显的翅斑。飞羽式为 $4\geqslant5>6=3>7>8=2>9>10$，最内侧次级飞羽>第 1 枚初级飞羽。尾羽端斜圆形，最外侧尾羽距尾端 4mm，其余等长。中央尾羽黑色，最外侧尾羽外翈缘黑褐色，其余尾羽橙棕色。

雌体额、头顶、颈背均暗黄褐色，眼先、颊较头顶稍淡，眼周污白色，颏，喉稍呈灰褐色，胸草黄灰色，腹中央灰白色，胁与胸带同色。肛和尾下覆羽浅棕黄色，尾上覆羽棕红色。飞羽和大覆羽黑褐色，7 枚次级飞羽外翈的中部有白斑，相对的内翈处也有白斑，但还不及外翈的规则，大覆羽和飞羽外翈的外缘染灰白色，飞羽轴背面深于腹面，3～5 枚初级飞羽外翈有切迹和羽轴。中央尾羽和羽轴黑褐色，其余尾羽和羽轴棕红色，最外侧尾羽外翈染成褐色。

嘴、足、爪为黑色，虹膜为褐色。

生活习性：湖南地区冬候鸟。主要栖息于山地森林、河谷林缘，尤以居民点和附近的丛林中较常见。常单独或成对活动，喜欢在地上或灌丛间跳来跳去啄食食物，主要以昆虫为食，兼食少量浆果。繁殖期为 4～7 月，营巢环境多样，巢主要由杂草根、叶、树皮、各种兽毛、鸟羽等材料构成。每窝产卵 6～8 枚，孵卵由雌鸟承担，育雏由雌雄亲鸟共同承担。

测量数据：(mm，g)

性别	体重	全长	嘴峰长	翅长	尾长	跗蹠长
雄体	15.6	138.6	11.5	74.2	62.8	22.1
	(15～16.5)	(132～142)	(10.1～13)	(71～76)	(57～66)	(21～23)
雌体	16.1	136.6	11.3	71.6	61.6	22.4
	(15.5～17)	(132～140)	(10～11.5)	(71～73)	(60～63)	(21～24)

地理分布：广泛分布于湖南各地。

经济意义：国家“三有”保护动物，中-日候鸟保护物种。食虫益鸟。

11. 蓝额红尾鸲 *Phoenicurus frontalis* Vigors 图 16-11，照片 16-7

该物种属单型种，全世界还未发现有亚种分化。

英 文 名：Chinese Blue-fronted Redstart；Blue-fronted Redstart

别　　名：中国蓝额鸲

研究历史：*Phoenicurus frontalis* Vigors，1830-1931，Proc. Comm. Sci. Corr. Zool. Soc. London Ⅰ：172（模式产地：印度 Garhwal）；郑作新，1976，中国鸟类分布名录：556-557；郑作新，1995，中国动物志　鸟纲　第十卷：75-77；赵正阶，2001，中国鸟类志　下卷：274　275；郑光美，2011，中国鸟类分类与分布名录：229。

鉴别特征：全长 140～162mm。雄鸟头部黑色，具有蓝色前额和蓝色短眉纹，下体呈棕色。外侧尾羽橙棕色具黑色端斑。雌鸟体暗褐色沾棕，但下体、两翼、尾及腰较淡。眼周具明显的白色眼圈。外侧尾羽具黑色端斑。

图 16-11　蓝额红尾鸲（仿 Karen Phillipps）

照片 16-7　蓝额红尾鸲（邓学建　摄）

形态描述：雄鸟前额辉蓝色，头顶、后颈及上背黑色具蓝色金属光泽。腰和尾上覆羽橙棕色。眼先黑色。眉纹短，为辉蓝色。头侧、颏、喉及上胸与头顶一样为黑色具蓝色金属光泽。下胸、腹部及尾下覆羽橙棕色。飞羽和大覆羽暗褐色，但外翈缘稍淡。大覆羽具灰白色端斑，形成一条翅斑。中覆羽和小覆羽较上背暗，呈暗蓝色。中央尾羽黑色，外侧尾羽橙棕色，具宽阔的黑色端斑，最外侧尾羽的外翈约 1/2 亦呈黑色。冬羽似夏羽，但头顶和背部羽毛末端成棕色，飞羽和覆羽亦具棕色羽缘。

雌鸟前额浅棕黄色，头顶至背暗棕褐色，腰和尾上覆羽栗棕色。眼圈白色，头侧、颈侧、颏、喉、胸淡棕褐色，腹部浅棕黄色，尾下覆羽栗棕色。飞羽和大覆羽暗褐色，羽缘棕黄色。中央尾羽黑褐色，外侧尾羽栗棕色，具黑褐色端斑。

虹膜暗褐色，嘴和脚为黑色。

生活习性：湖南不多见的冬候鸟。繁殖于海拔 2000m 以上的针叶林和高山灌丛，冬季多下到低山或山脚的溪谷和林缘灌丛地带活动，也出入农田和居民点。常蹿于灌木间，停息时尾不断地上下摆动。在地面或在空中捕食，主要以甲虫、蝗虫、蚂蚁、鳞翅目幼虫为食，也吃少量植物果实与种子。5～8 月繁殖，由雌体在各种洞中筑杯状巢，窝产 3～4 枚具褐斑的粉白色卵，雌体孵化，雌雄共同育雏。主要为留鸟，具有明显的垂直迁徙现象。亦进行小距离的水平迁徙。

测量数据： （mm，g）

性别	体重	体长	嘴峰长	翅长	尾长	跗蹠长
雄体	18.2 （16～20）	150.2 （140～162）	11.38 （10.5～12）	84.2 （82～86）	69.8 （67～75）	23.4 （22～25）
雌体	18.1 （16～20）	150.6 （142～155）	11.4 （11～12）	79.8 （78～82）	68.5 （65～72.5）	22.2 （21～23）

地理分布：分布于湘北及湘中。2004 年在洞庭湖国际观鸟节期间，由廖晓东等首次发现于君山岛。2010 年向萍在长沙烈士公园也拍到了照片。后来笔者于 2011 年 2 月间在南县的植物研究所也有发现。

经济意义：食虫益鸟。

12. 红尾水鸲 *Rhyacornis fuliginosus fuliginosus*（Vigors）图 16－12，照片 16－8

该物种属于水鸲属，全世界分化出 2 个亚种（*R. f. fuliginosus*；*R. f. affinis*），我国均有分布。湖南省分布的是指名亚种。

英 文 名：Plumbeous Water Redstart

别　　名：铅色水鶲（鸟类试编）、燕石青（北名）、溪红色鸲（南名）、铅色红尾鸲、铅色鶲

历史沿革：*Phocnicura fuliginosa* Vaurie，1830－1931，Proc. Comm. Sci. Corr. Zool. Soc. London（模式产地：喜马拉雅山脉地区）

Chaimarrornis fuliginosa tenuirostris Stresemann，1923，Journ f. Orn. 71：364（广东韶关）

Rhyacornis fuliginosus fuliginosus（Vigors），La Touche 1925－1934 A handbook of the birds of eastern China Taylor and Francis，London，1；Gee 1931 Peking Nat. Hist. Bull. 5；郑作新，1976，中国鸟类分布名录：260；郑作新，中国动物志 鸟纲 第十卷：

86 - 90；赵正阶，2001，中国鸟类志　下卷：282 - 283；郑光美，2011，中国鸟类分类与分布名录：229 - 230。

鉴别特征：全长 170～240mm。雄鸟通体大都暗灰蓝色；翅黑褐色；尾羽和尾的上、下覆羽均栗红色。雌鸟上体灰褐色；翅褐色，具两道白色点状斑；尾羽白色、端部及羽缘褐色；尾的上、下覆羽纯白；下体灰色，杂以下规则的白色细斑。

图 16 - 12　红尾水鸲（仿 Karen Phillipps）

照片 16 - 8　红尾水鸲（邓学建　喻勋林　摄）

形态描述：雄鸟通体大都为铅灰蓝色，腹部色稍淡；额基和眼先为蓝黑色；两翼淡黑褐色，飞羽具铅蓝色外缘，亚成体初级覆羽黑褐色具淡棕色外翈缘，大覆羽与初级覆羽相似而具灰白色羽端斑。尾羽、尾上覆羽和尾下覆羽均为栗红色，尾羽端部淡黑色。

雌鸟上体淡蓝灰色；翼上飞羽和覆羽淡黑褐色，但内侧覆羽的外翈缘为褐色；尾上和尾下覆羽白色。中央尾羽淡黑褐色，基部白色，外侧尾羽的白色的基部由内向外逐渐增加，最外侧一对尾羽几乎全白色，仅外翈边缘和末端外黑褐；下体白色而具有淡蓝灰色鳞状斑，向后转为波状横纹。

虹膜褐色，嘴黑色；脚黑（雄体）或黑褐色（雌体）。

生活习性：湖南较常见的留鸟，主要栖息于山地溪流沿岸。常成对或单独活动。多站立在水边或水中石头上，停立时尾常不断地上下摆动，主要以昆虫为食。繁殖于 3～7 月，部分个体一年繁殖 2 窝，每窝产卵 3～6 枚，雌鸟负责孵卵，育雏由雌雄亲鸟共同承担。

测量数据：　(mm)

编号	全长	嘴峰长	翅长	尾长	跗蹠长
190	126	12	72	46.5	23
209	125.5	11	67	46.5	22

地理分布：广泛分布于湖南各地。

经济意义：食虫益鸟。

13. 白尾斑地鸲 *Cinclidium leucurum leucurum*（Hodgson）图 16 - 13

该物种属于地鸲属，目前分化出 3 个亚种。我国分布有 2 个亚种（*Cinclidium leucurum leucurum*），湖南省分布的是指名亚种。

英 文 名：White-tailed Robin；White-tailed Blue Robin

别　　名：白尾蓝地鸲、白尾蓝欧鸲

历史沿革：*Muscisylvia leucurum*（Hodgson），1845，Proc. Zool. Sco. London 13：27（模式产地：尼泊尔）

Cinclidium leucurum leucurum（Hodgson），Gee 1931 Peking Nat. Hist. Bull. 5；郑作新，1976，中国鸟类分布名录：562－563；郑作新，中国动物志 鸟纲 第十卷：93－95；赵正阶，2001，中国鸟类志 下卷：284－286；郑光美，2011，中国鸟类分类与分布名录：230。

鉴别特征：全长 161～181mm。雄鸟蓝黑色，前额、眉纹及两肩呈辉钴蓝色；余部均为黑色，有些部分沾深蓝色；尾基具白色块斑。雌鸟体色以橄榄褐色为主；眼圈淡皮黄色，尾羽基部具白斑。

图 16－13 白尾斑地鸲（仿 Karen Phillipps）

形态描述：雄鸟前额、眉纹及小翼羽辉钴蓝色；眼先，眼周和颊部深黑色；头顶、枕、后颈、背至尾上覆羽蓝黑而沾深蓝色；下体黑色，腹部微沾深蓝。飞羽黑褐色，初级飞羽外翈具窄的灰蓝色外缘；尾羽黑色，尾羽外翈基部白色，其白色部分愈往外面面积愈小，构成尾部明显的白斑，但中央尾羽和最外侧 1 对尾羽全黑而无白色。

雌鸟上体橄榄黄褐色；眼圈淡皮黄色；颏、喉、颊及颈侧的羽轴淡白色，羽色淡黄褐色。胸和两胁黄橄榄褐色；腹部中央淡灰白色；尾下覆羽淡棕色，羽端和羽轴灰白色。飞羽黑褐色，外翈缘淡棕色；尾羽黑褐色，但较飞羽黑色略浓，尾羽边缘稍沾淡棕色，羽基白色部分与雄鸟相同，但白斑较雄鸟的稍小些。

生活习性：湖南稀有的留鸟，主要栖息于山溪河谷地带的林下灌丛中和地上。常成对或单独活动，常在灌丛中跳来跳去。主要以昆虫为食，繁殖期 4～7 月，营巢于林下灌丛中，巢主要由枯草、毛发和羽毛构成。

测量数据：　(mm)

体长	嘴峰长	翅长	尾长	跗蹠长
159	19	85	70	27

地理分布：分布于湘西北地区。
经济意义：食虫益鸟。

14. 小燕尾 *Enicurus scouleri* Vigors 图 16-14，照片 16-9

该物种属燕尾属，多数人认为没有亚种分化，系单型种。

英 文 名：Little Forktail

别　　名：小剪尾；点水鸦雀

历史沿革：*Enicurus Scouleri* Vigors. 1830-1831. Proc. Comm. Comm. Sci. Corr. Zool. Soc. London. 1：174（模式产地：喜马拉雅山脉地区）；La Touche 1925-1934 A handbook of the birds of eastern China Taylor and Francis，London，1；Gee 1931 Peking Nat. Hist. Bull. 5；郑作新，1976，中国鸟类分布名录：564-565；郑作新，中国动物志　鸟纲　第十卷：99-102；赵正阶，2001，中国鸟类志　下卷：288-289；郑光美，2011，中国鸟类分类与分布名录：231。

鉴别特征：全长 114～138mm。生活在山溪边，体黑白斑两色。额、头顶前部、腰和尾上覆羽及腹部白色，余部黑色，足肉白色，尾叉状，短于翅长。

图 16-14　小燕尾（仿 Karen Phillipps）

照片 16-9　小燕尾（邓学建　摄）

形态描述：额和头顶前部白色。后枕、颈、颊、颏、喉上胸经及上背黑色，下背有一白色横纹，其后是灰黑色的腰羽，尾上覆羽白色。下胸、腹部和尾下覆羽白色，两胁白色染黑褐色。飞羽和初级覆羽黑褐色，羽轴远段棕黑色，近段白色。大覆羽的羽端和次级飞羽基部白色，形成明显的翼斑。最内侧几枚飞羽的外嗍缘灰白色。第 3～6 枚初级飞羽具切迹，飞羽式 4>5>3>6>2>7>8>9>10，第 1 枚初级飞羽与倒数第 2 枚最内侧飞羽几乎等长。腋羽白色，翼下覆羽黑褐色，但羽中部有一很宽的白斑。尾羽 12 枚，凹形。除最外侧尾羽纯白色外，各尾羽端部均黑，且黑斑越内侧者越大，直至中央尾羽内外嗍均呈黑色，仅基部白色。尾羽自中向外，距尾端的距离为 8mm；5mm；1mm；0.5mm；0mm。

嘴平直，上下喙等长，无缺刻，黑色。跗蹠较长，前缘被靴状鳞，肉白色，爪白色。

生活习性：湖南林区溪边较常见的留鸟，主要栖息于山区溪流与河谷沿岸，常单独或成对活动。主要以昆虫为食。繁殖于4～6月，多营巢于溪边岩石缝隙中，巢多由苔藓和草根构成，每窝产卵2～4枚。

测量数据： (mm，g)

编号	性别	体重	全长	翅长	尾长	跗蹠长
95028	雌体	5	120	54	50	24

地理分布：在湖南省广泛分布。

经济意义：食虫益鸟。湖南地区重点保护物种。

15. 灰背燕尾 *Enicurus schistaceus*（Hodgson）图 16－15、照片 16－10

该物种属燕尾属，无亚种分化，系单型种。

英 文 名：Slaty-backed Forktail

别　　名：中国灰背燕尾

历史沿革：*Motacilla*（*Enicurus*）*Schistaceus* Hodgson 1836. Asiat. Res. 19：189（模式产地：尼泊尔）

Henicurus leucoschistus Swinhoe，1871，Proc. Zool. Soc. London：365（模式产地：四川宝兴）

Enicurus schistaceus（Hodgson）Gee 1931 Peking Nat. Hist. Bull. 5；郑作新，1976，中国鸟类分布名录：565－567；郑作新，中国动物志 鸟纲 第十卷：103；赵正阶，2001，中国鸟类志 下卷：289－290；郑光美，2011，中国鸟类分类与分布名录：231。

鉴别特征：全长206～235mm，体背灰、黑、白三色，尾深叉状，生活在溪水边，面颊黑色，胸腹白色。

图 16－15 灰背燕尾（仿 Karen Phillipps）

照片 16－10 灰背燕尾（刘子祥 摄）

形态描述：额缘、眼先、面颊、前耳羽、颈侧以及颏和上喉乌黑色，前额具一白色横斑，达眼上中部。头顶、枕、后耳羽、后颈及背、肩羽蓝灰色。腰和尾上覆羽白色。下喉、胸、腹至尾下覆羽白色，两胁灰黑色。飞羽和覆羽黑褐色，除第1枚初级飞羽外，各飞羽基部白色，大覆羽其白色端斑形成明显的翼斑，肩羽也具白色端斑，该白色与翼斑，腰羽的白色连成一体。自第7枚初级飞羽以内的飞羽外翈，且白色端斑，该斑越内侧者越大，形成翅缘处的另一白斑。初级覆羽具白色端斑。飞羽式 4≥5>6>3>7>2>8>9>10，1<最内侧次级飞羽。尾羽 12 枚，深叉状，最外侧 2 枚纯白色，其余尾羽黑褐色但基部和端部白色。次外侧尾羽最长，尾羽自内向外距尾端为 81mm，66mm，46mm，7mm，外侧尾羽距尾端 16mm。

嘴平直，较长，黑色，上喙近端具缺刻。跗蹠细长，前缘被靴状鳞，跗蹠、趾和爪呈角白色。

生活习性：湖南山林溪边较多见的留鸟，主要栖息于山地林缘疏林地带的山涧溪流沿岸，常单独或成对活动。主要以昆虫为食。繁殖期 4～7 月，营巢于河岸的岩石缝隙中，巢主要由苔藓和草根构成。每窝产卵 3～4 枚，孵卵由雌雄共同承担。

测量数据：（mm，g）

采集地	性别	体重	全长	嘴峰	翅长	尾长	跗蹠长
莽山	雄体	30	230	17	93	130	28

地理分布：除湘北外，湖南省均有分布。

经济意义：食虫益鸟。湖南地方重点保护物种。

16. 白额燕尾 *Enicurus leschenaulti sinensis* Gould 图 16－16、照片 16－11

该物种属于燕尾属，全世界分化出 6 个亚种（*E. l. sinensis*；*E. l. indicus*；*E. l. frontalis*；*E. l. chaseni*；*E. l. leschenaulti*；*E. l. borneensis*），中国分布的有 2 个亚种，湖南省分布的是普通亚种。

英 文 名：Black-backed Forktait；White-crowned Forktait

别　　名：中国燕尾；中国黑背燕尾；白冠燕尾

历史沿革：*Enicurus sinensis* Gould，1865，Proc. Zool. Soc. London：664（模式产地：中国）

Henicurus leschenaulti sinensis La Touche，1925－1930，1：136－137

Enicurus leschenaulti sinensis，Gee 1926 Peking Sco. Nat. Bull，1：xii，160；郑作新，1976，中国鸟类分布名录：566－567；郑作新，中国动物志　鸟纲　第十卷：103－106；赵正阶，2001，中国鸟类志　下卷：290－291；郑光美，2011，中国鸟类分类与分布名录：232。

鉴别特征：全长 250～307mm。体背黑白两色。额顶白色，胸、背黑色，飞羽黑色，具白色翅斑。腰和腹白色。尾铗状，外侧尾羽较次外侧尾羽短 40mm 以上。

形态描述：额和头顶白色，头的其余部分全黑色。腰及尾上覆羽白色，两胁黑褐色，背、颏、喉、胸均黑色。腹羽、肛羽及尾下覆羽白色。飞羽黑褐，基部白色。大覆羽和肩羽末端白色，构成明显的白色翅斑，除最内侧次级飞羽纯白色外，内侧三级飞羽具有白色羽端。腋羽白，有 2～3 枚外翈的大部黑褐，内翈和端部白色，翼下覆羽黑色，但在飞羽白色基部处的覆羽呈白色。第 3～6 枚初级飞羽具切迹，飞羽式为 5>4=6>3=7>8≥2>9>10，第 9 枚初级飞羽与第 4～5 枚次级飞羽等长，第 1 枚初级飞羽与最内侧（白色的）次级飞羽几乎等长。尾铗状，除最外侧 2 枚纯白色外，其余 4 对羽基白色，羽体黑色，羽端白

图 16－16　白额燕尾（仿 Karen Phillipps）

照片 16－11　白额燕尾（刘子祥　摄）

色。次外侧尾羽最长，尾羽自内向外距羽端的距离为 101mm，78mm，43mm，5mm，外侧尾羽距尾端为 43mm。

喙平直较纤细，黑色，上喙近端具微缺。无鼻须。嘴须明显。跗蹠前缘被靴状鳞，肉白色，爪象牙白色。

生活习性：湖南山林溪边常见的留鸟。主要栖息于山区溪流与河谷沿岸，常单独或成对活动，主要以昆虫为食。繁殖期 4～6 月，营巢于水流湍急的山涧溪流沿岸，巢由枯草、树叶、苔藓和须根编织而成。每窝产卵 3～4 枚，孵卵由雌鸟承担，育雏由雌雄亲鸟共同承担。

测量数据：（mm）

编号	全长	嘴峰长	翅长	尾长	跗蹠长
580304－636	274	22.3	112.6	147.4	31.5

地理分布：湖南广泛分布。

经济意义：常见的森林益鸟。湖南地方重点保护物种。

17. 斑背燕尾 *Enicurus maculatus guttatus* Gould 图 16－17、照片 16－12

该物种属于燕尾属，全世界分化为 4 个亚种（*E. m. bacatus*；*E. m. maculatus*；*E. m. guttatus*；*E. m. robinsoni*）中国分布有 3 个亚种，湖南省分布的是云南亚种。

英 文 名：Spotted Forktail

别　　名：东方花燕尾

历史沿革：*Enicurus maculatus guttatus* Gould，1865，Proc. Zool. Soc. London：664；（模式产地：印度）；Gee 1931 Peking Nat. Hist. Bull. 5；郑作新，1976，中国鸟类分布名录：566－568；郑作新，中国动物志　鸟纲　第十卷：107－109；赵正阶，2001，中国鸟类志　下卷：291－292；郑光美，2011，中国鸟类分类与分布名录：232。

鉴别特征：全长 232～265mm。额和前头白色，头、胸黑色，腰和尾上覆羽、腹及尾下覆羽均白色；后颈至背部具白色斑点。尾呈深叉尾状。

形态描述：额白色，头顶、枕和上颈黑色，下颈有一白领，该白领向后逐渐变成白色斑点散布于黑色的背部。腰白色（基部灰黑色）。尾上覆羽黑色具白色端斑。喉、颏、颊、颈侧和上胸均黑，下胸至尾下覆羽白色，胁灰黑色。腋、翼下覆羽白色，肩羽黑色具白色端

图 16－17　斑背燕尾（仿 Karen Phillipps）

照片 16－12　斑背燕尾（江方明　摄）

斑，构成白色翅纹。飞羽黑褐，基部白色，翼上覆羽黑，大覆羽具白色端斑，飞羽和大覆羽的白斑构成宽的翼上白色横纹。内侧 4 枚飞羽具白色狭端。第 1 枚飞羽末端距翼角 60mm，第 2 枚 92mm，第 3 枚 101mm，第 4 枚 110mm，飞羽式：5>4>6>3>7>2>8>9。最外侧尾羽白色，外翈具狭的黑缘。次外侧羽白色而中部轴纹黑色，其余尾羽黑色具白色端斑。

嘴黑色，脚、爪肉白色。

生活习性：湖南不多见的留鸟，主要栖息于山涧溪流沿岸，常单独或成对活动，主要以昆虫为食，繁殖期 4～8 月，营巢于溪流沿岸，巢由细根、草茎编织而成，每窝产卵 3～4 枚。

测量数据：（mm）

全长	嘴峰长	翅长	尾长	跗蹠长
268	21	110	147	27

地理分布：分布于湘西、湘东等地。

经济意义：食虫益鸟。

18. 黑喉石䳭东北亚种 *Saxicola torquata stejnegeri*（Parrot）图 16－18、照片 16－13

该物种隶属石䳭属，全世界分化出 26 个亚种，其中 3 个亚种分布于中国（*S. t. stejnegeri*；*S. t. maura*；*S. t. przewalskii*）。湖南省分布的是东北亚种和青藏亚种。

英 文 名：Stonechat；Connon Stonechat

别　　名：石栖鸟、野鷚、谷尾鸟、黑喉鸲

历史沿革：*Pratincola rubicola stejnegeri* Parrot，1908，Verh. Orn. Gesell. Bayern 8：124（模式产地：日本北部 Yetorofu 和 Hakodate）

Saxicola torquata stejnegeri（Parrot），La Touche 1925－1934 A handbook of the birds of eastern China Taylor and Francis，London，1；Gee 1931 Peking Nat. Hist. Bull. 5；郑作新，1976，中国鸟类分布名录：569－570；郑作新，中国动物志　鸟纲　第十卷：114－118；赵正阶，2001，中国鸟类志　下卷：295－297；郑光美，2011，中国鸟类分类与分布名录：233。

鉴别特征：全长 115～135mm。雄鸟背面和喉均为黑色，腹面淡棕色，颈侧、翅上和尾基有白色块斑。雌鸟头棕黄色，上体棕褐而多黑褐色条纹。

图 16－18　黑喉石䳭东北亚种（仿 Karen Phillipps）

照片 16－13　黑喉石䳭东北亚种（李剑志　摄）

形态描述：雄鸟上体自额至背以及头侧和颏、喉等为黑色；背与两肩杂以棕色羽缘，至腰则转为白色，尾上覆羽纯白，有时沾棕。胸及颈侧的栗棕色形成半领状；自胸向后转为淡棕以至棕白色；秋季换羽后，上体与两翅和尾等的各羽，均缀以棕色羽缘；翅上的白斑不显；颈侧的白斑消失。飞羽黑褐而外翈狭缘以淡棕色；三级飞羽的基部及一部分内侧覆羽纯白，形成一个显著的翼斑；其余覆羽概黑。翼下覆羽和腋羽为黑色，羽端微白。尾羽黑色。

雌鸟上体包括翅、尾等大都黑褐色，各羽均缘以棕色；翅上覆羽边缘亦缀以棕黄色；尾上覆羽几乎纯为棕黄。颈侧以及颏、喉等均淡棕色；胸棕色，向后转为淡棕以至棕白色；翼下覆羽和腋羽黑灰色，而具棕色羽缘。至秋，上体各羽的棕色边缘更加宽阔，翅上白色块斑几乎全消失；羽色与此时的雄鸟相似，但黑色与棕色均不如后者的浓。

生活习性：湖南不常见的夏候鸟。栖息于林区外围、村寨、农田、山坡和河谷的灌丛中，常单独或成对活动。站立时不断地调整方向或舒展尾羽。主要以昆虫为食。繁殖期 4～7 月，营巢于灌丛隐蔽下的地上凹坑内，主要由枯草、树根和枯叶等构成，每窝产卵 5～8 枚，孵卵由雌鸟承担，育雏由雌雄亲鸟共同承担。

测量数据：（mm）

编号	性别	全长	嘴峰长	翅长	尾长	跗蹠长
101	雄体	135	11.5	67	52.5	21
94	雌体	135	11	68	50	22

地理分布：分布于湘北、湘中、湘南地区。

经济意义：食虫益鸟。国家“三有”保护物种，中-日候鸟保护鸟类。

19. 黑喉石䳭青藏亚种 *Saxicola torquata przewalskii*（Pleske）图 16－19、照片16－14

该物种隶属石䳭属，全世界分化出 26 个亚种，其中 3 个亚种分布于中国（*S. t. stejnegeri*；*S. t. maura*；*S. t. przewalskii*）。湖南省分布的是东北亚种和青藏亚种。

英 文 名：Stonechat；Connon Stonechat

别　　名：石栖鸟、野鷂、谷尾鸟、黑喉鸲

历史沿革：*Pratincola maura* var. *przewalskii* Pleske，1889，Wiss. Res. Przewalski′s C. As. Reis. Vog. 1：46（模式产地：甘肃和新疆）

Pratincola torquata yunnanensis La Touche，1923，Bull. Brit. Orn. Cl. 43：134（模式产地：云南蒙自）

Saxicola torquata kleinschmidti Meisc，1934，Abh. Ber. Mus. Tierk. Volkerk. Dresden 18（2）：44（模式产地：四川灌县）

Saxicola torquata przewalskii（Pleske）Gee 1931 Peking Nat. Hist. Bull. 5；郑作新，1976，中国鸟类分布名录：569－570；郑作新，中国动物志　鸟纲　第十卷：114－118；赵正阶，2011，中国鸟类志　下卷：295－297。郑光美，2005，中国鸟类分类与分布名录，233。

图 16－19　黑喉石䳭青藏亚种（仿 Karen Phillipps）

照片 16－14　黑喉石䳭青藏亚种（姚毅　摄）

鉴别特征：雄鸟背面和喉均黑，腹面深棕色，翅上和尾基有白色块斑。雌鸟相似，但上体黑色变为淡黑褐而多棕纹。

形态描述：与东北亚种相似，区别在于本亚种体色较暗，胸部棕色更浓呈深栗棕色，雄鸟翅长在 70mm 以上。

生活习性：夏候鸟，栖息于林区外围、村寨、农田、山坡和河谷的灌丛中，常成对或单独活动。站立时不断地调整方向或舒展尾羽。以动物食性为主，昆虫居多，兼食蚯蚓、蜘蛛和杂草种子。繁殖期 4～7 月，营巢于灌丛隐蔽下的地上凹坑内，主要由枯草、树根和枯叶等构成，每窝产卵 5～8 枚，孵卵由雌鸟承担，育雏由雌雄亲鸟共同承担。

测量数据： (mm，g)（据杭馥兰）

性别	嘴峰长	翅长	尾长	跗蹠长
雄体	8～10	71～74	48～59	20～23
雌体	9～13	67～75.5	48～59	19.5～23

地理分布：广泛分布于武陵山脉（据徐延恭）。

经济意义：食虫益鸟。

20. 灰林䳭 *Saxicola ferrea haringtoni* (Hartert) 图 16-20、照片 16-15

该物种隶属石䳭属，全世界分化出 2 个亚种（*S. f. haringtoni*；*S. f. ferrea*），中国均有分布。分布于湖南省的是普通亚种。

英 文 名：Grey Bushchat

别　　名：灰丛树石栖鸟

历史沿革：Oreicola ferrea haringtoni Hartert，1910. Vog. Pal. Faun. 1：711（模式产地：福建连江）

Saxicola ferrea haringtoni (Hartert) La Touche 1925-1934 A handbook of the birds of eastern China Taylor and Francis，London，1；Gee 1931 Peking Nat. Hist. Bull. 5；郑作新，1976，中国鸟类分布名录：571-572；郑作新，1995，中国动物志，鸟纲，第十卷：121-124；赵正阶，2001，中国鸟类志 下卷：300-301；郑光美，2011，中国鸟类分类与分布名录：234。

鉴别特征：全长 118～151mm。雄鸟上体暗灰色，具许多黑色纵纹；眉纹白色；胸及两胁浅灰色。雌鸟上体暗棕褐色，稍具黑色纵纹；下体棕白沾灰。

图 16-20 灰林䳭（仿 Karen Phillipps）

照片 16-15 灰林䳭（康祖杰、邓学建 摄）

形态描述：体形似大山雀，雌雄异色。雄鸟自额到尾上覆羽均黑色，各羽后缘灰色，腰部灰色明显；眼先、颊和耳羽黑色；眉纹灰白色，自鼻后缘后伸达枕部；颏、喉灰白色；胸、腹、胁和尾下覆羽灰褐色；飞羽和覆羽黑褐色，各飞羽外翈缘黄褐；内翈缘白色；除最内侧大覆羽内翈或整个为白色外，其余覆羽后缘灰色；第 3～6 枚初级飞羽具切迹；飞羽式：

4≥3>5>6>7=2>8>9>10；第1枚初级飞羽长等于最内侧次级飞羽。尾羽12枚，中央尾羽黑褐色，外侧尾羽黑褐而内、外翈缘和末端灰白，越外侧者白斑越大。尾羽末端距最长尾羽末端的距离，由外向内分别为4mm，3mm，2mm，1mm，0.5mm。

雌鸟上体棕褐色，各羽中部黑褐色；飞羽及翅上覆羽棕褐；飞羽外翈缘棕褐色；尾上覆羽和尾羽栗褐色；颏、喉淡棕色；下体余部棕褐色。

嘴黑色，鼻须和嘴须明显，嘴峰稍曲，上喙末端有钩，近端具缺刻。跗蹠前缘被靴状鳞但中部有一不明显的横裂迹，足黑褐色。

生活习性：湖南不多见的留鸟，主要栖息于灌丛、草坡、沟谷以及农田和路边草地。常单独或成对活动，有时也集小群活动。主要以昆虫为食。繁殖期5～7月，营巢于草丛或灌丛中，巢主要有草根、草茎等构成。每窝产卵4～5枚，孵卵主要有雌鸟承担，雌雄亲鸟共同育雏。

测量数据：（mm）

编号	性别	全长	嘴峰长	翅长	尾长	跗蹠长
莽山-9404	雄体	135.5	15.5	62.7	56.6	22

地理分布：分布于湘西、湘南和湘中地区。

经济意义：食虫益鸟。

21. 白顶溪鸲 *Chaimarrornis leucocephalus*（Vigors）图16-21、照片16-16

本属仅有白顶溪鸲1种，而且无亚种分化，为单型属，单型种。

英 文 名：White-Capped Water Redstart；White-Capped Redstart Water Redstart

别　　名：白顶鹟、白顶溪红尾、白顶水、看水童子

历史沿革：*Phoenicura leucocephala* Vigors，1830-1831，Proc. Comm. Sci. Corr. Zool. Soc. London. 1：35（模式产地，喜马拉雅山脉地区）

Chaimarrornis leucocephalus（Vigors）La Touche 1925-1934 A handbook of the birds of eastern China Taylor and Francis，London，1；Gee 1931 Peking Nat. Hist. Bull. 5；郑作新，1976，中国鸟类分布名录：576；郑作新，中国动物志 鸟纲 第十卷：137-139；赵正阶，2001，中国鸟类志 下卷：280-281；郑光美，2011，中国鸟类分类与分布名录：230。

鉴别特征：全长156～202mm。头顶白色，体前部和飞羽黑色，腰、腹至尾基棕红色，尾端黑色。

形态描述：额缘、眼先绒黑色，头顶及枕部白色，颊、眼周、耳羽及背、颏、喉、上胸、肩羽均呈蓝黑色，具金属光泽，腰、下胸、腹、两胁和尾上、尾下覆羽棕红色，飞羽和翼上覆羽黑色，大、小覆羽蓝黑色，具金属光泽，第2～6枚初级飞羽具切迹，飞羽式4>5>3≥6>7>2>8>9>10。第1枚初级飞羽长于最内次级飞羽。尾羽12枚淡棕红色，具较宽的黑色端斑，尾圆形，中央尾羽最长，尾羽自外向内距尾端为12mm、6mm、4mm、2mm、1mm。

嘴平直，黑色。鼻须明显，上喙近端具缺刻，跗蹠前缘被靴状鳞，黑褐色，爪黑色。

生活习性：湖南不多见的留鸟，主要栖息于山涧溪流、河谷沿岸。常单独或成对活动，

图 16-21　白顶溪鸲（仿 Karen Phillipps）

照片 16-16　白顶溪鸲（唐梓钧　摄）

有时也集小群活动，主要以水生昆虫为食。繁殖期 4～7 月，通常营巢于水边或石缝间。巢由枯草、树叶、毛发和羽毛构成。每窝产卵 3～4 枚，雌鸟孵卵，雌雄亲鸟共同育雏。

测量数据：（mm）

编号	采集地	性别	全长	嘴峰长	翅长	尾长	跗蹠长
95028	莽山	雄体	180	16.5	92	77	34

地理分布：分布于湘西和湘南地区。

经济意义：食虫益鸟。

22. 蓝矶鸫 *Monticola solitarius pandoo*（Sykes）图 16-22、照片 16-17

该物种隶属矶鸫属，全世界分化出 5 个，中国有 3 个亚种（*M. s. pandoo*；*M. s. philippensis*；*M. s. longirostris*），湖南省分布的是华南亚种。

英 文 名：Blue Rock Thrush

别　　名：亚东蓝石鸫、麻石青、水嘴

历史沿革：*Petrocincla pandoo* Sykes，1832，Proc. Comm. Sci. Corr. Zool. Soc. London 2：87（模式产地：印度 Dukhun）

Petrocincla affinis Blyth，1843，Journ. As. Soc. Bengal 12：177（模式产地：印度 Darjeeling and Tenasserim）

Monticola solitarius pandoo（Sykes），La Touche 1925-1934 A handbook of the birds of eastern China Taylor and Francis，London，1；Gee 1931 Peking Nat. Hist. Bull. 5；郑作新，1976，中国鸟类分布名录：580-581；郑作新，中国动物志　鸟纲　第十卷：147-151；赵正阶，2001，中国鸟类志　下卷：312-314；郑光美，2011，中国鸟类分类与分布名录：236-237。

鉴别特征：全长 196～225mm。雄鸟上体几乎纯蓝色，两翅和尾近黑色。雌鸟上体蓝灰色，翅和尾亦黑；下体棕白，各羽缀双黑色波状斑。

图 16-22 蓝矶鸫（仿 Karen Phillipps）

照片 16-17 蓝矶鸫（左 雌体，姚毅 摄；右 雄体，林和荣 摄）

形态描述：雄鸟夏羽的额、头顶、枕、后颈、背直至尾上覆羽均辉蓝色，眼先近黑；颊、耳羽、颈侧以及颏、喉和下体蓝色，翅上的小覆羽蓝色，余羽均黑褐色，而外翈缘蓝色，大覆羽和次级飞羽大多微具白端；飞羽式：4＞5＞3＞6＞7＞2＞8＞9＞10。尾羽黑，羽缘沾蓝。入秋后自头顶至上背出现黑色横斑；下背至尾上覆羽黑斑较微，而具白斑；翅上各羽均具明显的白端。下体自颏至胸均蓝色，各羽端部为白色或棕白色，并具黑色波状横斑。

雌鸟（夏羽）上体自额至上背褐灰色，隐约具有黑斑；下背至尾上覆羽灰蓝，各羽端白，并于白端之上具黑色横斑；两翅和尾与雄鸟相似，但较苍淡，翅上的覆羽和飞羽均缀以白缘；眼先污白色；颊和耳羽暗褐色，而缀以白色细点。颏和喉的中央纯白；喉侧至胸及上胁棕白，各羽缘均弧状黑纹；胸以下略同，但这些弧状纹逐渐转为横斑，尾下覆羽棕色较显著；腋羽淡棕而杂以黑斑。

生活习性：湖南不多见的留鸟，主要栖息于低山峡谷、山涧溪流等水域附近。常单独或成对活动。主要以昆虫为食。繁殖期从 4 月开始，营巢于沟谷岩石缝隙中，巢主要由枯草、树枝等构成，每窝产卵 3～枚，多为 4～5 枚，雌鸟孵卵，雌雄亲鸟共同育雏。

测量数据： (mm)

性别	全长	嘴峰长	翅长	尾长	跗蹠长
雄体	250	21	127	106	26

地理分布：分布于湘南、湘西地区。

经济意义：食虫益鸟。

23. 白喉矶鸫 *Monticola cinclorynchus gularis*（Swinhoe）图 16－23

该物种目前全世界分化为2个亚种，中国仅蓝头矶鸫白喉亚种（*Monticola cinclorhynchus gularis*）。

英 文 名：White-throated Rock Thmsh；Swinhoe's Reck Thmsh

别　　名：蓝头矶鸫、蓝头白喉矶鸫

历史沿革：Petrocincla cinclorhynchus Vigors，1832，Proc. Zool. Soc. London：172（喜马拉雅山脉）

Orocetes gularis Swinhoe，1863，Ibis：93（北京）

Monticola cinclorhynchus gularis（Swinhoe）Gee 1931，Peking Nat. Hist. Bull. 5：649；La Touche，1925－1934，A handbook of the birds of eastern China Taylor and Francis，London：120；郑作新，1976，中国鸟类分布名录，578－579；郑作新，1995，中国动物志 鸟纲 第十卷：142－145；赵正阶，2001，中国鸟类志 下卷：309－311；郑光美，2011，中国鸟类分类与分布名录：236。

鉴别特征：全长167～175mm。雄鸟头顶和翅上覆羽钴蓝色，背、两翅和尾黑色具白色翅斑，腰和下体栗色，喉白色。雌鸟上体橄榄褐色具黑色鳞状斑，两翅和尾灰褐色，头顶灰褐色，喉白色，其余下体棕白色具黑色鳞状斑。

形态描述：雄鸟的额、头顶、枕、后颈钴蓝色；背部黑色，各羽具淡棕色羽缘；腰和尾上覆羽栗色。眼先栗色，上方缘以黑纹，一直延伸到眼后方；眼周棕栗色；耳羽黑色，有的略杂以棕色细纹；颏、喉、颈侧和胸栗色，喉部中央有一白色块斑，其余下体栗色。腹中部和尾下覆羽棕黄色。腋羽和翅下覆羽栗色。两翅黑褐色，翅上小覆羽钴蓝色；中覆羽和大覆羽黑色，外翈具灰白色羽缘，大覆羽端部白色。飞羽外翈灰蓝色，内翈基部淡褐色，内侧次级飞羽外翈基部白色，在翅上形成显著的白色翅斑。三级飞羽具棕白色或白色狭缘。尾羽黑褐色，先端浓黑色，除中央尾羽外，其余尾羽外翈沾有灰蓝色。

雌鸟额基黄白色，自额至后颈橄榄灰褐色，具暗褐色细纹。背、肩、翅上小覆羽和中覆羽橄榄褐色，具宽阔的黑色端缘，在背部形成黑色鳞状斑。腰和尾上覆羽淡棕白色。眼周乳白色，眼先、头侧、颈侧棕白色，密杂以黑褐色鳞状斑纹，髭纹棕白色。颏中央具灰白色纵纹，与喉部白斑相连。胸、上腹和两胁均具黑褐色鳞状斑纹。下腹至尾下覆羽亦为白色。翅上大覆羽和飞羽黑褐色，外翈羽缘锈褐色，大覆羽和三级飞羽具白色羽端。尾黑褐色。

虹膜暗褐色，嘴黑褐色，脚肉褐色，爪象牙白色。

生活习性：湖南不多见的冬候鸟，主要栖息于海拔700～1700m的针阔叶混交林和针叶林中。尤其喜欢在靠近河流附近多岩的原始森林和次生林。单独或成对活动。性机警而隐蔽，常站在岩顶和树梢茂密的枝叶间鸣叫。鸣声清脆婉转、悦耳动听，极富音韵。多在林下

图 16-23 白喉矶鸫（仿 Karen Phillipps）

地面或林下灌丛间觅食。秋冬季节也出入于山脚林缘疏林裸岩地带。主要以甲虫、金龟子、步行虫、蝼蛄、蝽象、鳞翅目幼虫等昆虫和昆虫幼虫为食，此外也吃蜘蛛和其他小型无脊椎动物。繁殖期 5～7 月，营巢于临近河谷的林下地面凹坑内或天然洞穴中，巢主要由枯草、树枝、树叶等构成。每窝产卵 4～8 枚，雌鸟孵卵。雌雄亲鸟共同育雏。

测量数据：（mm，g）（据赵正阶）

性别	体重	体长	嘴峰长	翅长	尾长	跗蹠长
雄性	30～39	166～190	17～19	93～100	60～80	22～27
雌性	33～38	167～180	15～18	91～102	58～70	22～25

地理分布：湘中、湘南和湘北地区。

经济意义：笼养观赏鸟。

24. 栗腹矶鸫 *Monticola rufiventris*（Jardine et Thrush）图 16-24、照片 16-18

该物种全世界尚未见有分化，系单型种。

英 文 名：Chestnut-bellied Rock Thrush；Chestnut-breasted Rock Thrush

别　　名：布雷斯特德矶鸫

历史沿革：*Petrocinclus rufiventris* Jardine and selby，1833，Ill. Orn.，3. pl. 129（模式产地：喜马拉雅山脉地区）

Monticola rufiventris（Jardine et Selby），Gee 1931，Peking Nat. Hist. Bull. 652；La

Touche，1925－1934，A handbook of the birds of eastern China Taylor and Francis，London；119；郑作新，1976，中国鸟类分布名录，578－580；郑作新，1995，中国动物志 鸟纲 第十卷：145－147；赵正阶，2001，中国鸟类志 下卷：311－312；郑光美，2011，中国鸟类分类与分布名录：236。

Monticola rufiventris sinensis Meinertzhagen，1927，Brit. Bull. Orn. Cl. 47：148（模式产地：福建挂墩）。

鉴别特征：全长 210～245mm。雄鸟上体呈辉亮的钴蓝色，两翅黑褐色。喉蓝黑色，其余下体栗红色。雌鸟上体橄榄褐色。背具黑色鳞状斑，下体棕白色密杂以黑褐色横斑。

图 16－24 栗腹矶鸫（仿 Karen Phillipps）

照片 16－18 栗腹矶鸫-雄（左 雄体，右 雌体，康祖杰 摄）

形态描述：雄鸟额、头顶、枕直至尾上覆羽呈亮钴蓝色，尤以头顶和腰最亮。上背和两肩的羽毛具灰白色端缘和黑色次端斑。眼先、颊、耳羽黑色。颏、喉蓝色，胸、腹及尾下覆羽栗红色。腋羽和翅下覆羽也为栗红色。翅上小覆羽和中覆羽与背色相同亦为钴蓝色。大覆羽灰蓝色具灰白色端缘和黑色次端斑。初级覆羽具灰色小端斑。飞羽黑色，第 3 枚以内的飞羽外翈均沾钴蓝色。中央尾羽钴蓝色，外侧尾羽内翈暗褐色，外翈亦为钴蓝色，尤以羽缘较辉亮，尾下表面为黑褐色。

雌鸟上体包括两翅和尾概为橄榄褐色，背羽具黑色次端斑和灰白色羽缘，在背形成隐约可见的黑色鳞状斑；腰和尾上覆羽的黑色横斑变得较为清晰可见。眼先和眼周棕白色，耳羽黑色具淡白色羽轴纵纹，耳羽后缘具一棕白色弧形斑。颊纹棕白杂有褐色；颏、喉亦棕白色杂有褐斑。下体棕白色，密杂以黑褐色鳞状斑。翅褐色具淡色羽缘，内侧覆羽具横斑。尾褐色，外侧尾羽外翈沾灰。

虹膜褐色或暗褐色，嘴黑色，脚黑褐色。

生活习性：湖南省不多见的冬候鸟。繁殖期间主要栖息于海拔 1500～3000m 的山地常绿阔叶林、针阔叶混交林和针叶林中，尤以陡峻的悬崖和溪流深谷沿岸的森林地带较常见。秋冬季多下到海拔 2000m 以下至海拔 1000m 左右的疏林和林缘地带活动，有时甚至进入到村寨附近的果园和房前屋后的树上。常单独或成对活动，偶见集成小群。多停在乔木顶枝上，尾上下来回摆动，偶尔也将尾呈扇形散开。主要在地上觅食，也在空中捕食。繁殖期间常站在高树顶端长时间的鸣叫。主要以甲虫、金龟子、蝗虫、蚱蜢、毛虫等昆虫为食，也吃蜗牛、软体动物、蜥蜴、蛙、水生昆虫和小鱼等其他动物。繁殖期 5～7 月，营巢于悬崖或岩石缝隙中，巢结构粗糙，主要由枯草、树枝等材料构成，每窝产卵 3～4 枚，雌鸟负责孵卵。

测量数据：　（mm，g）（据赵正阶）

性别	体重	体长	嘴峰长	翅长	尾长	跗蹠长
雄性	47～58	210～215	18～22	119～122	96～109	25～28
雌性	46～58	214～224	20～21	105～116	92～103	26～28

地理分布：广泛分布于湘西地区。

经济意义：森林益鸟。

25. 紫啸鸫 *Myophonus caeruleus caeruleus*（Scopoli）图 16－25、照片 16－19

该物种隶属啸鸫属，全世界分化出 6 个亚种，中国分布有 3 个亚种（*M. c. caeruleus*；*M. c. eugenei*；*M. c. temminkii*），湖南省分布的是指名亚种。

英 文 名：Blue whistling Thrush；Himalayan Whistling Thrush

别　　名：萧声鸫、鸣鸡、山鸣鸡、铁老鸦、乌精

历史沿革：*Gracula Caerulea* Scopoli，1786，Del. Flor. et Faun Insubr. 2：88（模式产地：中国广州）

Myophonus caeruleus caeruleus（Scopoti）La Touche 1925－1934 A handbook of the birds of eastern China Taylor and Francis，London，1；Gee 1931 Peking Nat. Hist. Bull. 5；郑作新，1976，中国鸟类分布名录：581－582；郑作新，中国动物志　鸟纲　第十卷：153－155；赵正阶，2001，中国鸟类志　下卷：315－317；郑光美，2011，中国鸟类分类与分布名录：237。

鉴别特征：全长 280～352mm。通体深紫蓝色，并具闪亮的蓝色斑点，喙、足黑色，次级飞羽具白色端斑。

图 16-25 紫啸鸫（仿 Karen Phillipps）

照片 16-19 紫啸鸫（刘子祥 摄）

形态描述：体形似喜鹊大小，但尾短体蓝，活动于林间中下层。自额到尾上覆羽、自颏到前腹及两胁呈蓝色，各羽均具一闪金属光泽的灰蓝色端斑，该斑以额部较密，使额呈灰蓝色；眼先黑色；飞羽和翅上覆羽内翈黑褐色；第 2～6 枚初级飞羽外翈具切迹；中覆羽具白色端斑，飞羽式为 5>4=6>3=7>8>9>10=2；第 1 枚初级飞羽与最内飞羽等长。尾圆形，尾羽 12 枚，自外向内距尾端为 7mm，5mm，4mm，3mm，2mm。羽轴自羽端伸出呈针状；尾羽蓝色，内翈稍带黑褐色。

嘴强健，嘴峰稍曲；上喙端略钩，近端具缺刻，嘴须和鼻须明显；上下喙黑色。跗蹠前缘被盾状鳞，足和爪黑色。

生活习性：湖南不多见的留鸟，主要栖息于山地森林溪流沿岸，单独或成对活动，地栖性。主要以昆虫为食，也吃蜂、蚌、小蟹等其他动物，偶尔也吃少量植物果实和种子。繁殖期 4～7 月，巢多置于溪边突出的岩石上，巢由枯草、泥巴、草根和草茎等构成。每窝产卵 3～5 枚，孵卵和育雏都由雌雄亲鸟共同承担。

测量数据：（mm，g）

编号	性别	体重	全长	嘴峰长	翅长	尾长	跗蹠长
791226	雄体	166	310	24	167	122	60

地理分布：湖南省广泛分布。

经济意义：食虫益鸟。湖南地方重点保护鸟类。

26. 橙头地鸫 *Zoothera citrina melli*（Stresemann）图 16-26、照片 16-20

该物种隶属地鸫属，全世界分化出 12 个亚种，其中有 4 亚种分布在中国（*Z. c. melli*；*Z. c. innotota*；*Z. c. aurimacula*；*Z. c. curtoisi*），湖南省分布的是两广亚种。该亚种是中国特有亚种。

英 文 名：Orange-headed Ground Thrush；Orange-headed Thrush

别名：黑耳地鸫

历史沿革：*Turdus citrina melli* Stresemann，1923，Journ. Orn. 71：365（模式产

地：广东）

Zoothera citrina melli（Stresemann），La Touche 1925－1934 A handbook of the birds of eastern China Taylor and Francis，London，1；Gee 1931 Peking Nat. Hist. Bull. 5；郑作新，1976，中国鸟类分布名录：583－584；郑作新，中国动物志　鸟纲　第十卷：157－161；赵正阶，2001，中国鸟类志　下卷：318－319；郑光美，2011，中国鸟类分类与分布名录：237－238。

鉴别特征：全长 182～223mm，体形大小似乌鸫。雄鸟头部亮橙栗，尾羽暗褐色，体背部蓝灰色；胸和腹部亮橙栗色。

图 16－26　橙头地鸫（仿 Karen Phillipps）

照片 16－20　橙头地鸫（钱斌　摄）

形态描述：雄性成鸟额、头顶、颈及颈侧呈鲜橙栗色，背、腰和尾上覆羽蓝灰色，各羽羽缘较暗，形成鳞状斑。眼先和面颊淡棕色，面颊位于眼和耳羽处各有一条相互平行的黑褐色斜纹，髭纹棕褐色；颏、喉、胸、上腹橙色；两胁呈鲜橙栗色；下腹，肛周及尾下覆羽纯白。翼圆形，初级飞羽 10 枚，第 1、2 枚初级飞羽黑褐色。其余飞羽内翈黑褐，外翈淡蓝灰色；翼上覆羽灰褐色，外翈边缘灰色；中覆羽具白色端斑，形成白色翅斑。飞羽式：4>3>5>2>6>7>8>9>10>1；翼下覆羽灰褐色。尾羽暗褐，截型尾，尾羽 12 枚，由外向内距尾端距离为 2mm，2mm，0mm，0mm，0mm，0mm，中央尾羽杂以蓝灰色，外侧尾羽先端缀以白色。

雌性成鸟与雄鸟羽色相似，但背、飞羽及翼上覆羽呈橄榄褐色；大覆羽先端白色，中覆羽先端缀以灰白色。

虹膜棕褐色；嘴黑褐色，下嘴基部黄褐色；嘴粗健而侧扁，上嘴稍曲褐色，嘴端具缺刻。鼻孔半裸露，被膜。离形足，跗蹠角褐色，具盾状鳞。

生活习性：湖南不常见的留鸟。见于阔叶林。以昆虫为食，兼食植物。筑巢于苔藓植物中。每窝产卵 3～4 枚，卵长圆形，米灰色，密布淡红或淡紫色斑点。雌雄鸟共同孵卵，属于晚成鸟。

测量数据：　（mm，g）

性别	体重	全长	嘴峰长	翅长	尾长	跗蹠长
雄体	67	198	17.7	119	72	32.2

续表

性别	体重	全长	嘴峰长	翅长	尾长	跗蹠长
雌体	57	190	18.3	117	72	33.4
雌体	—	217	19	117	68	32
—	—	198	19	116	69	32

地理分布：分布于湘中、湘东以及湘北地区。

经济意义：食虫益鸟。

27. 白眉地鸫 *Zoothera sibirica sibirica*（Pallas）图 16－27

该物种隶属地鸫属，全世界分化出 2 个亚种，中国均有分布（*Z. s. sibirica*；*Z. s. davisoni*），湖南省分布的是指名亚种。

英 文 名：Siberian Ground Thrush；Siberian Thrush

别　　名：地穿草鸫、西伯利亚鸫、白眉麦鸡、阿南鸡、黑老妻

历史沿革：*Turdus sibiricus* pallas，1776，Reise Versch. Prov. Russ. Reichs 3：694（模式产地：西伯利亚的达乌尔地区）

Geocichla sibirica Baker，1924，2：146－148；La Touche 1925－1930，1：116－117

Zoothera sibirica sibirica（Pallas），Gee 1931 Peking Nat. Hist. Bull. 5；郑作新，1976，中国鸟类分布名录：532－536；陈服官，中国动物志　鸟纲　第十卷：15－16；赵正阶，2001，中国鸟类志　下卷：237－238；郑光美，2011，中国鸟类分类与分布名录：238。

鉴别特征：全长 206～234mm。体形大小如橙头地鸫。雄鸟眉纹白色，头暗蓝灰色，腹部中央及尾下覆羽白色。雌鸟眉纹黄白色，上体呈橄榄褐，下体皮黄色。

图 16－27　白眉地鸫（仿 Karen Phillipps）

形态描述：雄鸟整个头、颈蓝灰色，眼先黑色，眉纹白色，眼下缘白色；背部棕褐色；胸、胸侧以及两肋棕色，腹中央和尾下覆羽白色。飞羽黑褐，内翈中部具白斑，外翈缘棕褐色。飞羽式：4≥3>5>2=6>7>8>9。第1枚与第2枚初级覆羽等长。尾羽几乎呈方形，最外侧尾羽距尾端3mm，次外侧尾羽距尾端1.5mm，其余尾羽等长。中央尾羽橄榄褐，外侧尾羽内翈黑褐，外翈橄榄褐。最外3枚具污白色羽端。各尾羽羽轴外伸呈针状。

雌鸟自额到颈黄褐色，具明显的棕黄色羽轴纹，背及尾上覆羽橄榄褐，眼先黑褐色；颊，耳羽黑褐染棕黄。眉纹白色，眼下缘白色。颏、喉污白色，髭纹黑褐色，向后延伸至上胸环两侧，胸环淡灰色；下胸和上腹及两胁棕黄色，具褐色轴斑；下腹及尾下覆羽白色。飞羽及翼上覆羽外翈橄榄褐，内翈黑褐；大覆羽具棕黄色羽端，形成翼上横纹；自第6枚初级飞羽以内的飞羽内翈中部有皮黄色纹，构成翼下横纹；腋羽皮黄但羽端显橄榄褐，羽缘皮黄；翼下覆羽橄榄褐但内侧具皮黄色羽端。

嘴黑褐色，下嘴基部黄色，虹膜棕褐色，足趾角黄色。

生活习性：湖南不常见的旅鸟。栖息于林下植物发达的针阔叶混交林、阔叶林或针叶林。在阳坡疏林中活动，单个或成对，叫声为单一的“吱”。主要以昆虫为食，也食少量植物果实。繁殖期5～7月。巢多在林下灌木或小树枝杈上，呈碗状。每年繁殖1窝，产卵4～5枚。卵淡蓝色被有棕褐色斑点，卵为梨形。

测量数据： (mm，g)

体重	全长	嘴峰长	翅长	尾长	跗蹠长
60.3	198	26	119	79	36

地理分布：广泛分布于湘北、湘中和湘南地区。

经济意义：食虫益鸟。国家“三有”保护物种，中-日候鸟保护鸟类。

28. 虎斑地鸫 *Zoothera dauma aurea*（Holandre）图16-28、照片16-21

该物种隶属地鸫属，全世界分化出8个亚种，而中国分布的有4个亚种（*Z. d. horsfieldi*；*Z. d. toratugumi*；*Z. d. auria*；*Z. d. socia*），湖南省分布的是普通亚种。

英 文 名：Golden Mountain Thrush；White's Thrush

别　　名：顿鸫、虎斑山鸫、虎鸫、串儿鸡

历史沿革 *Turdus aureus* Holandre，1825，Faun. Mosselle，Ois. 2：48（法国：Metz迷鸟）

Zoothera dauma aurea（Holandre），La Touche 1925-1934 A handbook of the birds of eastern China Taylor and Francis，London，1；Gee 1931 Peking Nat. Hist. Bull. 5；郑作新，1976，中国鸟类分布名录：587-588；郑作新，中国动物志 鸟纲 第十卷：169-174；赵正阶，2001，中国鸟类志 下卷：232-236；郑光美，2011，中国鸟类分类与分布名录：239。

鉴别特征：全长262～297mm。体形较大，翅长超过150mm。上体橄榄赭褐色，密布黑色鳞斑。下体浅棕白色，亦具黑色斑。次级飞羽下面有一道明显的白斑。

形态描述：上体自额至尾上覆羽橄榄褐色，各羽具黑色端斑和棕色次端斑，辉棕白色羽轴纹；眼先棕白色，具橄榄褐端斑；眼圈棕白色；眼后、颊、耳羽棕白色，具黑色端斑，耳

图 16－28　虎斑地鸫（仿 Karen Phillipps）

照片 16－21　虎斑地鸫（李剑志　摄）

羽后有一黑色块斑；颏、上喉、下喉棕白色，染橄榄褐色；胸橄榄褐色，具黑色端斑和棕色次端斑；上腹白色，具黑色端斑；下腹白色；尾上覆羽白色，具黑色端斑；胁黑色，羽基白色；翼圆形，初级飞羽 12 枚，灰褐色，外翈缘棕黄，近基部处有一黄黑相间的色斑。飞羽式 2＞3＞1＞4＞5＞7＞8＞10＞11＞6＞12；次级飞羽黑褐色，外翈缘及先端棕黄色，自第 2 枚以内的次级飞羽内翈基部棕白色；三级飞羽内翈黑褐外翈缘棕黄色、大覆羽、中覆羽内翈基部黑褐色，外翈缘棕黄色，具黄白色端斑；小覆羽橄榄褐色，具黑色端斑；小翼羽黑褐色；翼下具一条棕白色带斑。平尾，尾羽 12 枚，中央尾羽橄榄褐色，外侧尾羽为黑褐色，具白色端斑。

嘴粗健而侧扁，嘴端具缺刻，上嘴稍曲，暗褐色，下嘴基部较淡，先端暗褐色。鼻孔被膜，椭圆形。嘴须发达，少而侧位。离形足，跗蹠肉色，具靴状鳞，趾、爪肉色。虹膜暗褐色。

生活习性：湖南不常见的冬候鸟或旅鸟。喜栖息于溪谷、河流两岸和地势低洼的密林中。地栖性，单个或成对活动。以昆虫和其他无脊椎动物为食。繁殖期 5～8 月。营巢于距地面不高的树干枝杈处。巢呈碗状或杯状，由细树枝、枯草、苔藓、树叶和泥土构成。每年繁殖 1 窝，每窝产卵 4～5 枚。卵灰绿色或淡绿色，散有褐色斑点，钝端较多。

测量数据：　　　　（mm，g）（仿郑作新，1995）

性别	体重	全长	嘴峰长	翅长	尾长	跗蹠长
雄性	134 （105～174）	284.6 （272～297）	23.3 （21.5～24.7）	164.3 （156～169）	115.3 （112～119）	36.8 （35.1～37.9）
雌性	142 （138.5～155）	281 （262～295）	25.8 （20.1～25.4）	166 （162～169）	114 （105～123）	36.7 （35.1～38.4）

地理分布：全省林区均有分布。

经济意义：食虫益鸟。国家“三有”保护物种，中-日候鸟保护鸟类。

29. 灰背鸫 *Turdus hortulorum* Sclater 图 16-29、照片 16-22

该物种隶属鸫属，没有亚种分化，系单型种。

英 文 名：Grey-backed Thrush

别　　名：灰青鸫、灰背穿草鸡、金胸鸫

历史沿革：*Turdus hortulorum* Sclater，1863，Ibis 5：196（模式产地：澳门）

La Touche 1925-1934 A handbook of the birds of eastern China Taylor and Francis，London，1；Gee 1931 Peking Nat. Hist. Bull. 5；郑作新，1976，中国鸟类分布名录：590；郑作新，中国动物志　鸟纲　第十卷：178-182；赵正阶，2001，中国鸟类志　下卷：328-329；郑光美，2011，中国鸟类分类与分布名录：240。

鉴别特征：中型大小的鸫类，全长 179～228mm。上体石板灰色。两胁和翼下覆羽橙红色，胸带灰色，腹部和颏部白色。

图 16-29　灰背鸫（仿 Karen Phillipps）

照片 16-22　灰背鸫（姚毅　摄）

形态描述：雄鸟的额、头顶、枕部、颈部以及背部和尾上覆羽呈石板灰色，但头顶灰色较浅。贯眼纹细，黑褐色。耳羽褐色，略带白色羽干纹。眼圈具狭窄的橙黄色裸皮。颏与上喉色白色，略带有褐色羽干纹。胸灰色，形成灰色胸带。下胸中央和腹部为污白色。尾下覆羽污白而缀皮黄色调。两胁、腋羽和翼下覆羽橙红色，该色斑向胸部延伸，其前缘紧接灰色胸带，有些个体胸侧的橙红色斑在灰色胸带后缘几乎与对侧的橙色相连。飞羽黑褐色，飞羽外翈及覆羽灰色。中央尾羽灰色，其余尾羽黑褐色而外翈缀有灰色。

雌鸟的颏、喉棕黄色，具有黑褐色纵条纹。胸带亦具黑褐色羽干纹。其余色调与雄鸟相似。

幼鸟上体黄褐色，头和背部具有浅色纵纹。翼上覆羽具有棕色端斑。胸部具有褐色斑点。腹部污白而具褐色条纹。虹膜褐色。雄鸟嘴呈黄色，雌鸟嘴呈褐色。脚黄褐色。

生活习性：湖南不多见的冬候鸟。活动于低山丘陵地带的茂密森林中，多在地面觅食，跳跃行走。主要以昆虫、蚯蚓和植物果实种子为食。繁殖期 5～8 月。营巢于林下小树树杈上，巢材为泥土和干草。每年产 1 窝，每窝产卵 3～5 枚。卵灰绿色，被有红褐色和紫色两层斑，形状为卵圆形或长椭圆形。

测量数据： (mm，g)

性别	体重	体长	嘴峰长	翅长	尾长	跗蹠长
雄性	60～70	210～220	18	110～121	80～91	28
雌性	60～70	200～220	18	109～120	75～88	28

地理分布：全省各地林区均有分布。

经济意义：食虫益鸟。国家“三有”保护物种，中-日候鸟保护种类。

30. 乌灰鸫 *Turdus cardis* Temminck 图 16-30、照片 16-23

该物种隶属鸫属，没有亚种分化，系单型种。

英 文 名：Grey Thrush；Japanese Thrush；Japanese Grey Thrush

别　　名：日本灰鸫、黑鸫、日本乌鸫、灰背黄春鸟

历史沿革：*Turdus cardis* Temminck，1838，Pl. col. Ois. 87：图版 518 及文（日本）；图版注为“Merle carde”

Turdus cardis lateus（*lapsus* for *latens*）Thayer et Bangs，1909，Bull. Mus. Comp. Zool.，Harv. Coll. 52（8）：140（模式产地：湖北宜昌）

Turdus cardis merulinus Stresemann，1929. Orn. Monatsb. 37：140（模式产地：广西瑶山）

Turdus cardis La Touche，1925-1930，1：107-108；Gee 1931 Peking Nat. Hist. Bull. 5；郑作新，1976，中国鸟类分布名录：590；郑作新，中国动物志 鸟纲 第十卷：182-184；赵正阶，2001，中国鸟类志 下卷：329-330；郑光美，2011，中国鸟类分类与分布名录：240。

鉴别特征：全长 178～231mm。雄鸟上体除头、颈为黑色，余为黑灰色；下体颏、喉黑

图 16-30 乌灰鸫（仿 Karen Phillipps）

色，余为白色。雌鸟上体除耳羽橄榄褐色，余为橄榄色；颏、喉灰白色，缀褐色斑点；胸灰色具黑色斑；腹灰白色，缀棕黄色斑点；尾下覆羽灰色。

照片 16－23　乌灰鸫（左　雄体，右　雌体，刘子祥　摄）

形态描述：雄鸟额、头顶、枕、后颈黑色；背、腰、尾上覆羽黑色；眼先、颊、耳羽黑灰色；颏、喉、胸黑色；上腹白色，具黑斑；下腹，尾上覆羽白色染灰；胁灰色，具黑色斑点；翼圆形，初级飞羽 10 枚，飞羽式 2＞1＞3＞4＞5＞6＞7＞8＞9＞10。飞羽黑褐色，外翈缘黑灰色，初级覆羽、大覆羽浅黑褐色，中覆羽、小翼羽黑灰色；平形尾，黑褐色。

雌性成鸟额至尾上覆羽橄榄色；眼先、颊橄榄灰色；耳羽橄榄褐色具白色羽干纹。颏、喉灰白色，缀褐色斑点，髭纹黑色；胸灰色，具矢状黑色斑点；胁橄榄灰色染栗色；腹灰白色，缀棕黄色斑点；尾下覆羽灰色；翼羽橄榄色，内翈暗褐色；尾羽橄榄色。余与雄鸟似。

嘴粗健而侧扁，近端具缺刻，嘴峰下曲，春季黄色而秋季变为褐色。嘴有须。鼻孔椭圆，被膜。离形足。跗蹠黄褐色，被靴状鳞，趾、爪黄褐色。虹膜褐色。

生活习性：湖南不多见的夏候鸟。栖息于灌丛和森林中。地面觅食。以地面无脊椎动物为主，也兼食植物果实。巢筑在树枝杈上，以枯叶、小树杈、苔藓、泥土为材料。巢呈碗状。每窝产卵 3～5 枚，卵呈蓝色、暗蓝色或淡灰蓝色，具淡褐或紫罗兰斑点。

测量数据：　（mm，g）

性别	体重	全长	嘴峰长	翅长	尾长	跗蹠长
雄性	75（3）	198	19	118	80	32
	（65～84）	（178～231）	（18～22）	（113～123）	（74～85）	（30～34）
雌性	65（2）	210	20	113	80	31
	（56～74）	（201～223）	（18～21）	（112～118）	（75～82）	（30～33）

地理分布：广泛分布于湘南、湘中、湘北地区。

经济意义：食虫益鸟。国家“三有”保护鸟类，中-日候鸟保护物种。

31. 乌鸫 *Turdus merula mandarinus* Bonaparte 图 16－31、照片 16－24

该物种隶属鸫属，全世界分化出 16 个亚种，中国分布 4 个亚种（*T. m. mandarinus*；*T. m. intermedia*；*T. m. maximus*；*T. m. sowerbyi*），湖南省分布的是普通亚种。该亚种是中国特有亚种。

英 文 名：Blackbird；Blackbird Common；Eurasian Blackbird

别　　名：百舌、反舌、黑鸟、中国黑鸫、牛屎八八、乌吸、乌鹡

历史沿革：*Turdus merula mandarinus* Bonaparte，1850，Consp. Gen. Av. 1：275（模式产地：中国南部）；La Touche 1925－1934 A handbook of the birds of eastern China Taylor and Francis，London，1；Gee 1931 Peking Nat. Hist. Bull. 5；郑作新，1976，中国鸟类分布名录：592－593；郑作新，中国动物志 鸟纲 第十卷：189－194；赵正阶，2001，中国鸟类志 下卷：333－335；郑光美，2011，中国鸟类分类与分布名录：241。

Turdus wulsini Riley，1925，Proc. Biol. Soc. Wash. 38：115（模式产地：贵州兴义）。

鉴别特征：全长 207～283mm。两性相似，体形大小适中。通体黑色，脚黑褐色。

图 16－31 乌鸫（仿 Karen Phillipps）

照片 16－24 乌鸫（邓学建 摄）

形态描述：雄性成鸟额、头顶直至尾上覆羽黑褐色，两翅和尾黑色。颏、喉浅栗褐色，而微缀浅黑褐纵纹，下体余部黑褐色，而渲染锈色。雌性成鸟羽色与雄鸟相似，但渲染锈色，尤以下体为显著。

幼鸟：上体自额至尾上覆羽，包括两翅的内侧覆羽均棕褐色，各羽具浅白色羽干纹。颏，喉中央棕白，缀以少许褐色斑，喉侧面、胸和腹等棕白微染栗色，各羽端缀棕褐色矢状斑；两胁、下腹和覆腿羽均乌棕色，微缀以棕白色羽干纹；尾下覆羽暗褐色。

生活习性：湖南常见的留鸟。喜栖息于林区外围、农田旁树林、果园和村镇附近的小树林中。单独或成对，有时也成小群活动。以昆虫和昆虫幼虫为食。繁殖期 3～8 月。营巢于乔木树干分枝处，巢呈碗状，由苔藓、稻草、植物的根、茎、叶、泥土和动物的毛发编织而成。有的个体 1 年产 2 次卵，第 1 次产卵 5～6 枚，第 2 次 4～5 枚。卵淡蓝灰色，也有近白色的，被有赭褐色斑，以钝端较密。卵为卵圆形或长圆形。雌雄亲鸟共同育雏。

测量数据： (mm，g)

性别	体重	全长	嘴峰长	翅长	尾长	跗蹠长
雄体	110	256	24	149	39	114
雌体	107	261	24	149	37	119

地理分布：广泛分布于湖南各地。

经济意义：食虫益鸟。湖南省地方重点保护鸟类。

32. 白腹鸫 *Turdus pallidus* Gmelin 图 16－32、照片 16－25

该物种隶属鸫属，没有亚种分化，系单型种。

英 文 名：Pale Thrush

别 名：穿鸡、浅色鸫

历史沿革：*Turdus pallidus* Gmelin，1789，Syst. Nat. ed. 13，1：816（模式产地：西伯利亚的贝加尔湖）；Baker，1924，2：135－136；La Touche，1925－1930，1：101－102；郑作新，1958，1983；Vaurie，1959，394；Ripley (in Mayr et Paynter)，1964，10：201－202；蔡其侃，1987，422－424；诸葛阳，1990，353－354；郑作新，中国动物志 鸟纲 第十卷：202－204；赵正阶，2001，中国鸟类志 下卷：339－341；郑光美，2011，中国鸟类分类与分布名录：243。

Turdus pallidus Gmelin，Gee 1931 Peking Nat. Hist. Bull. 5；郑作新，1976，中国鸟类分布名录：595－596。

鉴别特征：中型鸫类，全长 206～237mm。头灰褐色，无眉纹，上体黄褐色，尾黑褐，外侧尾羽具白色端斑。颏白色，喉灰色，下体污白色。

图 16－32 白腹鸫（仿 Karen Phillipps）

照片 16－25 白腹鸫（姚毅 摄）

形态描述：雄性成鸟额部褐色，头顶、枕部灰褐色。颈、背、腰、尾上覆羽以及翅的表面为一致的黄褐色。眼先黑褐色；颊和耳羽灰褐色，耳羽具浅黄色细纹。颏乳白色，羽干纹黑色，且延长呈须。上喉羽基白色，羽端缀灰褐色。下喉、胸和两胁灰褐色。腹部和尾下覆羽灰白色，尾下覆羽常具灰褐色斑点。初级飞羽灰褐色。外翈缘缀有灰色。初级覆羽灰褐色。次级飞羽和三级飞羽黑褐色，外翈缘黄褐色。尾羽黑褐色，外侧 3 枚尾羽具有宽阔的白色端斑。

雌性成鸟头部和上体黄褐色，喉部和耳羽白色，具黑褐色纵纹。具有一条黄褐色细眉纹。飞羽和尾羽褐色。

虹膜褐色，上嘴褐色，下嘴黄色。嘴尖淡褐色，脚黄色。

生活习性：湖南省不常见的冬候鸟旅鸟。见于林缘和灌丛地。有时见于山区住宅附近的农田和果园。以各种鳞翅目、鞘翅目昆虫及幼虫为食，兼食其他小型无脊椎动物。繁殖期 5～7 月。营巢于小树或灌木树杈上。巢由树枝、泥土、苔藓、枯草构成，呈碗状。每窝产 4～6枚卵，卵灰绿色有锈褐色斑。雌鸟孵卵。

测量数据：　　　　　　　　　　　　　　　　　　　　　　　　（mm，g）

性别	体重	全长	嘴峰长	翅长	尾长	跗蹠长
雄性	60 （49～65）	206 （174～223）	18 （17～20）	123 （120～131）	86 （80～90）	30 （23～33）
雌性	60 （49～69）	198 （187～215）	19 （18～20）	120 （114～125）	83 （80～86）	31 （30～34）

地理分布：广泛分布于湘南、湘中、湘北及湘东地区。

经济意义：食虫益鸟。国家“三有”保护鸟类，中-日候鸟保护物种。

33. 白眉鸫 *Turdus obscurus* Gmelin 图 16－33

该物种隶属鸫属，没有亚种分化，系单型种。

英 文 名：White-browed Thrush

别　　名：窜鸡、灰头鸫、灰头穿草鸡、白腹穿草鸡、白腹鸫

历史沿革：*Turdus obscurus* Gmelin，1789，Sys. Nat. ed. 13，1：816（模式产地：西伯利亚的贝加尔湖）；Vaurie，1959，305；Ripley（in Mayr et Paynter），1964，10：201－202；de Schauensee，1984，361；蔡其侃，1987，422－424；郑作新，中国动物志　鸟纲　第十卷：204－205；赵正阶，2001，中国鸟类志　下卷：341－342；郑光美，2011，中国鸟类分类与分布名录：242－243。

Turdus pallidus obscurus，Dementiev，1954，655；郑作新，1950，中国鸟类地理分布的研究：497；郑作新，1976，中国鸟类分布名录：595－596。

鉴别特征：上体除头、颈灰褐色，余为橄榄褐色。眉纹白色。下体除胸、胁橙棕色，余为灰白色。翼下覆羽、腋羽灰色。

形态描述：雄性成鸟额、头顶、枕、颈灰褐色，头顶染橄榄褐色；背、腰、尾上覆羽橄榄褐染橙棕色；眼先黑褐色；眉纹白色；耳羽黑褐色，眼下有一白斑；颏、喉灰白色，具黑色斑点；喉、颈侧黑褐色；胸、胁橙棕色；腹和尾下覆羽灰白色，尾下覆羽基部边缘缀橄榄褐色；翼下覆羽，腋羽灰色；圆形翼，初级飞羽 10 枚，飞羽式 3＞2＞4＞5＞6＞7＞8＞9＞

图 16-33　白眉鸫（仿 Karen Phillipps）

10>1；飞羽橄榄褐色，外翈缘浅棕黄色，内翈缘灰白色；初级覆羽、大覆羽灰褐色染棕黄色；大翼羽、中覆羽、小覆羽灰褐色染棕黄色；平形尾，橄榄褐色，外翈缘橄榄灰色，内翈缘灰白色。

离形足，跗蹠、爪、趾褐红色，跗蹠具靴状鳞。

雌性成鸟额、头顶、枕、颈橄榄色；颏、上喉白色；髭纹黑褐色；胸带橙棕色，且与两胁橙棕色相连；腋羽、胸、腹、翼下覆羽浅棕黄色染灰；其余体羽与雄鸟似。

嘴粗健而侧扁，褐色，近端具缺刻，嘴峰下曲。鼻孔椭圆，被羽。虹膜暗褐色。跗蹠、爪、趾黄绿色。

生活习性：湖南不多见的旅鸟。见于林缘和灌丛地。有时见于山区住宅附近的农田和果园。以各种鳞翅目、鞘翅目昆虫及幼虫为食，兼食其他小型无脊椎动物。筑巢于林下小树的枝杈上，巢由植物的茎、叶和细根构成，外糊以少量泥土，内垫须根和细草。巢呈杯状。每窝产卵 4～6 枚。

测量数据：　（mm，g）（仿郑作新，1995）

性别	体重	全长	嘴峰长	翅长	尾长	跗蹠长
雄体	60 （49～65）	206 （174～223）	18 （17～20）	123 （120～131）	86 （80～90）	30 （23～33）
雌体	60 （49～69）	198 （187～215）	19 （18～20）	120 （114～125）	83 （80～86）	31 （30～34）

地理分布：广泛分布于湘南地区。

经济意义：食虫益鸟。国家“三有”保护鸟类，中-日候鸟保护物种。

34. 红尾斑鸫 *Turdus naumanni* Temminck 图 16－34、照片 16－26

该物全世界尚未见到亚种分化，系单型种。

英 文 名：Naumann's Thrush

别　　名：斑鸫、穿草鸡、窜儿鸡、红麦鸡、斑点鸡

历史沿革：*Turdus naumanni* Temminck，1820，Man. Orn. 1：170（模式产地：东欧的 silesia）；郑光美，2011，中国鸟类分类与分布名录：235

Turdus naumanni Temrnick，La Touche 1925－1934 A handbook of the birds of eastern China Taylor and Francis，London，1；Gee 1931 Peking Nat. Hist. Bull. 5；郑作新，1976，中国鸟类分布名录：598－599；郑作新，中国动物志 鸟纲 第十卷：212－217；赵正阶，2001，中国鸟类志 下卷：346－348。

鉴别特征：全长 204～236mm。体形似画眉大小，但较粗短，上体橄榄褐，胸和两胁布满棕红色斑点，腋羽及外侧尾羽内翈棕红色。

图 16－34 红尾斑鸫（仿 Karen Phillipps）

照片 16－26 红尾斑鸫（邓学建 摄）

形态描述：较画眉短壮；额、头顶和枕黄褐色，各羽由黑褐色羽轴纹构成头部的纵条隐纹；背黄褐色；腰和尾上覆羽较背淡，各羽中部具一棕红色轴斑，至尾上覆羽成轴纹；眼先灰黑色；眉纹灰白色，自鼻孔后方后伸达枕部；颊和耳羽黑色；颏灰白色，喉和颧纹区具黑斑散布；胸、两胁及尾下覆羽棕红色，具污白色边缘；腹中央白色；肩羽和小覆羽同背，但各羽中部具一棕红色轴斑；飞羽和其他翅上覆羽黑褐色，初级飞羽和初级覆羽外翈缘具很狭的污白色边缘；次级飞羽和大覆羽外翈缘黄白色，第 3～5 枚初级飞羽具切迹，第一初级飞羽甚短，不及初级覆羽长，飞羽式 3>4>2>5>6>7>8>9>10；倒数第 5 枚次级飞羽明显伸长，几乎等于第 9 枚初级飞羽；腋羽和翼下覆羽栗红色；尾羽 12 枚，中央尾羽黑褐色，基部具棕红色羽轴纹；外侧尾羽棕红色，末端染成褐色；其余尾羽外翈黑褐色，内翈棕红，

尾羽自外向内距尾端为 6mm、4mm、3mm、1mm、0mm。

嘴黑褐色，下嘴基黄，嘴峰稍曲，上喙近端具缺刻；跗蹠前缘被靴状鳞，足角褐色，爪黑。

生活习性：湖南常见的冬候鸟。栖息于森林和林地边缘地带，也见于农田、果园和村镇附近的草地和路边树上。以昆虫和昆虫幼虫为食。繁殖期 5～8 月，营巢于树干水平枝杈上，也有在树桩或地面营巢的。巢材主要有细树枝、泥巴、苔藓、植物茎、叶等。每窝产 4～7 枚卵，淡蓝绿色、背有褐色斑点。

测量数据：　(mm)

全长	嘴峰长	翅长	尾长	跗蹠长
224	21	128	92	33

地理分布：广泛分布于湖南各地。

经济意义：食虫益鸟。国家“三有”保护鸟类，中-日候鸟保护物种，湖南省地方重点保护动物。

35. 斑鸫 *Turdus eunomus* Temminck 图 16－35，照片 16－27

该物种全世界尚未见到亚种分化。系单型种。

英 文 名：Dusky Thrush

别　　名：斑鸫、穿草鸡、窜儿鸡、红麦鸡、斑点鸡

历史沿革：*Turdus eunomus* Temminck，1831，in Temminck et Laugier，pl. Col. Ois. 87：图版 514 及文（模式产地：日本）；郑光美，2011，中国鸟类分类与分布名录：235

Turdus fuscatus pallas，1811，Zooge. Rosso－As. 1：451

Turdus naumanni eunomus Temminck，La Touche 1925－1934 A handbook of the birds of eastern China Taylor and Francis，London，1；Gee 1931 Peking Nat. Hist. Bull. 5；郑作新，1976，中国鸟类分布名录：598－599；郑作新，中国动物志　鸟纲　第十卷：212－217；赵正阶，2001，中国鸟类志　下卷：346－348；郑光美，2011，中国鸟类分类与分布名录：244。

鉴别特征：全长 190～242mm。体形似画眉大小，但较粗短，上体橄榄褐，胸和两胁布满棕黑色斑点，腋羽及外侧尾羽内翈黑色。

形态描述：头背黑褐，各羽具淡褐色狭缘。后颈和上背为沾棕的橄榄色，各羽中央黑褐。下背以至尾上覆羽转为棕栗色，羽端淡褐，各羽中部的黑褐色甚淡而模糊。眉纹棕白，眼先和耳羽和后颊部黑褐色。前颊、颈侧及颏和喉棕白，髭纹黑点状。胸和两胁黑褐，各羽缘白色。腹部纯白色，尾下覆羽白色。腋羽和翼下覆羽棕红色，近翼缘的覆羽由棕红与白色相杂成横斑状。飞羽基部内翈的腹面淡棕红色。初级飞羽 10 枚，第 1 枚甚短。肩羽和小覆羽与上背相同。中、大覆羽黑褐具棕灰色外翈缘。初级覆羽以及所有飞羽黑褐，而外翅缘棕栗。次级飞羽具宽的棕栗色羽缘。尾羽 12 枚。尾羽黑褐，羽基缘沾棕。

雌性与雄鸟相似，但上体纯橄榄褐，头顶杂以黑褐纵纹。

嘴形较短健，嘴缘平滑，上嘴近端处常具缺刻，嘴近黑色，下嘴基部呈黄色。鼻孔裸出，跗蹠强健，褐色，前缘被靴状鳞。

图 16－35 斑鸫（仿 Karen Phillipps）

照片 16－27 斑鸫（邓学建 摄）

生活习性：湖南常见的冬候鸟。常结群，于田地、开阔的山坡，或丘陵的疏林间觅食，主食多种昆虫和部分植物的果实和种子。在西伯利亚东部繁殖，冬季迁入我国长江以南各地越冬。繁殖期 5～8 月，每窝产卵 5～6 枚。

测量数据： （mm）

全长	嘴长	翅长	尾长	跗蹠长
224	21	128	92	33

地理分布：全省分布。

经济意义：食虫益鸟。国家"三有"保护动物。中-日候鸟保护物种。湖南省地方重点保护鸟类。

36. 宝兴歌鸫 *Turdus mupinensis* Laubmann 图 16－36、照片 16－28

该物种全世界尚未见到亚种分化。系单型种。

英 文 名：Chinese Thrush、Eastern Song Thrush

别　　名：中国斑鸫、东方歌鸫

历史沿革：*Turdus mupinensis* Laubmann，1920，Orn. Monatsb. 28：17；nom. nov. for：*Turdus auritus* Verreaux，1870，Bull. Nouv. Arch. Mus. Psris 6：34（四川宝兴）；nec *T. auritus* Gmelin，1789，Syst. Nat. 1：827；La Touche 1925－1934 A handbook of the birds of eastern China Taylor and Francis，London，1；Gee 1931 Peking

Nat. Hist. Bull. 5；郑作新，1976，中国鸟类分布名录：599－600；郑作新，中国动物志　鸟纲　第十卷：218－221；赵正阶，2001，中国鸟类志　下卷：350－351；郑光美，2011，中国鸟类分类与分布名录：244－245

Turdus auritus conquisitus Bangs，1921，Bull. Amer. Mus. Nat. Hist. 44：591（云南丽江雪山）。

鉴别特征：全长 190～242mm。体形似斑鸫大小，上体橄榄褐，耳区具显著的黑色纵斑。

图 16－36　宝兴歌鸫（仿 Karen Phillipps）

照片 16－28　宝兴歌鸫（姚毅　摄）

形态描述：雄鸟自额、头顶、枕、后颈、背，直至腰和尾上覆羽橄榄褐色。眼先和前下方淡棕白色，眼圈的后部白色；眉纹淡棕白色而杂以黑色端斑。眼下方的颊部有一黑褐色纵斑；耳羽前部棕白而后部黑色，特别是后部耳羽黑色端斑较大，形成显著的黑色块斑，该黑斑后缘白色。颈侧棕白色而稍淡皮黄，髭纹黑褐色。颏、喉棕白色，喉具黑色小斑。下体白色，胸部沾黄，各羽具扇形黑斑。尾下覆羽皮黄色，具稀疏的淡褐色斑点。飞羽暗褐色，外翈缘淡棕色。翼上覆羽橄榄褐色，中覆羽和大覆羽具皮黄色端斑，形成 2 道淡色翼斑。尾羽暗褐色，外翈缘淡棕褐色。

雌鸟羽色似雄鸟，仅颜色较淡，不及雄体亮丽。

虹膜褐色，嘴暗褐色，下嘴基部淡黄褐色，脚肉色。

生活习性：湖南省不多见的冬候鸟。栖息于针阔叶混交林和针叶林中，尤其喜欢河流附近的混交林。多在林下灌丛或地上觅食，主要以直翅目、鞘翅目、鳞翅目等昆虫或其幼虫为食。5～7 月繁殖，用草茎、苔藓和黏土在树杈上筑碗状巢。每窝产 4 枚具蓝褐色渍斑的蓝绿色卵。大部分个体为留鸟，少数北方繁殖的个体于每年 4～5 月和 9～10 月间进行迁徙。

测量数据：　(mm，g)（据郑作新）

性别	体重	体长	嘴峰长	羽长	尾长	跗蹠长
雄体	66 (64～74)	210 (202～233)	20 (17～33)	118 (111～129)	98 (94～102)	36 (33～38)
雌体	70 69～74	216 (190～242)	20 (17～24)	117 (110～120)	98 (94～120)	36 (35～38)

地理分布：2006 年洞庭湖国际观鸟节期间，姚毅首次在君山岛发现。

经济意义：该鸟系中国特有鸟类，又是全球濒危鸟类，国家“三有”保护动物。

十七、画眉科 Timaliidae

画眉科鸟类体形大小适中。体羽较松软，腰羽羽轴正常，颈无发状纤羽。嘴大都直而侧扁。鼻孔或被羽，或不被羽，并覆以薄膜。喙前缘无锯齿，常具缺刻及嘴须。翅短圆，具10枚初级飞羽；第1枚甚短。尾长度适中，尾羽12枚。后趾（连爪）较中趾（连爪）为短，跗蹠后缘侧扁成棱状。跗蹠长而粗，前缘被盾状鳞。跗蹠较嘴（从嘴角量起）为长。幼鸟体羽不具斑点，亦不呈黄色。

本科鸟类大都营结群生活。嗜吃昆虫兼食果实及其他植物性食物。巢呈杯状，由枝、叶、杂屑等构成。本科全世界已发现47属263种，中国发现有26属126种（269亚种）。湖南省发现有12属31种与亚种，其名录如下：

Ⅰ. 钩嘴鹛属 *Pomatorhinus*

（1）锈脸钩嘴鹛 *Pomatorhinus erythrogenys abbreviatus* Stresemann

（2）棕颈钩嘴鹛中南亚种 *Pomatorhinus ruficllis hunanensis* Cheng

（3）棕颈钩嘴鹛长江亚种 *Pomatorhinus ruficollis styani* Seebohm

Ⅱ. 鳞鷦鹛属 *Pnoepyga*

（4）小鳞胸鷦鹛 *Pnoepyga pusilla pusilla* Hodgson

Ⅲ. 鹪鹛属 *Spelaeornis*

（5）斑翅鹪鹛 *Spelaeornis troglodytoides nanchuanensis* Li et Yang

Ⅳ. 穗鹛属 *Stachyris*

（6）红头穗鹛 *Stachyris ruficeps davidi*（Oustalet）

Ⅴ. 草鹛属 *Babax*

（7）矛纹草鹛 *Babax lanceolatus latouchei* Stresemann

Ⅵ. 噪鹛属 *Garrulax*

（8）黑脸噪鹛 *Garrulax perspicillatus*（Gmelin）

（9）白喉噪鹛 *Garrulax albogularis eous* Riley

（10）小黑领噪鹛 *Garrulax monileger melli* Stresemann

（11）黑领噪鹛 *Garrulax pectoralis picticollis* Swinhoe

（12）灰翅噪鹛 *Garrulax cineraceus cinereiceps*（Styan）

（13）眼纹噪鹛 *Garrulax ocellatus artemisiae*（David）

（14）棕噪鹛 *Garrulax poecilorhynchus berthemyi*（David *et* Oustalet）

（15）画眉 *Garrulax canorus canorus*（Linnaeus）

（16）白颊噪鹛 *Garrulax sannio sannio* Swinhoe

（17）橙翅噪鹛 *Garrulax elliotii elliotii*（Verreaux）

（18）赤尾噪鹛 *Garrulax milnei sinianus*（Stresemann）

Ⅶ. 相思鸟属 *Leiothrix*

（19）红嘴相思 *Leiothrix lutea lutea*（Scopoli）

Ⅷ. 鵙鹛属 *Pteruthius*

（20）红翅鵙鹛 *Pteruthius flaviscapis ricketti* Ogilvie-Grant

Ⅸ. 希鹛属 *Minla*

(21) 蓝翅希鹛 *Minla cyanouroptera wingatei* (Ogilvie-Grant)

(22) 火尾希鹛 *Minla ignotincta jerdoni* Verreaux

Ⅹ. 雀鹛属 *Alcippe*

(23) 金胸雀鹛 *Alcippe chrysotis swinhoii* (Verreaux)

(24) 褐头雀鹛 *Alcippe cinereiceps fucata* (Styan)

(25) 褐胁雀鹛 *Alcippe dubia genestieri* Oustalet

(26) 褐雀鹛 *Alcippe brunnea superciliaris* (David)

(27) 灰眶雀鹛 *Alcippe morrisonia davidi* Styan

Ⅺ. 奇鹛属 *Heterophasia*

(28) 鹊色奇鹛 *Heterophasia melanoleuca desgodinsi* (Oustalet)

Ⅻ. 凤鹛属 *Yuhina*

(29) 栗耳凤鹛 *Yuhina castaniceps torqueola* (Swinboe)

(30) 白领凤鹛 *Yuhina diademata* Verreaux

(31) 黑颏凤鹛 *Yuhina nigrimenta intermedia* Rothschild

湖南省画眉科属、种别检索

1. 尾羽具方形或叉形羽端；翅较尖长并具翼镜 ………… **2**
   尾羽具尖形羽端；翅较短圆 ………… **3**
2. 嘴先端具钩 ………… **鵙鹛属…红翅鵙鹛 *Pteruthius flaviscapis ricketti***
   嘴先端无钩 ………… **相思鸟属…红嘴相思 *Leiothrix lutea lutea***
3. 腿较弱；翅较长；树栖性 ………… **4**
   腿较强；翅较短；地栖性 ………… **8**
4. 尾较翅长 ………… **奇鹛属…鹊色奇鹛 *Heterophasia melanoleuca desgodinsi***
   尾与翅等长，或较翅短 ………… **5**
5. 方形尾 ………… **凤鹛属 6**
   外侧两对尾羽稍短。因而略呈凸形尾 ………… **希鹛属 7**
6. 羽冠灰色，耳羽栗色 ………… **栗耳凤鹛 *Yuhina castaniceps torqueola***
   羽冠黑色，耳羽灰色 ………… **黑颏凤鹛** *Yuhina nigrimenta intermedia*
   冠羽褐色，耳羽淡褐色 ………… **白领凤鹛** *Yuhina diademata*
7. 飞羽及尾羽外缘蓝色 ………… **蓝翅希鹛 *Minla cyanouroptera wingatei***
   飞羽及尾羽外缘火红色 ………… **火尾希鹛 *Minla ignotincta jeroni***
8. 尾长不及 50mm ………… **9**
   尾长在 50～60mm 之间 ………… **10**
   尾长超过 70mm ………… **15**
9. 尾羽 10 枚 ………… **鹪鹛属…斑翅鹪鹛 *Spelaeornis troglodytoides nanchuanensis***
   尾羽 6 枚 ………… **鳞鸫鹛属…小鳞胸鸫鹛 *Pnoepyga pusilla pusilla***
10. 额羽的羽干不硬 ………… **雀鹛属 11**
    额羽的羽干强硬 ………… **穗鹛属…红头穗鹛 *Stachyris ruficeps davidi***
11. 初级飞羽外缘与上体同色 ………… **12**
    初级飞羽外缘与上体异色 ………… **14**
12. 眼周具灰白色眼圈 ………… **灰眶雀鹛 *Alcippe morrisonia davidi***
    眼周没有灰色眼圈 ………… **13**

13. 眉纹白色 ………………………………………………………… 褐胁雀鹛 *Alcippe dubia genestieri*
　眉纹灰色 ………………………………………………………… 褐雀鹛 *Alcippe brunnea superciliaris*
14. 胸和腹部金黄色 ………………………………………………… 金胸雀鹛 *Alcippe chrysotis swinhoii*
　下体无金黄色 ……………………………………………………… 褐头雀鹛 *Alcippe cinereiceps fucata*
15. 嘴细长而弯曲，且与头等长……………………………………………………………… 钩嘴鹛属 16
　嘴长而直，且较头短 ………………………………………………………………………………… 18
16. 具白色眉纹 ……………………………………………………………………………… 棕颈钩嘴鹛 17
　无白色眉纹 ………………………………………… 锈脸钩嘴鹛 *Pomatorhinus erythrogenys abbreviatus*
17. 两胁具深色纵纹…………………………………… 棕颈钩嘴鹛长江亚种 *Pomatorhinus ruficollis styani*
　两胁无深色纵纹 ………………………………… 棕颈钩嘴鹛中南亚种 *Pomatorhinus ruficllis hunanensis*
18. 上体具显著的纵纹 ……………………………………… 草鹛属…矛纹草鹛 *Babax lanceolatus latouchei*
　上体具显著的纵纹 …………………………………………………………………………… 噪鹛属 19
19. 鼻孔完全或几乎完全被须遮盖 ………………………………………………………………………… 20
　仅少数须悬垂于鼻孔上，最多鼻孔的一半被须遮盖 ……………………………………………………… 21
20. 颏和喉淡栗色………………………………………………………… 白颊噪鹛 *Garrulax sannio sannio*
　颏和喉黄绿色………………………………………………………… 黑脸噪鹛 *Garrulax perspicillatus*
　颏黑色，喉褐色 ……………………………………………… 棕噪鹛 *Garrulax poecilorhynchus berthemyi*
21. 尾较翅短，或等长 ……………………………………………………………………………………… 22
　尾较翅长 ………………………………………………………………………………………………… 24
22. 下体黄褐色，胸带褐色…………………………………………… 白喉噪鹛 *Garrulax albogularis eous*
　下体棕白色，胸带黑色 …………………………………………………………………………………… 23
23. 颊纹黑色，耳羽黑色而具白色纵纹 ………………………… 黑领噪鹛 *Garrulax pectoralis picticollis*
　没有颊纹，耳羽灰白而上下缘镶黑边 ……………………………… 小黑领噪鹛 *Garrulax monileger melli*
24. 上嘴近端处不具齿突，鼻孔仅少数须掩盖 ………………………………………………………………… 25
　上嘴近端处具齿突，鼻孔几乎完全裸露 …………………………………………………………………… 26
25. 背部密布白色斑 …………………………………………… 眼纹噪鹛 *Garrulax ocellatus artemisiae*
　背部纯色无斑 ……………………………………………… 灰翅噪鹛 *Garrulax cineraceus cinereiceps*
26. 头部黄褐色，尾羽为一致的褐色…………………………………… 画眉 *Garrulax canorus canorus*
　头部灰褐色，尾羽边缘橙黄……………………………………………… 橙翅噪鹛 *Garrulax elliotii*
　头部红棕色，尾羽为一致的赤红色 ………………………………… 赤尾噪鹛 *Garrulax milnei sinianus*

1. 锈脸钩嘴鹛 *Pomatorhinus erythrogenys abbreviatus* Stresemann 图 17-1、照片 17-1

该物种隶属钩嘴鹛属，全世界分化出 15 个亚种，中国分布有 8 个亚种（*P. e. abbreviatus*；*P. e. dedekeui*；*P. e. cowensae*；*P. e. decarlei*；*P. e. odicus*；*P. e. gravivox*；*P. e. swihoei*；*P. e. erythrogenys*），湖南省分布的是中南亚种。

英 文 名：Rusty-cheeked Scimitar Babbler

别　　名：斑胸钩嘴鹛、大钩嘴鹛

历史沿革：*Pomatorhinus erthrogenys abbreviatus* Stresemann，1929，Journ. Orn. 77：333（模式产地：广西瑶山）；Gee 1931，Peking Nat. Hist. Bull. 5：49-68；郑作新，1976，中国鸟类分布名录：604-606；郑作新，1987，中国动物志　鸟纲　第十一卷：18-24；赵正阶，2001，中国鸟类志　下卷：259-361；郑光美，2011，中国鸟类分类与分布名录：271。

鉴别特征：全长 211～257mm。体形大小和画眉相似，嘴长而下曲；耳羽锈红；胸白而具黑色粗纹。

图 17-1 锈脸钩嘴鹛（仿 Karen Phillipps）

照片 17-1 锈脸钩嘴鹛（康祖杰 摄）

形态描述：额锈红色、头顶橄榄褐色具宽的黑褐色羽干纹，其余上体棕褐色。眉纹、颊部和耳羽锈红色，眉纹仅见于眼前缘；眼先灰白色，眼周色斑多样，眼前为灰褐色，眼前上方为黑色，眼后上方和后下部呈白色，这两处白斑被眼后角的黑纹相隔，嘴角的髭纹黑褐色；颏灰白色，喉及胸淡白色，但羽端的羽轴处黑，构成黑色条纹；腹中部灰白色，胁部、尾下覆羽和覆腿羽锈红色。飞羽外翈和翼上覆羽同背色，飞羽内翈灰褐色，第 3 枚以内的初级飞羽内翈边缘染浅棕；初级飞羽 10 枚，第 7～8 枚最长，第 1、2、3 枚分别与次级飞羽的倒数第 1、2、3 枚等长。尾为圆形，尾羽 10 枚，由外向内尾羽距尾端分别为 20mm、10mm、8mm、5mm。尾羽与背同色但较暗，有 16～19 条隐约的紫色横纹。

上嘴黑褐色，嘴尖较浅，下嘴灰白，基部褐色，嘴长而下曲，鼻孔长裂状，外被有膜，足红褐色，趾灰褐色，爪红褐色。虹膜淡黄色。

分布于石门壶瓶山的个体胸部非棕红色、两胁非灰色，这与中南亚种（*P. e. abbreviatus*）有别，而覆腿羽呈棕色又与川东亚种（*P. e. dedekeui*）不同，因此，其分类地位有待进一步研究。

生活习性：湖南不常见的留鸟。栖息于灌丛、矮树林、竹林及林缘地带。单独、成对或成小群活动。常在树丛或灌丛间穿梭、飞翔或在地上奔跑、跳跃，很少远距离飞翔。活动时常发出响亮的叫声，个体间彼此呼应。主要以昆虫或昆虫幼虫为食，也食胡颓子、蔷薇等灌木果实、种子和禾本科植物种子等。繁殖期 5～6 月。营巢于灌丛中。巢呈碗状，由树枝、草茎、枯叶组成。每窝产卵 3 枚，长椭圆形，白色、光滑无斑。雌雄亲鸟轮流孵卵，属晚成鸟。

测量数据： (mm)

编号	采集地	全长	嘴峰长	翅长	尾长	跗蹠长
93051003	石门小溪	229	27	95	104	39

地理分布：分布于湘西、湘南等地。

经济意义：食虫益鸟。湖南地方重点保护鸟类。

2. 棕颈钩嘴鹛中南亚种 *Pomatorhinus ruficollis hunanensis* Cheng 图 17－2、照片 17－2

该物种隶属钩嘴鹛属，全世界分化出 15 个亚种，中国分布的有 10 个亚种（*P. r. hunanensis*；*P. r. godwini*；*P. r. eidos*；*P. r. similis*；*P. r. albipectus*；*P. r. styani*；*P. r. stridulus*；*P. r. musicus*；*P. r. nigrostellatus*；*P. r. reconditus*）。湖南分布的是中南亚种和长江亚种。

英 文 名：Rusty-necked Scimitar Babbler；Stread-breasted Scimitar Babbler

别　　名：小钩嘴鹛、小钩嘴噪鹛、小鹛、湖南钩嘴鹛

历史沿革：*Pomatorhimus ruficollis hunanensis* 郑作新，1974，动物学报 20（1）：108；郑作新，1976，中国鸟类分布名录：606－608；郑作新，1987，中国动物志　鸟纲　第十一卷：24－30；赵正阶，2001，中国鸟类志　下卷：361－363；郑光美，2011，中国鸟类分类与分布名录：272。

Pomatorhinus ruficollis intermedius 郑作新，1962，动物学报，14（2）：210，nec *Pomatorhinus temporalis intermedius* Mathews，1912，Novit. Zool. 18：335（模式产地：澳大利亚）。

鉴别特征：全长 150～185mm。嘴细长而弯曲，有一白色眉纹和黑色的贯眼纹，后颈栗红色，颊和喉白色；胸具栗色纵纹。

图 17－2　棕颈钩嘴鹛中南亚种（仿 Karen Phillipps）

照片 17－2　棕颈钩嘴鹛中南亚种（姚毅　摄）

形态描述：雌雄同色。眉纹白色，自眼部直达颈侧。头顶暗橄榄褐色；后颈栗红；背棕橄榄褐色，向内稍淡；尾上覆羽淡棕褐，达尾羽基部 1/3 处，眼先和耳羽均黑，颊和喉白，胸白而杂以栗色粗纹，胸以下几乎纯为更淡的橄榄褐色，腹部中央白色，两胁及尾下覆羽均呈橄榄棕色，且尾下覆羽达尾羽中部。飞羽色较暗褐色，初级飞羽 10 枚，飞羽式：5＝6＝7＞4＞8＞9＝10＝3＞2＞1，尾羽 12 枚，暗褐色，微具更黑的横斑，羽基边缘微沾棕橄榄褐色；尾圆形，由内向外距尾端的距离为 2mm、4mm、6mm、13mm、17mm。

上嘴黑，先端和边缘乳黄，下嘴淡黄，有近端缺刻。鼻孔椭圆，鼻须和嘴须发达。脚和趾铅褐色，跗蹠前缘被盾状鳞。虹膜深棕色。

生活习性：湖南较常见的留鸟。栖息于低山和山脚平原的树林和灌丛中。以昆虫和昆虫幼虫为食，也吃植物果实。繁殖期4～7月，营巢于树上或灌木丛上，巢呈圆锥形，主要由草叶、树皮、树叶等构成。卵纯白色、光滑无斑。

测量数据：(mm)

编号	日期	采集地	性别	全长	嘴峰长	翅长	尾长	跗蹠长
98508008	1985.08.15	大庸*	雄体	185	20	74	82	32
98508009	1985.08.15	大庸*	雌体	177	20	72	82	32
957126327	1957.01.26	长沙	雄体	174	16	70	84	25
957320437	1957.03.20	长沙	雄体	172	15	70	82	27
85022914	1957.02.27	长沙	雌体	150	17	66	75	25
85661601	1956.06.16	浏阳	雌体	150	16	65	60	30
900102	—	—	雌体	175	18	72	71	27
5022914	—	—	—	171	16	73	83	24

（*即今张家界）

地理分布：广泛分布于湘南、湘西、湘东及湘中地区。

经济意义：笼养鸟，食虫益鸟。湖南地方重点保护物种。

3. 棕颈钩嘴鹛长江亚种 *Pomatorhinus ruficollis styani* Seebohm 图17-3、照片17-3

该物种隶属钩嘴鹛属，全世界分化出15个亚种，中国分布的有10个亚种（*P. r. hunanensis*；*P. r. godwini*；*P. r. eidos*；*P. r. similis*；*P. r. albipectus*；*P. r. styani*；*P. r. stridulus*；*P. r. musicus*；*P. r. nigrostellatus*；*P. r. reconditus*）。湖南分布的是中南亚中和长江亚种。

英文名：Rusty-necked Scimitar Babbler；Stread-breasted Scimitar Babbler

别　　名：小钩嘴鹛、小钩嘴噪鹛、小鹛、长江钩嘴鹛

历史沿革：*Pomatorhimus styani* Seebohm，1884，Ibis.（5）2：263（模式产地：江西庐山）

Pomatorhinus ruficollis usheri Hall，1954，Bull. Brit. Orn. Cl. 74：73（模式产地：四川全济煤矿）

Pomatorhinus ruficollis styani Seebohm，Gee 1931，Peking Nat. Hist. Bull. 5：49-68；La Touche，1925-1934，A handbookofthe birds of eastern China Taylor and Francis，London；郑作新，1976，中国鸟类分布名录：606-608；郑作新，1987，中国动物志 鸟纲 第十一卷：24-30；赵正阶，2001，中国鸟类志 下卷：361-363；郑光美，2011，中国鸟类分类与分布名录：272。

鉴别特征：全长180～185mm，嘴细长而弯曲，眉纹白而长，贯眼纹黑，颏和喉亦白；胸具橄榄褐色纵纹。

形态描述：与前述的钩嘴鹛中南亚种似，不同之处在于上体橄榄褐色，胸和两胁具橄榄褐色纵纹。分布于湘北地区。

图 17－3　棕颈钩嘴鹛长江亚种（仿 Karen Phillipps）

照片 17－3　棕颈钩嘴鹛长江亚种（姚毅　摄）

生活习性：湘南较常见的留鸟。栖息于低山和山脚平原的树林和灌丛中。以昆虫和昆虫幼虫为食，也吃植物果实。繁殖期 4～7 月，营巢于树上或灌木丛上，巢呈圆锥形，主要由草叶、树皮、树叶等构成。卵纯白色、光滑无斑。

测量数据：（mm，g）

产地	性别	体重	嘴峰长	翅长	尾长
常德	雄性	25.1 22～27	19.2 18.5～20	74.4 71.2～77.5	77.3 75～78
常德	雌性	26.1 24～28	18.1 17～19	71.2 69～73.9	76.0 74～77

地理分布：广泛分布于湘北地区。

经济意义：食虫益鸟。湖南省地方重点保护物种。

4. 小鳞胸鹪鹛 *Pnoepyga pusilla pusilla* Hodgson 图 17－4

该物种隶属鳞鹪鹛属，全世界分化出 8 个亚种，中国分布有 2 个亚种（*P. p. pusilla*；*P. p. formosana*）。湖南分布的是指名亚种。

英 文 名：Lesser Wren Babbler；Pygmy Wren Babbler；Lesser Scaly-breasted Wren Babbler；Pygmy Scaly-breasted Wren Babbler

别　　名：小鹪鹛

历史沿革：*Pnoepyga pusillus*（*sic*）Hodgson，1845，Proc. Zool. Soc. London 13：25（模式产地：尼泊尔）

Pnoepyga pusilla pusilla，Gee 1931，Peking Nat. Hist. Bull. 5：49－68；La Touche，1925－1934，A handbook of the birds of eastern China，London；郑作新，1976，中国鸟类分布名录：611－612；郑作新，1987，中国动物志　鸟纲　第十一卷：40－42；赵正阶，2001，中国鸟类志　下卷：372－373；郑光美，2011，中国鸟类分类与分布名录：275。

鉴别特征：全长 85～90mm。体形较小，尾很短且不外露，翅和脚亦均较短，下体具鳞状斑。

图 17－4　小鳞胸鹪鹛（仿 Karen Phillipps）

形态描述：额、头顶、枕和上背均呈沾棕的暗褐色，各羽具棕黄色次端斑和黑褐色羽缘，因而形成鳞状，下背呈草黄色；腰和尾上覆羽同上背，但棕黄色次端斑明显扩大；眼先灰褐色满布点斑；上下眼睑色淡，呈一草黄色眼圈；颊和耳羽同头顶，但稍淡；颏、喉、胸及腹黑色，各羽具银白色羽缘，下体形成醒目的鳞片状；肛羽和尾下覆羽的次端斑转棕黄；两胁棕黄；具浅色端缘。飞羽内翈黑褐色，外翈缘棕褐色，最内侧两枚次级飞羽具浅色次端斑；翅上中覆羽和大覆羽具较亮的棕黄色端斑，构成两条明显的翅斑；圆形翼，初级飞羽长度依次为：26mm、37mm、42mm、46mm、46.5mm、46.5mm、45mm、44mm、43mm、41mm。尾羽极短，长仅 10mm，且全被尾上覆羽蔽盖，外观似乎无尾羽。

嘴纤细、直，黑褐色，下缘稍淡，既无嘴须又无鼻孔覆盖膜；跗蹠、趾角褐色，爪色灰白，后爪弓形，较后趾长；内趾长（8＋3.5）mm，中趾（12＋4）mm，外趾（9＋3.5）mm（趾长＋爪长）；跗蹠后缘靴状鳞，前缘共 4 片鳞，其中近端 2 片呈螺旋状，远端 2 片盾状。雌雄相似。

生活习性：湖南不多见的留鸟。栖息于高山森林中，单独或成对活动，性格胆怯。以昆虫、植物的叶和芽为食。营巢于林下岩石间或长满苔藓的岩石上，巢呈圆柱形，上侧开口，主要由青苔构成，内垫有细草根。每窝产卵 2～4 枚，卵纯白色、光滑无斑。

测量数据：　　(mm)

编号	日期	采集地	全长	嘴峰长	翅长	尾长	跗蹠长
152	1995	衡南江口鸟州	79	11	46.5	10	18

地理分布：广泛分布于湘中、湘南和湘北地区。

经济意义：食虫益鸟。

5. 斑翅鹩鹛 *Spelaeornis troglodytoides nanchuanensis* Li 图 17－5

该物种全世界分化出 6 个亚种，分布于中国的有 5 个亚种（*S. t. nanchuanensis*；

S. t. troglodytoides；*S. t. halsuedi*；*S. t. rocki*；*S. t. souliei*），分布于湖南省的为南川亚种。

英 文 名：Bar-winged Wren Babbler

别　　名：鳞斑画眉

历史沿革：*Spelaeornis troglodytoides nanchuanensis* 李桂垣 杨岚，1992，动物学研究，13（1）：31－35；郑作新，1987，中国动物志　鸟纲　第一卷：42－45；赵正阶，2001，中国鸟类志　下卷：373－374；郑光美，2011，中国鸟类分类与分布名录：267。

鉴别特征：全长 100～110mm。小型鸟类。头顶橄榄褐色具黑色端斑和棕白色次端斑，颊和耳羽橙棕色。背灰褐，具黑色端斑和白色次端斑。尾长，栗褐色具细的黑色横斑。飞羽亦为栗褐色具黑褐色横斑。颏、喉白色，其余下体棕色。

图 17－5　斑翅鹩鹛（仿 Karen Phillipps）

形态描述：额、头顶至枕橄榄褐色微缀棕色，各羽具白色次端斑，使头部呈现许多横纹。背、肩包括翅上覆羽等其余上体橄榄褐色，各羽均具白色次端和黑色端斑，有的次端斑为一矢状白纹，有的黑色端斑仅为一黑色斑点，使上体呈现杂色斑点。眼先和一不甚明显的眉纹为淡棕色，眼周橙黄色。颊、耳羽和颈侧橙棕色。颏、喉白色或棕白色，其余下体橙棕色具宽的白色端斑和暗栗褐色狭端，至腹以后栗褐色狭端消失而仅余白端，也有的白色端斑不明显或仅胸腹中央具白色羽干纹。飞羽褐色或栗褐色，具黑褐色横斑。尾为栗褐或灰褐色，具细的黑色横斑。

虹膜红褐色，上嘴黑褐色。下嘴黄褐或肉黄色，脚和趾黄褐色。

测量数据：　　（mm，g）（据赵正阶）

性别	体重	体长	嘴峰长	翅长	尾长	跗蹠长
雄性	11	100～110	9～11	44～50	50～55	19～22
雌性	—	100～110	9～10	45～48	50～53	19～20

生活习性：湖南少见的留鸟。主要栖息于茂密的山地森林中，尤以林下植物、多灌木和苔藓植物的阴暗、潮湿的常绿阔叶林中较常见。也栖息于竹林、松林和林缘疏林灌丛。单独或成对活动，在高山、深沟、峡谷处的树丛、矮灌丛间、树根间、地面或灌丛、草丛中频繁地跳来跳去，并发出轻而低沉的"吱、吱"叫声。一般很少飞翔，多在林下地上觅食，主要以昆虫为食，也吃植物果实和种子。

地理分布：广泛分布于湘西地区（桑植，许延恭、杨岚、韩联宾 1994）。

经济意义：斑翅鹩鹛是我国特产鸟类，该亚种仅分布于我国西南地区。

6. 红头穗鹛 *Stachyris ruficeps davidi*（Oustalet）图 17-6、照片 17-4

该物种隶属穗鹛属，全世界分化出 7 个亚种，中国分布有 4 个亚种（*S. r. davidi*；*S. r. bhamoensis*；*S. r. goodsoni*；*S. r. praecognita*）。湖南分布的是普通亚种。

英 文 名：Red-headed Trce Babbler；Rufous-capped Babbler

别　　名：红头小鹛、红顶噪鹛、山红鼻头

历史沿革：*Stachyris davidi* Oustalet，1899，Bull. Mus. Hist，Nat. Paris 5：119（模式产地：四川）

Stachyris sinensis Ogilvie-Grant et La Touche，1907，Ibis.（8）2：245（模式产地：缅甸）

Stachyris ruficeps bangsi La Touche，1923，Bull. Brit. Orn. Cl. 44：32（模式产地：云南）

Stachyris ruficeps davidi，Gee 1931，Peking Nat. Hist. Bull. 5：49-68；La Touche，1925-1934，A handbook of the birds of eastern China，London；郑作新，1976，中国鸟类分布名录：616-617；郑作新，1987，中国动物志 鸟纲 第十一卷：51-53；赵正阶，2001，中国鸟类志 下卷：378-379；郑光美，2011，中国鸟类分类与分布名录：278。

鉴别特征：全长 108～129mm。小型鸟类，头顶红色，上体橄榄绿，颏、喉具黑褐色羽干纹，下体灰黄色，两胁橄榄褐。

图 17-6　红头穗鹛（仿 Karen Phillipps）

照片 17-4　红头穗鹛（梁栋　摄）

形态描述：额至头顶棕红色；枕橄榄绿稍染棕；背及尾下覆羽淡橄绿，眼先黄色，羽尖染褐，眼圈黄色；颊与颈侧黄褐色；颏、喉、上胸淡黄色；颏、喉羽具黑色羽干纹；腹、尾下覆羽及胁黄褐色；腋、翼下覆羽黄白色；飞羽内翈黑褐色，外翈棕褐色。翅圆形，初级飞羽 10 枚，飞羽式为 5≥6>4=7>8>3=9>10。自翼角量起，第 1 枚初级飞羽长 27mm，第 2 枚长 38mm，第 3 枚长 43mm。第 1 枚初级飞羽较最长的初级飞羽短 19mm，第 2 枚短

9mm，第 3 枚短 4mm，第 4 枚短 1mm。尾羽 12 枚，凸形，自外而内距尾端的距离为 10mm；4mm；3mm；0mm。尾羽的羽端尖形。尾羽内翈浅褐色，外翈稍染黄绿。

嘴细而尖直；嘴角褐色，下嘴稍淡；足、趾、爪黄褐色。

生活习性：湖南较常见的留鸟。栖息于山地森林中，单个或成对活动，有时也成小群活动。以昆虫为食，偶尔也吃植物果实。繁殖期 4～7 月。营巢于茂密的灌丛、竹丛、草丛或柴堆上。巢由竹叶、树皮、树叶等构成。每窝产卵 4～5 枚，卵白色，钝端有棕色斑点。雌雄亲鸟轮流孵化。

测量数据： (mm)

全长	嘴峰长	翅长	尾长	跗蹠长	头长
109	13	46	44	19	28

地理分布：广泛分布于全省各地。

经济意义：食虫益鸟。国家“三有”保护鸟类。

7. 矛纹草鹛 *Babax lanceolatus latouchei* Stresemann 图 17－7、照片 17－5

该物种隶属草鹛属，全世界分化出 4 个亚种，中国分布有 3 个亚种（*B. l. latouche*1；*B. l. lanceolatus*；*B. l. bonvaloti*），湖南分布的是华南亚种。

英 文 名：Chinese Babax；Common Babax

别　　名：草鹛、万花画眉、条纹山噪眉

历史沿革：*Babax lanceolatus lantouchei* Stresemann，1929，Orn. Monatsb. 37：140（模式产地：广西瑶山）；郑作新，1976，中国鸟类分布名录：623－624；郑作新，1987，中国动物志　鸟纲　第十一卷：72－76；赵正阶，2001，中国鸟类志　下卷：388－389；郑光美，2011，中国鸟类分类与分布名录：280。

鉴别特征；全长 215～256mm。头顶暗栗褐，上体包括翅上覆羽具暗栗褐和灰色相同的粗纵纹，羽片中央栗褐色，翅、尾褐色；眼先、颊、耳羽等均棕白，耳羽具褐纹，髭纹栗褐色；下体白而微染茶黄色，胸部、体侧具栗褐纵纹，翼缘和翼下覆羽为淡茶黄。

图 17－7　矛纹草鹛（仿 Karen Phillipps）

照片 17－5　矛纹草鹛（邓学建　摄）

形态描述：额、头顶、枕棕褐色具灰白色细纹。背、腰和尾上覆羽灰白色具粗著的棕褐色羽轴纹，尾上覆羽颜色较深。眼周具黑褐色裸皮；眼先、眉纹、面颊以及耳灰羽灰白色，颊和耳羽具棕红色细纹；髭纹棕黑色，粗著。颈侧较上体色浅；颏、喉黄白色；胸侧和两胁黄白色具棕褐色羽轴纹，胸环中央不完整；腹、肛周和尾下覆羽草黄。翅圆形，飞羽式：6>5=7>4>8>9>10>3>2>1，第1枚初级飞羽与最内侧三级飞羽等长。飞羽外翈灰褐，内翈黑褐；翼上覆羽与背同色。尾长，凸形，尾羽12枚，由外向内距尾端距为35mm；20mm；15mm；10mm；5mm。

嘴黑褐，嘴峰微曲；鼻孔椭圆形，具鼻膜；鼻须和嘴须明显；跗蹠角黄色，前缘具盾状鳞，爪角褐色。虹膜黄白色。

生活习性：湖南不多见的留鸟。主要栖息于稀树灌丛、草丛和树林中，成小群活动。以昆虫幼虫和植物的叶、芽、果实为食。繁殖期4～6月。营巢于灌丛中，巢呈杯状，巢材有枯草、树叶等。每窝产卵3～4枚，卵蓝色被暗色斑点，为尖圆形。

测量数据： （mm）（壶瓶山保护区收藏）

编号	全长	嘴峰长	翅长	尾长	跗蹠长
92062330	214	20	89	112	35

地理分布：分布于湘西地区。近来刘子祥在长沙烈士公园拍到了几只个体，是否系当地鸟语林饲养的逃逸个体还有待进一步研究考证。

经济意义：食虫益鸟。国家“三有”保护鸟类。

8. 黑脸噪鹛 *Garrulax perspicillatus*（Gmelin）图17-8、照片17-6

该物种隶属噪鹛属，没有亚种分化，系单型种。

英文名：Spectacled Laughing Thrush；Masked Laughing Thrush；Black-faced Laughing Thrush

别　　名：吉吊、眼镜笑鸫、黑脸画眉、土画眉、唧照茅

历史沿革：*Turdus perspicillatus* Gmelin，1789，Syst. Nat. ed. 13，1：830（模式产地：福建厦门）；Gee 1931，Peking Nat. Hist. Bull. 5：49-68；La Touche，1925-1934，A handbook of the birds of eastern China，London；郑作新，1976，中国鸟类分布名录：626；郑作新，1987，中国动物志　鸟纲　第十一卷：82-85；赵正阶，2001，中国鸟类志　下卷：392-393；郑光美，2011，中国鸟类分类与分布名录：256-257。

Dryonastes perspicillatus shensiensis Riley. 1911，Proc. Biol. Soc. Wash. 24：43（模式产地：陕西）。

Dryonastes tsinlingensis Reichenow，1917，Journ. Orn. 65：391（模式产地：陕西秦岭）。

鉴别特征：全长266～320mm。与画眉相比体型较大。额、面颊及耳羽等均黑，状似眼镜。上体大都褐色；下体前褐灰色，后转棕白，尾下覆羽肉桂色。

形态描述：成体眼周，前额和耳羽为黑色；头顶和后颈褐灰；羽后缘颜色稍深，形成隐约可见的弧形纹；上背橄榄褐，下背至尾上覆羽转为土褐色，亦具隐约可见的弧形纹；翼上覆羽和最内侧的飞羽均与下背同色，其余飞羽纯褐，外缘黄褐；中央尾羽黑色；颏尖黑色，喉、胸褐灰色。腹部灰白色沾棕；尾下覆羽和覆腿羽肉桂色；腋羽棕灰，翼下覆羽浅黄色。初级飞羽12枚，自外向内依此长为：74mm、100mm、117mm、135mm、126mm、

图 17-8　黑脸噪鹛（仿 Karen Phillipps）

照片 17-6　黑脸噪鹛（李剑志　摄）

126mm、124mm、124mm、121mm、117mm。飞羽式 5=6>4>7>8>9>10>3>2>1；飞羽和翼上覆羽内翈黑褐，外翈同背色，羽轴棕红色。尾圆形，尾羽 12，其长度由外至内分别为 110mm、130mm、144mm、147mm、147mm。中央尾羽土褐色，外侧尾羽亦土褐色且具宽的黑褐端斑，且越外侧者黑斑越大。

幼体与成体相似，但鼻孔被羽覆盖，头部不带灰色，而缀以褐色。

生活习性：湖南较常见的留鸟。栖息于低山和平原的灌丛和竹丛中。成对或成小群活动。杂食性鸟，但主要以昆虫为食，也吃其他无脊椎动物、植物果实和种子。繁殖期 4～7 月。营巢于灌木和小树的枝杈上，巢材由树枝、草根、茎、树叶等组成。每窝产卵 3～5 枚。卵为灰蓝色略带青色光泽，光滑无斑或缀有赭褐色斑点，卵为椭圆形。

测量数据：（mm）

全长	嘴峰长	翅长	尾长	跗蹠长
295	25	110	128	40
310	25	136	147	42

地理分布：广泛分布于湖南各地。

经济意义：食虫益鸟。国家“三有”保护鸟类，湖南省地方重点保护物种。

9. 白喉噪鹛 *Garrulax albogularis eous* Riley 图 17-9、照片 17-7

该物种隶属噪鹛属，全世界分化出 5 个亚种，中国分布有 3 个亚种（*G. a. albogularis*；*G. a. ruficeps*；*G. a. eous*）。湖南分布的是峨嵋亚种。

英 文 名：White-throated Laughing Thrush

别　　名：白喉笑鸫

历史沿革：*Garrulax albogularis laetus* Riley 1930，Proc. Biol. Soc. Washington 43：133（模式产地：四川）；郑作新，1987，中国动物志　鸟纲　第十一卷：85-87。

Garrulax albogularis eous Riley 1930，Proc. Biol. Soc. Washington 43：79（模式产地：云南）；郑作新，2002，中国鸟类系统检索：213；赵正阶，2001，中国鸟类志　下卷：395-396；郑光美，2011，中国鸟类分类与分布名录：257。

鉴别特征：全长 258～290mm。上体橄榄褐；喉白，胸具橄榄褐色胸带，腹部棕白色。

形态描述：额缘淡棕，头顶、枕、后颈、背、腰以及尾上覆羽橄榄褐色；眼先及鼻孔边

图 17－9 白喉噪鹛（仿 Karen Phillipps）

照片 17－7 白喉噪鹛（刘子祥 摄）

缘黑色；眼周具蓝黑色裸皮；上颊、耳羽及颈侧与背同色；颏黑色；喉、下颊和上胸白色，形成明显的喉斑；下胸具黑褐色胸带；腹部棕白色，尾下覆羽逐渐变成黄棕色；飞羽内翈黑褐，外翈棕褐，初级外翈缘灰白色；翼上覆羽与背同色；初级飞羽 10 枚；飞羽式 4＝5＝6＞7＞8＞9＞10＝3＞2＞1，第 2 枚等于第 8 枚次级飞羽的长度；第 1 枚等于第 9 枚次级飞羽的长度。尾羽颜色较背部深，中央尾羽和次中央尾羽深橄榄褐色；其余外侧尾羽具白端斑；尾凸型，尾羽 12 枚，尾羽式为 26mm；19mm；9mm；3mm；1mm。

虹膜黄白色；足、爪为铅灰色；嘴黑，尖端较淡。

生活习性：湖南不多见的留鸟。栖息于低山丘陵和山脚的森林和竹林中，也见于灌丛、草地、农田和村镇附近的小树林内。成 5～6 只甚至 10 余只的小群活动。以昆虫为食，兼食植物果实。繁殖期为 5～7 月。营巢于林下灌木或小树枝杈上。巢呈杯状，由枯草等构成。每窝产卵 3～4 枚，卵暗蓝色，长圆形。

测量数据： （mm）

编号	采集地	全长	嘴峰长	翅长	尾长	跗蹠长	口裂
93051107	小溪	185	22	125	137	48	32
8708009	壶瓶山	260	24	130	128	37	—

地理分布：分布于湘西地区。分布于长沙岳麓山的白喉噪鹛系岳麓山鸟语林饲养的逃逸个体。

经济意义：食虫益鸟。国家“三有”保护物种。

10. 小黑领噪鹛 *Garrulax monileger melli* Stresemann 图 17－10、照片 17－8

该物种隶属噪鹛属，全世界分化出 10 个亚种，中国分布有 4 个亚种（*G. m. melli*；*G. m. monileger*；*G. m. schauenseei*；*G. m. schmackeri*），湖南分布的是华南亚种。

英 文 名：Lesser Necklaced Laughing Thrush

别　　名：领笑鸫

历史沿革：Garrulax moniliger melli Stresemann，1923，Journ. f. Orn，71：364（模式

产地：广东）；Gee 1931，Peking Nat. Hist. Bull. 5：49－68；La Touche，1925－1934，A handbook of the birds of eastern China，London；郑作新，1976，中国鸟类分布名录：628－629；郑作新，1987，中国动物志　鸟纲　第十一卷：90－92；赵正阶，2001，中国鸟类志下卷：396－397；郑光美，2011，中国鸟类分类与分布名录：257－258。

Garrula moniliger tonkinensis Delacour，1927，Bull. Brit. Orn，CL. 47：158（模式产地：越南北部：Backan）。

鉴别特征：全长 225～228mm。体形大小较画眉稍大，上体及翅、尾等大都棕橄榄褐色，后颈棕色；眼先黑色，耳羽灰白色。胸具黑色胸带。

图 17－10　小黑领噪鹛（仿 Karen Phillipps）

照片 17－8　小黑领噪鹛（戴年华　摄）

形态描述：自额缘至头顶橄榄褐，枕及后颈转棕，形成一横带，背部棕黄，腰部转黄，尾上覆羽黄色，达尾羽基部的 1/3 处，眼先和贯眼纹黑色；眉纹白色，其上缘黑色；颊白色，眼下方耳羽前缘有一灰黑色纵纹，该纹与黑色胸环相连；耳羽灰白，其后缘黑色，再后缘呈灰白色，颏及喉部白色，向后逐渐染棕黄。上胸具断续的黑褐色弧形胸带，下胸胸带灰白色夹杂有黄色。腹部中央纯白，胸腹侧和两胁棕黄。肛周淡黄色，尾下覆羽淡棕。飞羽灰褐，外翈缘淡棕色；翼上覆羽与背同色；小翼羽白；翼下覆羽橙黄色；腋羽灰白。尾凸型，尾羽 12 枚，中央尾羽较次中央尾羽长 2mm。中央尾羽棕黄色，具棕白色端斑；外侧尾羽黄棕，端部黄色，基部与端部间具宽阔的黑带。

嘴黑褐，先端较淡，嘴近端具缺刻；鼻孔椭圆状，有鼻须和鼻瓣膜。跗蹠前缘被盾状鳞片，足和爪均为铅灰色。虹膜橘黄色。

生活习性：湖南不常见的留鸟。栖息于丘陵或山脚平原，成小群活动。以昆虫或植物的种子或果实为食。繁殖期 4～6 月。营巢于林下的灌丛、竹丛或小树上，巢呈杯状。巢材有枯草、竹叶和苔藓等。每窝产 3～5 枚，为长圆形，深蓝绿色。

测量数据：（mm）

编号	全长	嘴峰长	翅长	尾长	跗蹠长
9801	250	18	114	140	34

地理分布：分布于湘西地区。

经济意义：食虫益鸟。国家“三有”保护物种。

11. 黑领噪鹛 *Garrulax pectoralis picticollis* Swinhoe 图 17－11、照片 17－9

该物种隶属噪鹛属，全世界分化出 7 个亚种，中国分布有 5 个亚种（*G. p. picticollis*；*G. p. pingi*；*G. p. robini*；*G. p. picticollis*；*G. p. semitorquatus*）。湖南分布的是华南亚种。

英 文 名：Greater Necklaced Laughing Thrush

别　　名：领笑鸫

历史沿革：*Garralax pecticollis* Swinhoe，1872. Zool. Soc. London：544（模式产地：浙江宁波）

Garrulax pectoralis picticollis Gee，1931，Peking Nat. Hist. Bull. 5：49－68；La Touche，1925－1934，A handbook of the birds of eastern China，London；郑作新，1976，中国鸟类分布名录：629－631；郑作新，1987，中国动物志　鸟纲　第十一卷：92－96；赵正阶，2001，中国鸟类志　下卷：397－398；郑光美，2011，中国鸟类分类与分布名录：258。

鉴别特征：全长 285～295mm。本种与小黑领噪鹛是画眉亚科中的一对亲缘种，两者形态非常相似，但本种体形较小黑领噪鹛大，眼先白，耳羽具有明显的黑色条纹，以及完整的颚纹等，有别于小黑领噪鹛。

图 17－11　黑领噪鹛（仿 Karen Phillipps）

照片 17－9　黑领噪鹛（李剑志　摄）

形态描述：体形大小近似于喜鹊。额缘灰褐杂、头顶及枕棕褐色，后颈部具红棕色颈环。背、腰和尾上覆羽橄榄褐。眼先、眉纹和眼下部白，眉后部黑色；耳羽白色杂有许多黑色羽轴纹，颊纹黑色。耳羽之后有一黑色纵纹沿颈侧下伸达胸部构成胸环。胸环于胸中央处色浅，使黑色胸环几乎断开。颏、喉白色。腹中央黄白色，肛羽和尾下覆羽浅棕色，两腋棕色。翼圆形，第 1～3 枚初级飞羽黑褐色，其余飞羽的外翈橄榄褐，内翈黑褐，初级飞羽 10 枚，第 2～6 枚具切迹，飞羽式 4>3=5>6>7>8>9>10>2>1。第 3 枚初级飞羽与第 5 枚次级飞羽等长；第 2 枚初级飞羽与倒数第 3 枚三级飞羽等长；第 1 枚初级飞羽为最长飞羽的羽长的 2/3。翼上覆羽棕褐色，翼下覆羽淡棕色。尾羽橄榄褐，端斑淡棕，次端斑黑色，次端斑与端斑界线明显，与尾基棕色无明显界线；中央尾羽次端斑不明显，尾圆形，尾羽 12 枚，尾羽式为 42mm；24mm；18mm；6mm；2mm。

嘴黑褐，下嘴基铅色，嘴峰稍曲，尖端略下曲，近端具缺刻。鼻孔椭圆，被有许多纤羽，鼻须和嘴须发达，伸达嘴的 2/3 处。脚铅蓝色，爪灰白色，跗蹠的前缘被盾状鳞。虹膜棕红。

生活习性：湖南不多见的留鸟。栖息于低山、丘陵、山脚平原的树林中。喜集小群活动。主要以昆虫为食兼食植物种子。繁殖期 4～7 月，置巢于林下灌丛、竹丛或小树上。巢呈杯状，由树枝、枯草、竹叶、苔藓等构成。每年繁殖 1～2 窝，每窝产卵 3～5 枚，卵蓝色或深蓝色，长圆形。

测量数据：(mm)

编号	采集地	全长	嘴峰长	翅长	尾长	跗蹠长
9827009	宜章	280	25	127	138	38
8179174	张家界	278	23	120	148	38
50237	—	276	20	130	118	40

地理分布：分布于湘西地区。

经济意义：食虫益鸟，国家“三有”保护鸟类，湖南省地方重点保护物种。

12. 灰翅噪鹛 *Garrulax cineraceus cinereiceps*（Styan）图 17－12

该物种隶属噪鹛属，全世界分化出 3 个亚种，中国分布有 2 个亚种（*G. c. cinereiceps*；*G. c. strenuus*），湖南分布的是华南亚种。

英 文 名：Ashy Laughimg Thrush；Moustached Laughimg Thrush

别　　名：土画眉

历史沿革：*Trochalopteron cinereiceps* Styan，1887，Ibis.（5）5：167（模式产地：湖北汉口）

Trochalopteron ningpoense David et Oustalet，1890，Naturaliste（2）4：185（模式产地：浙江宁波）

Trochalopteron styani Oustalet，1898，Bull. Mus. Hist. Nat. Paris 4：226（模式产地：四川、云南）；nom，nov. for *Trochalopteron cinereiceps* Styan。

Garrulax cineraceus cinereiceps Gee，1931，Peking Nat. Hist. Bull. 5：49－68；La Touche，1925－1934，A handbook of the birds of eastern China，London；郑作新，1976，中国鸟类分布名录：636－637；郑作新，1987，中国动物志　鸟纲　第十一卷：109－111；赵正阶，2001，中国鸟类志　下卷：407－408；郑光美，2011，中国鸟类分类与分布名录：261－262。

鉴别特征：全长 200～226mm。眼先和颊部形成头侧特有的白斑，额黑色，头顶和枕黑灰色；上体橄榄褐；下体黄褐；内侧飞羽及尾羽均具有白色端斑和宽阔的黑色次端斑，黑白相衬，十分明显。

形态描述：额黑，向后逐渐淡化成黑灰色；后颈、背、腰和尾上覆羽橄榄褐色。眼先和颊部构成头侧特有的白斑；眉纹淡栗，其界限不明显。眼圈黑褐色，眼圈后角有一条细的黑褐色眼后纹；耳羽栗色；下颊黑灰色杂有浅色斑，其前方与黑灰色颊纹相连；颏棕白色；喉与上腹淡葡萄灰，但胸部较灰；喉具狭细的黑褐羽轴纹；后腹淡棕，到尾下覆羽逐渐变成棕色；两胁、腋及翼下覆羽橄榄褐色。初级覆羽黑色，小覆羽内翈褐，外翈橄榄褐色；最外侧 7 枚飞羽内翈黑，外翈蓝灰，其余飞羽外翈橄榄褐；内翈黑褐，但最内 2 枚内外翈均橄榄褐；除最外 7 枚飞羽外，其余飞羽均具宽阔的黑色次端斑和白色端斑。尾羽橄榄褐色具界限分明的白色端斑和黑色次端斑。中央尾羽白端较狭，向外侧尾羽逐渐变阔。尾圆形，尾羽 12 枚，尾羽式为 41mm；25mm；15mm；9mm；2mm。

嘴较直，上嘴黑褐，下嘴黄；具鼻膜、鼻孔椭圆，鼻须发达。跗蹠肉红色，爪角褐色。虹膜黄白色。

图 17-12 灰翅噪鹛（仿 Karen Phillipps）

生活习性：湖南不多见的留鸟。栖息于各类森林中，成对或成 3～5 只的小群活动。以昆虫为食也吃多足纲和甲壳纲动物。繁殖期 4～6 月。营巢于小树的枝杈间。巢呈碗状，材料有枯草、藤条和树枝等。每窝产卵 2～4 枚，卵天蓝色，光滑无斑，为卵圆形。

测量数据：（mm，g）

编号	采集地	体重	体长	嘴峰长	翅长	尾长	跗蹠长
92062302	石门壶瓶山	35	230	17	84	99	31

地理分布：广泛分布于湖南湘西北林区。

经济意义：食虫益鸟，国家“三有”保护鸟类。

13. 眼纹噪鹛 *Garrulax ocellatus artemisiae*（David）图 17-13、照片 17-10

该物种隶属噪鹛属，全世界分化出 4 个亚种，中国分布有 3 个亚种（*G. o. artemisiae*；*G. o. maculipectus*；*G. o. ocellatus*）。湖南分布的是四川亚种。

英 文 名：White-spotted Laughing Thrush

别　　名：土画眉

历史沿革：Ginclosoma *artemisiae*　David，1871，Ann. Mag. Nat. Hist.（4）7：256（模式产地：四川宝兴）

Garrulax ocellatus artemisiae Gee 1931，Peking Nat. Hist. Bull. 5：49-68；郑作新，1976，中国鸟类分布名录：639-640；郑作新，1987，中国动物志　鸟纲　第十一卷：115-117；赵正阶，2001，中国鸟类志　下卷：411-412；郑光美，2011，中国鸟类分类与分布名录：262。

鉴别特征：体形较大，全长 286～325mm。尾较长；头顶和喉均黑；上下体羽色及背部满布横纹。

形态描述：额、头顶、枕黑色。上体棕红色，各羽具界线分明的黄白色端斑和黑色次端斑，构成背部的点状斑；腰及尾上覆羽较棕红，黑色次端斑变狭。眼先、嘴角、眉纹及颊棕白色杂有深色小斑；眼周和眼后纹黑色；枕部的黑沿耳羽后颊伸达喉部形成喉环。耳羽后缘

图 17-13 眼纹噪鹛（仿 Karen Phillipps）

照片 17-10 眼纹噪鹛（康祖杰 摄）

有一线灰白色斜条纹；颈侧棕灰色。下体黄灰色，由黄白色端斑和黑褐色次端斑构成密布于胸部的横纹；胁、腹、尾下覆羽草黄染棕，散有浅色点状斑。翼圆形，飞羽式：7>6>5≥8≥9>4>3>2>1。飞羽和小翼羽黑色，具白色端斑，第 3～6 枚初级飞羽外翈基部灰白色，且越内侧者灰白色区域越大，第 7 枚初级飞羽至最内侧飞羽外翈红棕色；初级覆羽黑褐具白色端斑，其他覆羽同背色具白色端斑和黑色次端斑。尾羽棕褐具白色端斑和黑色次端斑。尾凸型，尾羽 12 枚，尾羽式为 45mm；24mm；10mm；4mm；1mm。

嘴黑色，下嘴基黄白色，足肉褐色，爪亦相同。

生活习性：湖南不常见的留鸟。栖息于茂密森林、灌丛和竹丛中。成对或成小群活动主要以昆虫为食，也食植物果实、种子等。

测量数据： (mm，g)

采集地	体重	全长	尾长	嘴峰长	跗蹠长
石门壶瓶山	119	318	115	25	47

地理分布：广泛分布于湘西、湘西北地区。

经济意义：国家“三有”保护物种，森林食虫益鸟。

14. 棕噪鹛 *Garrulax poecilorhynchus berthemyi*（Davietd *et* Oustalet）图 17-4、照片 17-11

该物种隶属噪鹛属，是中国特产鸟类，目前分化出 3 个亚种（*G. p. berthemyi*；*G. p. ricinus*；*G. p. poecilorhynchus*），湖南分布的是华南亚种。

英 文 名：Rufous laughing Thrush

别　 名：棕画眉、土画眉

历史沿革：*Lanthocincla berthemyi* David et Oustalet，1877，Bull. Soc. Philom. Paris.（6）12：92（模式产地：福建）

Garrulax poecilorhynchus berthemyi（Davietd *et* Oustalet），Gee 1931，Peking Nat. Hist. Bull. 5：49-68；La Touche，1925-1934，A handbook of the birds of eastern

China，London；郑作新，1976，中国鸟类分布名录：641－642；郑作新，1987，中国动物志　鸟纲　第十一卷：118－120；赵正阶，2001，中国鸟类志　下卷：414－415；郑光美，2011，中国鸟类分类与分布名录：263。

鉴别特征：全长250～280mm。嘴端黄色，嘴基黑色，眼周裸皮蓝色，上体大部赭褐色；两翅及尾大部栗褐色。下体前部黄褐色，后部深灰色，尾下覆羽纯白色。

图17－14　棕噪鹛（仿Karen Phillipps）

照片17－11　棕噪鹛（康祖杰　摄）

形态描述：额、眼先黑色；眼周裸露，裸皮蓝色；头顶至枕赭褐色，具很狭的淡色端缘；体背部赭褐；尾上覆羽红棕；颏黑色；喉及上胸与背同色；下胸及胁、腋、腹部灰色；尾下覆羽灰白色。飞羽内翈黑褐，1～7枚初级飞羽外翈草黄，基部转棕栗；其余飞羽外翈棕栗，至最内侧三级飞羽内外翈均棕栗色。飞羽式：5＝6＞4＝7＞8＞9＞10≥3。第2枚初级飞羽长等于倒数第3枚飞羽，第1枚初级飞羽长等于最内飞羽。尾呈圆形，尾羽12枚，尾羽式为22mm；11mm；6mm；3mm；0mm。中央尾羽棕栗色；其余尾羽外翈棕栗；内翈褐；外侧3枚尾羽具白色端斑。

生活习性：湖南稀少的留鸟。栖息于林下植物发达、阴暗、潮湿和长满苔藓的岩石地区。单独或成小群活动。以昆虫为食，兼食植物的果实、种子等。

测量数据：　　(mm)

采集地	全长	嘴峰长	翅长	尾长	跗蹠长
石门壶瓶山	265	22	118	133	39

地理分布：分布于石门县。

经济意义：中国特有物种，国家“三有”保护物种，食虫益鸟。

15. 画眉 *Garrulax canorus canorus*（Linnaeus）图17－15、照片17－12

该物种隶属噪鹛属，全世界分化出3个亚种，中国均有分布（*G. c. canorus*；*G. c. taewanus*；*G. c. owstoni*）。湖南分布的是指名亚种。

英 文 名：Hwamei；Melodious Laughing thrush

别　　名：金画眉

历史沿革：Turdus canorus Linnaeus，1758，Syst. Nat. ed. 10，1：169（模式产地：福

建厦门）

Garrulax canorus canorus（Linnaeus），Gee 1931，Peking Nat. Hist. Bull. 5：49－68；La Touche，1925－1934，A handbook of the birds of eastern China，London；郑作新，1976，中国鸟类分布名录：643－644；郑作新，1987，中国动物志　鸟纲　第十一卷：123－126；赵正阶，2001，中国鸟类志　下卷：417－418；郑光美，2011，中国鸟类分类与分布名录：264。

鉴别特征：全长 197～245mm，棕黄色，具一明显的白色眉纹。

图 17－15　画眉（仿 Karen Phillipps）

照片 17－12　画眉（姚毅　摄）

形态描述：体中小型，额、头顶棕黄色，各羽具黑色羽轴纹；枕、颈、颈侧及颏、喉、上胸棕黄色，具细的黑褐色羽轴纹；眼先前部黑色，后部与眼周白色，该白纹沿眼后角伸至颈侧；下胸鲜草黄色；腹侧和两胁浅黄褐色；腹中央灰色；尾下覆羽栗黄色；翅上覆羽和飞羽外翈草黄；飞羽内翈黑褐染黄褐，但中部附近的内翈草黄色，飞羽式为 6＞5＝4＞3＝7＞8＞9＞10；第 2 枚初级飞羽长等于次内侧三级飞羽，第 1 枚初级飞羽长等于最内侧三级飞羽。第 2～6 枚初级飞羽具切迹；尾羽 12 枚，基部黄褐色，末端逐渐转黑褐色，具细的深色横隐纹；尾羽自外向内距尾端距为 19mm，6mm，4mm，2mm，0mm。

雌体额和头顶黄色；较雌体为淡，头、颈及喉部的黑纵纹不太明显。

嘴强健，嘴峰稍曲，上喙末端略钩，近端具缺刻；上喙雄体黄褐色，雌体黄色，下喙黄色；鼻须和嘴须明显；跗蹠前缘具盾状鳞；足角黄色，爪黄色。

生活习性：湖南常见的留鸟。栖息于低山、丘陵和山脚平原的矮树从和灌木中，也见于农田、旷野、村落附近的小树林或庭院内。主要以昆虫为食，也吃植物种子、果实等。繁殖期 4～7 月。营巢于灌木上，每年产 2 窝，每窝产 3～5 枚，淡蓝绿色、光滑无斑，卵为椭圆形或卵圆形。

测量数据：（mm）

采集地	性别	全长	嘴峰长	翅长	尾长	跗蹠长
永顺	雄体	230	23	93	103	34

地理分布：广泛分布于湖南省各地。

经济意义：笼养鸟，我国特有种，食虫益鸟。国家“三有”保护物种，国际贸易附录Ⅱ保护物种。

16. 白颊噪鹛 *Garrulax sannio sannio* Swinhoe 图 17－16、照片 17－13

该物种隶属噪鹛属，全世界分化出 4 个亚种，中国分布有 3 个亚种（*G. s. sannio*；*G. s. oblectans*；*G. s. comis*）。湖南分布的是指名亚种。

英 文 名：White browed laughing Thrush

别　　名：白眉笑鸫、小画眉、白眉笑鹛、白颊笑鹛、土画眉、小笑鸫、小噪鹛

历史沿革：*Garrulax sannio* Swinhoe，1867，Ibis（2）5：403（模式产地：福建厦门）

Garrulax sannio sannio Swinhoe，Gee 1931，Peking Nat. Hist. Bull. 5：49－68；La Touche，1925－1934，A handbook of the birds of eastern China，London；郑作新，1976，中国鸟类分布名录：644－645；郑作新，1987，中国动物志　鸟纲　第十一卷：126－129；赵正阶，2001，中国鸟类志　下卷：418－420；郑光美，2011，中国鸟类分类与分布名录：265。

鉴别特征：全长 108～255mm。具明显的白色眉纹，颊白而沾棕。

图 17－16　白颊噪鹛（仿 Karen Phillipps）

照片 17－13　白颊噪鹛（邓学建　摄）

形态描述：额、头顶、枕黑栗褐色，头顶羽稍长形成冠羽；眼先、眉纹、颊白色而眼先沾棕色；眼后至耳羽栗褐色；背及两翅表面棕褐色；尾上覆羽及尾羽红棕色；颏、喉、胸淡棕色，腹羽较胸更淡；两胁和胫羽较暗棕；尾下覆羽红棕色；飞羽式：6＞5＝7＞8＝9＝4＞4＞10＞11。飞羽外翈暗棕色，内翈由内向外逐渐转为黑褐色。尾羽式为 29mm；15mm；9mm；4mm；1mm。

嘴黑褐色，脚角褐色，爪基角褐色，爪尖棕白色。

生活习性：湖南常见的留鸟。栖息于低山、丘陵和山脚平原的矮树丛和灌木中，也见于农田、旷野、村落附近的竹丛、草地或庭园内，喜成群活动。主要以昆虫和昆虫幼虫为食，也吃植物种子、果实等。繁殖期 3～7 月。营巢于灌丛中，每年产 1～2 窝，每窝产 3～4 枚，淡浅蓝色或白色，雌雄亲鸟轮流孵卵，共同育雏。

测量数据：（mm）

编号	全长	嘴峰长	翅长	尾长	跗蹠长
15	227.5	21	90	100	38.5
63	238	22	94.4	106	37
92602601	252	25	98	116	38
92062335	202	19	94	97	34

地理分布：广布于湖南各地。

经济意义：食虫益鸟，国家“三有”保护种类。

17. 橙翅噪鹛 *Garrulax elliotii elliotii*（Verreaux）图 17-17、照片 17-14

该物种隶属噪鹛属，系中国特产物种，目前分化出 2 个亚种（*G. e. elliotii*；*G. e. bonvalotii*）。湖南分布的是指名亚种。

英 文 名：Elliot's Laughing Thrush

别　　名：土画眉

历史沿革：*Trochalopteron elliotii* Verreaux，1870，Bull. Nouv. Arch. Mus. Hist. Nat. Paris 6：36（模式产地：四川宝兴）

Trochalopteron prjevalskii Menzbier，1928，Ibis（5）5：300（模式产地：甘肃）

Garrulax elliotii exyunnanensis Meinertzhagen，1928，Ibis，（12）4：510；nom. nov. for：

Trochalopteron yunnanensis Rippob，1906，Bull. Brit. Orn. Cl. 19：32（模式产地：云南）；nec Babax yunnanensis Rippob，1905，Ibid. 15：96

Ianthocincla elliotii perbona Bangs et Peters，1928，Bull. Mus. Comp. Zool.，Harvard Coll. 68：340（模式产地：甘肃祁连山）

Garrulax elliotii elliotii，Vauric，1959，434；Deignan（in Mayr et Paynter），1964，373-374；郑作新，1976，中国鸟类分布名录：648-649；郑作新，1987，中国动物志　鸟纲　第十一卷：135-137；赵正阶，2001，中国鸟类志　下卷：423-425；郑光美，2011，中国鸟类与分布名录：266。

鉴别特征：全长 209～253mm。体形大，飞羽橙黄色，尾下覆羽栗红。

形态描述：额沙黄色向后逐渐变化，至枕呈沙褐色；上体余部及翼上覆羽灰褐色；眼先、颏黑色，喉、颊、耳羽和胸灰褐；各羽具很狭的棕白色端缘；腹、胁与背同色；后腹和尾下覆羽以及覆腿羽栗红色；飞翼内翈黑色，外侧的第 7～8 枚初级飞羽外翈边缘银灰色，自第 2 枚开始，外翈基部的棕黄色逐渐扩大，到第 8 枚几乎达至羽端；第 9 枚外翈全为棕黄色，飞羽式：5>4=6>3=7>8>9>10>2>1。自中央尾羽向外，其内翈的绿褐色逐渐变为黑褐色，外翈的绿褐色逐渐变为橙黄色，各羽具白色端斑，尾羽下表面黑褐。

上嘴尖具一缺刻，有嘴须；虹膜黄白色，嘴黑褐色，脚、趾、爪黄褐色。

生活习性：湖南不多见的留鸟，主要栖息于山地和森林灌丛中，除繁殖季节成对活动外，其他季节多成群活动。主要以昆虫和植物果实、种子为食。繁殖期 4～7 月，营巢于林下灌木丛中，巢多细枝、树皮、枯草等构成。每窝产卵 2～3 枚。

图 17－17 橙翅噪鹛（仿 Karen Phillipps）

照片 17－14 橙翅噪鹛（邓学建 摄）

测量数据：(mm)

全长	嘴峰长	翅长	尾长	跗蹠长
240	17	93	110	37
230	17	85	115	33
215	18	89	112	33
235	18	93	121	34
243	18	92	118	33
230	20	100	109	30
235	21	90	115	30

地理分布：广泛分布于湘南、湘西和湘东地区。

经济意义：中国特有物种，国家三有保护种类。

18. 赤尾噪鹛 *Garrulax milnei sinianus*（Strewemann）图 17－18

该物种隶属噪鹛属，全世界分化出 4 个亚种，中国分布有 3 个亚种（*G. m. milnei*；*G. m. sinianus*；*G. m. sharpei*）。湖南分布的是瑶山亚种。

英 文 名：Red-tailed Laughing Thrush

别　　名：红尾画眉、红尾躁鹛

历史沿革：Trochalopteron milnei sinianum Stresemann，1930，Orn. Monatsb. 38：47（模式产地：广西瑶山）；Gee 1931，Peking Nat. Hist. Bull. 5：49－68；郑作新，1976，中国鸟类分布名录：653－654；郑作新，1987，中国动物志 鸟纲 第十一卷：147－150；赵正阶，2001，中国鸟类志 下卷：431－432；郑光美，2011，中国鸟类分类与分布名录：268。

鉴别特征：全长 240～280mm，头顶及后颈棕色，两翅及尾赤红，颊污白色，余部暗灰。

形态描述：体中型，额至枕部棕色；上背灰褐色，具深色羽缘；眼先、颏、喉黑色；颊

图 17-18　赤尾噪鹛（仿 Karen Phillipps）

后和耳羽银灰色，胸、腹、胁及尾上覆羽棕褐色，胸部隐显深色端缘（莽山标本胸前褐色染灰而无端缘）。飞羽内翈和羽端黑褐，外翈以及大覆羽表面赤红，小覆羽几乎与背同色，最内侧次级飞羽内翈具一长方形白斑，次内侧飞羽内翈前段染污白色，第 1～6 或第 1～8 枚初级飞羽具切迹，最外几枚切迹处呈粉红色（莽山的淡红），飞羽式为 7≥8=6>9>10>5>4>3>2。次内侧次级飞羽>最内侧次级飞羽>1；尾羽外翈赤红色，内翈黑褐稍染暗红；羽轴黑色；尾羽腹面黑褐色，尾凸形，尾羽式为：38mm；19mm；11mm；8mm；3mm。

嘴黑褐色，嘴端稍下曲具缺，足爪黑褐色。

生活习性：湖南不多见的留鸟，主要栖息于常绿阔叶林、竹林和林缘灌丛中，常成对或成小群活动。主要以昆虫和植物果实、种子为食。繁殖期 5～7 月巢由竹叶、枯草等构成，多置于林下灌木和小树上。

测量数据：（mm，g）

编号	采集地	性别	体重	全长	嘴峰长	翅长	尾长	跗蹠长
828056	道县	雄体	78	252	21	97	116	43
	莽山	—	—	260	23	102	120	38.5

分布：分布于湘西、湘南地区。

经济意义：食虫益鸟。

19. 红嘴相思鸟 *Leiothrix lutea lutea*（Scopoli）图 17-19、照片 17-15

该物种隶属相思鸟属，全世界分化出 10 个亚种，中国分布有 4 个亚种（*L. l. lutea*；*L. l. calipyca*；*L. l. yunnanensis*；*L. l. kwangtungensis*）。湖南分布的是指名亚种。

英 文 名：Red-billed Leiothrix

别　　名：相思鸟、红嘴鸟

历史沿革：*Sylvia lutea* Scopoli，1786，Del. Flor. et Faun. Insubr，2：96（模式产地：安徽）

Leiothrix astleyi Delacour，1921，Bull. Brit. Orn. Cl. 41：115（模式产地：中国）；Gee 1931，Peking Nat. Hist. Bull. 5：49-68；La Touche，1925-1934，A handbook of the birds of eastern China，London；郑作新，1976，中国鸟类分布名录：657-658；郑作新，1987，中国动物志　鸟纲　第十一卷：158-162；赵正阶，2001，中国鸟类志　下卷：

436 -438；郑光美，2011，中国鸟类分类与分布名录：281 - 282。

鉴别特征：全长 127～154mm。尾叉状，上体从头到尾上覆羽均为暗灰色，头顶绿色较浓，雄性成体嘴赭红，颏和喉橙黄色，初级飞羽基部赭红。雌性成体嘴暗红，颏和喉灰白色，初级飞羽基部橙黄。

图 17 - 19 红嘴相思鸟（仿 Karen Phillipps）

照片 17 - 15 红嘴相思鸟（邓学建 摄）

形态描述：雄体额、头顶、枕及后颈橄榄绿色，背、腰及尾上覆羽暗灰绿，尾上覆羽达尾羽中部且具白色羽端缘。眼先和眼圈黄白、颊部淡黄色；眉纹暗橄榄绿色，耳羽浅灰，颈侧灰白，颏及喉均橙黄色，上胸橙红色，下胸灰白，腹部淡白，两胁浅黄灰色，肛羽淡黄，尾下覆羽浅黄色，其长度达尾羽基部的 1/3 处。初级飞羽 10 枚，飞羽式为 5>4>=6>7>3>8>9>10>2>1，除第 1 枚较小外，其他 9 枚初级飞羽外翈外缘淡黄，外翈基部赭红，内翈灰黑，次级飞羽的外翈基部橄榄灰色，第 1 到第 4 或第 5 枚中段边缘橙黄色，端部约占羽长 2/3 处的边缘漆黑，三级飞羽和翼上覆羽同背色。小翼羽黄白色，腋羽长且成白色，翼下覆羽淡灰且端部稍带褐色，尾羽 12 枚，成叉状，中央尾羽 2 枚基部橄榄绿色，端部呈黑色，由内向外尾羽比中央尾羽依次长 3mm、4mm、2mm、2mm，外侧尾羽内翈暗褐色，外翈绒黑。

嘴上缘弯曲，下缘稍直，雄鸟呈赭红色，有嘴须，有近端缺刻，鼻孔椭圆，有鼻须，一根较长其余稍短，有瓣膜，足纤细前缘鳞片盾状，趾为三前一后排列，爪纤细勾状，较长，脚和趾黄褐色，虹膜淡红褐色。

雌体除嘴暗红，颏和喉均为灰白色，初级飞羽基部橙黄外，其余各部分均与雄体相似。

生活习性：湖南较常见的留鸟，主要栖息于山地常绿阔叶林、混交林、竹林和林缘灌丛地带，除繁殖期间成对活动外，其他季节多成小群活动。主要以昆虫为食，也吃植物果实、种子。繁殖期 5～7 月，巢主要由苔藓、枯草、树叶、树皮等编织而成，多置于灌木侧枝或小树杈上，每窝产卵 3～4 枚。

测量数据： (mm)

编号	日期	采集地	性别	虹膜	全长	嘴峰长	翅长	尾长	跗蹠长
93062601	1993.06.26	莽山泽子坪	雌体	褐色	153	14	64	59	21

续表

编号	日期	采集地	性别	虹膜	全长	嘴峰长	翅长	尾长	跗蹠长
93062604	1993.06.26	莽山泽子坪	雄体	黑色	150	13.5	23	60	27
93070207	1993.07.02	莽山泽子坪	雄体	棕色	134	14	67	58	25
93070101	1993.06.30	莽山泽子坪	雄体	棕色	148.6	12	68	58	23
93070102	1993.07.01	莽山泽子坪	雄体	棕褐色	151	11	67	58	24
93070104	1993.07.01	莽山泽子坪	雄体	棕色	126.5	9	64	43	27
93070105	1993.07.01	莽山泽子坪	雄体	棕色	145	10	72	62	23
93070212	1993.07.02	莽山泽子坪	雌体	棕红色	127	—	—	—	—
93050909	1993.05.09	石门小溪	—	红棕色	150	13	67	62	24
6062001	1960.06.20	—	—	—	140	13	65	60	
57104292	1957.01.04	长沙	雌体	—	135	10	59	57	22
636263021	1963.06.23	莽山想思坑	—	橙红色	145	13	72	58	25
571128601	1957.11.02	湖南长沙	—	—	134	13	65	63	24
81000001	1981	宜章莽山	—	—	151	13	67	65	20
81000002	1981	宜章莽山	—	—	138	12	70	66	23
81000003	1981	宜章莽山	—	—	135	11	67	61	23
50285141	—	浏阳大围山	—	—	120	10	68	59	23
50285142	—	浏阳大围山	—	—	121	12	67	63	23
50285143	—	浏阳大围山	—	—	123	10	65	58	21

地理分布：广泛分布于湖南省各地。

经济意义：湖南省的省鸟，国家“三有”保护物种，国际贸易公约附录Ⅱ保护物种，湖南地方重点保护鸟类，观赏鸟。

20. 红翅鵙鹛 *Pteruthius flaviscapis ricketti* Ogilvie-Grant 图 17－20

该物种隶属鵙鹛属，全世界分化出 11 个亚种，中国分布有 4 个亚种（*P. f. flaviscapis*；*P. f. ricketti*；*P. f. yunnanensis*；*P. f. lingshuiensis*）。湖南分布的是华南亚种。

英 文 名：Red-winged Shrike babblet；white-browed Shrike babblet

别　　名：伯劳眉

历史沿革：*Pteruthius ricketti* Ogilvie-Grant，1904，Bull. Brlt. Orn. Cl. 14：92（模式产地：福建挂敦）

Pteruthius flaviscapis ricketti Ogilvie-Grant，Gee 1931，Peking Nat. Hist. Bull. 5：49－68；La Touche，1925－1934，A handbook of the birds of eastern China，London；郑作新，1976，中国鸟类分布名录：660－661；郑作新，1987，中国动物志　鸟纲　第十一卷：168－171；赵正阶，2001，中国鸟类志　下卷：441－442；郑光美，2011，中国鸟类分类与分布名录：282－283。

鉴别特征：全长 150～180mm，头顶黑色或蓝灰色，眉纹白色。上嘴呈弯钩状，先端有缺刻，嘴须弱，内侧次级飞羽栗色。

图 17-20 红翅䴗鹛（仿 Karen Phillipps）

形态描述：体中小型，头似伯劳，但尾较短，上体色暗，下体色淡，翅具红斑。雄体额头顶及枕黑色，具黑蓝色金属光泽；背、腰及尾上覆羽灰蓝色；眼先黑色；颊及耳羽黑色染灰；眉纹白色从眼前缘后伸达颈侧；颏、喉、上胸灰色；下胸、上腹及两胁浅灰色，飞羽黑褐色；初级飞羽除第 1 枚外，均具白色端斑；其中以第 5 枚白斑最大，两侧较小；自第 3 枚初级飞羽始以内的各飞羽外翈缘具蓝黑色金属光泽。最内侧 3 枚飞羽内翈棕红，外翈鲜黄，并具蓝黑色羽端斑，倒数第 4 枚最内侧飞羽中部的外翈鲜黄，余部与其余 4 枚飞羽同。翼上各覆羽黑褐，具蓝黑色外翈缘；翼缘白色，羽下覆羽白色；尾羽黑褐，外翈缘具蓝黑色金属光泽；尾羽具细的隐横纹。

雌体额、头顶及枕蓝灰色，背及尾上覆羽黄褐色；眼先、颊及耳羽似头顶，但色较淡；眉纹灰白，自眼前上缘后伸达枕部；颏、喉和上胸淡蓝灰色，下胸及上腹灰褐色，下腹及尾下覆羽白色，两胁淡灰褐；飞羽内翈黑色，自第 2 枚初级飞羽以内各羽的外翈羽缘橄榄绿，且愈内侧者绿缘愈宽；第 3～6 枚初级飞羽外翈羽缘的远段灰白色；除外侧 3 枚初级飞羽外，各初级飞羽具白色端斑，初级飞羽内翈中部具白斑，最内侧 3 枚飞羽的内翈棕红色，第 3～6 枚初级飞羽具切迹；飞羽式：4>5>3>6>7>2>8>9>10。第 1 枚初级飞羽较长，其长度大于最内侧飞羽，而小于次内侧飞羽；尾羽 12 枚，黄绿色，具黄白色端斑和黑色次端斑，愈外侧色斑愈大。

上喙黑色，具明显的钩和缺，下喙角白色。足肉红色，爪色更淡，虹膜棕褐色。

生活习性：湖南不多见的留鸟，主要栖息于落叶阔叶林、常绿阔叶林和针阔混交林的山地森林中，除繁殖季节成对活动外，其他季节多集小群活动。主要以昆虫为食。繁殖期 5～7 月，每年 1～2 窝，每窝产卵 2～3 枚，巢由枯草、细根等构成，多置于树顶细而下垂的树枝末梢。

测量数据：(mm，g)

日期	采集地	性别	体重	全长	嘴峰长	翅长	尾长	跗蹠长
1992.12.07	莽山	雌体	40	160	16	85	64	26

地理分布：分布于湘南地区。

经济意义：食虫益鸟。

21. 蓝翅希鹛 *Minal cyanouroptera wingatei*（Ogilvie-Grant）图 17－21

该物种隶属希鹛属，全世界分化出 7 个亚种，中国仅分布有 1 个亚种，即西南亚种。

英 文 名：Blue-winged Minla

历史沿革：*Siva wingatei* Ogilvie-Grant，1900，Bull. Brit. Orn. Cl. 10：38（模式产地：云南昆明）

Siva cyanouroptera yaoshanica Hachisuka，1941，Proc. Bioi. Soc. Wash. 54：50（模式产地：广西瑶山）

Minla cyanouroptera，*croizati* Deignan 1958 Proc. Bioi. Soc. Wash. 54：50（模式产地：四川宜宾）

Minla cyanouroptera wingatei（Ogilvie-Grant）Gee 1931，Peking Nat. Hist. Bull. 5：49－68；郑作新，1976，中国鸟类分布名录：669－670；郑作新，1987，中国动物志　鸟纲　第十一卷：188－190；赵正阶，2001，中国鸟类志　下卷：453－454；郑光美，2011，中国鸟类分类与分布名录：285。

鉴别特征：全长 139～155mm。头蓝灰色，眉纹白色，上体棕黄色，翅和尾蓝色，头侧、颏、喉、胸葡萄灰，腹部白色。

图 17－21　蓝翅希鹛（仿 Karen Phillipps）

形态描述：额至枕为蓝灰色，具细的黑色羽轴纹；背、腰、尾上覆羽棕黄色；眼先、眼圈、眉纹白色，白色眉纹之上还有一条伴行的黑色眉纹；颏至胸为灰色；腹灰白色；尾下覆羽白色；胁赭褐色；翼圆形，初级飞羽 10 枚，飞羽式 3>4>5>6>7>8>9>10>2>1。第 2～7 枚初级飞羽具有切迹。飞羽外翈蓝色，内翈灰褐色；次级飞羽外翈边缘灰白色，染淡紫色，内翈灰褐色；最内侧飞羽外翈淡赭色，内翈棕褐色，边缘为白色；大覆羽、小翼羽同背色；翼下覆羽为白色；圆形尾，中央尾羽灰褐色；外侧尾羽外翈蓝色，内翈灰褐色；尾羽由外向内距尾端 1.1mm，0.3mm ，0.1mm，0mm，0mm。

雌鸟头顶灰白色，上体草黄色，下体赭褐色，白色眉纹不显而黑色眉纹醒目。其余与雄鸟相似。

嘴纤细，基部稍宽，嘴峰稍曲，黑褐色，下嘴基部黄褐色。口须 4 枚，稍强，黑色。无鼻须。离形足，跗蹠、趾、爪淡褐色，跗蹠被靴状鳞。虹膜褐色。

生活习性：湖南稀有的留鸟，栖于栎类植物和云南松的针阔叶林中，常成对或成小群活动。大都以昆虫为食，也吃少量植物果实和种子。繁殖期 5～7 月，营巢于林下灌丛中，巢主要由枯草、苔藓、树叶等构成，每窝产卵 3～4 枚。

测量数据：（mm，g）（仿郑作新，1985）

性别	体重	全长	嘴峰长	翅长	尾长	跗蹠长
雄体	17～19	146～155	11～13	61～66	68～72	21～25
雌体	17～18	139～155	11～13	59～62	64～70	20～25

地理分布：广泛分布于湘南地区。

经济意义：食虫益鸟。

22. 火尾希鹛 *Minal ignotincta jerdoni* Verreaux 图 17－22

该物种隶属希鹛属，全世界分化出 2 个亚种，我国均有分布（*M. i. ignotincta*；*M. i. jerdoni*）。湖南分布的是西南亚种。

英 文 名：Fire-tailed Minla

别　　名：红尾希鹛

历史沿革：*Minla jerdoni* Verreaux，1871，Bull. Nouv. Arch. Mus. Hist. Nat. Paris 6：38（模式产地：四川宝兴）

Minla ignotincta mariae La Touche，1921，Bull. Brit. Orn. Cl. 42：30（模式产地：云南东南部弥勒地）

Minla ignotincta sini Stresemann，1929，Journ. Orn. 77：333（模式产地：广西瑶山）

Minal ignotincta jerdoni Verreaux，Gee 1931，Peking Nat. Hist. Bull. 5：49－68；郑作新，1976，中国鸟类分布名录：671－672；郑作新，1987，中国动物志 鸟纲 第十一卷：192－195；赵正阶，2001，中国鸟类志 下卷：455－457；郑光美，2011，中国鸟类分类与分布名录：286。

鉴别特征：全长 122～143mm。雄性成鸟前额至后颈亮黑色，具长而宽的白色眉纹；上体余部橄榄褐色；尾上覆羽黑色；胸、腹、尾下覆羽黄白色；翼黑色；外缘红色；尾羽黑色，外翈边缘红色。具棕红色端斑。雌鸟与雄鸟相似，翼外缘黄色，尾羽外缘淡红色。

形态描述：雄性成鸟额、头顶、枕、后颈亮黑色；背黑褐色向后逐渐变淡，至腰呈灰橄榄绿色；尾上覆羽黑色，最后一对尾上覆羽白色且狭长，后伸达尾的中部。眼先，贯眼纹以及耳羽黑色；眉纹白色，宽而长，眉纹前部染黄；上、下眼睑白色。下颊、颏、喉白色；胸、腹、尾下覆羽黄白色具细的黑褐色羽轴纹，尾下覆羽羽轴纹不显；胁黄白色染褐色；翼圆形，飞羽黑色。初级飞羽 10 枚，外翈边缘朱红色，末端为浅黄色；次级飞羽外翈边缘朱红色，末端白色，最内侧飞羽黑色具白色端斑；大覆羽、中覆羽黑色，羽缘及末端白色；小

图 17－22 火尾希鹛（仿 Karen Phillipps）

覆羽同背色；初级覆羽黑色。尾羽黑色，外翈缘火红色，内翈缘白色，具粉红色端斑。

雌性成鸟与雄鸟相似，但飞羽外翈边缘黄色；尾羽外缘浅红色；胸、腹浅黄色。

嘴稍细，嘴端具缺刻，上嘴铅黑色，下嘴铅黄色。离形足；跗蹠、爪、趾角黄色，跗蹠被盾状鳞。虹膜浅灰色。

生活习性：湖南稀有的留鸟。主要栖息于常绿阔叶林或混交林中，除繁殖季节成对活动外，其他季节多集群活动于较高树枝、树冠上。以昆虫幼虫为食，兼食植物种子。繁殖期5～7月，营巢于林下灌木枝杈上，由苔藓、毛发树枝等构成，每窝产卵2～3枚。

测量数据：（mm，g）（郑作新，1985）

性别	体重	全长	嘴峰长	翅长	尾长	跗蹠长
雄性	15～22	122～143	11～13	60～64	50～55	20～21
雌性	14～15	139～141	11～13	60～61	52	21～22

地理分布：分布于湘南地区。

经济意义：食虫益鸟。

23. 金胸雀鹛 *Alcippe chrysotis swinhoii*（Verrraux）图 17－23

该物种隶属雀鹛属，全世界分化出5个亚种，中国分布有3个亚种（*A. ch. forresti*；*A. ch. swinhoii*；*A. ch. amoena*）。湖南分布的是西南亚种。

英 文 名：Golden-breasted Tit Babbler

历史沿革：Proparus *swinhoii* Verrraux，1870，Bull. Nouv. Arch. Nus. Nat. Paeis 6：38（模式产地：四川宝兴）

Alcippe chrysotis swinhoii（Verrraux），Gee 1931，Peking Nat. Hist. Bull. 5：49－68；郑作新，1976，中国鸟类分布名录：672－673；郑作新，1987，中国动物志 鸟纲 第十一卷：196－199；赵正阶，2001，中国鸟类志 下卷：457－458；郑光美，2011，中国鸟类分类与分布名录：286。

鉴别特征：全长90～117mm。头黑，有1道白色中央冠纹；上体深灰带绿；下体金黄；

翅和尾黑，有金黄色外缘。

图 17-23 金胸雀鹛（仿 Karen Phillipps）

形态描述：额、眼先、头顶至枕黑色，具白色冠纹；颊及耳羽灰白散有褐轴纹；背橄榄灰；颏、喉及上胸黑色；下胸、腹、尾下覆羽以及胁部金黄色；飞羽和翼上覆羽黑色；第1～5枚初级飞羽外翈缘棕黄，第6～10枚外翈黑褐，第1～7枚次级飞羽外翈边缘橙红色，第8～9枚外翈缘黑褐，其余飞羽黑褐色，内翈缘灰白色；最内侧3枚飞羽内翈1/2为白色。所有次级飞羽末端为灰白色，该斑越向内范围越大。翼下覆羽灰白色；飞羽式（包括次级飞羽）：5>4>6>7>8>9=3>10>次1>2>3>初2>次4>次5>初1=次倒2>覆羽。尾几乎呈圆形，尾羽12枚，由外向内距尾端为10mm；4mm；1mm；0mm；0mm。尾羽黑褐色，外翈缘基部2/3处为橙红色，其余为黑褐色。

雌雄鸟相似，雌鸟头部色彩较雄鸟稍暗。

上、下嘴均铅灰色，鼻孔外具黄白色鼻膜，嘴端梢下曲，足、趾、爪角褐色，虹膜棕褐。

生活习性：湖南稀有的留鸟，主要栖息于低山常绿阔叶林、针阔混交林和竹林等山地森林，多单独或成对在树丛或林下灌丛中活动。主要以昆虫为食。

测量数据： （mm）

编号	采集地	全长	嘴峰长	翅长	尾长	跗蹠长	翼尾
93062501	莽山泽子坪	95	9	48	46	21	145

地理分布：广泛分布于湘南地区。

经济意义：食虫益鸟。

24. 褐头雀鹛 *Alcippe cinereiceps fucata* (Styan) 图 17-24、照片 17-16

该物种隶属雀鹛属，全世界分化出7个亚种，中国均有分布（*A. c. manipurensis*；*A. c. fucata*；*A. c. guttaticollis*；*A. c. cinereiceps*；*A. c. fessa*；*A. c. tonkinensis*；*A. c. formosana*）湖南分布的是华中亚种。

英 文 名：Brown-headed Tit Babbler

历史沿革：*Proparus fucatus* Styan，1899，Bull. Brit. Orn. Cl. 8：26（模式产地：湖北宜昌）

Alcippe cinereiceps berliozi Yen，1932，Bull. Mus. Hist. Nat. Paris（2）4：381（模式产地：湖南南部青洞山）

Alcippe cinereiceps fucata（Styan），郑作新，1987，中国动物志　鸟纲　第十一卷：212－216；赵正阶，2001，中国鸟类志　下卷：464－466；郑光美，2011，中国鸟类分类与分布名录：288。

鉴别特征：全长 110～137mm。头灰褐色，上背栗褐色；尾褐色；喉，胸近白色；有不明显的暗斑；腹部茶黄色；外侧飞羽外缘有白色。

图 17－24　褐头雀鹛（仿 Karen Phillipps）

照片 17－16　褐头雀鹛（王斌　摄）

形态描述：额灰黑色；头顶、枕以及后颈灰褐色；背、腰棕色；尾上覆羽变淡。眼先灰褐色，眉灰黑色界限不清；颊、耳羽污白色散有淡棕轴斑。颏尖棕褐色，喉白色散有棕褐色轴斑，胸多少具一污白色胸环与颈侧污白相连；腹、尾下覆羽淡棕；两胁棕色；翼下覆羽灰白色；翼上覆羽棕色；飞羽黑褐色，内翈端部边缘黄白色，第 1～5 枚飞羽外翈绒白色，内侧 5 枚初级飞羽外翈黑色。内侧飞羽黑褐染棕；飞羽式：5＞6＞7＝4＞8＞9＞3＞10＞2＞1。最内飞羽稍长于第 1 枚初级飞羽。尾圆形，尾羽 10 枚，尾羽式为 7mm；5mm；4mm；2mm；各尾羽末端尖形。尾羽黑褐色，外翈缘淡棕色。

嘴黑色似山雀，有须，悬于鼻孔之上。跗蹠褐色，前缘被盾状鳞。趾、爪肉褐色，后趾爪明显强大，连爪 15mm，中趾连爪 16mm，后爪长 5mm。

生活习性：湖南不常见的留鸟，栖息于各种植被类型中，常集小群活动。主要以昆虫为食，也吃植物叶片、幼芽、果实和种子等。繁殖期 5～7 月，营巢于林下竹丛中和灌木枝杈上，巢由枯草和竹叶构成，每窝产卵 5 枚。

测量数据：（mm，g）

日期	采集地	全长	体重	嘴峰长	翅长	尾长	跗蹠长
1992.7	石门小溪	112	7.8	9	56	56	23

地理分布：分布于湘西、湘南地区。

经济意义：食虫益鸟。

25. 褐胁雀鹛 *Alcippe dubia genestieri* Oustalet 图 17－25

该物种全世界分化出 4 个亚种，分布于中国的有 2 个亚种（*A. d. genestieri*；

A. d. intermedia)，分布于湖南省的为西南亚种。

英 文 名：Olive-sided Tit Babbler；Rufous-capped Fulvetta；Rusty-capped Fulvetta

别　　名：橄榄胁雀鹛、褐头雀鹛、锈冠雀鹛

历史沿革：Gee 1931，Peking Nat. Hist. Bull. 5：49－68；La Touche，1925－1934，A handbook of the birds of eastern China Taylor and Francis，London；郑作新，1976，中国鸟类分布名录：706；郑作新，1987，中国动物志　鸟纲　第十一卷：291－292；赵正阶，2001，中国鸟类志　下卷：507－508；郑光美，2011，中国鸟类分类与分布名录：289。

鉴别特征：全长136～146mm。头顶棕褐色，具醒目的黑色侧冠纹和宽阔的白色眉纹。上体包括两翅和尾橄榄褐色。颏、喉白色，腹和胸白色沾黑褐色。

图 17－25　褐胁雀鹛（仿 Karen Phillipps）

形态描述：雌雄羽色相似。前额浅棕色，头顶至枕棕褐色具有不明显的暗色窄细的羽缘。头顶两侧各有一条显著的黑色侧冠纹从额侧向后延伸至上背，与该纹伴行的是白色的眉纹；眉纹长而醒目，沿眼上缘向后延伸至耳羽上方；眼先黑色。耳羽和颈侧褐红色，羽缘微暗。上体余部橄榄褐色。颏、喉白色，其余下体白色沾黑褐色，两胁橄榄褐色，尾下覆羽茶黄褐色。两翅和尾表面橄榄褐沾棕。幼鸟上体棕褐色或暗褐带红棕色。头顶较红棕色，其余和成鸟相似。

虹膜棕红色。嘴黑褐色。脚肉褐色。

生活习性：湖南省的留鸟。主要栖息于山地常绿阔叶林、次生林和针阔叶混交林中。也栖息于林缘疏林灌丛草坡和耕地以及居民点附近的稀树灌丛草地。常成对或成小群活动在林下灌木枝叶间，也在林下草丛中活动和觅食。频繁地在灌丛间跳跃穿梭或飞上飞下，有时亦见沿树干螺旋形攀缘向上觅食，边活动边发出“喊、喊、喊”的叫声。主要以甲虫、蝗虫、蜻象、步行虫、鳞翅目幼虫等昆虫和昆虫幼虫为食，也吃虫卵和少量植物果实与种子等植物性食物。其他食物有蚂蚁、蛹和小鱼。雌雄轮流孵卵，雏鸟晚成性。

地理分布：分布于湘西及湘西北。

经济意义：食虫益鸟。

测量数据：　（mm，g）（据赵正阶）

性别	体重	体长	嘴峰长	翅长	尾长	跗蹠长
雄性	14～20	128～148	10～13	52～65	56～70	20～24
雌性	18～22	123～145	9～13	50～64	60～69	20～24

26. 褐雀鹛 *Alcippe brunnea superciliaris*（David）图 17－26、照片 17－17

该物种隶属噪鹛属，全世界分化出 8 个亚种，中国分布有 5 个亚种（*A. b. superciliaris*；*A. b. olivacea*；*A. b. weigoldi*；*A. b. brunnea*；*A. b. arguta*）。湖南分布的是华南亚种。

英 文 名：Gould's Tit Babbler；Gould's Fulvetta；Brown-capped Fulvetta

别　　名：褐顶雀鹛

历史沿革：*Ixulus superciliaris* David，1874，Ann. Sci. Nat. Zool.（5）19. art. 9：4（模式产地：福建挂墩）

Alcippe brunnea superciliaris（David），Gee 1931，Peking Nat. Hist. Bull. 5：49－68；La Touche，1925－1934，A handbook of the birds of eastern China，London；郑作新，1976，中国鸟类分布名录：680－681；郑作新，1987，中国动物志　鸟纲　第十一卷：221－224；赵正阶，2001，中国鸟类志　下卷：468－470；郑光美，2011，中国鸟类分类与分布名录：290。

鉴别特征：全长 134～147mm。头和枕棕褐色，有黑色侧冠纹；上体橄榄褐；头，颈侧灰褐；耳羽较深，具灰色眉纹，下体近白。

图 17－26　褐雀鹛（仿 Karen Phillipps）

照片 17－17　褐雀鹛（康祖杰　摄）

形态描述：雄体额缘、眼先污白色染棕；额、头顶和枕棕褐色，具不明显的暗色羽缘；侧冠纹黑色，自眼前缘向后延伸，直达上背；背羽橄榄褐；腰及尾上覆羽稍染成棕色；眼周棕黄，眉纹灰色，无界限，沿侧冠纹下缘后伸达颈侧；颊灰色染成棕色；耳羽灰褐色染成棕色；颏、喉、颈侧灰白色；胸、腹灰褐色；胸侧较暗，几乎形成胸带；尾下覆羽浅茶黄色；两胁橄榄褐；小覆羽，最内侧次级飞羽和其余飞羽外翈橄榄褐，内翈黑褐；第 2～8 枚初级飞羽具弧形切迹，其中以第 7 枚的最明显；飞羽式为 6＞5＞7＞8＞9＝4＞10；第 3 枚初级飞羽长等于第 2 枚次级飞羽；第 2 枚初级飞羽长等于倒数第 3 枚飞羽，第 1 枚初级飞羽大于最内次级飞羽。尾羽 12 枚，近圆形；中央尾羽和其余尾羽外翈棕褐色，内翈较暗，尾羽自外向内距尾端为 9mm，5mm，3mm，1mm，0mm。

雌体额缘同头顶，头顶羽较雄体暗；眼周灰白；喉部具隐隐可见的暗色羽轴纹；其余与雄体相似。

嘴黑褐（雌体稍淡）；嘴峰稍曲，嘴微具钩，上喙近端具缺刻；嘴须发达，无鼻须；跗蹠前缘具盾状鳞，足黄褐色，爪色更浅。

生活习性：湖南不常见的留鸟，主要栖息于低山丘陵和山脚林缘地带，也常出现在路边、田地和居民区附近，除繁殖期间成对活动外，其他季节常成群活动。主要以昆虫为食。

繁殖期 4～6 月，巢主要由枯草构成，每窝产卵 4 枚。

测量数据： (mm，g)

编号	采集地	性别	体重	全长	嘴峰长	翅长	尾长	跗蹠长
94002	莽山	雌体	19.5	150	13	60	58	24
95002	莽山	雄体	—	135	13.5	64.5	51	24.5

地理分布：分布于湘南、湘东、湘西地区。

经济意义：食虫益鸟。

27. 灰眶雀鹛 *Alcippe morrisonia davidi* Sstyan 图 17－27，照片 17－18

该物种隶属雀鹛属，全世界分化出 7 个亚种，中国均有分布（*A.m. davidi*；*A.m. fraterculus*；*A.m. yunnanensis*；*A.m. schaefferi*；*A.m. hueti*；*A.m. morrisonia*；*A.m. rufescentior*）。湖南分布的是湖北亚种。

英 文 名：Common Tit Babbler

别　　名：灰头雀鹛、灰脸雀鹛、白眶雀鹛

历史沿革：Alcippe davidi Styan，1896，Ibis（7）2：310（模式产地：湖北宜昌）；nom. Nov. for

Alcippe cineria David，1871，Bull. Nouv. Arch. Mus. Hist. Nat. Paris7：8，14（模式产地：四川宝兴）

Alcippe morrisomia davidi Styan，Gee 1931，Peking Nat. Hist. Bull. 5：49－68；郑作新，1976，中国鸟类分布名录：682－684；郑作新，1987，中国动物志 鸟纲 第十一卷：226－232；赵正阶，2001，中国鸟类志 下卷：471－473；郑光美，2011，中国鸟类分类与分布名录：290－291。

鉴别特征：全长 122～143mm。头、颈和颊褐灰色，眼圈灰白色；上体和翅、尾表面橄榄褐色；喉灰色；胸浅皮黄；腹、胁赭黄；腹中央浅淡；下嘴黑色，无眉纹。

图 17－27 灰眶雀鹛（仿 Karen Phillipps）

照片 17－18 灰眶雀鹛（邓学建 摄）

形态描述：额、头顶、枕、颊和耳羽颈侧灰褐色；背、腰为橄榄褐色；尾上覆羽逐渐转棕褐色；眼先灰褐眼周灰白色；颊比头顶稍淡；颏、喉浅灰褐色；胸灰白染草黄；腹侧和两胁为草黄色，腹中央灰白色；尾下覆羽棕黄色；肩羽、小覆羽、内侧飞羽和各飞羽外翈同背色，内翈黑褐，但内翈缘色较淡；第 2～6 枚初级飞羽具切迹：飞羽式为 4>5>6≥3>7>

8>9>10；第 2 初级飞羽等于次内侧飞羽；第 1 枚初级飞羽短于最内侧飞羽。尾羽 12 枚，中央尾羽橄榄褐。其余尾羽外翈暗橄榄褐色，内翈更暗；中央尾羽具不明显的暗色横隐纹；尾羽自外向内距尾端 5mm；5mm；2mm；0mm；0mm；0mm；各尾羽末端羽轴尖出。

嘴黑褐色，嘴峰稍曲，上喙末端略钩，具缺刻，鼻须嘴须均发达。跗蹠前缘，被盾状鳞，跗蹠趾角褐色，爪稍淡。

生活习性：湖南林区常见的留鸟，主要栖息于低山丘陵和山脚平原地带的森林和灌丛中，也出现在农田和居民点附近的丛林和灌丛中，是雀鹛属中分布最广的一种，除繁殖季节成对活动外，其他季节集小群活动，主要以昆虫为食，也吃植物果实、种子等植食性食物。繁殖期 5～7 月通常营巢于林下灌丛近地面的枝杈上，巢主要由草叶、草茎和草根等材料构成，每窝产卵 2～4 枚。

测量数据：（mm）

编号	采集地	全长	嘴峰长	翅长	尾长	跗蹠长
9210072	莽山	125	12.5	58	55.5	23.5
9210097	莽山	121	12	62	57.5	21
9210098	莽山	121	12	62	55.5	20

地理分布：分布于全省各地。

经济意义：食虫益鸟。

28. 鹊色奇鹛 *Heterophasia melanoleuca desgodinsi*（Oustalet）图 17-28，照片 17-19

该物种隶属奇鹛属，全世界分化出 6 个亚种，中国分布有 1 个亚种。

英 文 名：Tichell's Sibia；Black-capped Sibia；Black-headed Sibia

别　　名：黑头奇鹛

历史沿革：*Sibia desgodinsi* Oustalet，1877，Bull. Soc. Philom. Paeis. ser. 7：140（模式产地：西藏昌都）

Heterophasia capistrata teeta Deignan，1948，Proc. Biol. Soc. Wash. 61；15（模式产地：云南西北部）

Heterophasia melanoleuca desgodinsi（Oustalet），Gee 1931，Peking Nat. Hist. Bull. 5：49-68；郑作新，1976，中国鸟类分布名录：685；郑作新，1987，中国动物志 鸟纲 第十一卷：238-239；赵正阶，2001，中国鸟类志 下卷：477-478；郑光美，2011，中国鸟类分类与分布名录：292。

鉴别特征：全长 188～215mm。头、翼和尾部黑色，上体灰色，下体浅白色，尾羽具灰白色端斑。

形态描述：额、头顶、枕具金属反光的黑色；眼先、颊及耳羽黑色；颈淡灰褐，背、肩羽灰褐色；腰灰色；尾上覆羽黑灰色；颏尖黑色；后部污白色；喉、腹、尾下覆羽白色；胸白色染淡灰，成隐隐的胸环；胁灰褐色，腋羽、翼下覆羽灰白色；飞羽黑褐色，第 2～9 枚初级飞羽基部的内翈灰白色，外翈的边缘金属反光的蓝黑色，此色与外翈黑褐色形成一明显的界线；翼上覆羽内翈黑褐色，外翈蓝黑色，最内的 4 枚覆羽中部具灰白色斑，飞羽式：5≥4≥6>3=7>8>9>10>2；尾羽黑褐色，外翈多少具金属蓝色，各尾羽具灰白色端斑，

图 17－28 鹊色奇鹛（仿 Karen Phillipps）

照片 17－19 鹊色奇鹛（刘子祥 摄）

该斑愈向外侧尾羽其范围愈大。尾羽最外侧距尾端 29mm，第 2 枚 10mm，第 3 枚 4mm，第 4 枚与第 5 枚等长。

雌雄相似。

嘴黑色；足、爪黑褐色。

生活习性：湖南林区不多见的留鸟。主要栖息于山地阔叶林和针阔混交林中，冬季也进入沟谷次生林、竹林和林缘灌丛。主要以鞘翅目、直翅目、膜翅目、蜻蜓等昆虫，和昆虫幼虫为食。繁殖期 5～7 月，通常营巢于乔木顶端的侧枝间，巢主要由竹叶、草叶、草茎、苔藓和草根等材料构成，每窝产卵 2～3 枚。

测量数据：（mm，g）

编号	采集地	体重	全长	嘴峰长	翅长	尾长	跗蹠长
9270212	石门	40.4	232	19	103	107	28
93020	吉首	—	240	15	98	128	27

地理分布：分布于湘西、湘南地区。

经济意义：食虫益鸟。

29. 栗耳凤鹛 *Yuhina castaniceps torqueola* （Swinhoe）图 17－29、照片 17－20

该物种隶属凤鹛属，全世界分化出 6 个亚种，中国分布有 2 个亚种（*Y. c. Plumbeiceps*；*Y. c. torqueola*）。湖南分布的是华南亚种。

英 文 名：Chestnut-eared Yuhina；Striaded Yuhina；White-browed Yuhina

别　　名：条纹凤鹛、花颈奇公、白尾奇公、栗头凤鹛

历史沿革：Siva troqueola Swinhoe 1871，Ann. Mag. Nat. His.（4）5：174（模式产地：福建长汀）

Yuhina castaniceps torqueola（Swinhoe）。Gee 1931，Peking Nat. Hist. Bull. 5：49－68；La Touche，1925－1934，A handbook of the birds of eastern China，London；郑作新，1976，中国鸟类分布名录：687－688；郑作新，1987，中国动物志　鸟纲　第十一卷：242－244；赵正阶，2001，中国鸟类志　下卷：481－492；郑光美，2011，中国鸟类分类与分布名录：293。

鉴别特征：全长 115～145mm。具灰色冠羽。耳羽、颈侧和后颈栗色，形成半颈环，上体灰褐色，具白色羽轴纹。下体白色。飞羽灰褐色，外翈缘浅灰褐色；尾羽灰褐色，羽轴栗色，外侧尾羽末端白色。

图 17－29　栗耳凤鹛（仿 Karen Phillipps）

照片 17－20　栗耳凤鹛（邓学建　摄）

形态描述：额、头顶灰色，具灰色羽冠；枕、后颈、背、腰、尾上覆羽栗色染铅蓝色斑，具白色羽轴纹；眼先灰白色；眼后、耳羽、后颊以及后颈栗褐色，具白色羽轴纹，前颊灰褐密布浅色点斑；颏、喉、胸、腹、尾上覆羽白色；胸侧、胁栗色染铅蓝色；圆形翼，初级飞羽 10 枚，褐色，外翈缘浅灰褐色，具暗褐色羽轴，飞羽式 4＞5＞3＞6＞7＞2＞8＞9＞10＞1，其中第 3，第 4，第 5，第 6 枚初级飞羽具切迹，第 1 枚初级飞羽与最内侧三级飞羽等长。次级飞羽浅褐色，内侧飞羽具有白色羽轴纹；初级覆羽、小翼羽灰褐色；大覆羽、中覆羽、小覆羽浅灰褐色，具白色羽轴纹；翼下覆羽灰白色；尾羽 12 枚，除最外侧 2 枚外，余部几乎成圆尾，尾羽由外向内距尾端距离为 14mm，6mm，4mm，2mm，1mm，0mm。尾羽灰褐色，羽轴栗色，外侧尾羽具白色端斑。

嘴纤细，基部稍宽，上嘴栗色，下嘴黄褐色，嘴峰稍曲，近端具缺刻。口须 5 枚，鼻须 5 枚，成黑色。鼻孔椭圆，被膜，黄褐色。离形足，跗蹠前缘具盾状鳞，褐黄色。趾、爪褐色。虹膜浅红褐色。

生活习性：湖南常见的留鸟，主要栖息于沟谷雨林、常绿阔叶林和混交林中，繁殖季节成对活动，非繁殖季节集群活动，活动于较高的灌丛顶端或在较小的幼树上。以昆虫为食，兼食植物性食物。繁殖期 4～7 月，巢多置于其他鸟类废弃的巢洞或天然洞中，主要由枯草和苔藓构成。每窝产卵 3～4 枚。

测量数据： (mm，g)

编号	日期	采集地	性别	体重	全长	嘴峰长	翅长	尾长	跗蹠长
93062605	1993.06.26	宜章	雄体	14.3	120	8	53	60	18
93062709	1993.06.27	宜章	—	15	132	10	80	62	18
93062710	1993.06.27	宜章	雌体	13.5	—	11	85	—	21
93070107	1993.07.01	宜章	雌体	11.8	—	10	70	—	15
99070103	1999.07.10	壶瓶山	—	—	137	9.5	62.5	61	18

地理分布：广泛分布于湖南各林区。

经济意义：食虫益鸟。

30. 白领凤鹛 *Yuhina diademata* Verreaux 图 17－30、照片 17－21

该物种隶属凤鹛属，没有分化，属单型种。

英 文 名：White-collared Yuhina

别　　名：白枕凤鹛

历史沿革：*Yuhina diademate* Verreaux，1869，Bull. Nouv. Arch. Mus. Hist. Nat. Paris 5：35（模式产地：四川宝兴）；Gee 1931，Peking Nat. Hist. Bull. 5：49－68；郑作新，1976，中国鸟类分布名录：691；郑作新，1987，中国动物志 鸟纲 第十一卷：248－249；赵正阶，2001，中国鸟类志 下卷：485－487

Yuhina diademate diademate 郑光美，2011，中国鸟类分类与分布名录：294。

鉴别特征：全长 150～180mm。头顶冠羽褐色，全身褐色，眼先黑色，枕部白色形成白领，飞羽黑色，尾羽深褐色，羽轴白色，腹部和尾下覆羽白色。

图 17－30 白领凤鹛（仿 Karen Phillipps）

照片 17－21 白领凤鹛（李剑志 摄）

形态描述：前额黑色，额及头顶褐色，羽轴和羽端灰白，形成可竖起的羽冠；眼后缘、枕部呈白色环状；颈、背、腰以及尾上覆羽灰褐色；尾和飞羽黑色；尾羽轴白色，眼先、颏黑色；颊及耳羽棕褐色，耳羽具灰白色羽轴纹。喉、胸和胁与背同色；腹灰白色；肛、尾下覆羽灰白色；飞羽黑褐，内翈中段是灰白色翈缘；末段羽轴白色，基部黑褐色；次级飞羽与背同。第 3～7 枚飞羽外翈有切迹，飞羽式：5>4=6>7>8=2>9>10>1，第 1 枚初级飞羽长等于最内侧次级飞羽；尾羽 12 枚，各尾羽末端部斜方形。中央尾羽稍短，距尾端 2mm；中央尾羽色较浅。

嘴黄色，鼻孔长裂状，被膜黑褐色。具嘴须和鼻须，足、趾角黄色，爪角褐色。虹膜红棕色。

生活习性：湖南少见的留鸟，主要栖息于山地阔叶林、针阔混交林、针叶林和竹林，除繁殖期间多成对活动外，其他时候多集小群活动。主要以昆虫和植物果实、种子为食。繁殖期 5～8 月，巢多置于低矮树丛间或灌木杈上，巢多由苔藓、枯草、枯叶和细根构成。每窝产卵 2～3 枚，通常 3 枚。

测量数据：（mm，g）

编号	性别	体重	全长	嘴峰长	翅长	尾长	跗蹠长
93051105	雌体	10	162	12.5	76	76	24
—	雄体	12	156	12.5	72	73	23

地理分布：分布于湘西北部，湘北偶有发现。

经济意义：食虫益鸟。

31. 黑颏凤鹛 *Yuhina nigrimenta intermedia* Rothschild 图 17-31、照片 17-22

该物种隶属凤鹛属，全世界分化出 3 个亚种，中国分布有 2 个亚种（*Y. n. pallida*；*G. p. indermedia*）。湖南分布的是西南亚种。

英 文 名：Black-chinned Yuhina

别　　名：黑额凤鹛

历史沿革：*Yuhina nigrimenta intermedia* Rothschild，1922，Bull. Brit. Orn. Cl. 43：11（云南西北部：澜沧江流域及怒江和谰沧江间山脉）。Gcc 1931，Peking Nat. Hist. Bull. 5：563；郑作新，1976，中国鸟类分布名录：693；郑作新，1987，中国动物志 鸟纲 第十一卷：252-254；赵正阶，2001，中国鸟类志 下卷：489-490；郑光美，2011，中国鸟类分类与分布名录：294-295。

Yuhina nigrimentnm quarta Riley，1930，Proc. Biol. Soc. Wash. 43：134（四川）。

鉴别特征：全长 105～120mm。具可竖起的羽冠。前额、头顶黑色，其上具灰色鳞状斑。眼先、颏和额缘黑色，头侧和颈部灰色，上体黄绿色，飞羽和尾羽深褐色略带绿色，喉部白色，下体余部棕褐色，两性同色。

形态描述：雌雄同色，自额缘至头顶均黑，各羽具灰色羽缘，构成头顶的灰色鳞状斑。羽冠明显。背部及腰部暗橄榄褐色，尾上覆羽暗绿褐色，达尾羽的中部。眼先纯黑，颊、耳羽、颈侧均灰褐色，颏纯黑色，喉部纯白，胸部灰色，腹部灰白染黄，两胁颜色稍暗，肛羽及尾下覆羽均黄灰，且尾下覆羽达尾羽中部。飞羽深褐，初级飞羽 10 枚，飞羽式为 4>5>3>2=6>7>8>9>10>1，除第 1 枚初级飞羽外，其余初级飞羽内翈边缘为白色，外翈边缘和最内侧次级飞羽淡褐色略带绿色. 腋羽淡黄，翼下覆羽稍灰，尾羽 12 枚，中央尾羽 2 枚暗褐，外侧尾羽灰褐。

上嘴黑色，下嘴橘红，嘴上缘弯曲，下缘稍平。有嘴须，嘴具近端缺刻。鼻孔扁形，有鼻须、瓣膜。足纤细，前缘被不明显的盾状鳞，趾为三前一后排列，爪弯钩状，脚和趾角黄

图 17－31 黑颏凤鹛（仿 Karen Phillipps）

照片 17－22 黑颏凤鹛（江方明 摄）

色，爪角白色，虹膜褐色。

生活习性：湖南林区常见的留鸟，常栖息雨常绿阔叶林、混交林和林缘灌丛地带，除繁殖期多成对活动外，其他季节多成群活动。主要以昆虫为食。繁殖期 5～7 月，巢主要由苔藓、细根和枯草茎构成，多置于枯朽侧枝枝杈上，每窝产卵 3～4 枚。

测量数据：（mm）

编号	全长	嘴峰长	翅长	尾长	跗蹠长
5831801	125	11	51	42	14

地理分布：广泛分布于湖南各地。

经济意义：食虫益鸟。

十八、鸦雀科 Paradoxornithidae

鸦雀科以前归为画眉科，目前提升为一个独立的科。该科鸟类体形较小，体羽较松软，腰羽羽轴正常，颈无发状纤羽。鼻孔被羽。嘴短厚似鹦鹉嘴。喙前缘无锯齿。翅短圆，具10枚初级飞羽；第1枚甚短。尾较长，尾羽12枚，不呈深叉状。后趾（连爪）较中趾（连爪）为短，跗蹠后缘侧扁成棱状。跗蹠长而粗，前缘被盾状鳞。跗蹠较嘴（从嘴角量起）为长。幼鸟体羽不具点斑，亦不呈黄色。

本科鸟类大都营结群生活。嗜吃昆虫兼食果实及其他植物性物质。巢呈杯状，由枝、叶、杂屑等构成。

本科全世界已发现有3属20种，中国分布有3属20种（42亚种）。湖南省发现有1属5种，其名录如下。

（1）棕头鸦雀 *Paradoxornis webbianus suffuses*（Swinhoe）

（2）白眶鸦雀 *Paradoxornis conspicillatus rocki*（Bangs *et* Peters）

（3）黑喉鸦雀 *Paradoxornis nipalensis craddcki*（Bingham）

（4）灰头鸦雀 *Paradoxornis gularis fokiensis*（David）

（5）挂墩鸦雀 *Paradoxornis davidianus davidianus*（Slater）

湖南省鸦雀科鸟类种别检索表

1. 尾较翅长 …………………………………………………… **2**
   尾与翅等长，或短于翅 …………………………………… **4**
2. 具白色眼眶 ………………………… **白眶鸦雀 *Paradoxornis conspicillatus rocki***
   不具白色眼眶 ……………………………………………… **3**
3. 喉部黑色 ………………………… **橙背鸦雀 *Paradoxornis nipalensis craddcki***
   喉部非黑色 ………………………… **棕头鸦雀 *Paradoxornis webbianus suffuses***
4. 尾较翅短；翅长不及60mm ………… **挂墩鸦雀 *Paradoxornis davidianus davidianus***
   尾与翅几乎等长，翅长超过70mm ………… **灰头鸦雀 *Paradoxornis gularis fokiensis***

1. 棕头鸦雀 *Paradoxornis webbianus suffuses*（Swinhoe）图18-1、照片18-1

该物种隶属鸦雀属，主要分布于我国，目前分化出12个亚种（*P. w. webbianus*；*P. w. suffuses*；*P. w. bulomachus*；*P. w. yunnanensis*；*P. w. mantschuricus*；*P. w. fulvicauda*；*P. w. ganluoensis*；*P. w. alphonsianus*；*P. w. stresemanni*；*P. w. brunneus*；*P. w. richetti*；*P. w. styani*）。湖南分布的是长江亚种。

英 文 名：Rufous-headed Crowtit；Vinous-throated Parrotbill

别　　名：棕喉鸦雀

历史沿革：*Suthora suffusa* Swinhoe，1871，Proc. Zool. Soc. London：372（模式产地：长江上游）

Suthora webbiaus fokienensis La Touche，1923，Bull. Brit. Orn. Cl. 43：101（模式产地：福建挂墩）

Paradoxornis webbianus suffuses（Swinhoe），Gee 1931，Peking Nat. Hist. Bull. 5：49-68；La Touche，1925-1934，A handbook of the birds of eastern China，London；郑作

新，1976，中国鸟类分布名录：700－702；郑作新，1987，中国动物志　鸟纲　第十一卷：272－279；赵正阶，2001，中国鸟类志　下卷：499－501；郑光美，2011，中国鸟类分类与分布名录：298。

鉴别特征：全长 93～127mm。自额至后颈均为红棕色，颏、喉和上胸为淡棕，嘴粗而短，飞羽淡红棕，尾羽比较长。

图 18－1　棕头鸦雀（仿 Karen Phillipps）

照片 18－1　棕头鸦雀（邓学建　摄）

形态描述：雄体比雌体稍大，自额缘至上背均为红棕色，下背及腰部为带黄的橄榄褐色，尾上覆羽与腰部同色。眼先淡红棕色，颊部、耳羽、颈侧均同为淡红棕色，颏、喉和上胸为淡棕色，下胸及腹部为黄灰，两胁的羽毛端部黄灰，基部灰黑；肛羽和尾下覆羽灰白。飞羽外缘暗红色，内缘灰褐色，初级飞羽 10 枚，飞羽式为 5>6>>4>7>9=3>10>8>2>1，除第 1 枚外，其余 9 枚初级飞羽外翈红棕色，而外翈基部暗红色，内翈暗褐。次级飞羽淡褐，小翼羽白色。腋羽黄白色较密，翼下覆羽亦白色带黄。尾圆形，尾羽 12 枚，外侧尾羽距中央尾羽端部距离自内而外分别是 1mm、1mm、5mm、14mm、20mm。中央尾羽基部褐色，端部淡褐，外侧尾羽与中央尾羽相似。

嘴基部黑褐，侧缘和先端均沾淡黄，嘴上缘弯曲，嘴下缘向上弯曲，因此，构成钝状极短的钝状嘴。有嘴须，有近端缺刻。鼻孔小呈圆形，有鼻须，有瓣膜，其上有许多羽毛覆盖，足纤细，前缘鳞片盾状，趾为三前一后排列，爪钩状稍长，脚为铅褐色，虹膜暗褐色。

生活习性：湖南极常的留鸟，主要栖息于低山阔叶林和混交林林缘灌丛地带，常成对活动，秋冬季节常集大群活动。主要以昆虫为食，也吃蜘蛛等无脊椎动物和植物果实、种子等。繁殖期 4～8 月，巢主要由枯草、竹叶、树叶和树皮等构成，多置于灌木或竹丛上，每窝产卵 4～5 枚，一年繁殖 2～3 次。

测量数据：　　　　　　　　　　　　　　　　　　　　　　　　　　　　(mm)

编号	日期	采集地	性别	全长	嘴峰长	翅长	尾长	跗蹠长
362	1957.02.23	长沙	—	121	7	48	64	21
363	1957.02.23	长沙	雄体	124	7	48	61	21.5
364	1957.02.23	长沙	雌体	117	8	47	59	21
385	1957.02.26	长沙	雌体	121	8	47	62	19
397	1957.02.26	长沙	雄体	123	7	52	63	20

续表

编号	日期	采集地	性别	全长	嘴峰长	翅长	尾长	跗蹠长
409	1957.03.11	—	雌体	127	7	52	63	19
433	1957.03.20	长沙	雄体	118	8	49	62	19
82022903	1982.02.29	岳麓山	—	118	8	50	57	19
92081709	1992.08.17	岳麓山	雌体	—	—	45	51	—
93193	1993	衡南江口	雌体	127	—	51.5	62	—
93214	1993	衡南江口	雌体	127	9	52.5	61.5	—
93070202	1993.07.02	莽山泽子坪	雄体	93	8	46	58	20
93070209	1993.07.02	莽山泽子坪	雌体	111	7.8	46.1	53.2	21.4
901110	—	苏仙岭	雄体	—	8	52	65	20
78363004	—	慈利县	—	115	—	60	60	—
8363011	1983.06.30	慈利县	—	115	7	50	60	20
56110166	1956.11.01	宜章莽山	—	111	7	48	63	—
57212330	1957.02.12	岳麓山	雌体	123	8	49	67	21
5880907	1958.08.09	宁乡沩山	—	109	6	47	61	18
5722361	1957.02.23	长沙	雄体	116	7	46	56	18
08	—	大庸桑植	—	100	7	42	53	17

地理分布：广泛分布于湖南省各地。

经济意义：湖南省地方重点保护物种，食虫益鸟。

2. 白眶鸦雀 *Paradoxornis conspicillatus rocki*（Bangs et Peters）图 18－2、照片 18－2

该物种隶属鸦雀属，全世界分化出个 2 亚种（*P. c. conspicillatus*；*P. c. rocki*），全部分布于中国境内。湖南分布的是湖北亚种。

英 文 名：Spectacled Crowtit；Spectacled Parrotbill

别　　名：白眼山雀

历史沿革：*Suthora conspicillatus rocki* Bangs et Peters，1928，Bull. Mus. Comp. Zool. Harvard Coll. 68：345（模式产地：湖北西部宜昌及西南部“Hsien-tien-tsze”）

Paradoxornis conspicillatus rocki（Bangs *et* Peters），Gee 1931，Peking Nat. Hist. Bull. 846；郑作新，1976，中国鸟类分布名录：698－700；郑作新，1987，中国动物志 鸟纲 第十一卷：270－272；赵正阶，2001，中国鸟类志 下卷：498－499；郑光美，2011，中国鸟类分类与分布名录：297。

鉴别特征：体长 12～14cm 的小型鸟类。体羽蓬松，尾较翅长。嘴短而粗厚呈黄色，嘴峰较曲。头顶至后颈棕红色，具白色眼圈，上体橄榄灰褐色。颏、喉至胸淡葡萄红色具黑褐色纵纹。

形态描述：额、头顶和枕棕红色，后颈、颈侧以及背、腰和尾上覆羽橄榄灰褐色；眼先

图 18－2　白眶鸦雀（仿 Karen Phillipps）

照片 18－2　白眶鸦雀（康祖杰　摄）

灰褐色，眼周白色，形成醒目的眼周环。眼周环的上缘有一隐约可见的棕褐色眉纹。颊、耳羽淡葡萄红色；颏、喉和胸淡葡萄红色具黑褐色纵纹，腹、胁、覆腿羽、肛周和尾下覆羽灰色；两翅覆羽与背相同，飞羽和尾羽暗褐色，外翈稍淡而沾灰色。

雌鸟与雄鸟相似，幼鸟羽色较纯，上体呈暗黄褐色，头顶无棕色，喉和胸的葡萄红色不显著，腹黄白。两胁带褐色。

嘴黄色，形状特别，形同鹦鹉嘴，短而厚，其厚度与长度几乎相等，嘴峰呈圆拱形。鼻孔完全被细羽遮盖；足较强健，角褐色。

生活习性：主要栖息于海拔 1000m 以上的山地竹林和林缘灌丛中，也出现于稀树草坡和耕地边的矮树丛内。常单独或成对活动，有时亦与棕头鸦雀混群。食性主要以昆虫为食，也吃植物和杂草果实与种子。2010 年由康祖杰首次发现于石门壶瓶山。系湖南省的冬候鸟。

测量数据：　　（mm）（据郑作新文献）

性别	嘴峰长度	嘴峰高度	翅长	尾长	跗蹠长
亚成体，雄体	10	8～8.5	54～56	65	22

注：嘴峰长度从嘴基量起，喙峰高度从嘴基处量起。

地理分布：省内仅见于石门县的壶瓶山，省外分布于湖北西部宜昌及西南部。

经济意义：我国特产鸟类，国家“三有”保护动物，IUCN2010 年指定的近危（NT）级别物种。该物种种群数量较少，特别是人口的增加，土地被开垦，对种群数量影响较大，属稀有种类。目前已被鸟类生活国际（Bied Life Intemational）列入全球濒危鸟类名录，我国尚未列入国家重点保护野生动物名录。

3. 黑喉鸦雀 *Paradoxornis nipalensis craddocki*（Bingram）图 18－3、照片 18－3

该物种隶属鸦雀属，全世界分化出 12 个亚种，中国分布有 6 个亚种（*P. n. pallidus*；*P. n. morrisonianus*；*P. n. poliotis*；*P. n. crocotius*；*P. n. verreauxi*；*P. n. craddocki*）。湖南分布的是瑶山亚种。

英 文 名：Orange Crowtit；Black-throated Crowtit

别　　名：橙背鸦雀、橙额鸦雀

历史沿革：*Suthora craddocki* Bingram，1903，Bull. Brit. Orn. Cl. 13：54（模式产地：缅甸禅邦）

Paradaxornis nipalensis craddocki (Bingram), Gee 1931, Peking Nat. Hist. Bull. 5: 49-68；郑作新，1976，中国鸟类分布名录：704-706；郑作新，1987，中国动物志 鸟纲 第十一卷：284-287；赵正阶，2001，中国鸟类志 下卷：506-507。

Paradaxornis vewauxi carddocki 郑光美，2011，中国鸟类分类与分布名录：300。

鉴别特征：全长95～102mm。嘴短而厚，鼻孔被羽盖着，尾比翅长，喉黑色，胸腹棕白色，两胁赭橙色。

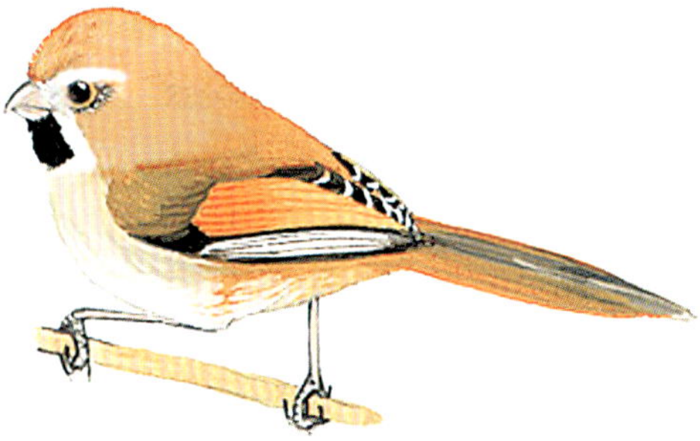

图18-3 黑喉鸦雀（仿 Karen Phillipps）

照片18-3 黑喉鸦雀（邓学建 摄）

形态描述：额与头顶较红棕；上体与尾上覆羽橙棕色；眼先灰褐色，具隐隐的灰白色短眉纹，耳羽与背同色，髭纹白色，较宽与胸部白色相连；颏、喉黑色；胸有不完整的橙棕色环纹，该纹在上胸中央消失。胸、腹和尾下覆羽白色染棕；翼上覆羽为黑褐色，初级飞羽内翈黑褐色，除第1～2枚外，其余内翈具白狭缘，第1枚初级飞羽外翈为黑褐色，第2～6枚白色，第7～10枚黑褐色，基部橙棕色；次级飞羽黑褐色，外翈边缘橙棕色，内翈边缘灰白色。第3～6枚初级飞羽外翈具切迹，飞羽式：5>4=6>7>>8>3>9>10；次级飞羽8枚，第1枚次级飞羽长等于7～8次级飞羽，第2枚次级飞羽长等于第5枚次级飞羽。尾羽棕褐色，外翈棕褐色，外翈基部橙棕色，尾羽末端黑褐色，尾羽羽轴背黑褐色，腹黄白色，覆胫羽橙棕；翼下覆羽白色，两胁棕色，羽基蓝灰色。

雌雄相似。

上喙青灰色；具黑褐色次边缘；下喙象牙白；虹膜棕褐；足角褐色。

生活习性：湖南稀有的留鸟，主要栖息于常绿阔叶林、混交林等各类森林林下灌丛和竹丛中，繁殖期间多成对和单独活动，非繁殖季节多成群活动。主要以昆虫为食。繁殖期5～7月，巢多置于林下的灌丛中，每窝产卵2～4枚，雌雄亲鸟共同孵卵。

测量数据： (mm)

全长	嘴峰长	翅长	尾长	跗蹠长	嘴高	嘴宽	翼展
94	7.5	46	46	17	6.5	5	140

地理分布：广泛分布于湘南地区。

经济意义：食虫益鸟。

4. 灰头鸦雀 *Paradoxornis gularis fokiensis* (David) 图 18-4、照片 18-4

该物种隶属鸦雀属，全世界分化出 7 个亚种，中国分布有 2 个亚种（*P. g. hainanus*；*P. g. fokiensis*）。湖南分布的是华南亚种。

英 文 名：Grey-headed Crowtit；Grey-headed Parrotbill

别　　名：金色雀形山雀

历史沿革：Heteromorpha fokiensis David，1874，Ann. Sci. Nat. Zool.（5）19. art. 9：4（模式产地：福建挂墩）

Paradoxornis gularis fokiensis（David），Gee 1931，Peking Nat. Hist. Bull. 5：49-68；La Touche，1925-1934，A handbook of the birds of eastern China，London；郑作新，1976，中国鸟类分布名录：707-708；郑作新，1987，中国动物志 鸟纲 第十一卷：289-291；赵正阶，2001，中国鸟类志 下卷：510-511；郑光美，2011，中国鸟类分类与分布名录：296。

图 18-4 灰头鸦雀（仿 Karen Phillipps）

照片 18-4 灰头鸦雀（江方明 摄）

鉴别特征：全长 158～182mm。头顶和枕部深灰；黑色眉纹长而宽，自前额向后直伸至颈侧；喉中部具有黑色斑。

形态描述：额缘与眉纹黑色后伸出枕部。额和头顶灰色；背余部棕褐色，眼先灰白，眼圈白色；颊白色，耳羽灰色；颏棕白色，上喉具一黑色块斑；下喉、胸、腹、胁、尾下覆羽均污白色。飞羽外翈及各覆羽同棕色，飞羽内翈黑褐色，飞羽式 5>4>3>2>1，所测标本的第 6 枚初级飞羽正值换羽，仅等于 2，第 7，第 8 枚小于 3，估计才换不久；第 9 枚等于第 10 枚，≤3，除第 1 枚外，各飞羽内翈的内缘棕白色，羽轴背面呈棕黑褐色，腹面白色；尾羽已脱落仅剩 5 枚，颜色与背同。

嘴橙色，上喙明显弯曲，喙缘具波，鼻孔圆形，须发达，趾脚铅黑色，爪角黄色。

生活习性：湖南常见的留鸟，主要栖息于山地常绿阔叶林、次生林、竹林和林缘灌丛中除繁殖季节成对活动外，其他季节多成群活动。主要以昆虫为食，也吃植物果实和种子。繁殖期 4～6 月，营巢于林下幼树或枝杈上，主要由竹叶和枯草构成。每窝产卵 2～4 枚。

测量数据：（mm）

编号	采集地	全长	嘴峰长	翅长	尾长	跗蹠长	嘴厚
8508005	索溪峪	175	14	88	81	25	9

地理分布：广泛分布于湘西、湘南等地区。

经济意义：国家“三有”保护物种。食虫益鸟。

5. 挂墩鸦雀 *Paradoxornis davidianus davidianus*（Slater）图 18－5

该物种隶属鸦雀属，全世界分化出 3 个亚种，中国仅发现 1 个亚种。

英 文 名：David's Crowtit；Short-tailed Crowtit

别　　名：短尾鸦雀

历史沿革：*Suthora davidianus* Slater，1897，Ibis（7）3：172（模式产地：福建西北部）

Paradoxornis davidianus davidianus（Slater），Gee 1931，Peking Nat. Hist. Bull. 5：49－68；La Touche，1925－1934，A handbook of the birds of eastern China，London；郑作新，1976，中国鸟类分布名录：706；郑作新，1987，中国动物志　鸟纲　第十一卷：291－292；赵正阶，2001，中国鸟类志　下卷：507－508；郑光美，2011，中国鸟类分类与分布名录：301。

鉴别特征：小型鸦雀，全长 90～96mm。尾明显短于其他鸦雀。头栗红色，背棕灰，颏、喉黑色，下喉具黄色横带，下体灰黄色。

图 18－5　挂墩鸦雀（仿 Karen Phillipps）

形态描述：自前额到后颈以及头侧亮栗色。上体棕灰色。尾上覆羽栗色。颏与喉黑色，缀有细的纵纹。下喉具淡黄色的横带。胸和腹部灰黄色。两胁和尾下覆羽浅棕色。两翼覆羽与背同色。飞羽黑褐色，外侧的飞羽外翈缘皮黄色，内侧的逐渐变浅，至最内侧的飞羽外翈缘呈灰色。尾羽褐色，外翈缘栗红色。雌雄同色。

虹膜褐色，嘴橙黄色或肉色，脚铅灰色。

生活习性：湖南稀少的留鸟。生活在低山丘陵的林下灌丛和竹林中。成对或小群活动。性活泼、敏捷。主要以昆虫和幼虫为食，也吃植物种子与果实。

测量数据：　(mm)

编号	采集地	性别	体长	嘴峰长	翅长	尾长	跗蹠长
940701	苏仙岭	雄体	96	9	52.5	43	18

地理分布：广泛分布于湘南地区。

经济意义：中国特有物种，《红皮书》中的濒危鸟类，国家“三有”保护动物，食虫益鸟。

十九、莺科 Sylviidae

莺科鸟类体形纤小。嘴形细尖，嘴缘光滑，上嘴先端常微具缺刻。两翅短圆。初级飞羽10枚。尾羽10枚或12枚。跗蹠细弱，前缘具靴状鳞或具盾状鳞。除个别的以外，羽色均单纯，雌雄相似；幼鸟与雌鸟同色，但较为鲜亮，多缀以黄色或红棕色。颈无发状纤羽。后趾（连爪）较中趾（连爪）为短，跗蹠后缘侧扁成棱状，跗蹠前缘被以靴状鳞或盾状鳞，跗蹠较嘴（从嘴角量起）为长。喙前缘无锯齿，常具缺刻及嘴须。

本科种类栖息于各种生境中，鸣声尖脆。营巢习性因种而异。绝大多数种类以昆虫为食，亦兼食植物种子等。大多数为可供饲养的鸣禽笼鸟。

本科全世界共发现48属281种，中国发现16属104种（143亚种）。湖南省发现9属29种，其名录如下：

Ⅰ. 树莺属 *Cettia*

1. 鳞头树莺 *Cettia squameiceps*（Swihoe）
2. 日本树莺 *Cettia diphone canturians*（Swinhoe）
3. 强脚树莺 *Cettia fortipes davidiana*（Verreaux）
4. 黄腹树莺 *Cettia acanthizoides acanthizoides*（Verreaux）

Ⅱ. 短翅莺属 *Bradypterus*

5. 棕褐短翅莺 *Bradypterus luteoventris luteoventris*（Hodgson）

Ⅲ. 大尾莺属 *Megalurus*

6. 斑背大尾莺 *Megalurus pryeri sinensis*（Seebohm）

Ⅳ. 蝗莺属 *Locustella*

7. 小蝗莺 *Locustella certhiola minor* David et Oustalet
8. 矛斑蝗莺 *Locustella lanceolata*（Temminck）

Ⅴ. 苇莺属 *Acrcephalus*

9. 东方大苇莺 *Acrocephalus orientalis*（Temminck et Schlegel）
10. 黑眉苇莺 *Acrocephalus bistrigiceps* Swinhoe
11. 厚嘴苇莺（芦莺）*Acrocephalus aedon rufescens*（Stegmann）
12. 钝翅稻田苇莺 *Acrocephalus concinens concinens*（Swinhoe）

Ⅵ. 柳莺属 *Phylloscopus*

13. 黄腹柳莺 *Phylloscopus affinis*（Tickell）
14. 褐柳莺 *Phylloscopus fuscatus fuscatus*（Blyth）
15. 棕眉柳莺 *Phylloscopus armandii perplexus* Tiechurst
16. 棕腹柳莺 *Phylloscopus subaffinis subaffinis* Ogilvie-Grant
17. 巨嘴柳莺 *Phylloscopus schwarzi*（Radde）
18. 黄眉柳莺 *Phylloscopus inornatus inornatus*（Blyth）
19. 黄腰柳莺 *Phylloscopus proregulus proregulus*（Pallas）
20. 极北柳莺 *Phylloscopus borealis borealis*（Blasius）
21. 双斑绿柳莺 *Phylloscopus plumbeitarsu* Swinhoe
22. 冕柳莺 *Phylloscopus coronatus*（Temminck et Schlegel）

23. 冠纹柳莺 *Phylloscopus reguloides claudiae* (La Touche)
24. 白斑尾柳莺 *Phylloscopus davisoni disturbans* (La Touche)
25. 黑眉柳莺 *Phylloscopus ricketti ricketti* Slater

Ⅶ. 鹟莺属 *Seicercus*

26. 栗头鹟莺 *Seicercus castaniceps sinensis* (Rickett)
27. 金眶鹟莺 *Seicercus burkii valentine* (Hartert)

Ⅷ. 拟鹟莺属 *Abroscopus*

28. 棕脸鹟莺 *Abroscopus albogularis fulvifacies* (Swinhoe)

Ⅸ. 缝叶莺属 *Orthotomus*

29. 长尾缝叶莺 *Orthotomus sutorius longicaudus* (Gmelin)

湖南省莺亚科属、种别检索表

1. 尾羽 10 枚 …… **2**
   尾羽 12 枚 …… **6**
2. 副须多而长，前伸几达嘴的尖端 …… **拟鹟莺属…棕脸鹟莺 *Abroscopus albogularis fulvifacies***
   不具上述特征 …… **树莺属…3**
3. 翅约为尾长的 2 倍，头顶羽色呈鳞片状 …… **鳞头树莺 *Cettia squameiceps***
   翅与尾几乎等长，头顶羽色不呈鳞片状 …… **4**
4. 腹部淡黄色 …… **黄腹树莺 *Cettia acanthizoides acanthizoides***
   腹部淡棕或近白色 …… **5**
5. 跗蹠长等于或大于 23mm …… **日本树莺 *Cettia diphone canturians***
   跗蹠长小于 23mm …… **强脚树莺（山树莺）*Cettia fortipes davidiana***
6. 额羽短圆，羽干不延长；额缘除嘴须外，不另具须 …… **7**
   额羽松散，羽干延伸；嘴须前尚具副须，喙长不及 16mm …… **14**
7. 第 1 枚初级飞羽不及第 2 枚的 1/3 …… **8**
   第 1 枚初级飞羽超过第 2 枚的 1/3 …… **12**
8. 嘴须发达；凸形尾不明显，外侧尾羽超过尾长的 3/4 …… **苇莺属…9**
   嘴须甚小；凸形尾甚显著，外侧尾羽不及尾长的 3/4 …… **蝗莺属…11**
9. 体形较大，翅长超过 75mm …… **东方大苇莺 *Acrocephalus orientalis***
   体形较小，翅长不及 65mm …… **11**
10. 眉纹上缘有黑纹 …… **黑眉苇莺 *Acrocephalus bistrigiceps***
    眉纹上缘无黑纹 …… **钝翅稻田苇莺 *Acrocephalus concinens concinens***
    无眉纹 …… **厚嘴苇莺 *Acrocephalus aedon rufescens***
11. 尾羽具有淡色端斑 …… **小蝗莺 *Locustella certhiola minor***
    尾羽没有淡色端斑 …… **矛斑蝗莺 *Locustella lanceolata***
12. 嘴须甚短 …… **短翅莺属…棕褐短翅莺 *Bradypterus luteoventris luteoventris***
    嘴须发达 …… **13**
13. 嘴长于头 …… **缝叶莺属…长尾缝叶莺 *Orthotomus sutorius longicaudus***
    嘴短于头 …… **大尾莺属…斑背大尾莺 *Megalurus pryeri sinensis***
14. 副须较多，前伸最远仅达嘴的中部 …… **柳莺属…15**
    副须多而长，前伸几达嘴的尖端 …… **鹟莺属…27**
15. 翅上无翼斑 …… **16**
    翅上具翼斑 …… **21**

16. 第 6 枚初级飞羽不具有切痕 ……………………………… **极北柳莺 *Phylloscopus borealis borealis***
第 6 枚初级飞羽有切痕 …………………………………………………………………… **17**
17. 下体纯草黄色或棕黄 ……………………………………………………………………… **18**
下体非纯黄色 ……………………………………………………………………………… **19**
18. 下嘴黄色或仅尖端黑色；下体草黄 …………………………… **黄腹柳莺 *Phylloscopus affinis***
下嘴黑褐色或仅基部黄色；下体棕黄 …………………… **棕腹柳莺 *Phylloscopus subaffinis subaffinis***
19. 嘴形较厚，其鼻孔处的厚度达 3mm 以上；下嘴黄褐色 ……………… **巨嘴柳莺 *Phylloscopus schwarzi***
嘴形较细，其厚度不达 3mm ………………………………………………………………… **20**
20. 腹羽染绿色，具黄色纵纹；腋羽和尾下覆羽橙棕色；下嘴黄褐色 …………………………………………………………… **棕眉柳莺 *Phylloscopus armandii perplexus***
腹羽棕白色，无黄色纵纹；腋羽和尾下覆羽棕白色；下嘴基部黄褐色，尖端暗褐 …………………………………………………………… **褐柳莺 *Phylloscopus fuscatus fuscatus***
21. 尾羽无白色 ……………………………………… **黄腰柳莺 *Phylloscopus proregulus proregulus***
外侧 3 对尾羽的内翈呈白色 …………………………………………………………… **22**
22. 尾下覆羽辉黄色，腹面余部白色 …………………………… **冕柳莺 *Phylloscopus coronatus***
不具上列特征 ……………………………………………………………………………… **23**
23. 头顶具显著冠纹 …………………………………………………………………………… **24**
头顶无显著冠纹 …………………………………………………………………………… **25**
24. 体形较大，翅长大于 57mm ……………………………… **冠纹柳莺 *Phylloscopus reguloides claudiae***
体形较小，翅长小于 57mm ……………………………… **白斑尾柳莺 *Phylloscopus davisoni disturbans***
25. 下体纯辉黄色 …………………………………………… **黑眉柳莺 *Phylloscopus ricketti ricketti***
下体不呈纯黄色 …………………………………………………………………………… **27**
26. 下喙纯黄色 ……………………………………………… **双斑绿柳莺 *Phylloscopus plumbeitarsu***
下喙仅基部黄色 ………………………………………… **黄眉柳莺 *Phylloscopus inornatus inornatus***
27. 头顶栗色，眼周白色，腰羽黄色 ……………………………… **栗头鹟莺 *Seicercus castaniceps sinensis***
头顶灰绿色，眼周金黄色，腰羽非黄色 ……………………… **金眶鹟莺 *Seicercus burkii valentine***

1. 鳞头树莺 *Cettia squameiceps*（Swinhoe）图 19－1

该物种隶属树莺属，无亚种分化，系单型种。

英 文 名：Scaly-headed Stubtail；Sealy-headed Bush Warbler

别　　名：鳞头地莺

历史沿革：*Tribura squameiceps* Swinhoe，1863，Proc. Zool. Soc. London：292（模式产地：广东广州）

Cettia squameiceps（Swinhoe），Gee 1931，Peking Nat. Hist. Bull. 5：49－68；La Touche，1925－1934，A handbook of the birds of eastern China，London；郑作新，1976，中国鸟类分布名录：713；郑作新，2010，中国动物志　鸟纲　第十二卷：21－24；赵正阶，2001，中国鸟类志　下卷：516－518；郑光美，2011，中国鸟类分类与分布名录：306。

鉴别特征：全长 81～102mm，尾短，浅色眉和深色贯眼纹醒目，体背褐色，头顶棕褐色并具鳞状斑纹。

形态描述：体形明显小于麻雀。额、头顶、枕棕褐色，各羽具黑褐色羽缘，形成鳞片状弧形纹；背、肩、腰褐色；尾上覆羽稍淡；眉纹皮黄色，细长，自鼻孔后缘后伸达枕侧，贯眼纹黑褐色；颊和耳羽的羽基白色，羽缘黄褐色，形成许多深浅相间的纹；颏、喉白色；胸

图 19-1 鳞头树莺（仿 Karen Phillipps）

污白色；腹中央白色；两胁、腋羽和尾下覆羽草黄色；飞羽和翼上飞羽内翈黑褐；外翈似背色，但稍偏红棕；第 3～5 枚初级飞羽具切迹，飞羽式为 4>3=5>7>8>9>10；1>最内侧次级飞羽，尾羽棕褐色，10 枚，尾上和尾下覆羽长，达尾羽的 2/3 以上。尾圆形，自外向内距尾端距为 5mm、3mm、1mm、0mm。

雌雄相似。

嘴纤细而直，无钩无缺；鼻须和嘴须几乎没有，上喙角褐，但中部较淡，下喙远端角褐，基部角黄色。

跗蹠前缘被靴状鳞，足爪角黄色。

生活习性：湖南不常见的旅鸟。栖息于低山丘陵和山脚平原地带的混交林及其林缘，常成对或单独活动。主要以昆虫为食。繁殖期 5～7 月，巢主要由苔藓、树叶、枯草和兽皮构成，常置于枯枝堆下地面，每窝产卵 5～7 枚，每年产卵一窝。

测量数据： （mm，g）

编号	采集地	性别	体重	全长	嘴峰长	翅长	尾长	跗蹠长
920328	莽山	雄体	5.7	103	11	52	32	18
1993	莽山	雌体	5.7	98	10.5	52	31	18.5

地理分布：广泛分布于湘北、湘中和湘南地区。

经济意义：国家“三有”保护动物，中-日候鸟保护种类，食虫益鸟。

2. 日本树莺 *Cettia diphone canturians* (Swinhoe) 图 19-2、照片 19-1

该物种隶属树莺属，全世界分化出 8 个亚种，中国分布有 5 个亚种（*C. d. canturians*；*C. d. borealis*；*C. d. candans*；*C. d. riukiuensis*；*C. d. viridis*）。湖南分布的是普通亚种。

英 文 名：Singing Bush Warble

别　　名：树莺、远东树莺、短翅树莺

历史沿革：*Arundinax cauturians* Swinhoe，1860，Ibis 2：52（模式产地：福建厦门）

Cettia diphone canturians（Swinhoe），Gee 1931，Peking Nat. Hist. Bull. 5：49－68；La Touche，1925－1934，A handbook of the birds of eastern China，London；郑作新，1976，中国鸟类分布名录：715；郑作新，2010，中国动物志　鸟纲　第十二卷：25－30；赵正阶，2001，中国鸟类志　下卷：519－520；郑光美，2011，中国鸟类分类与分布名录：306。

鉴别特征：全长 147～178mm，额和头顶红褐色，眉纹皮黄，贯眼纹黑色；上体橄榄褐，下体污白；胸、腹皮黄。尾羽宽阔，圆形。

图 19－2　日本树莺（仿 Karen Phillipps）

照片 19－1　日本树莺（李剑志　摄）

形态描述：额、头顶、枕直至背部棕褐色，尾上覆羽颜色逐渐变淡。眉纹皮黄色。贯眼纹黑色，与眉纹平行且几乎等长。面颊和耳羽污白色。颏、喉污白色，胸污白而染棕。腹部污白色，尾下覆羽为皮黄色。两胁淡棕色，翼下覆羽和腋羽白色。翼上覆羽与背同色。飞羽褐色，外翈缘淡棕褐色，内翈缘灰白色。中央尾羽棕褐色，外侧尾羽偏黄色具深色横隐纹。

雌雄同色。幼体上体羽色稍淡于成体，下体乳黄。

虹膜黑褐色，上嘴褐色，下嘴黄褐色。脚肉褐色。

生活习性：湖南省较常见的冬候鸟。单个或成对活动于丘陵地带的林缘或灌丛，性胆怯，善匿藏，鸣声清脆响亮。主要以昆虫和昆虫幼虫为食。在长江以北繁殖，长江以南越冬，巢多置于林缘地边或道边灌木丛中。1 年繁殖一窝，每窝产卵 3～6 枚，孵卵由雌鸟承担，雄鸟在巢附近警戒，保护雌鸟和幼鸟。

测量数据：（mm，g）

编号	采集地	性别	体重	全长	嘴峰长	翅长	尾长	跗蹠长
950212012	长沙	雄体	10	112	10	53	50	22

地理分布：全省分布。

经济意义：食虫益鸟。

3. 强脚树莺 *Cettia fortipes davidiana*（Verreaux）图 19－3、照片 19－2

该物种隶属树莺属，全世界分化出 3 个亚种，中国分布有 2 个亚种（*C. f. fortipes*；*C.*

f. davidiana）。湖南分布的是华南亚种。

英 文 名：Strong-footed；Mountain Bush Warbler

别　　名：山树莺

历史沿革：Arundinax davidiana Verreaux，1870，Bull. Nouv Arch. Mus. Hist. Nat. Paris 6：37（模式产地：四川宝兴）

Cettia sinensis La Touche，1898，Bull. Brit. Orn. Cl. 7：37（模式产地：福建）

Antiornis grahami Riley，1926，Proc. Biol. Soc. Wash. 39：55（模式产地：四川峨眉山）

Horornis fortipes sinensis La Touche，1925－1930，p. 264

Cettia fortipes davidiana，Gee 1931，Peking Nat. Hist. Bull. 5：49－68；郑作新，1976，中国鸟类分布名录：715－716；郑作新，2010，中国动物志　鸟纲　第十二卷：30－34；赵正阶，2001，中国鸟类志　下卷：521－523；郑光美，2011，中国鸟类分类与分布名录：307。

鉴别特征：全长 100～130mm，上体橄榄绿褐色，下体灰白，眉纹淡黄，足强健。

图 19－3　强脚树莺（仿 Karen Phillipps）

照片 19－2　强脚树莺（李剑志　摄）

形态描述：额棕褐，头顶、枕以及上体橄榄褐，向后转淡；腰及尾上覆羽为暗棕黄色。眉纹淡黄，狭细而不显；眼睑淡黄；头侧褐色较背淡；颏、喉和胸、腹中央近白，部分沾灰色；胸侧、腹侧暗黄褐色，腋羽、翼下覆羽白色黄。飞羽暗褐色，外翈边缘与背同色；翼圆形，飞羽式：5＝6＞4＝7＞8＞9＞10＝2，第 2～6 枚初级飞羽外翈具切迹；尾羽为 10 枚，中央 3 对几乎等长，外侧两对距尾末的距离分别是 5mm、10mm。尾羽褐色。

雌雄形似。

虹膜暗褐；上嘴黑褐，下嘴黄白。脚淡褐色。

生活习性：湖南常见的留鸟，主要栖息于低山常绿阔叶林的灌丛、草丛中，也出入农田地边、果园以及居民点附近的小灌丛，常成对或单独活动，善跳跃，不善飞翔。主要以昆虫为食，也吃少量植物果实和种子。繁殖期 4～7 月，每年繁殖 1～2 窝，每窝产卵 3～5 个，巢多置于灌丛下部，也置于草丛中，主要由枯草和羽毛构成，孵卵主要由雌鸟承担，雄鸟保护雌鸟和幼鸟。

测量数据：（mm）

编号	全长	嘴峰长	翅长	尾长	跗蹠长
141 号	117.5	11.5	47	43	21
194 号	131	12	58	54	22
215 号	123	12	58	57	22

地理分布：广泛分布于湖南各地。

经济意义：食虫益鸟。

4. 黄腹树莺 *Cettia acanthizoides acanthizoides*（Verreaux）图 19－4

该物种隶属树莺属，全世界分化出 3 个亚种，中国均有分布（*C. a. acanthizoides*；*C. a. brunnescens*；*C. a. concolor*）。湖南省分布的是指名亚种

英 文 名：Swinhoe's Bush Warbler；Yellow-belied Bush Warbler

历史沿革：*Abrornis acanthizoides* Verreaux，1870，Bull. Nouv. Arch. Mus. Hist. Nat. Paris 6：37（模式产地：四川宝兴）

Horeits robustipes inconspicuous Stresemann，1924，Abh. Ber. Mus. Ticrk. Volkerk. Dresden 16（2）：18（模式产地：四川万县）

Cettia acanthizoides acanthizoides（Verreaux）Gee 1931，Peking Nat. Hist. Bull. 5：49－68；La Touche，1925－1934，A handbook of the birds of eastern China，London；郑作新，1976，中国鸟类分布名录：718－719；郑作新，2010，中国动物志　鸟纲　第十二卷：39－42；赵正阶，2001，中国鸟类志　下卷：524－525；郑光美，2011，中国鸟类分类与分布名录：308。

鉴别特征：小型莺类，全长 100～121mm。眉纹皮黄，贯眼纹灰褐，上体橄榄褐色，喉灰白，胸带微沾褐色，腹部黄色。无翅斑。尾羽 10 枚。

图 19－4　黄腹树莺（仿 Karen Phillipps）

形态描述：额、头顶、枕以及上体棕橄榄褐色，腰和尾上覆羽颜色稍淡。眉纹皮黄色，较长，从嘴基沿眼上向后延伸直达枕部。眼先橄榄褐，紧连其后的橄榄褐色贯眼纹。耳羽灰

褐色。颊、颏、喉皮黄色，胸略灰褐。腹部淡黄色，肛羽和尾下覆羽变淡。两翼的覆羽与背同色。飞羽黑褐色，外翈缘橄榄褐色。尾羽黑褐色，外翈缘沾棕色。

雌雄羽色相似。

虹膜褐色，上嘴褐色，下嘴基部黄褐色。

生活习性：湖南不多见的留鸟。栖息于林缘灌丛或竹林中单独或成小群活动。以昆虫和昆虫幼虫为食。每年的4～7月繁殖，筑巢于灌木的侧枝间，巢成球形，开口于顶部的一侧。外径为11cm左右。

测量数据： (mm)

编号	采集地	性别	全长	嘴峰长	翅长	尾长	跗蹠长
1986072112	南岳	雄体	101	9.5	51	48	19

地理分布：分布于湘西、湘北和湘东地区。

经济意义：食虫益鸟。

5. 棕褐短翅莺：*Bradypterus luteoventris luteoventris*（Hodgson）图19－5

该物种隶属短翅莺属，全世界分化出2个亚种，中国均有分布（*B. l. luteoventris*；*B. l. ticehursti*）。湖南分布的是指名亚种。

英 文 名：Brown Bush Warbler；Russet Scrub Warbler

别　　名：褐色丛树莺

历史沿革：*Tribura luteoventris* Hodgson，1845，Proc. Zool. Soc. London 13：30（尼泊尔）

Cettia russula Slater 1897，Ibis（7）3：171（模式产地：福建挂墩）

Lusciniopsis brevipennis Verreaux，1871，Bull. Nouv. Arch. Mus. Paris 6：65（模式产地：四川宝兴）

Bradypterus luteoventris luteoventris（Hodgson），Gee 1931，Peking Nat. Hist. Bull. 5：49－68；La Touche，1925－1934，A handbook of the birds of eastern China，London；郑作新，1976，中国鸟类分布名录：724－725；郑作新，2010，中国动物志 鸟纲 第十二卷：56－59；赵正阶，2001，中国鸟类志 下卷：531－532；郑光美，2011，中国鸟类分类与分布名录：310。

鉴别特征：小型鸟类，全长119～140mm。下体较棕黄；胸无黑斑；上体棕褐，尾具明暗相间横斑，尾和翅几乎等长。飞羽式2≥10，第1枚初级飞羽超过第2级的1/3；尾羽12枚。额羽正常。嘴须短，无副羽。

形态描述：上体从额至尾上覆羽棕褐色，额和头顶色较深；眉纹淡棕，前端不显；颊和耳羽淡棕色，缀以白色；颏白色；喉、胸和腹灰白沾棕；肛周和尾下覆羽淡棕褐色。飞羽棕褐色，飞羽外翈稍棕红，内翈缘灰白色，翼上覆羽与飞羽同色，初级飞羽10枚，第1枚短，初级覆羽可伸达其1/2处，飞羽式4≥5＞3＝6＞7＞8＞9＞2＞10。腋羽和翼下覆羽灰白，翼缘稍染草黄，尾羽介于圆形和凸形之间，尾羽棕褐色。羽轴背面棕红，腹面白色。尾下覆羽基部黑褐，端部色浅；最长的尾下覆羽长后伸达尾的2/3处。

雌雄相似。

图 19-5 棕褐短翅莺（仿 Karen Phillipps）

嘴长而尖，嘴近端具微缺，稍下曲。上嘴黑褐色，下嘴黄白色。鼻孔椭圆形，裸露。3 根嘴须黑而明显，伸达鼻孔中部；跗蹠角黄色。虹膜暗灰褐色。

生活习性：湖南不常见的留鸟，栖于常绿阔叶树丛或灌丛间，多单个活动。以鳞翅目、半翅目、膜翅目、鞘翅目，蝉和蚂蚁等为食。每年的 4～6 月开始繁殖，巢多置于灌丛或草丛中，由枯草构成，每窝产卵 3 枚，雌雄亲鸟共同孵卵和育雏。

测量数据： （mm，g）

编号	日期	采集地	性别	体重	全长	嘴峰长	翅长	尾长	跗蹠长	展翼	口裂
47	1956.10.28	莽 山	雄体	—	132	10	51	55	22	163	15
20	—	大围山	—	12.8	121	10	52	52	23	158	—
97080502	—	千家洞顶	雌体	13.2	121	11.2	52.1	51	21	—	—

地理分布：湖南省广泛分布。

经济意义：食虫益鸟。

6. 斑背大尾莺 *Megalurus pryeri sinensis*（Seebohm）图 19-6、照片 19-3

该物种全世界分化出 2 个亚种，分布于中国的有 1 个亚种，即中国亚种。

英 文 名：Streak-backed March Warbler；Japanese March Warbler

别　　名：中国大尾莺

历史沿革：*Megalurus pryeri* Seebohm，1884，Ibis：40（日本横滨）

Lusciniola pryeri sinensis Witherby，1912，Bull. Brit. Orn. Cl. 31：11（湖北汉口）

Megalurus pryeri sinensis（Witherby）Gee 1931，Peking Nat. Hist. Bull. 5：49-68；La Touche，1925-1934，A handbook of the birds of eastern China Taylor and Francis，London；郑作新，1976，中国鸟类分布名录：727；郑作新，2010，中国动物志 鸟纲 第十二卷：65-67；赵正阶，2001，中国鸟类志：534-535；郑光美，2011，中国鸟类分类与分布名录：329。

鉴别特征：小型鸟类，全长 130～140mm。上体淡皮黄褐色具黑色纵纹，背部黑色纵纹较显著，眉纹白色。下体白色，两胁和尾下覆羽淡皮黄色。尾较长，凸形，额羽正常。嘴须长，无副羽。第 1 枚初级飞羽超过第 2 枚的 1/2。

图 19－6　斑背大尾莺（仿 Karen Phillipps）

照片 19－3　斑背大尾莺（李剑志　摄）

形态描述：前额皮黄色，具不明显的黑色羽轴纹；头顶黑褐色，羽中央纹较宽著，因而使头顶偏黑色。背黄褐色，具粗著的黑色羽轴纹或黑斑，肩部黑色纵纹较细弱。下背和尾上覆羽具窄的黑色中央纵纹或纵斑。腰羽的羽轴纹不显。眉纹白色，不甚明显，眼先亦为白色，眼后的棕褐色眼后纹细而隐约可见。颊、耳羽和颈侧皮黄褐色。颏、喉、胸、腹等下体白色，两胁和尾下覆羽淡皮黄褐色，翼下覆羽和腋羽白色，微沾皮黄色。两翼外表面与背同色，最内侧三级飞羽外翈黑色、内翈皮黄色。外侧尾羽外翈和中央尾羽皮黄褐色，外侧尾羽内翈淡灰褐色。中央尾羽具窄的黑色羽轴纹。

雌雄羽色相似。

虹膜淡褐色，上嘴黑色，下嘴基部灰白色，脚角褐色。

生活习性：湖南省不常见的冬候鸟。主要栖息于湖泊、河流和邻近地区的芦苇、沼泽和草地。常单独活动在芦苇丛或草丛中。频繁地栖站于芦苇或灌木顶端，见人立刻落入草丛。善跳跃，不愿意飞翔，被迫惊飞后，亦仅飞几米远又落入附近草丛。主要以昆虫和昆虫幼虫为食。

地理分布：广泛分布于湘北地区。

经济意义：国家“三有”保护物种，中国特有鸟类。

测量数据：　　　　(mm)（据赵正阶）

性别	体长	嘴峰长	翅长	尾长	跗蹠长
雄性	130～140	8～10	55～62	46～63	19～20
雌性	130～140	8～10	50～56	47～59	18～19

7. 小蝗莺 *Locustella certhiola minor* David et Oustalet 图 19－7

该物种隶属蝗莺属，全世界分化出 4 个亚种，中国均有分布（*L. c. certhiola*；*L. c. minor*；*L. c. cantralasiae*；*L. c. rubescens*）。湖南分布的是东北亚种。

英 文 名：Pallas's Grasshopper Warbler；Pallas's Warbler Rusty-rumped Warbler

别　　名：柳串儿

历史沿革：*Locustella minor* David et Oustalet，1877，Ois. Chine：250（模式产地：北京）

Locustella certhiola minor David et Oustalet，Gee 1931，Peking Nat. Hist. Bull. 5：49－68；La Touche，1925－1934，A handbook of the birds of eastern China，London；郑作新，1976，中国鸟类分布名录：728－729；郑作新，2010，中国动物志　鸟纲　第十二卷：68－72；赵正阶，2001，中国鸟类志　下卷：535－537。

鉴别特征：全长 140～160mm。上体为黄棕褐色，具 2～3mm 宽的黑褐纵纹；下体为棕色；尾具白色端斑和黑色次端斑。尾凸型，外侧尾羽不及尾长的 3/4。额羽正常；额缘无副须。第 1 枚初级飞羽不及第 2 枚的 1/3。飞羽式 2＝4/5。

图 19－7　小蝗莺（仿 Karen Phillipps）

形态描述：眼先白色，头顶及枕黄棕色具黑褐纵纹、额亦然，但较偏色，颈羽羽缘黄棕色，羽轴处呈黑褐色，各羽黑褐色彼此构成褐斑。上背羽毛内翈黄棕色，外翈包括羽轴部分黑褐，但羽缘污白，各羽构成 2～3mm 宽的黑褐色纵纹，下背及腰羽棕色，尾上覆羽稍淡，并且黑褐色的羽轴纹。眉纹淡黄白色，不甚明显，贯眼纹隐约可见。颊、耳羽黄褐，散有黑点。颈侧黄棕色，颏，喉白色，下喉及胸棕黄色。腹中央污白色，两胁腹侧及尾下覆羽黄棕色。翼下覆羽及腋羽白色。初级飞羽灰褐色，外翈边缘棕白色，内翈缘的近段亦污白色。次级飞羽亦然，但最内三级飞羽及大小覆羽均黑褐色，但羽缘黄棕色。飞羽式 4＞3＝5＞2＝6＞7＞8＞9。第 1 枚初级飞羽短于最内侧次级飞羽，但明显长于大覆羽，第 3～6 枚初级飞羽外翈具切迹。中央尾羽沿羽轴处黑褐色，余部黄棕色，羽端稍淡。其余尾羽基部黑褐色，内外翈缘稍染棕色，各羽具污白端斑和黑褐次端斑，其覆面甚明显。尾羽凸形，由外向内长度逐渐增长，尾下覆羽与最外尾羽等长。雌雄羽色相似。

额羽硬，仅具两枚黑色嘴须。上喙峰角褐色，边缘和下喙角黄。鼻孔长裂状，背缘具鼻膜，无鼻须，鼻孔裸露。跗蹠、趾和爪角黄色。跗蹠具盾状鳞。

生活习性：湖南不常见的旅鸟。主要栖息于水边以及邻近的疏林、林缘灌丛、草地、芦苇丛中，常成对或单独活动。主要以昆虫为食，繁殖期 5～7 月，营巢于茂密的草丛中，主要由枯草构成，每窝产卵 4～6 枚。

测量数据：　(mm)

采集地	全长	尾长	翅长	嘴峰长	跗蹠长
衡阳江口	195	46	51	8.5	18

地理分布：广泛分布于湘北、湘中和湘南地区。

经济意义：食虫益鸟。

8. 矛斑蝗莺 *Locustella lanceolata*（Temminck）图 19－8、照片 19－4

该物种隶属蝗莺属，没有亚种分化，系单型种。

英 文 名：Lanceolated Warbler；Lanceolated Grasshopper Warbler

别　　名：苇扎、矛斑莺

历史沿革：*Sylvia lanceolata* Temminck，1840，Man. Orn. 4：614（模式产地：前苏联）

Locustella lanceolata gigantean Johansen，1954，Journ. Orn. 95：92（模式产地：江苏沙卫山岛）

Locustella lanceolata（Temminck），Gee 1931，Peking Nat. Hist. Bull. 5：49－68；La Touche，1925－1934，A handbook of the birds of eastern China，London；郑作新，1976，中国鸟类分布名录：730－731；郑作新，2010，中国动物志　鸟纲　第十二卷：78－81；赵正阶，2001，中国鸟类志　下卷，542－543；郑光美，2011，中国鸟类分类与分布名录：311。

鉴别特征：小型莺类，全长 110～140mm。上体橄榄褐色，各羽布满显著的黑色中央纹。下体乳白色，具黑色纵纹。尾无白色端斑。尾凸型，外侧尾羽不及尾长的 3/4。额羽正常；额缘无副须。第 1 枚初级飞羽不及第 2 枚的 1/3。飞羽式 2＝4/5。

图 19－8　矛斑蝗莺（仿 Karen Phillipps）

照片 19－4　矛斑蝗莺（姚毅　摄）

形态描述：额、头顶、枕及上体橄榄褐色，各羽具有粗著的黑色中央纵纹。下背和腰羽中央黑纹细而不显著，羽缘多具淡黄色。细而淡黄色的眉纹不甚明显。眼先暗褐色，耳羽和颊部暗褐色且具细的黄褐色羽干纹。颏、喉白色，有褐色纵纹。胸灰白色具黑褐色纵纹，腹部黄白色。两胁棕褐色具黑褐色纵纹。尾下覆羽棕褐色亦具黑褐色纵纹。两翅覆羽和飞羽黑褐色，外翈缘淡黄色，三级飞羽黑褐色，外翈缘黄褐色，羽端灰白色。翼缘和小翼羽外翈缘白色。尾羽暗褐色，具不明显的暗色横纹。

雌雄个体羽色相似。

虹膜暗褐色，嘴黑褐色，下嘴基部肉白色。脚和爪红褐色。

生活习性：湖南不常见的的旅鸟。活动于林缘、灌丛和岸边的草丛中。性胆怯，很少飞翔。主要以鞘翅目、鳞翅目、直翅目、半翅目、双翅目等昆虫和幼虫为食。繁殖期 6～8 月，巢主要由枯草编织而成，通常置于草丛地上，每窝产卵 3～5 枚。

测量数据：（mm）

编号	采集地	性别	全长	嘴峰长	翅长	尾长	跗蹠长
2002042303	隆回	雄性	139	12	61	50	20

地理分布：广泛分布于湘北、湘中和湘南地区。

经济意义：国家“三有”保护物种，中-日候鸟保护种类，食虫益鸟。

9. 东方大苇莺 *Acrocephalus orientalis*（Temminck et Schlegel）图 19－9、照片 19－5

该物种隶属苇莺属，没有亚种分化，系单型种。

英 文 名：Eastern Great Reed Warbler；Great Reed Warbler

别　　名：大苇莺

历史沿革：*Salicaria turdina orientalis* Temminck et Schlegel，1847，in Siebold，Faun. Jap，Aves：50（模式产地：日本）。

Acrocephalus arundinaceus orientalis，Gee 1931，Peking Nat. Hist. Bull. 5：49－68；La Touche，1925－1934，A handbook of the birds of eastern China，London；Vaurie，1959，P. 246；郑作新等，1973，P. 189；郑作新，1976，P. 732－733

Acrocephalus orientalis（Temminck et Schlegel）郑作新，2010，中国动物志　鸟纲　第十二卷：67－90；赵正阶，2001，中国鸟类志　下卷：545－547；郑光美，2011，中国鸟类分类与分布名录：314。

鉴别特征：全长 164～198mm。上体棕橄榄褐色；具淡黄色眉纹。鼻孔裸露；嘴长适中，上嘴黑褐，下嘴黄白；额羽短圆，羽干不延长。额羽正常；额缘无副须。嘴须发达，黑色；跗蹠长于嘴峰，第 1 枚初级飞羽不及第 2 枚的 1/3；尾呈不显著的凸形，外侧尾羽长于尾长的 3/4。

形态描述：（依据 202 号标本雄体）成鸟（夏羽）体形适中。额棕橄榄褐色，头顶至枕色泽较深；头侧淡棕褐色，眉纹淡黄色。眼先黑褐，黑褐色贯眼纹细而可见。上体、腰及尾上覆羽呈棕橄榄褐色；颏、喉及胸部为污白色。胸部具不明显的灰褐色纵纹，有的直至喉部；腹中央乳白色；翼缘、两胁及翼下覆羽黄白色；腹及尾下覆羽棕白色；覆腿羽白色染棕。飞羽暗褐色，具细而窄的淡棕色羽缘。圆形翼；翅长超过 75mm，初级飞羽 10 枚。第 1 枚飞羽不及第 2 枚的 1/3；第 3、4 枚飞羽外翈具切迹；初级覆羽、小翼羽暗褐。飞羽式：3＞2≥4＞5＞6＞7＞8＞9＞10＞1。尾羽淡褐色，亦具细而窄的淡棕色边缘，圆尾；尾羽 12 枚，尾羽式：9mm，6mm，3mm，3mm，3mm，0mm。

雌体与雄体色类似。幼鸟与成鸟相似，但羽色较成鸟稍黄；翼羽除初级飞羽外，均具黄褐色羽缘。

图 19-9 东方大苇莺（仿 Karen Phillipps）

照片 19-5 东方大苇莺（姚毅 摄）

嘴长适中，上嘴黑褐色，嘴峰先端下曲；下嘴角褐染白。鼻孔裸出，椭圆形。嘴须 3～4 根，伸至嘴峰 1/2 处，黑色。

虹膜褐色；跗蹠灰褐；趾灰，爪黑灰。

生活习性：湖南常见的留鸟。常栖息于水域附近的芦苇丛间，有时也飞至附近的树上。在繁殖期，常高踞巢附近的芦苇顶端或树枝上，高声鸣叫，声富于音韵，颇为动听。性机警，善于藏匿，人接近时，即能十分隐蔽地飞走并停止鸣叫。以各种昆虫为食，如鳞翅目成虫及幼虫、甲虫、蚁类，水生昆虫、蜘蛛、蛞蝓等无脊椎动物，有时也吃水生植物种子与幼芽。繁殖期在 5～8 月。通常营巢在茂密的灌丛和苇丛中。巢形状为尖底杯形，外观呈一倒置的圆锥体。巢结构较其他莺类粗糙，以干燥的苇叶或单叶构成。巢的外径 9.0～13.0cm，内径 6.0～8.0cm，巢高 10～14cm，巢深 5.5～7.0cm。每窝产卵 3～6 枚，通常 4 枚，卵椭圆形，呈蓝绿色，而杂以浓淡不等的污褐色或紫褐色斑点。卵的平均大小为 22mm×15mm。

测量数据： (mm，g)

编号	日期	采集地	性别	体重	全长	嘴峰长	翅长	尾长	跗蹠长	口裂
202	1956.05.18	长沙	雄体	—	187	19	79	93	31	25
905	1959.05.12	长沙	—	22	175	19	84	63	29	21
—	—	—	—	—	183	15	72	86	29	21
—	—	—	—	—	171	18	87	72	27	28
—	—	—	—	—	184	16	82	82	24	21

地理分布：湘南、湘中等地的湿地环境。

经济意义：国家“三有”保护动物，中-日和中-澳保护的候鸟，食虫益鸟。

10. 黑眉苇莺 *Acrocephalus bistrigiceps* Swinhoe 图 19-10、照片 19-6

该物种隶属苇莺属，没有亚种分化，系单型种。

英 文 名：Black-browed Reed Wabler

别　　名：小苇莺

历史沿革：*Acrocephalus bistrigiceps* Swinhoe，1860，Ibis 2：51（模式产地：厦门）；Gee 1931，Peking Nat. Hist. Bull. 5：49-68；La Touche，1925-1934，A handbook of the birds of eastern China，London；郑作新，1976，中国鸟类分布名录：734；郑作新，2010，

中国动物志 鸟纲 第十二卷：94－96；赵正阶，2001，中国鸟类志 下卷：549－550；郑光美，2011，中国鸟类分类与分布名录：301。

鉴别特征：全长 110～135mm，个体与麻雀差不多。鼻孔裸出；除嘴须外无其他副须。额羽正常。形似大苇莺但翅较短。头顶两侧各有一条显著的黑色侧冠纹从嘴基直达枕部。下体白色，胁和尾下覆羽皮黄，尾羽宽，具白色端斑。

图 19－10 黑眉苇莺（仿 Karen Phillipps）

照片 19－6 黑眉苇莺（唐梓钧 摄）

形态描述：（依据 18831－577 号标本雄体）额棕褐色，头顶至枕部变淡。背至尾上覆羽棕褐色，腰羽较淡。头顶两侧各具黑褐色纵纹，从嘴基直达枕部；眉纹淡黄色；眼先至眼后有一淡黑褐色贯眼纹；颊部和耳羽赭褐色。颏、喉及腹中央近白色、染棕。胸及两胁缀淡棕褐色；翼缘、翼下覆羽和腋羽皮黄白色；尾下覆羽转淡赭棕色；覆腿羽棕褐色。飞羽及翼上覆羽黑褐色，飞羽外翈缘以淡棕色，覆羽缀宽阔的橄榄褐色羽端缘。初级飞羽 10 枚，第 1 枚飞羽较宽。飞羽式：6>7=2>3>4>5>8>9>10>1。尾羽 12 枚，黑褐、宽阔，羽缘色浅淡。尾圆形。

雌体成体与雄体体色相似。

幼体与成体羽色类似，但上体羽缘呈绒状，淡棕色较著。

嘴纤细，上嘴黑褐色，下嘴黄白色；鼻孔裸出。虹膜褐色，跗蹠，趾、爪暗褐色。

生活习性：湖南不多见的旅鸟，主要栖息于低山丘陵和平原地带的水域岸边的灌丛中，常单独或成对活动。主要以昆虫为食。繁殖期 6～7 月，1 年繁殖 1 窝，每窝产卵 4～6 枚。巢主要由枯草构成，多置于灌丛和草丛的基部。

测量数据： （mm，g）

编号	日期	采集地	性别	体重	全长
18831－577	1955.10.09	宜章	雄体	10	127
18513－359	1958.06.03	东安	雄体	10	125

地理分布：广泛分布于湘北、湘中和湘南地区。

经济意义：食虫益鸟，国家“三有”保护动物，中一日候鸟保护物种。

11. 厚嘴苇莺 *Acrocephalus aedon rufescens* (Stegmann) 图 19-11

该物种隶属苇莺属，全世界分化出 2 个亚种，中国均有分布（*A. a. aedon*；*A. a. rufescens*）。湖南省分布的是东北亚种。

英 文 名：Thick-billed Reed Warbler

别　　名：芦莺、大嘴莺、厚嘴芦莺

历史沿革：Phragamaticola aedon rufescens stegmann，1929，Journ. Orn. 77：250（模式产地：西伯利亚东部黑龙江边；Radde）；Gee 1931，Peking Nat. Hist. Bull. 5：49-68；郑作新，1976，中国鸟类分布名录：737-738。

Acrocephalus aedon rufescens Stegmann，赵正阶，2001，中国鸟类志　下卷：557-558；郑光美，2011，中国鸟类分类与分布名录：314-315。

Acrocephalus aedon stegmanni Watson，1985，Brit. Omith. Club.，105：79；郑作新，2010，中国动物志　鸟纲　第十二卷：106-110。

鉴别特征：全长 166～200mm。上体一概为棕褐色；无眼纹；下体棕色近白；嘴短粗，尾圆状；额羽正常，体形大小与大苇莺相似，但翅较短。

图 19-11　厚嘴苇莺（仿 Karen Phillipps）

形态描述：额、头顶、枕及背棕黄色，腰羽较淡，眼先和眼周棕白色，颊及耳羽棕白染褐，具浅色羽轴纹。颏、喉白色，胸羽染褐。腹部及尾下覆羽灰白色。胁灰白染棕。第一飞羽甚小，短于大覆羽，飞羽式为 3>4>2>5>6>7>8>9>10，第 3，4 枚初级飞羽外翈具切迹，飞羽及覆羽黑褐色，羽轴棕红，初级飞羽和覆羽具棕黄色缘，次级飞羽和翼下覆羽灰白染黄。尾羽 12 枚，较背和飞羽均淡，羽轴棕红，尾圆形。

雌雄羽色相似。

嘴较其他苇莺宽阔，其基部宽超过 4mm。上喙角褐，边缘和下喙角黄色，鼻孔椭圆裸露，有 3 根长的黑色嘴须，无鼻须。足、爪铅黑色，跗蹠前喙具盾状鳞。

生活习性：湖南不多见的旅鸟。栖息于低海拔的丘陵和平原地带，喜在林缘、草地、小片丛林中活动。常单独活动，性机敏灵巧，善藏匿。主要以昆虫和昆虫幼虫为食，也吃蜘蛛、蛞蝓等其他小型无脊椎动物。繁殖期 6～7 月。营巢于杂草丛生、林下灌木丛中。雌鸟营巢。每年繁殖 1 窝，每窝产卵 5～6 枚。卵白色，染粉红色或白玫瑰色，其上有形状、深浅不一的紫褐色斑纹，尤以钝端较密。

测量数据：（mm）

采集地	体长	嘴峰长	尾长	跗蹠长
隆回 C05－1101	177	16	74	27
隆回 C05－1102	181	13	80	25

地理分布：广泛分布于湘北、湘中和湘南地区。

经济意义：食虫益鸟。

12. 钝翅稻田苇莺 *Acrocephalus concinens concinens*（Swinhoe）图 19－12

该物种全世界分化出 3 个亚种，分布于中国的有 1 个亚种，即指名亚种。

英 文 名：Blunt-winged Warbler

别　　名：稻田苇莺、钝翅苇莺

历史沿革：*Calamoherpe concinens* Swinhoe，1870，Pric. Zool. Soc. London：42（北京）

Acrocephalus agricola c concinens Swinhoe，Gee 1931，Peking Nat. Hist. Bull. 5：49－68；La Touche，1925－1934，A handbook of the birds of eastern China Taylor and Francis，London；郑作新，1976，中国鸟类分布名录：735。

Acrocephalus concinens concinens Howard & Moore，1980，The Clements checklist of birds of the world，Oxford University Press：441；郑作新，2010，中国动物志　鸟纲　第十二卷：100－102；赵正阶，2001，中国鸟类志：552－554；郑光美，2011，中国鸟类分类与分布名录：313。

鉴别特征：全长 122～126mm。上体橄榄棕褐色具淡皮黄色眉纹，圆形尾。颏、喉和上胸白色，下胸和腹缀皮黄色。两胁和尾下覆羽棕黄色。嘴较长而粗壮，两翅和尾则较短。尾纹亦较短。第 2 枚初级飞羽长度介于第 8 和第 10 枚之间。

形态描述：上体橄榄棕褐色，腰和尾上覆羽较淡。眉纹皮黄色，贯眼纹黑褐色不甚明显，耳羽、颈侧棕褐色。颏、喉和上胸白色，下胸和腹亦为白色而缀有皮黄色，两胁和尾下覆羽棕黄色。两胁稍暗。冬羽下体更白，下体更多土褐色或灰褐色而棕色较少。两翅黑褐色，外翈羽缘淡棕褐色。第 1 枚初级飞羽 12mm 左右，第 2 枚初级飞长度介于第 8、第 9 和第 10 枚之间。尾羽黑褐色，外翈羽缘淡棕褐色。

虹膜橄榄褐色。上嘴黑褐色，下嘴淡黄色或粉黄色，脚淡褐色或棕黄色。

雌雄羽色相似。

生活习性：湖南少见的冬候鸟，主要栖息于海拔 1200m 以下的低山丘陵和山脚平原等开阔地带的灌丛与草丛中。也栖息于山边和林缘地带的灌丛与草丛，尤其喜欢湖边、河岸、苇塘和沼泽等水域和水域附近的灌丛、芦苇丛和杂草丛，有时甚至出现在田边和村寨附近的灌丛和草丛。常单独或成对活动。性隐秘，行动敏捷，常隐匿在芦苇和草丛中，灵巧地在直立的芦苇茎和草茎上跳跃、攀爬或飞来飞去。除繁殖期间常站在芦苇和草茎顶端鸣叫外，其他时候很少到芦苇和草丛上面活动。以昆虫为食，主要是鳞翅目幼虫和鞘翅目昆虫。

图 19－12　钝翅稻田苇莺（仿 Karen Phillipps）

测量数据：（mm，g）

采集地	性别	体重	体长	嘴峰长	翅长	尾长	跗蹠长
城步	雄性	10	122～126	9～12	52～56	52～59	21～23
绥宁	雌性	8	123	10～11	50～52	49～51	20～22

地理分布：广泛分布于湖南的湿地环境。

经济意义：食虫益鸟。

13. 黄腹柳莺 *Phylloscopus affinis*（Tickell）图 19－13

该物种隶属柳莺属，没有亚种分化，系单型种。

英 文 名：Tickell's Willow Warbler；Tickell's Leaf Warbler

别　　名：蔡氏柳莺

历史沿革：*Motacilla affinis*（*sic*）Tickell，1833，Journ. As. Soc. Bengal 2：576（模式产地：印度：Borabhum and Dholbhum Bihar）；S. Baker，1922，P. 454－455

Phylloscopus affinis（Tickell），Gee 1931，Peking Nat. Hist. Bull. 5：49－68；郑作新，1976，中国鸟类分布名录：745；郑作新，2010，中国动物志　鸟纲　第十二卷：136－138；赵正阶，2001，中国鸟类志　下卷：573－574；郑先美，2011，中国鸟类分类与分布名录：318。

鉴别特征：全长 90～127mm。上体橄榄绿色。眉纹黄色，下体黄色。头无冠纹及侧冠纹，亦无翅斑。

形态描述：（依据 159 号标本雄体）体形甚小。额、顶橄榄褐色较深；眼先、眼后褐色；具淡黄绿色眉纹。后颈、背、腰和尾上覆羽均橄榄绿色；飞羽和尾羽淡黑褐，具窄的橄榄黄色外翈缘，翅上无翼斑。初级飞羽 10 枚。第 1 枚初级飞羽不及第 2 枚的 1/2，第 3、第 4、

图 19-13 黄腹柳莺（仿 Karen Phillipps）

第 5、第 6 枚飞羽上有切迹；飞羽具灰白色内翈缘，且越往内侧越宽阔。飞羽式为：4≥3>5>6>7=2>8>9>10>1。尾羽 12 枚。尾羽式：1mm；0.5mm；0.5mm；0.5mm；0.5mm（最外侧尾羽由外向里距尾端距离）。颏部浅黄绿色；喉、胸、腹均呈黄绿色；翼缘乳白色；两胁浅橄榄绿色；翅下覆羽和腋羽黄色；尾下覆羽深草黄色。覆腿羽黄绿色缀褐色斑。

嘴暗褐色，下嘴基部灰黄；跗蹠、趾、爪淡黄褐色。

生活习性：湖南不多见的冬候鸟。单个或成对栖于常绿阔叶林内，以甲虫、鳞翅目幼虫等其他昆虫为食。营巢于不高的灌丛下部，巢椭圆形或近似圆形，巢材有枯草、树枝和羽毛等。每窝产卵 3～5 枚，卵象牙白色，偶尔被有红褐色斑点。雌雄亲鸟轮流孵卵、育雏。

测量数据：（mm）

编号	日期	采集地	性别	全长	嘴峰长	翅长	尾长	跗蹠长	口裂
93050908	1993.05.09	石门	—	100	10	49	42	17.5	—
159	1956.04.28	长沙	雄体	102	9	59	46	19	13

地理分布：广泛分布于湘北、湘中、湘南地区。

经济意义：食虫益鸟。国家“三有”保护物种。

14. 褐柳莺 *Phylloscopus fuscatus fuscatus*（Blyth）图 19-14、照片 19-7

该物种隶属柳莺属，全世界分化出 2 个亚种，中国均有分布（*P. f. fuscatus*；*P. f. weigoldi*），湖南省分布的是指名亚种。

英 文 名：Dusky Willow Warbler；Dusky Warbler；Dusky leaf Warbler

别　　名：嘎叭嘴、达达跳，褐色柳莺

历史沿革：*Phyllopneuste fuscata* Blyth，1842，Journ. As. Soc. Bengal 11：113（模式产地：印度 calcotta）

Phyllopneuste homeyeri Dybowski，1883，Bull. Soc. Zool. France 8：358（模式产地：西伯利亚堪察加）

Phylloscopus fuscatus robustus Stresemann，1924，Abh. Ber. Mus. Tierk. Volkerk. Dresden 16：16（模式产地；四川松潘）

Phylloscopus fuscatus fuscatus（Blyth），Gee 1931，Peking Nat. Hist. Bull. 5：49-68；

La Touche，1925－1934，A handbook of the birds of eastern China，London；郑作新，1976，中国鸟类分布名录：748－749；郑作新，2010，中国动物志 鸟纲 第十二卷：144－147；赵正阶，2001，中国鸟类志 下卷：576－577；郑光美，2011，中国鸟类分类与分布名录：317。

鉴别特征：体形小，全长109～125mm，背面几乎纯橄榄褐色，腹面棕褐色。尾下覆羽淡棕色，头无冠纹及侧冠纹，亦无翅斑。

图19－14 褐柳莺（仿Karen Phillipps）

照片19－7 褐柳莺（姚毅 摄）

形态描述：额、头顶至枕暗橄榄褐。颈、背、腰以及尾上覆羽概为橄榄褐色。眼先黑色，贯眼纹黑色；眉纹灰白色，后段染棕。颊和耳羽淡褐色杂有棕色，颏和喉白色，腹部中央为沾黄的白色。胸部淡棕褐色，略呈横带状，两胁和尾下覆羽淡棕色；腋羽亦然。飞羽黑褐色，外翈缘灰褐色；翼上覆羽与背同色。尾羽暗褐色，外翈缘染棕褐。

喙黑褐色，下喙基部角黄。上喙近端具微缺，3枚嘴须细而直，鼻须短不明显。

生活习性：湖南不多见的旅鸟或冬候鸟。栖息于灌丛和疏林地带，不喜欢茂密的大森林，也见于农田、果园和宅院附近的小块丛林内。常单独或成对活动。喜欢在树枝间跳来跳去。主要以昆虫为食，还吃尺蠖、苍蝇和蜘蛛等。繁殖于5～7月。营巢于灌丛中。巢呈球形，开口为圆形，在侧面近顶端处。每窝产卵4～6枚，卵白色。

测量数据：（mm，g）

编号	性别	全长	嘴峰长	翅长	尾长	跗蹠长
119号	雌体	107	9	54.5	43	20
174号	雄体	118	10	57	50	21

地理分布：广泛分布于湘西、湘中、湘东等地。

经济意义：食虫益鸟。国家“三有”保护物种。

15. 棕眉柳莺 *Phylloscopus armandii perplexus* Tiechurst 图19－15

该物种全世界分化出2个亚种，中国均有分布（*P. a. perplexus*；*P. a. armandii*），分布于湖南省的为西南亚种。

英 文 名：Buff-browed Willow Warbler；Milne-Edwards Warbler；Yellow-streaked Warbler

别　　名：淡黄眉柳莺、黄纹柳莺

历史沿革：Gee 1931，Peking Nat. Hist. Bull. 5：49－68；La Touche，1925－1934，A handbook of the birds of eastern China Taylor and Francis，London；郑作新，1976，中国鸟类分布名录：706；郑作新，1987，中国动物志　鸟纲　第十二卷：291－292；赵正阶，2001，中国鸟类志　下卷：579－580；郑光美，2011，中国鸟类分类与分布名录：319。

鉴别特征：小型鸟类。全长 112～136mm。上体橄榄褐色，头无冠纹亦无侧冠纹；无翅斑。眉纹棕白色，贯眼纹暗褐色，两翅和尾黑褐色。下体近白色深绿具细的黄色纵纹。

图 19－15　棕眉柳莺（仿 Karen Phillipps）

形态描述：额羽松散，橄榄褐沾棕。上体橄榄褐色、沾灰色，腰沾绿黄色。眉纹棕白色、长而显著，贯眼纹暗褐色自眼先经眼向后一直延伸至耳覆羽上缘。颊和耳覆羽棕褐色，颈侧黄褐色。下体绿白色具细的黄色纵纹。两胁稍沾橄榄褐色，尾下覆羽灰白色。两翅和尾暗褐色，外翈羽缘淡棕褐色，因而使两翅和尾表面与背同色。

虹膜褐色，嘴黑褐色，下嘴较淡，基部黄褐色，脚角质黄色。

生活习性：湖南少见的冬候鸟。每年多在 4 月末 5 月初迁离，9 月末 10 月初进入湖南。其居留情况尚不清楚。主要栖息于海拔 3200m 以下的中低山地区和山脚平原地带的森林和林缘灌丛中，尤以针叶林和杨树林以及林缘与河边灌丛地带较常见，也栖息于生长有灌木的草地、路边和农田地头。常单独或成对活动，有时也集成松散的小群在灌木或树枝间跳跃觅食。主要以甲虫、鳞翅目昆虫、蝇、蚂蚁等为食，也吃少量果实和种子。

测量数据：（mm，g）

性别	体重	体长	嘴峰长	翅长	尾长	跗蹠长
雄性	9～12	118～136	7～11	54～65	51～58	20～25
雌性	9～11	112～130	9～11	56～59	48～55	20～22

地理分布：广泛分布于湘北地区。

经济意义：国家“三有”保护种类。

16. 棕腹柳莺 *Phylloscopus subaffinis subaffinis* Ogilvie-Grant 图 19－16

该物种全世界分化出 2 个亚种，分布于中国的有 1 个亚种，即指名亚种。

英 文 名：Buff-bellied Willow；Buff-Throated Warbler；Chinese Willow Warbler

别　　名：棕喉柳莺、中国柳莺、黄腹柳莺

历史沿革：*Phylloscopus subaffinis subaffinis* Ogilvie－Grant，1900，Bull. Brit. Orn. Cl. 10：37（贵州普安）

Phylloscopus subaffinis subaffinis Ogilvie － Grant，Gee 1931，Peking Nat. Hist. Bull. 5:49－68；La Touche，1925－1934，A handbook of the birds of eastern China Taylor and Francis，London；郑作新，1976，中国鸟类分布名录：746－747；郑作新，2010，中国动物志　鸟纲　第十二卷：138－141；赵正阶，2001，中国鸟类志　下卷：574－575；郑光美，2011，中国鸟类分类与分布名录：318。

鉴别特征：小型鸟类，全长 100～120mm。头无冠纹亦无侧冠纹，眉纹皮黄色，贯眼纹暗绿褐色。无翅斑。飞羽和尾羽暗褐色，外缘黄绿色无翅斑。下体棕黄色。

图 19－16　棕腹柳莺（仿 Karen Phillipps）

形态描述：额、头顶、枕至尾上覆羽橄榄绿褐色。腰和尾上覆羽稍浅。眉纹淡棕色。贯眼纹暗褐色，自眼先经眼到耳区。颏、喉皮黄色，其余下体棕黄色。两胁较暗，翅下覆羽皮黄色。翅暗褐色无翅斑，内侧覆羽与背同色，外侧翅上覆羽暗褐色，外缘橄榄褐色。飞羽亦为暗褐色，外翈羽缘橄榄褐色。尾稍圆，为圆尾。

雌雄羽色相似。

虹膜褐色，上嘴黑褐色，下嘴较淡、呈红褐色。脚红褐色，爪角褐色。

生活习性：湖南省的夏候鸟。主要栖息于海拔 900～2800m 的山地针叶林和林缘灌丛，也栖息于低山丘陵和山脚平原地带的针叶林或阔叶疏林、灌丛和灌丛草甸。常单独或成对活动，非繁殖期亦成松散的小群。鸣声为尖细的、不断重复的双音节声，其声似“欺利，欺利……”像蟋蟀的鸣叫声。主要以昆虫为食。所吃食物种类主要有步行虫、金花甲、蟠象、蚂蚁、蝇以及鳞翅目、直翅目等昆虫和昆虫幼虫。

测量数据：（mm）

性别	全长	嘴峰长	翅长	尾长	跗蹠长
雄体	100～120	9～10	49～55	50～55	18～19
雌体	100～120	9	48～53	46～50	17～18

地理分布：广泛分布于全省各地。

经济意义：食虫益鸟。国家“三有”保护物种。

17. 巨嘴柳莺 *Phylloscopus schwarzi*（Radde）图 19－17、照片 19－8

该物种隶属柳莺属，没有亚种分化，系单型种。

英 文 名：Thick-billed Willow Warbler；Radde's Warbler；Radde's Bush Warbler

别　　名：大眉草串儿，健嘴丛树莺

历史沿革：Sylvia（Phyllopneuste）schwarzi Radde，1863，Reise Sud-Ost. Sib. 2：260（模式产地：西伯利亚达乌尔地区：Tarai 湖和 Bureja 山）

Phylloscopus schwarzi（Radde），Gee 1931，Peking Nat. Hist. Bull. 5：49－68；La Touche，1925－1934，A handbook of the birds of eastern China，London；郑作新，1976，中国鸟类分布名录：750－751；赵正阶，2001，中国鸟类志　下卷：580－581；郑光美，2011，中国鸟类分类与分布名录：319。

鉴别特征：全长 117～137mm，上体橄榄褐，腰羽沾黄，眉纹长，黄白色，贯眼纹黑褐，无冠纹和侧冠纹，亦无翅斑下体，黄白色，尾下覆羽棕黄色。

图 19－17　巨嘴苇莺（仿 Karen Phillipps）

照片 19－8　巨嘴柳莺（李剑志　摄）

形态描述：额，头顶及背、尾上覆羽橄榄褐，头部色彩较暗。额缘稍染棕红，眉纹长，自嘴基伸达后侧，黄白色，但眼上方呈皮黄色。贯眼纹黑褐，与眉纹等长亦起始于嘴基，后伸达颈侧，下眼睑羽鲜黄色，颊与耳羽灰褐，具羽轴白纹构成散状的白点斑。颏、上喉染白稍染草黄，下喉、胸、腹侧黄白色，隐隐散有草黄色纵纹，腰中央白色，两胁黄褐色，尾下覆羽棕黄色。小覆羽及大覆羽外翈同背色，飞羽黑褐色，外翈缘同背色，内翈翼缘黄白色；腋羽和翼下覆羽棕黄。第 3～6 枚初级飞羽具切迹，各飞羽长度为 36mm①，55mm②，61.5mm③，62mm④，61.8mm⑤，60.5mm⑥，58mm⑦，55.5mm⑧，54mm⑨，52.5mm⑩。尾羽黑褐，外翈缘橄榄褐，羽轴背面棕红，腹面灰白。尾羽 12 枚，稍呈叉状，长度为 50mm，52mm，53mm，54mm，55mm，54.5mm；尾上尾下覆羽长达 35mm。除 3 枚黑嘴须外，额缘还具 4～5 枚短的鼻须。鼻孔横裂纹，上缘具皮膜，上喙角褐色，具近端缺刻，下喙角黄色，上下喙在鼻孔处厚 3.5mm。跗蹠、趾、角黄色，爪黄褐色。

生活习性：湖南的夏候鸟，主要栖息于低山丘陵山脚平原地带，常活动于林下灌木丛和草丛中，常单独或成对活动，主要以昆虫为食。繁殖期 3～8 月，巢多置于草丛地上或灌木上，巢主要由枯叶、苔藓、树皮和少量羽毛构成，每窝产卵 4～6 枚，由雌鸟负责孵卵。

测量数据： (mm)

编号	采集地	性别	全长	嘴峰长	翅长	尾长	跗蹠长
124 号	浏阳	雄体	132	10	62	55	22

地理分布：广泛分布于湘南、湘中、湘东等地。

经济意义：食虫益鸟。国家“三有”保护物种。

18. 黄眉柳莺 *Phylloscopus inornatus inornatus*（Blyth）图 19-18、照片 19-9

该物种隶属柳莺属，全世界分化出 2 个亚种，中国均有分布（*P. i. inornatus*；*P. i. mandelli*）。湖南省分布的是指名亚种。

英 文 名：Yellow-browed Willow Warbler；Lnomate Warbler

别　　名：树串儿、树叶儿、槐串儿、白眶丝

历史沿革：*Regulus inornatus* Blyth，1842，Journ. As. Soc. Bengal 11：191（模式产地：印度：calcutta）

Acanshopneuste nitidus saturatus Stuart Bakier，1924，Bull. Brit. Orn. Dl. 44：62（模式产地：越南）

Phylloscopus inornatus inornatus（Blyth），Gee 1931，Peking Nat. Hist. Bull. 5：49-68；La Touche，1925-1934，A handbook of the birds of eastern China，London；郑作新，1976，中国鸟类分布名录：752-753；赵正阶，2001，中国鸟类志 下卷：583-584；郑光美，2011，中国鸟类分类与分布名录：321。

鉴别特征：全长 86～112mm。上体橄榄绿色。下体白色，两胁和尾下覆羽黄绿色。嘴纤细，上嘴黑褐，下嘴基棕黄色；具显著的黄色眉纹。翼上有两道显著的白色翼斑。外侧尾羽和内翈白色，头无中央冠纹。

图 19-18 黄眉柳莺（仿 Karen Phillipps）

照片 19-9 黄眉柳莺（姚毅 摄）

形态描述：（依据 A9210111 号标本）

成体（冬羽）：体形小而纤细。额黄绿色；头顶色泽较深；眉纹黄色且前段较后段更黄；眼先黑褐色，与眼后纹构成黑褐色贯眼纹伴行于眉纹之下。颊和耳羽黄白色缀褐。背、腰及尾上覆羽橄榄绿色。颏、喉灰白色。下体白色；胸、胁及尾下覆羽均稍沾绿黄色，腋羽亦同，覆腿羽白色。飞羽黑褐色，具浅黄绿色外翈缘，内缘灰白色。翼上覆羽同背色，大覆羽和中覆羽先端浅黄白色，组成 2 道明显的翼斑。初级飞羽 10 枚，第 1 枚初级飞羽不及第 2 枚的 1/3，第 3、第 4、第 5、第 6 枚飞羽外翈具切迹；飞羽式：$4 \geqslant 5 \geqslant 3 > 6 > 7 \geqslant 2 > 8 > 9 >$

10>1。尾羽黑褐，外翈缘橄榄绿色。尾羽 12 枚。尾羽式：2mm，2mm，2mm，2mm，1mm，0mm。

雌雄两性相似。

幼鸟与成鸟体色相似但较成鸟黄，且翼斑为淡绿色。

嘴黑褐，下嘴基部棕黄；鼻孔裸露，呈椭圆形；嘴须弱。虹膜暗褐色。跗蹠、趾、爪暗棕褐色。

生活习性：湖南常见的夏候鸟。常三五结群或单独活动于常绿针、阔叶混交林内。性活泼，跳窜迅速。鸣声洪亮。据梁启燊等（1957）在湖南长沙分析了 4 月份鸟胃的结果全部为昆虫，包括蚜虫、甲虫以及其他鞘翅目昆虫等。据郑作新等 1955～1957 年在湖南省分析了 4、6、10、11 个月份鸟胃的结果，发现此鸟的食物主要为昆虫，包括鳞翅目、膜翅目、半翅目、鞘翅目及其他昆虫的幼虫和卵等，也吃一些植物性物质。

黄眉柳莺每年在 5～6 月间繁殖。在地上或泥洞中营巢，巢呈球形，出入口开在巢的一侧，以草茎、地衣、兽毛等为材料。每产窝产 4～5 枚，卵椭圆形，乳白色，被褐色锈斑，尤以钝端较密；平均大小为 14.6mm×11.4mm。

测量数据：　(mm，g)

标本号	日期	采集地	性别	体重	全长	嘴峰长	翅长	尾长	跗蹠长	口裂	翼展
132	1956	长沙	雄体	—	97.5	7.5	55.5	38	17	10	160
134	1956	长沙	雌体	—	107	8	58	45	18.5	12.5	168
139	1956	长沙	雄体	—	106	8	56.5	43	16.5	13	172
80032606	1980.03.26	师院	—	7.5	105	8	57	40	18	12	180
80032902	1980.03.29	师院	—	10	100	11	56	30	20	17	170
428	—	长沙	雄体	7.2	110	8.5	56	39	18	13	172
55	1956.10.31	莽山	雄体	—	96	8	58	40	21	12	158
64	—	莽山	雌体	—	91	8	52	30	17	11	126
80-9-34	1980.09	南岳	—	—	115	—	50	40	23	—	165
80-9-44	1980.09	南岳	—	—	106	—	61	45	—	—	161
38	—	浏阳	雌体	6.8	100	8	60	45	18	13	160
9210061	1992.10	巫山	—	—	108	9	58	34	18	12	160
A9210111	1992.10	巫山	—	—	89	8	55	31	18	11	—
9204033	—	—	—	5.34	105.0	9.6	55.0	40.3	17.0	—	—
9204035	—	—	—	5.15	99.2	9.5	50.0	37.2	17.0	—	—
9204036	—	—	—	5.0	96.5	8.2	51.5	39.5	16.5	—	—

地理分布：广泛分布于湖南省各地。标本采集于常德、长沙、源陵、新化、醴陵、石门壶瓶山、桑植、邵阳、东安、新宁、武冈、城步、隆回、绥宁、江口、洞口、黄石水库、张家界（武陵源）、炎陵县、资兴、衡山、岳阳（东洞庭）、沅江（南洞庭）、宜章、浏阳、莽山、索溪峪、黄石水库。

经济意义：食虫益鸟。国家“三有”保护物种。

19. 黄腰柳莺 *Phylloscopus proregulus proregulus*（Pallas）图 19－19、照片 19－10

该物种隶属柳莺属，全世界分化出 2 个亚种，中国仅分布有 1 个亚种。

英 文 名：Yellow-rumped Willow Warbler；Pallas's Leaf Warbler

别　　名：树串儿、槐树串儿、黄尾根柳莺、帕氏柳莺、黄腰丝

历史沿革：*Motacilla proregulus* Pallas，1811，Zoogr，Rosso-As. 1：499（模式产地：西伯利亚：Transbaikalia）

Phylloscopus proregulus　proregulus（Pallas），Gee 1931，Peking Nat. Hist. Bull. 5：49－68；La Touche，1925－1934，A handbook of the birds of eastern China，London；郑作新，1976，中国鸟类分布名录：753－754；赵正阶，2001，中国鸟类志　下卷：585－587；郑光美，2011，中国鸟类分类与分布名录：320。

鉴别特征：全长 80～106mm。上体橄榄绿色，腰部有明显的黄色横带；翼上的 2 道黄绿色横斑显著；腰羽黄白色。眉纹黄绿，中央冠纹淡黄绿色。外侧尾羽颜色一致无白色内翈。

图 19－19　黄腰柳莺（仿 Karen Phillipps）

照片 19－10　黄腰柳莺（姚毅　摄）

形态描述：头顶橄榄褐色，纵冠纹淡绿黄色。背及上体橄榄褐色。腰淡黄色。尾上覆羽橄榄色。眉纹黄绿色，贯眼纹暗褐色。颊、耳羽黄绿色缀褐色，颏黄白，喉、胸及下腹污白稍沾黄绿，尾下覆羽白色染黄，腋羽鲜黄色。飞羽黑褐色，外翈缘橄榄褐色，最内侧三级飞羽具白色端斑。翼上覆羽同背色，大覆羽和中覆羽具黄绿色端斑，形成两道明显的翼斑。飞羽式：4＞5＞3＞6＞7＞8＞9＝2，第 3～6 枚初级飞羽具切刻。中央尾羽黑褐色，外侧尾羽外翈缘黄绿色，内翈缘灰白色。

雌雄相似。

虹膜黑褐色。嘴黑色，下嘴基淡黄。脚铅黑色。

生活习性：湖南常见的冬候鸟。栖息于针叶林、阔叶林或者针阔叶混交林。单独或成对活动。性活泼、行动敏捷。常在树顶枝叶间跳来跳去。主要食昆虫、昆虫幼虫和虫卵。繁殖期 6～8 月。营巢于松树和云杉等针叶树种的侧枝上。巢呈椭圆形或球形，侧面开口。巢材有树皮纤维、苔藓、兽毛和鸟类羽毛。每窝产卵 5～6 枚。卵白色，被有紫褐色斑，尤以钝端较多。

测量数据：(mm)

编号	全长	嘴峰长	翅长	尾长	跗蹠长
9204034	93.6	9.5	46.8	38.7	15.5

地理分布：广泛分布于湖南省各地。

经济意义：食虫益鸟。国家“三有”保护物种。

20. 极北柳莺 *Phylloscopus borealis borealis*（Blasius）图 19-20、照片 19-11

该物种隶属柳莺属，全世界分化出 6 个亚种，中国分布有 3 个亚种（*P. b. borealis*；*P. b. hylebata*；*P. b. xanthodryas*）。湖南省分布的是指名亚种。

英 文 名：Arctic Willow Warbler；Arctic Warbler；Arctic leaf Warbler

别　　名：柳串儿、北寒带柳莺、浦边丝

历史沿革：*Phyllopneuste borealis* Blasius，1858，Naumannia：313（模式产地：西伯利亚 Lake Ochotsk）

Phylloscopus borealis borealis（Blasius），Gee 1931，Peking Nat. Hist. Bull. 5：49-68；La Touche，1925-1934，A handbook of the birds of eastern China，London；郑作新，1976，中国鸟类分布名录：755-756；赵正阶，2001，中国鸟类志　下卷：591-592；郑光美，2011，中国鸟类分类与分布名录：321。

鉴别特征：全长 110～128mm。上体暗橄榄绿色；黄白色眉纹明显；头无中央冠纹。翼斑不明显；下体为沾黄的白色。

图 19-20　极北柳莺（仿 Karen Phillipps Worn）

照片 19-11　极北柳莺（姚毅　摄）

形态描述：额、头顶、枕和后颈橄榄褐色；上体灰橄榄绿，腰较淡。眉纹白黄色，贯眼纹橄榄褐，下眼睑黄白色。颊灰白缀褐色。颏、喉污白色，具不明显的黄色纵纹，胸羽偏暗，腹部白色沾黄，尾下覆羽淡黄。两胁和翼下覆羽污白色。飞羽黑褐，外翈缘色同背。飞羽式 3=4>5>2>6>7>8>9>10。第 3～5 枚初级飞羽具切刻。中央尾羽黑褐色，外侧尾羽外翈缘黄绿色，内翈缘灰白色。

雌雄相似。

虹膜黑褐色。嘴黑色，下嘴基淡黄。跗蹠和趾肉白色。

生活习性：旅鸟。栖息于灌丛地带，喜单独或成对活动，迁徙季则多成群。性活泼、行动敏捷、常在树顶枝叶间跳来跳去。食昆虫和昆虫幼虫。繁殖期 6～7 月，营巢于地上、树桩或倒下的树木上。巢为半球形或球形，由草茎、叶、细枝和苔藓等材料编制而成，内垫动物毛发和草茎。每窝产卵 4～7 枚。

测量数据： (mm，g)

编号	性别	全长	体重	嘴峰长	翅长	尾长	跗蹠长
D-92-5-5	雄体	126.5	10.2	12	69	52	20
D-92-5-6	雌体	114.5	8.2	10	63	44.5	18.5
D-92-5-7	雄体	123.5	8.8	10.5	66	50	19
D-92-5-8	雄体	125.5	9.2	11.2	66	50.4	19.4

地理分布：湖南省广泛分布。

经济意义：食物虫益鸟。国家“三有”保护物种。

21. 双斑绿柳莺 *Phylloscopus plumbeitarsu* Swinhoe 图 19-21

该物种隶属柳莺属，没有亚种分化，系单型种。

英 文 名：Tow-barred Greenish Warbler

别　　名：暗绿柳莺

历史沿革：*Phylloscopus plumbeitarsu* Swinhoe，1861，Ibis 3：330（模式产地：天津大沽和北京之间）；郑作新，2010，中国动物志　鸟纲　第十二卷：185-188；赵正阶，2001，中国鸟类志　下卷：595-596；郑光美，2011，中国鸟类分类与分布名录：321。

Phylloscopus trochioides plumbeitarsus，Gee 1931，Peking Nat. Hist. Bull. 5：49-68；La Touche，1925-1934，A handbook of the birds of eastern China，London；郑作新，1976，中国鸟类分布名录：757-759。

鉴别特征：全长 99～119mm。上体橄榄绿色，头顶较暗，腰较淡，贯眼纹淡橄榄褐色，眉纹黄白色；下体淡黄白色，尤以两胁和尾下覆羽更多黄色。翅斑两条。下喙黄色。

图 19-21 双斑绿柳莺（仿 Karen Phillipps）

形态描述：额、头顶及枕部暗橄榄绿色，共 6 条隐隐可见的橄榄色褐色纵纹。背橄榄绿色，腰和尾上覆羽略染黄。眼先灰褐色；眉纹黄白色，自鼻孔后缘伸达枕部，贯眼纹暗橄榄色，下眼睑黄白色，颊部和耳羽暗橄榄色而杂有黄白色点斑，颊部的点斑较小，耳羽处的较大。颏、喉和胸污白色，少数羽的外翈硫黄色，前后缀成隐隐约约纵纹。两胁灰褐染黄，腹部白色，尾下覆羽污白染黄。飞羽黑褐色，外翈缘橄榄绿，内翈缘基段灰白色。翼上覆羽黑褐，外翈同背色。大覆羽和中覆羽外翈端灰白色，形成 2 道翅斑。腋羽硫黄色，翼下覆羽白色，翼缘硫黄色，飞羽式为 4≥5＞3＞6＞7＞2＞8＞9。第 1 枚初级飞羽短于最内侧飞羽，第 3～6 枚初级飞羽具切迹。尾羽 12 枚，褐色，外翈缘橄榄绿，最外侧 2～3 枚尾羽内翈白色。各尾羽具深褐色横隐纹。最外侧尾羽距尾端 2mm，其余尾羽几乎等长。

雌雄相似。

虹膜红褐色。上嘴黑褐，下嘴黄色，上嘴端微下曲，具小的次端缺刻。嘴须和鼻须明显。鼻孔外具盖膜。足纤细，黄褐色，跗蹠前缘上段具靴状鳞，下段有 3～4 道横纹。爪角褐色，尖面钩曲，后爪最大。

生活习性：湖南少见的旅鸟。繁殖季节多在山地针叶林和阔叶混交林中活动，春季迁徙季节则多成小群活动在林缘、道旁次生林或灌丛中，性活跃。以昆虫和蜘蛛等小型动物为食。繁殖期 5～8 月。营巢于山坡或岩石缝隙中。巢材主要由苔藓构成，呈球形，侧面开口。每窝产 5～6 枚，卵白色。雌鸟孵卵，雌雄鸟共同育雏，属晚成鸟。

测量数据：　（mm）

编号	全长	嘴峰长	翅长	尾长	跗蹠长
—	116	11	59	51	19
61 号	113.5	11	61	46	16

地理分布：全省分布。

经济意义：食虫益鸟。

22. 冕柳莺 *Phylloscopus coronatus*（Temminck et Schlegel）图 19－22

该物种隶属柳莺属，没有亚种分化，系单型种。

英 文 名：Eastem crowned warbler；Eastem crowned willow warbler；Temminck's crowned willow warbler

别　　名：东方冕莺、东方冕柳莺、特敏克氏冕柳莺、树窜儿

历史沿革：*Ficedula coronata* Temminck et Schlegel，1847，in Siebold，Faun. Jap.，Av.：48（模式产地：日本）

Phylloscopus coronatus（Temminck et Schlegel）Gee 1931，Peking Nat. Hist. Bull. 5：49－68；La Touche，1925－1934，A handbook of the birds of eastern China，London；郑作新，1976，中国鸟类分布名录：759－760；郑作新，2010，中国动物志　鸟纲　第十二卷：192－195；赵正阶，2001，中国鸟类志　下卷：598－599；郑光美，2011，中国鸟类分类与分布名录：323。

鉴别特征：小型柳莺。全长 102～130mm。头顶具橄榄褐色黄绿色中央冠纹；贯眼纹暗褐色；眉纹淡黄；翼上具有 1 道淡黄绿色翅斑；上体橄榄绿黄色；下体白色；尾下覆羽黄色。

形态描述：额、头顶和后颈暗橄榄褐色，头顶具 1 条淡黄白色中央冠纹。背部橄榄绿

图 19 - 22 冕柳莺（仿 Karen Phillipps）

色，向后逐渐变淡，至尾上覆羽成为黄绿色。眉纹长而显著，淡黄色，或前段淡黄色后段白色。贯眼纹暗褐色。颊和耳羽淡黄绿色杂有褐色和白色纹。颏、喉、胸、腹银白色，腹部稍染不明显的黄色。两胁白色。尾下覆羽淡黄绿色。初级飞羽和次级飞羽暗褐色，外翈缘黄绿色。大覆羽具淡黄色端斑，形成 1 条明显的翅斑。其余翼上覆羽亦暗褐色，外翈缘黄绿色。翼角蛋黄色。翼下覆羽和腋羽白色而染黄。尾羽暗褐色，外翈缘黄绿色，最外侧 2 对尾羽内翈缘灰白色。

虹膜褐色。上嘴黑褐色，下嘴角黄色。脚铅褐色。

生活习性：湖南不多见的旅鸟。栖息于稀疏林缘、灌丛，常单独或成对活动，迁徙时结成小群。多活动于树冠枝叶间，性活泼。捕食昆虫和昆虫幼虫。繁殖期为 6～7 月。营巢于山边或溪边岩坡上缝隙或凹穴内，也有于低树杈上的。巢呈球状或杯状，主要由枯草和苔藓等材料构成。每窝产卵 4～7 枚，卵白色、光滑无斑。

测量数据：（mm）

编号	性别	全长	嘴峰长	翅长	尾长	跗蹠长
98011002	雄体	121	11	63	51	17
04011618	雌体	120	11	58	49	18

地理分布：广布于湖南省各地。

经济意义：食虫益鸟。国家“三有”保护物种。

23. 冠纹柳莺 *Phylloscopus reguloides claudiae*（La Touche）图 19 - 23

该物种隶属柳莺属，全世界分化出 6 个亚种，中国分布有 3 个亚种（*P. r. reguloides*；*P. r. claudiae*；*P. r. fokinensis*），湖南省分布的是西南亚种。

英 文 名：Blyth's Crowned Willow Warbler；Blyth's Leaf Warbler

别　　名：布氏柳莺

历史沿革：*Acanthopneuste trochiloides claudiae* La Touche，1922，Bull. Brit. Orn.

Cl. 43：22（模式产地：云南蒙自）

Phylloscopus reguloides claudiae，Gee 1931，Peking Nat. Hist. Bull. 5：49 - 68；郑作新，1976，中国鸟类分布名录：760 - 762；赵正阶，2001，中国鸟类志　下卷：601 - 602；郑光美，2011，中国鸟类分类与分布名录：323。

鉴别特征：全长 95～118mm，头顶墨绿色，中央冠纹淡黄，眉纹亦淡黄。上体橄榄绿，下体灰白，翅斑 2 条，但有 1 条较短且不明显。尾呈平尾式稍呈叉状。

图 19 - 23　冠纹柳莺（仿 Karen Phillipps）

形态描述：头顶橄榄褐，中央冠纹灰黄色，冠纹在额廓不很明显，顶和枕最显著。上体橄榄绿色；眉纹淡黄；颊和耳羽灰绿色缀深色纹；颏、喉白色，下体呈沾灰的白色，胸部缀以黄色条纹；尾下覆羽为淡黄白色；翼黑褐色，最内侧飞羽的外翈与背同色，大中覆羽和中覆羽外翈的尖端黄白色，形成翼上 2 条横斑；飞羽式：4≥3>5>6>2≥7>8>9>10。第 3～6 枚初级飞羽具切迹。尾羽淡褐，中央和外侧尾羽的外缘亦与背同色；最外侧 2 对尾羽的内翈具白色狭缘。

雌雄相似。

虹膜褐色，上嘴亦褐色，下嘴黄色。跗蹠角褐色。

生活习性：湖南的夏候鸟，主要栖息于山地林缘地带，常成对或单独活动，主要以昆虫为食。繁殖期 5～7 月。巢通常置于林缘和林间空地等开阔地带，主要由苔藓、枯草、毛发和羽毛构成。每窝产卵 4～5 枚，雌鸟承担孵卵。

测量数据：（mm）

全长	喙长	翅长	尾长	跗蹠长
115	11	58.5	47	17.5

地理分布：广泛分布于宜章、石门、洞口、衡南、城步、绥宁、江口。

经济意义：食虫益鸟。国家“三有”保护物种。

24. 白斑尾柳莺 *Phylloscopus davisoni disturbans*（La Touche）图 19 - 24

该物种隶属柳莺属，全世界分化出 5 个亚种，中国分布有 3 个亚种（*P. d. davisoni*；

P. d. disturbans；*P. d. ogilviegrandi*），湖南分布的是西南亚种。

英 文 名：White-tailed Willow Warbler；White-tailed leaf Warbler

历史沿革：*Acanthopneuste trochiloides disturbans* La Touehe，1922，Bull. Brit. Orn. Cl. 43：22（模式产地：云南蒙自）

Phylloscopus pseudes Stresemann，1923，Orn Monatsb 31：30（模式产地：四川成都）

Phylloscopus davisoni disturbans（La Touche），Gee 1931，Peking Nat. Hist. Bull. 5：49－68；郑作新，1976，中国鸟类分布名录：762－763；赵正阶，2001，中国鸟类志 下卷：602－603；郑光美，2011，中国鸟类分类与分布名录：324。

鉴别特征：全长 101～106mm。头顶具显著黄绿色冠纹；侧冠纹橄榄绿，眉纹淡黄，贯眼纹绿褐。上体橄榄绿，下体白色沾黄，翅具 2 道翅斑。最外侧 1 对尾羽内翈具白缘。

图 19－24 白斑尾柳莺（仿 Karen Phillipps）

形态描述：上体橄榄绿色；额羽松散，羽干延伸；头顶具黄绿色冠纹，侧冠纹暗橄榄褐色；眉纹淡黄；贯眼纹暗绿褐色；耳羽浅黄绿而缀褐斑。腰羽鲜亮黄绿色；飞羽黑褐。初级飞羽 10 枚，具鲜亮黄绿色外缘。大覆羽的羽端淡黄色，中覆羽的羽端淡黄色不甚明显，故常见到 1 道翼斑。第 2 枚初级飞羽长度介于第 8 枚和第 9 枚之间。尾羽表面几乎与腰同色，最外侧尾羽的内翈大部白色，次外侧尾羽的内翈仅端部有 1 条白端斑。下体白色沾黄。胸侧、两胁沾橄榄绿色；腹部中央乳白；尾下覆羽淡黄色。

雌雄相似。

幼体几乎与成鸟羽色相同，羽被较暗淡。头顶概为灰绿色。除两翼外，上下体均被淡灰黄色绒羽。

嘴纤细；上嘴暗褐，先端稍下曲，下嘴黄色；鼻孔裸露；嘴须、鼻须弱。跗蹠、趾、爪角黄色。

生活习性：湖南不多见的夏候鸟。见于常绿阔叶林内，常三五成群活动于树冠顶部或灌木丛中。性活泼；常以昆虫、蜘蛛、植物种子等为食。繁殖期 5～7 月，营巢于开阔地带的岩穴或树洞中。巢呈球状或杯状。主要由青苔构成，也掺杂有少量枯草、毛发和羽毛等。每窝产卵 4～5 枚，卵白色、光滑无斑，偶尔有少许红色斑点。孵卵由雌鸟独自承担。

测量数据： （mm，g）

性别	体重	全长	嘴峰长	翅长	尾长	跗蹠长
雄体	7.2	97.5	9.3	52.6	42.1	16.8
	5～9	90～110	8.7～10.0	50～51.3	39～46	15～18
雌体	7.5	98.2	9.0	51.3	41.0	17.1
	6～8	93～100	8.8～9.5	48～55	39～41	16～18
	6～8	95～100	9.5～10.0	50～51	39～41	16～17
	7	99	9.5	50	38	17

地理分布：广泛分布于湘南、湘中地区。

经济意义：食虫益鸟。国家“三有”保护物种。

25. 黑眉柳莺 *phylloscopus ricketti ricketti* Slater 图 19－25、照片 19－12

该物种隶属柳莺，全世界分化出 2 个亚种，中国均有分布（*P. r. ricketti*；*P. r. goodsoni*），湖南分布的是指名亚种。

英 文 名：Balck-browed Willow Warbler；Sulphur-breasted Warbler

别　　名：黄胸柳莺

历史沿革：*Cryptolopha ricketti* Slater，1897，Ibis（7）3：174（模式产地：福建挂墩）

Cryptolopha trivirgatus eiuncidus Bangs et Phillips，1914，Bull. Mus. Cornp. Zool.，Harvard Coll. 58：282（模式产地：云南蒙自）

Phylloscopus cantator ricketti（Slater），Gee 1931，Peking Nat. Hist. Bull. 5：49－68；La Touche，1925－1934，A handbook of the birds of eastern China，London；郑作新，1976，中国鸟类分布名录：763－764。

phylloscopus ricketti ricketti Slater，郑作新，1994，中国鸟类种和亚种分类名录大全；郑作新，2010，中国动物志　鸟纲　第十二卷：207－210；赵正阶，2001，中国鸟类志　下卷：603－604；郑光美，2011，中国鸟类分类与分布名录：325。

图 19－25　黑眉柳莺（仿 Karen Phillipps）

照片 19－12　黑眉柳莺（李剑志　摄）

鉴别特征：全长 99～110mm，侧冠纹和贯眼纹黑色，中央冠纹和眉纹黄色。上体黄绿，下体黄色，两胁沾绿，翅上有 2 道淡黄色翅斑。

形态描述：（依据 20263－1078 号标本雄体）头顶有显著的黄色冠纹；自上嘴基起，有宽阔的黄色眉纹伸达头侧；贯眼纹橄榄褐；有黑色侧冠纹；两颊黄绿色。耳羽与颈侧黄绿色。背、腰以及尾上覆羽橄榄绿色。两胁及胸上侧灰色。腹部黄绿色。覆腿羽颜色黄染暗棕。翼及尾羽暗褐色，外翈具宽阔的绿色缘；大覆羽和中覆羽端黄色，形成 2 道不很显著的翼斑。初级飞羽 10 枚，第 6 枚初级飞羽外翈具切迹。飞羽式：2＞3≥4＞5＞6＞7＞8＞9＞10＞1。尾羽 12 枚，中央尾羽淡褐；最外侧 2 对尾羽内翈缘白色。

雌鸟与雄鸟相似。

幼体中央冠纹及眉纹的黄色较成鸟淡，呈淡黄白色；上体绿色，不及成鸟富于光泽；下体一概为淡黄色。

上嘴黑褐，下嘴黄色。嘴须、鼻须弱；鼻孔裸露，椭圆形。虹膜深褐色。跗蹠、趾肉色，爪角色。

生活习性：在湖南为夏候鸟。常在树冠的枝条活动，更喜在寄生植物丛中或在藤葛缠绕的茂密处活动。动作轻巧，跳跃敏捷，清晨和傍晚爱在枝头作轻快的歌鸣。绝大多数以昆虫为食，对农林业有益。繁殖期 4～7 月，营巢于林下或森林边土岸洞穴中，巢呈球形，全由苔藓构成。每窝产卵 6 枚，卵白色、光滑无斑。

测量数据： （mm，g）

编号	日期	采集地	性别	体重	体长
20263－1078	1956.04.14	新化	雄体	6	88
18225－72	1955.04.07	衡山	雌体	7	98
20264－235	1957.06.08	醴陵	雄体	7	97

地理分布：广泛分布于湖南各地。

经济意义：食虫益鸟。

26. 栗头鹟莺 *Seicercus castaniceps sinensis*（Rickett）图 19－26

该物种隶属鹟莺属，全世界分化出 9 个亚种，中国分布有 3 个亚种（*S. c. castaniceps*；*S. c. sinensis*；*S. c. laurentei*），湖南分布的是华南亚种。

英 文 名：Chestnut-headed Flycatcher Warbler；Chestnut-crowned Warbler

别　　名：栗冠莺

历史沿革：*Crytolopha sinensis* Richett，1898，Ibis.（7）4：332（福建挂墩）

Seicercus castaniceps sinensis，Gee 1931，Peking Nat. Hist. Bull. 5：49－68；La Touche，1925－1934，A handbook of the birds of eastern China，London；郑作新，1976，中国鸟类分布名录：766－767；郑作新，2010，中国动物志 鸟纲 第十二卷：218－222；赵正阶，2001，中国鸟类志 下卷：608－609；郑光美，2011，中国鸟类分类与分布名录：327。

鉴别特征：全长 87～100mm。额至枕淡栗色，头顶两侧具黑栗色侧冠纹；上体黄绿色；腰羽黄色；下体白颏至胸灰白色；余部鲜黄色。额缘副须发达，前伸达嘴中部，喙基宽扁。

图 19-26　栗头鹟莺（仿 Karen Phillipps）

形态描述：额缘灰色。额、头顶至枕淡栗色，头顶两侧具黑栗色侧冠纹，枕部具灰黑色和白色块斑。背部橄榄绿，腰鲜黄色，尾上覆羽橄榄绿。眼先、颊、喉、上胸等灰色。眼圈白色。下胸、腹、胁、腋和翼下覆羽及尾下覆羽鲜黄色。飞羽和覆羽外翈以及小覆羽橄榄绿，飞羽内翈黑褐，大覆羽和中覆羽末端黄色，形成两道翼斑，其中前翼斑短而不明显。飞羽式 5>4=6>3>7>8>9>10，2=倒数第 2 枚次级飞羽，1=最内侧次级飞羽>覆羽，第 3～6 枚初级飞羽外翈具切迹。尾羽 12 枚，外翈橄榄绿，内翈灰褐，最外侧尾羽内翈灰白。尾稍呈凹状。

两性羽色相近。

上嘴黑褐色，下嘴黄褐色。嘴须发达，前伸达嘴的 2/3 处，基部较宽，虹膜暗褐色。足褐色，爪稍淡。

生活习性：湖南较常见的夏候鸟或留鸟。栖息于低山和山脚的灌丛中。繁殖期单独或成对活动，非繁殖期则多成 3～5 只的小群活动和觅食。主要以昆虫和昆虫幼虫为食，也吃少量的杂草种子。繁殖期 5～7 月。营巢于树根下的土坎或岩石边的洞穴中。巢呈球形，或梨形，主要由苔藓和细根编织而成，开口于顶端侧面。每窝产卵 4～5 枚，卵纯白色，光滑无斑。雌雄亲鸟轮流孵卵，属晚成鸟。

测量数据：　(mm，g)

编号	性别	体重	全长	嘴峰长	翅长	尾长	跗蹠长
93062608	雄体	5	98	7.5	47	46	15
93062704	雌体	64	93	8	54	45	18
93062707	雄体	5	92	7.6	50	44	19
93062705	雌体	5	114	10	50	52.2	20
93062703	雄体	6	84	7	48	39	15
93062706	雌体	5.2	92	9	52	42	15
93050905	雄体	5	96	7.8	49.5	43	15

地理分布：湖南各地均有分布。

经济意义：食虫益鸟。

27. 金眶鹟莺 *Seicercus burkii valentini*（Hartert）图 19－27

该物种隶属鹟莺属，全世界分化出 5 个亚种，中国分布有 4 个亚种（*S. b. burkii*；*S. b. valentine*；*S. b. tephrocephalus*；*S. b. distinctus*），湖南分布的是华南亚种。

英 文 名：Golden-spectacled Flycatcher Warbler

别　　名：比氏鹟莺、灰顶鹟莺、大吉黄、竹叶青

历史沿革：*Cryptolopha burkii valentine* Hartert，1907，Vog. pal. Faun. 1：497（模式产地：陕西太白山）

Seicercus burkii latouchei Hangs，1929，Proc. New. Engl. Zool. cl. 11：4（模式产地：福建挂墩）；Gee 1931，Peking Nat. Hist. Bull. 5：49－68；La Touche，1925－1934，A handbook of the birds of eastern China，London；郑作新，1976，中国鸟类分布名录：767－768；赵正阶，2001，中国鸟类志　下卷：609－611；郑光美，2011，中国鸟类分类与分布名录：326。

鉴别特征：全长 95～115mm，眼周金黄色；中央冠纹绿灰色；侧冠纹黑色；翅具 1 道不明显的翅斑；上体概为鲜橄榄绿色；尾羽褐色，外侧 2 对尾羽的内翈白色；下体纯鲜黄色。额缘副须发达，前伸达嘴中部，喙基宽扁。

图 19－27　金眶鹟莺（仿 Karen Phillipps）

形态描述：额暗橄榄绿，中央冠纹灰色沾绿，自额伸达枕部，侧冠纹黑色，自额伸达枕侧，眉纹灰色，前端橄榄绿。头侧暗黄绿色，眼先暗绿色，眼圈为醒目的鲜黄色。上体暗橄榄绿色，颏、喉、胸、腹及尾下覆羽鲜黄色，两胁稍暗。飞羽和覆羽外翈暗橄榄绿，内翈黑褐，大覆羽端隐隐具黄白色端缘，形成翅斑。初级飞羽 10 枚，飞羽式为 4≥5>3>6>7>8>9>10=2。最内次级飞羽大于大覆羽，第 3～6 枚初级飞羽外翈具切迹。尾羽 12 枚，中央尾羽橄榄褐，其余尾羽外翈暗橄榄色，外则两枚尾羽内翈具三角形白斑，其余尾羽内翈黑褐，尾羽由外向内距尾端为：4mm，2mm，0mm，0mm，0mm。

嘴基宽，上嘴黑褐色，下嘴淡黄色，上嘴前端具缺刻。鼻孔外具鼻膜。嘴须鼻须发达，基部白色，其余黑色，前伸达嘴中部。脚、趾白或黄褐色，爪亦然。

生活习性：湖南常见的夏候鸟或留鸟。主要栖息于山溪流边的稀疏阔叶林，也见于针叶林和混交林。有时也到农田和居民点附近的林丛活动。除繁殖期间单独或成对活动外，其他

时候多呈小群，有时也和其他小鸟一起活动。主要以昆虫为食物，也吃蜘蛛。繁殖期 5～7 月，营巢于灌丛或草地上，也在土坎、岩石脚下营巢。巢呈球形，主要由苔藓和杂草编织而成，侧开口。每窝产 3～4 枚卵，卵白色或浅土黄色。雌雄亲鸟轮流孵卵。

测量数据： (mm)

编号	全长	嘴峰长	翅长	尾长	跗蹠长
93051007	117	11	54	49	17
93051203	110	12	56	45	17

地理分布：广泛分布于壶瓶山、石门、宜章、武陵源。

经济意义：食虫益鸟。

28. 棕脸鹟莺 *Abroscopus albogularis fulvifacies* (Swinhoe) 图 19－28、照片 19－13

该物种隶属拟鹟莺属，全世界分化出 3 个亚种，中国分布有 2 个亚种（*A. a. albogularis*；*A. a. fulvifacies*），湖南分布的是华南亚种。

英 文 名：Fulvous-faced Flycatcher Warbler；Rufous-faced Warbler

别　　名：褐脸莺

历史沿革：*Abrornis fulvifacies* Swinhoe，1870，Proc. zool. Soc. London：123（模式产地：四川）

Abrornis albogularis formosana Laubmann. 1912，Orn. Monatsb. 20：174（模式产地：台湾）

Seicercus albogularis fulvifacies，Gee 1931，Peking Nat. Hist. Bull. 5：49－68；La Touche，1925－1934，A handbook of the birds of eastern China，London；郑作新，1976，中国鸟类分布名录：771－772

Abroscopus albogularis fulvifacies，La Touche，1925－1930，p. 259－260. 郑作新，2010，中国动物志 鸟纲 第十二卷：244－247；赵正阶，2001，中国鸟类志，616－617；郑光美，2011，中国鸟类分类与分布名录：328。

鉴别特征：全长 87～102mm，头侧栗棕色，侧冠纹直伸达后颈；上体橄榄绿沾黄；下体大部分为丝亮白色。尾羽 10 枚。额缘副须发达，喙基宽扁。

形态描述：额缘、颊、颈侧棕栗色，头顶黄色，黑侧冠纹后伸达颈。上体橄榄绿，腰黄白色，颏灰白色，针状羽尖黑色，喉灰黑色，具白色羽缘。胸带硫黄色隐约可见。腹白色，尾下覆羽淡黄色，胁和翅下覆羽淡黄色。飞羽黑褐，外翈缘亮橄榄绿，翼上覆羽同背色，第 3 枚以内的初级飞羽内翈内缘灰白色。飞羽式 4≥5＝6＞7＞8＝3＞9＞10，2＝次内侧次级飞羽＞最内次级飞羽＞1。尾羽 10 枚，橄榄褐色，外翈缘染绿，除最外侧尾羽稍短，其余几乎等长。

嘴橙红色，较粗扁。嘴须发达。鼻孔椭圆被鼻膜，具鼻须。足角褐色，爪色较淡。

生活习性：湖南常见的留鸟。常在树林和竹林上层活动。也在林下灌丛和林缘疏地活动和觅食。繁殖期间单独或成对活动，其他时候成群活动。以昆虫为食。繁殖期 4～6 月，营巢于枯死的竹洞中，内垫竹叶、纤维和苔藓。每窝产卵 3～6 枚，卵淡粉红色，有朱红色或紫灰色斑点。

图 19－28 棕脸鹟莺（仿 Karen Phillipps）

照片 19－13 棕脸鹟莺（邓学建 摄）

测量数据：

（mm）

编号	全长	嘴峰长	翅长	尾长	跗蹠长
148 号	86	8	42.5	35.5	15
179 号	86	8	48	39	17
吉首大学标本	85	7	45	39	14

地理分布：湖南各地均有分布。

经济意义：食虫益鸟。

29. 长尾缝叶莺 *Orthotomus sutorius longicaudus*（Gmelin）图 19－29

该物种隶属缝叶莺属，全世界分化出 9 个亚种，中国分布有 2 个亚种（*O. s. longicaudus*；0. *s. inxpectatus*），湖南分布的是华南亚种。

英 文 名：Long-tailed Tailor Bird；Common Tailorbird

别　　名：裁缝鸟、火尾缝叶莺

历史沿革：*Motacilla longicauda* Gmelin，1788，Syst. Nat，ed. 13，1：945（模式产地：中国）

Orthotomus phyllorrhapheus Swinhoe，1860，Ibus：49（模式产地：福建厦门）

Orthotomus sutorius longicauda（Gmelin），Gee 1931，Peking Nat. Hist. Bull. 5：49－68；La Touche，1925－1934，A handbook of the birds of eastern China，London；郑作新，1976，中国鸟类分布名录：775－777；郑作新，2010，中国动物志 鸟纲 第十二卷：260－263；赵正阶，2001，中国鸟类志 下卷：621－623；郑光美，2011，中国鸟类分类与分布名录：315－316。

鉴别特征：全长 92～128mm。体色橄榄绿色。额棕栗色。嘴细长。上嘴黑褐，先端稍下曲，下嘴肉棕色；鼻孔裸出。当栖于枝上或跳跃时，尾常高翘至背上。下体白，或多或少染浅棕色。跗蹠长于嘴峰。

图 19-29　长尾缝叶莺（仿 Karen Phillipps）

形态描述：（依据 80-9-46 号标本）额棕栗色；枕部为棕褐色；眼先黄白；耳羽和颊灰褐缀以浅色。眼周淡棕灰色。背、肩、腰及尾上覆羽一概为橄榄绿色；颏、喉淡棕白色；两胁灰棕；胸至尾下覆羽皮黄色；腹中央近白。飞羽褐色，外翈缘具茶黄色狭边，内翈基部浅棕，此斑愈向内侧愈形宽阔。圆形翼。翼下覆羽棕白色。初级飞羽 10 枚。第 1 枚初级飞羽超过第 2 枚的 2/3，第 3、第 4、第 5 枚初级飞羽外翈具切迹。飞羽式：4>5>6>7>8=3>10>2>1。尾羽 12 枚，呈浅褐色，具橄榄绿羽缘。楔形尾。尾羽式：18mm，11mm，8mm，5mm，5mm。

雌雄相似，雌鸟在繁殖期中央尾羽不特别延长。

虹膜淡褐色。嘴纤细，上嘴黑褐色，先端稍下曲，下嘴肉棕色；鼻孔裸出，椭圆形。副须弱。趾、爪肉色。

生活习性：湖南不常见的留鸟。常在村旁灌木或乔木树上，尤其常见于村落附近的竹丛、荆棘等上。多为三五成群逐食，游荡于枝间；鸣声响亮，但单调；性活泼，不畏人。以甲虫、蚂蚁、蝉和半翅目昆虫等为食，也吃树果、草子。每年繁殖 2 次，繁殖季节在 4～8 月间。营巢方法特异，常选芭蕉、葡萄藤等大形叶片的植物，以 1～2 片下垂的树叶合成囊袋状，然后营巢于囊中。

测量数据：(mm，g)

编号	日期	采集地	性别	体重	全长	尾长	翅长	跗蹠长	展翼	口裂
18382－228	1955.05.05	资兴	雌体	8	99	—	—	—	—	—
80－9－46	1980.09	南岳	—	—	120	45	50	—	164	—

地理分布：湘中、湘南地区均有分布。

经济意义：食虫益鸟。

二十、扇尾莺科 Cisticolidae

扇尾莺科以前划为莺科，现多数人将它单独列为一科，该科为小型鸟类，体长在 9～14cm 之间，鹪莺属的个体体长可达 19cm。嘴形细尖，嘴缘光滑，上嘴先端常微具缺刻。额部的羽毛短钝，羽干不延长，额缘仅具发达的嘴须。两翅短圆，初级飞羽 10 枚。第 1 枚初级飞羽的长度超过第 2 枚初级飞羽的 1/3，但不达其 1/2 的长度。尾较翅长，呈明显的凸型尾，尾羽 10～12 枚。体羽栗棕色具显著的黑褐色羽干纹。

该属鸟类常活动于灌丛、草丛和农田中，性活泼，整天不停的活动与觅食。具有较强的领域性。繁殖期单独或者成对活动，冬季集成 3～10 只的松散小群。多为当地的留鸟。主要捕食昆虫和昆虫的幼虫，也吃蜘蛛、蚂蚁等其他小型无脊椎动物和杂草种子。通常 5～7 月繁殖，在灌丛或草丛中利用草茎、草叶以及蛛丝营造囊状巢，巢口位于侧上方。雌雄亲鸟轮流孵化，共同育雏，雏鸟为晚成雏。

该科全世界发现有 14 属 111 种，中国分布有 3 属 10 种（22 亚种）。湖南省分布有 2 属 5 种与亚种。其名录如下：

Ⅰ. 扇尾莺属

1. 棕扇尾莺 *Cisticola juncidis tinnabulans*（Swinhoe）
2. 黄头扇尾莺 *Cisticola exilis curtoisi* La Touche

Ⅱ. 鹪莺属

3. 褐头鹪莺 *Prinia inornata extensicauda*（Swinhoe）
4. 山鹪莺华南亚种 *Prinia criniger parumstriata*（David et Oustalet）
5. 山鹪莺华中亚种 *Prinia criniger catharia* Reichenow

湖南省扇尾莺科属、种检索表

1. 尾羽 10 枚 …… **扇尾莺属…2**
   尾羽 12 枚 …… **鹪莺属…3**
2. 尾具宽阔的白色端斑 …… **棕扇尾莺 *Cisticola juncidis tinnabulans***
   尾羽端斑不明显，呈淡棕色 …… **黄头扇尾莺 *Cisticola exilis curtoisi***
3. 头顶和上背具明显的深色纵纹 …… **4**
   头顶和上背为一致的黄褐色 …… **褐头鹪莺 *Prinia inornata extensicauda***
4. 上体黑褐色沾棕，羽缘淡棕色 …… **山鹪莺华中亚种 *Prinia criniger catharia***
   上体栗褐色沾棕，羽缘灰白 …… **山鹪莺华南亚种 *Prinia criniger parumstriata***

1. 棕扇尾莺 *Cisticola juncidis tinnabulans*（Swinhoe）图 20－1

该物种隶属扇尾莺属，全世界分化出 18 个亚种，中国仅分布 1 个亚种，即普通亚种。

英 文 名：Rufous Fantail Warbler；Zitting Cisticola；Fantail Warbler

别　　名：扇尾莺

历史沿革：*Calamanthella tinnabulans* Swinhoe，1859，Journ. N. China Br. Roy. As. Soc. 1（2）：225（模式产地：福建厦门、上海、台湾）

Cisticola juncidis tinnabulans（Swinhoe）Gee 1931，Peking Nat. Hist. Bull. 5：49－68；La Touche，1925－1934，A handbook of the birds of eastern China Taylor and Francis，

London；郑作新，1976，中国鸟类分布名录：777－778；郑作新，2010，中国动物志 鸟纲 第十二卷：266－269；赵正阶，2001，中国鸟类志 下卷：623－625；郑光美，2011，中国鸟类分类与分布名录：301－302。

鉴别特征：全长90～115mm，身体为棕色，具显著的黑褐色羽干纹。眉纹棕白色。下背、腰和尾上覆羽羽干纹细弱而不明显。尾凸形，尾羽褐色具棕色羽缘及白色端斑和黑色次端斑。

图20－1 棕扇尾莺（仿Karen Phillipps）

形态描述：额栗色，具黑褐色羽干纹。头顶、枕部皮黄具黑褐色羽干纹。后颈淡栗棕色，具隐隐可见的褐色羽干纹。上背栗棕色具粗著的黑色羽干纹。肩黑色，内翈缘栗棕色，外翈羽缘灰色。下背、腰和尾上覆羽栗棕色。眉纹棕白色。眼先黑褐色，贯眼纹棕褐色。颊和耳羽淡棕色，颏、喉、胸及下体白色，两胁和覆腿羽棕黄色。初级飞羽和次级飞羽暗褐色，外翈缘栗棕色。三级飞羽和翼上覆羽黑色而具宽的栗棕色外翈缘。腋羽白色，翼下覆羽白色染棕。尾羽呈凸形，中央尾羽最长，向外依次变短。尾羽基部黑色，向远端逐渐转为淡棕色，末端具有白色端斑和黑色次端斑。

雌雄相似。

虹膜红褐色。嘴角褐色，脚肉红色。

生活习性：湖南较常见的留鸟，栖息于山脚、平原、丘陵低地灌丛与草丛中，单独或成对活动。主要以昆虫、昆虫幼虫和杂草种子为食。领域性强，性活泼，飞行时尾常呈扇形展开上下摆动。繁殖期4～7月，巢通常置于草丛中，主要由草叶、植物纤维等构成。营巢主要由雌鸟负责，每窝产卵4～5枚，雌雄亲鸟共同孵卵共同育雏。

测量数据： (mm)

编号	性别	全长	嘴峰长	翅长	尾长	跗蹠长
650822134	雌体	101	9	48	45	18
2002070201	雄体	103	9	51	48	18

地理分布：分布于湖南省各地。

经济意义：食虫益鸟。

2. 黄头扇尾莺 *Cisticola exilis curtoisi* La Touche 图 20－2

该物种隶属扇尾莺属，全世界分化出 13 个亚种，中国分布有 3 个亚种（*C. e. tytleri*；*C. e. curtoisi*；*C. e. volitans*），湖南分布的是华南亚种。

英 文 名：Yellow-headed Fantail Warbler；Golden-headed Fantail Warbler

别　　名：金头扇尾莺

历史沿革：*Cisticola exilis curtoisi* La Touche，1928，Handb. Bds. East. China 1：237（模式产地：云南河口）；Gee 1931，Peking Nat. Hist. Bull. 5：49－68；La Touche，1925－1934，A handbook of the birds of eastern China，London；郑作新，1976，中国鸟类分布名录：778－779；郑作新，2010，中国动物志　鸟纲　第十二卷：269－272；赵正阶，2001，中国鸟类志　下卷：625－626；郑光美，2011，中国鸟类分类与分布名录：302。

鉴别特征：全长 90～127mm。雄鸟夏羽头顶灰白色，雌鸟头顶黑褐具白色纵纹。上体灰褐具黑褐纵纹，下体灰白，尾黑褐具灰棕色端缘。

图 20－2　黄头扇尾莺（仿 Karen Phillipps）

形态描述：（夏羽）：体形弱小。额淡棕色；头顶苍白沾烟灰色；头侧及枕部烟灰色；颊部淡黄沾褐色。上体包括内侧次级飞羽黑灰褐色；颏、喉及腹近白色；胸、两胁、尾下覆羽及覆腿羽皮黄色。飞羽烟黑色，具有暗栗色翼缘。初级飞羽 10 枚。第 1 枚初级飞羽介于第 2 枚的 1/3 与 1/2 长之间。尾上覆羽深栗色，具有灰棕色羽端；尾羽 10 枚，黑褐色具灰棕色端缘。

雌鸟似雄鸟。

嘴纤细，上嘴黑褐，下嘴肉色；虹膜淡褐色。跗蹠、趾淡黄色，爪棕黄色。

生活习性：湖南地区不常见的留鸟。主要栖息于高山丘陵和山脚平原地带的灌丛和草丛中，单个活动于小灌木上，以昆虫和植物种子为食。繁殖期 4～6 月，巢常置于草丛中，也有在灌丛中营巢的，每窝产卵 4～5 枚。

测量数据：　（mm，g）

编号	日期	采集地	性别	体重	全长
18381－227	1955.05.05	资兴	雄体	6	97

地理分布：广泛分布于湘南、湘中和湘东地区。

经济意义：食虫益鸟。

3. 褐头鹪莺 *Prinia inornata extensicauda* (Swinhoe) 图 20－3、照片 20－1

该物种隶属鹪莺属，全世界分化出 9 个亚种，中国分布有 2 个亚种（*P. i. flavirostris*；*P. i. extensicauda*），湖南分布的是华南亚种。

英 文 名：Plain Prinia；Tawny Prinia；Greater Brown Wren Warbler

别　　名：纯色山鹪莺、普通鹪莺、茶色鹪莺

历史沿革：*Drymoica extensicauda* Swinhoe，1860，Ibis 2：50（模式产地：福建厦门）

Prinia subflava extensicauda，Gee 1931，Peking Nat. Hist. Bull. 5：49－68；Vaurie，1959，P. 307；郑作新，1976，中国鸟类分布名录：782

Prinia inornata extensicauda，La Touche，1925－1930，P. 270－272. 郑正作，2010，中国动物志　鸟纲　第十二卷：282－287；赵正阶，2001，中国鸟类志　下卷：630－631；郑光美，2011，中国鸟类分类与分布名录：305。

鉴别特征：全长 111～152mm。（夏羽）上体灰褐；眉纹短，棕白色；尾凸形，具不明显的白色端斑和黑色亚端斑；下体皮黄。（冬羽）上体红棕色，下体淡棕色。

图 20－3　褐头鹪莺（仿 Karen Phillipps）

照片 20－1　褐头鹪莺（邓学建　摄）

形态描述：（依据 870801003 号标本雄体）（夏羽）体形弱小。前额略带棕色；头顶色深，具暗色轴纹，并或多或少缘显棕色；背、腰橄榄褐色。尾上覆羽棕褐色。具白色眉纹。眼先及眼周棕白。耳羽淡黄褐色。下体白色，渲染着浅棕，胸部显著；两胁浅棕；翼下覆羽棕色；尾羽下面为褐灰色；覆腿羽肉桂色。翼上覆羽和飞羽浅褐色，飞羽具红棕色外缘，覆羽外翈缘浅红棕色。初级飞羽 10 枚。尾羽灰褐色，具明暗相杂的横斑；中央尾羽尤显，愈向外侧横斑愈模糊，至最外侧尾羽仅外翈残存有数道横斑，各尾羽具小的灰白色端斑和暗褐色次端斑。冬羽较暗，黑褐色纵纹明显。尾羽较长。

雌雄相似。

嘴纤细，上嘴黑褐色，下嘴角黄色。鼻孔裸露。虹膜黄褐色，跗蹠、趾、爪肉色。

生活习性：为湖南常见的田园鸟。主要生活于山地或平原的稻田、甘蔗田，村落附近的树丛、草丛和灌木丛中；单独或小群活动。翅弱、脚健壮，跳跃敏捷。常以蝗虫、半翅目昆虫、鳞目昆虫、鞘翅目、膜翅目昆虫等为食。

繁殖为 4～9 月间，年繁殖数次，每次产卵 4～7 枚。巢营于耕地、开阔的荒地、灌丛，

矮灌木和近水的灯心草、葛蒲等植物丛中，巢形变异大，有圆顶形、囊袋形等。

测量数据：（mm，g）

编号	日期	采集地	性别	体重	全长	嘴峰长	翅长	尾长	跗蹠长
870801003	1987.08.10	—	雄体	7.6	110	11	45	62	18
33	1993	衡阳	—	—	155	11	47	80	21
216	1993	衡阳	—	—	145	9.5	47	80	20
92081211	1992.08.12	长沙	雌体	7.1	109	13	43	52	22
92081212	1992.08.12	长沙	雄体	8.5	118	12	46	57	22
92081213	1992.08.12	长沙	雄体	7.3	114	11	45	55	21

地理分布：分布于湖南省各地。

经济意义：食虫益鸟。

4. 山鹪莺华南亚种 *Prinia criniger parumstriata*（David et Oustalet）图 20-4

该物种隶属鹪莺属，全世界分化出 6 个亚种，中国仅分布 4 个亚种（*P. c. catharia*；*P. c. parumstriata*. *P. c. parvirostris*；*P. c. striata*.），湖南分布的是华南亚种和华中亚种。

英 文 名：Hill Prinia；Striated Prinia；Browe Hill Warbler

别　　名：条纹鹪莺、山鹪莺

历史沿革：*Suya parumstriata* David et Oustralet，1877，Ois. Chine：259（模式产地：福建）

Prinia polychroa parumstriata（David et Oustalet）Gee 1931，Peking Nat. Hist. Bull. 5：49-68；La Touche，1925-1934，A handbook of the birds of eastern China，London；郑作新，1976，中国鸟类分布名录：783-785

Prinia criniger parumstriata（David et Oustalet）郑作新，2002，中国鸟类系统检索：256-257；郑作新，2010，中国动物志　鸟纲　第十二卷：290-296；赵正阶，2001，中国鸟类志　下卷：632-634；郑光美，2011，中国鸟类分类与分布名录：303。

鉴别特征：全长 131～166mm。自额至背栗褐色；下体近白，而沾棕色；胁和尾下覆羽浅棕色；头侧淡棕色并杂以褐色纵纹。尾凸形，特别长，常呈上翘状。

图 20-4　山鹪莺华南亚种（仿 Karen Phillipps）

形态描述：头顶及背栗褐色，各羽的羽轴黑褐，构成头及背部的黑纵纹，腰及尾上覆羽的羽缘不再呈灰白，几乎为纯色。眼先、颊灰白，染黑褐色。颏与上喉灰白，下喉及胸灰白而染有灰褐色纹。腹中央灰白，两胁棕褐具纵纹，腋及翅下覆羽灰白染红棕，肛及尾下覆羽淡红棕色。飞羽和大覆羽黑褐色，外缘棕红色，飞羽羽轴黑色。小覆羽同背羽。尾长，黑褐色，具淡棕色羽缘。

上喙黑褐色，下喙基灰白色，2 枚黑色嘴须长而后曲，长 8mm，颏、眼先具短的黑刚羽，鼻孔被膜。足爪角黄色，跗蹠缘具明显的盾状鳞。

生活习性：湖南不常见的留鸟，主要栖息于灌丛和草丛中，多见于农田和居民点附近开阔地带的灌丛和草丛中，常单独或成对活动，有时也集小群活动，主要以昆虫为食。繁殖期 4～7 月，巢通常置于草丛中，主要由竹叶、茅草等构成，每窝产卵 4～6 枚，由雌雄亲鸟共同孵卵，共同育雏。

测量数据： (mm)

编号	全长	嘴峰长	翅长	尾长	跗蹠长
220 号	165.5	11	48	93.5	20

地理分布：广泛分布于湘中、湘南地区。

经济意义：食虫益鸟。

5. 山鹪莺华中亚种 *Prinia criniger catharia* Reichenow 图 20－5

该物种隶属鹪莺属，全世界分化出 6 个亚种，中国仅分布 4 个亚种（*P. c. catharia*；*P. c. parumstriata*. *P. c. parvirostris*；*P. c. striata.*），湖南分布的是华南亚种和华中亚种。

英 文 名：Hill Prinia；Striated Prinia；Browe Hill Warbler

别　　名：条纹鹪莺、褐山鹪莺

历史沿革：*Prinia catharia* Reichenow，1908，Orn. Monatsb. 16：13（模式产地：四川康定）

Prinia polychroa catharia Reichenow Gee 1931，Peking Nat. Hist. Bull. 5：49－68；郑作新，1976，中国鸟类分布名录：783－785。

Prinia criniger catharia Reichenow，郑作新，2002，中国鸟类系统检索：256－257；郑作新，2010，中国动物志 鸟纲 第十二卷：290－296；赵正阶，2001，中国鸟类志 下卷：632－634；郑光美，2011，中国鸟类分类与分布名录：303。

鉴别特征：自额至背栗褐色；下体近白，而沾棕色；下胁和尾下覆羽浅棕色；头侧淡棕色并杂以褐色纵纹。

形态描述：与前述的山鹪莺华南亚种相似，不同之处在于华中亚种的头顶和上体黑褐色沾棕，羽缘淡棕色。夏羽呈条纹状，冬羽条纹不显。两胁淡棕色。仅见于湘西和湘西北。

生活习性：湖南不多见的留鸟，主要栖息于灌丛和草丛中，多见于农田和居民点附近开阔地带的灌丛和草丛中，常单独或成对活动，有时也集小群活动，主要以昆虫为食。繁殖期 4～7 月，巢通常置于草丛中，主要由竹叶、茅草等构，每窝产卵 4～6 枚，由雌雄亲鸟共同孵卵，共同育雏。

图 20-5　山鹪莺华中亚种（仿 Karen Phillipps）

测量数据：　(mm)

性别	嘴峰长	翅长	尾长	跗蹠长
雄体	10～11.5	47～49	72～111	19～21
雌体	9～11	43～49	73～98	17.6～21

地理分布：广泛分布于湘西和湘西北。
经济意义：食虫益鸟。

二十一、鹟科 Muscicapidae

该科鸟类体羽较松软，腰羽羽轴正常，颈无发状纤羽。后趾（连爪）较中趾（连爪）为短，跗蹠后缘侧扁成棱状，跗蹠前缘被盾状鳞，跗蹠较嘴（从嘴角量起）为长。喙前缘无锯齿，常具缺刻及嘴须。嘴扁平，基部甚宽阔，嘴峰有脊；嘴须发达；鼻孔被垂羽掩盖。翅形各异，常较尖长，折合时至少达到尾长一半；初级飞羽 10 枚，第 1 枚较短小，不超过跗蹠长度；尾羽 12 枚，长短不一。趾弱。体羽大都褐、灰、棕褐或蓝色。幼鸟羽色亦多杂斑，秋季换羽一次。

本科种类大都在树丛或灌丛间生活，栖于树上。以昆虫为食。巢为杯状，由草茎、苔藓、兽毛等构成，置于树枝或岩隙上，卵呈斑杂状。

本科全世界共发现 17 属 116 种，中国发现 10 属 37 种（51 亚种）。湖南发现 5 属 14 种与亚种，其名录如下：

Ⅰ. 林鹟属 *Rhinomyias*

1. 白喉林鹟 *Rhinomyias brunneata brunneata*（Slater）

Ⅱ. 姬鹟属 *Ficedula*

2. 白眉姬鹟 *Ficedula zanthopygia*（Hay）
3. 鸲姬鹟 *Ficedula mugimaki*（Temminck）
4. 红喉姬鹟 *Ficedula parva albicilla*（Pallas）
5. 白腹姬鹟 *Ficedula cyanomelana cumatilis*（Thayer et Bangs）

Ⅲ. 仙鹟属 *Miltava*

6. 小仙鹟 *Niltava macgrigoriae signata*（Horsfield）
7. 棕腹仙鹟 *Niltava sundara denotata* Bangs et Phillips
8. 山蓝仙鹟 *Niltava banyumas whitei*（Harington）

Ⅳ. 鹟属 *Muscicapa*

9. 乌鹟指名亚种 *Muscicapa sibirica sibirica* Gmelin
10. 乌鹟西南亚种 *Muscicapa sibirica rothschildi*（Stuart Baker）
11. 斑胸鹟（灰纹鹟）*Muscicapa griseisticta*（Swinhoe）
12. 北灰鹟（阔嘴鹟）*Muscicapa dauurica dauurica* Pallas
13. 铜蓝鹟 *Muscicapa thalassina thalassina* Swainson

Ⅴ. 方尾鹟属 *Culicicapa*

14. 方尾鹟 *Culicicapa ceylonensis calochrysea* Oberholser

湖南省鹟亚科属、种别检索表

1\. 嘴须较多，长几乎达嘴端 ………………………… **方尾鹟属…方尾鹟 *Culicicapa ceylonensis calochrysea***
　嘴须较少，且长度适宜 ……………………………………………………………………… **2**

2\. 第 1 枚初级飞羽不短于第 2 枚二分之一 …………… **林鹟属…白喉林鹟 *Rhinomyias brunneata brunneata***
　第 1 枚初级飞羽短于第 2 枚二分之一 ……………………………………………………… **3**

3\. 跗蹠长不及 15mm；雌雄相似；胸部长具纵纹 ……………………………………… **鹟属…4**
　跗蹠长不超过 15mm；雄鸟体色鲜艳；胸部无纵纹 ………………………………………… **8**

4. 第 2 枚初级飞羽与第 5 枚等长或更长 …… **5**
第 2 枚初级飞羽较第 5 枚为短 …… **7**
5. 上体灰褐色；初级飞羽内缘棕褐色 …… **乌鹟…6**
上体棕褐色；初级飞羽内缘灰白色 …… **斑胸鹟 *Muscicapa griseisticta***
6. 上体暗灰褐色；胸部满布灰褐色条纹 …… **乌鹟指名亚种 *Muscicapa sibirica sibirica***
上体黑褐色，胸部斑纹分界不明显 …… **乌鹟西南亚种 *Muscicapa sibirica rothschildi***
7. 全身几乎纯蓝色 …… **铜蓝鹟 *Muscicapa thalassina thalassina***
体羽不成纯蓝色 …… **北灰鹟 *Muscicapa dauurica dauurica***
8. 头部与尾基均无白色 …… **仙鹟属…9**
头部和尾部具有白色 …… **姬鹟属…12**
9. 上体蓝色 …… **雄鸟…10**
上体非蓝色 …… **雌鸟…11**
10. 胸蓝色，腹灰色 …… **小仙鹟 *Niltava macgrigoriae macgrigoriae***
胸、腹均棕色 …… **棕腹仙鹟 *Niltava sundara denotata***
胸棕色，腹灰白色 …… **山蓝仙鹟 *Niltava banyumas whitei***
11. 颏、喉茶黄色，腹部茶黄色 …… **小仙鹟 *Niltava macgrigoriae macgrigoriae***
颏、喉棕褐色，腹中央白色 …… **棕腹仙鹟 *Niltava sundara denotata***
颏、喉棕红色，腹中央白色 …… **山蓝仙鹟 *Niltava banyumas wbitei***
12. 颏、喉为棕红色、黄色或黑褐色 …… **雄鸟…13**
颏、喉为其他颜色 …… **雌鸟…16**
13. 有眉纹 …… **14**
无眉纹 …… **15**
14. 上体黑色，腰羽鲜黄，白色眉纹长而明显 …… **白眉姬鹟 *Ficedula zanthopygia***
上体黑色，腰羽黑色，白色的眉纹仅见于眼后上方 …… **鸲姬鹟 *Ficedula mugimaki***
15. 中部尾羽黑褐色，具白色端斑 …… **红喉姬鹟 *Ficedula parve albicilla***
中部尾羽纯蓝色 …… **白腹姬鹟 *Ficedula cyanomclana cumatilis***
16. 颏、喉白色 …… **17**
颏、喉非白色 …… **18**
17. 尾羽蓝色 …… **白腹姬鹟 *Ficedula cyanomelana cumatilis***
尾羽黑色 …… **红喉姬鹟 *Ficedula parva albicilla***
18. 腰羽黄色 …… **白眉姬鹟 *Ficedula zanthopygia***
腰羽非黄色 …… **鸲姬鹟 *Ficedula mugimaki***

1. 白喉林鹟 *Rhinomyias brunneata brunneata*（Slater）图 21－1

该物种隶属林鹟属，全世界分化出 2 个亚种，中国仅分布 1 个亚种，即指名亚种。

英 文 名：White-gorgetted Jungle Flycatcher；Brown-chested Flycatcher；Chinese White-gorgeted Flycatcher

别　　名：褐胸鹟、中国白喉鹟

历史沿革：*Siphia brunneata* Slater，1897，Ibis（7）3：175（模式产地：福建挂墩）

Rhinomyias brunneata brunneata（Slater），Gee 1931，Peking Nat. Hist. Bull. 5：49－68；La Touche，1925－1934，A handbook of the birds of eastern China，London；郑作新，1976，中国鸟类分布名录：786－787；郑作新，2010，中国动物志　鸟纲　第十二卷：308；赵正阶，2001，中国鸟类志　下卷：637－638；郑光美，2011，中国鸟类分类与分布名

录：245。

鉴别特征：全长155～169mm。嘴宽扁，嘴须发达，上体橄榄褐色，眼周淡黄色。尾上覆羽和尾羽红褐色。下体白色，胸淡褐色。

图21-1 白喉林鹟（仿Karen Phillipps）

形态描述：额基淡褐，头顶褐色，背橄榄褐色，腰和尾上覆羽棕褐，眼先白色，眼周具狭窄的白色环圈，颊和耳羽褐色具细的白羽轴纹。颏、喉白色，胸部具淡褐色胸环，腹灰白色，飞羽黑褐，但是具浅棕色外翈缘和棕白色的内翈缘，翼上覆羽与背同色，翼下覆羽淡棕，两胁淡棕。初级飞羽10枚，飞羽式4≥3>5>2=6>7>8>9>10。尾褐，外翈缘染棕，羽轴棕，尾方形，各羽几乎等长。

雌雄相似。

幼鸟黑褐，上体布满橙棕色斑点。

喙扁平，脊明显，具钩和缺，上喙黑褐色，下喙蜡黄而尖端黑。嘴须3～4枚粗而明显，鼻孔椭圆形，有4枚鼻须盖于其上。足、趾淡黄，爪角褐色，虹膜棕褐色。

生活习性：湖南的夏侯鸟，主要栖息于常绿阔叶林、竹林和林缘灌丛中，常单独或成对活动，性胆小，不易见到。

测量数据： (mm)

编号	性别	全长	嘴峰长	翅长	尾长	跗蹠长
93063001	雌体	125	13	71	52	14

地理分布：广泛分布于湘西、湘南和湘东地区。

经济意义：中国特有鸟类。国家“三有”保护物种，森林食虫益鸟。

2. 白眉姬鹟 *Ficedula zanthopygia*（Hay）图21-2、照片21-1

该物种隶属姬鹟属，没有亚种分化，系单型种。

英 文 名：Yellow-rumped Flycatcher；Tricolor Flycatcher；Korean Flycatcher

别　　名：黄腰鹟、三色鹟、朝鲜鹟、鸭蛋黄、花头黄、黄鹟

历史沿革：*Muscicapa zanthopygia* Hay，1844（=1845），Madras Journ. Lit，Sci. 13

(2)：162（模式产地：马来西亚：Malacca）

Ficedula zauthopygia（Hay），Gee 1931，Peking Nat. Hist. Bull. 5：49－68；La Touche，1925－1934，A handbook of the birds of eastern China，London；郑作新，1976，中国鸟类分布名录：786－787；郑作新，2010，中国动物志　鸟纲　第十二卷：311－314；赵正阶，2001，中国鸟类志　下卷：638－640；郑光美，2011，中国鸟类分类与分布名录：247。

鉴别特征：全长 110～136mm。雄鸟上体大都黑色，眉纹和翅斑白色。腰部鲜黄；下体亦鲜黄色。雌鸟上体主为暗黄绿色；尾上覆羽黄色，下体淡褐深黄。

图 21－2　白眉姬鹟（仿 Karen Phillipps）

照片 21－1　白眉姬鹟（姚毅　摄）

形态描述：雄鸟额、头顶、枕、眼先、颊、颈、背和肩为黑色，自眼先起有一醒目的白色眉纹，延伸至眼的后方；腰和尾上覆羽鲜黄色，最后几枚尾上覆羽黑色且明显延长；颏、喉橘红色；胸、腹鲜黄色，但向后渐渐变淡，尾下覆羽白色。飞羽、小翼羽和初级覆羽黑褐色具狭窄的淡棕色外翈缘。三级飞羽黑色，倒数第 3 枚三级飞羽外翈几乎全为白色，在翅上形成明显的条形白斑。大覆羽和小覆羽黑色，内侧大覆羽白色，形成另一醒目的白色块斑。第 3～6 枚初级飞羽具切迹；飞羽式为：3＝4＞5＞2＞6＞7＞8＞9＞10＞1。尾为方尾，尾羽黑色。

雌体额、头顶、枕以及颈部橄榄褐色，羽轴部黑褐色，隐约呈斑点状。背和腰部橄榄褐染绿色，尾上覆羽鲜黄，最后几枚长的尾上覆羽黑褐色。眼先淡褐色，眼周黄白色，颊和耳羽淡褐色具灰白色丝状轴纹。颏黄白色，喉和上胸亦然，喉至上胸各羽具橄榄褐色羽缘，构成隐约可见的鳞纹，胸部的深色羽缘构成胸带，腹部淡黄色，尾下覆羽黄白色，两胁淡黄沾褐。飞羽和外侧翅上覆羽黑褐色，三级飞羽外翈纯白，内侧大覆羽灰白。尾羽黑色。

嘴黑褐色，基部宽扁；鼻孔椭圆形，被垂羽所遮掩；嘴须羽 4～5 根，鼻须羽 6～7 根，均为黑色；跗蹠灰褐色，具靴状鳞，爪为铅黑色。

生态习性：湖南不多见的旅鸟，生活在山地茂密的阔叶林或竹林中，以昆虫为主食，偶食植物碎片，所吃的昆虫主要有半翅目、鞘翅目和膜翅目昆虫。

测量数据：（mm，g）

日期	采集地	性别	体重	全长	嘴峰长	翅长	尾长	跗蹠长
1961	衡山	雄体	12.3	126	9	72	46	15
—	湘西	雌体	—	134	11.5	67	46.5	14

地理分布：湖南各地均有分布。

经济意义：食虫益鸟。国家“三有”保护物种，中-日候鸟保护鸟类。

3. 鸲姬鹟 *Ficedula mugimaki*（Temminck）图 21-3、照片 21-2

该物种隶属姬鹟属，系单型种，没有亚种分化。

英 文 名：Robin Flycatcher；Mugimaki Flycatcher；Black and orange Flycatcher

别　　名：知更鹟、黑橙鹟、普通鹟

历史沿革：*Muscicapa mugimaki* Temminck，1835，in Temminck et Laugier，Pl. col. Ois. 5：577（模式产地：日本）

Ficedula mugimaki（Temminck），Gee 1931，Peking Nat. Hist. Bull. 5：49-68；La Touche，1925-1934，A handbook of the birds of eastern China，London；郑作新，1976，中国鸟类分布名录：789；郑作新，2010，中国动物志　鸟纲　第十二卷：317-320；赵正阶，2001，中国鸟类志　下卷：641-643；郑光美，2011，中国鸟类分类与分布名录：248。

鉴别特征：全长106～135mm。雄鸟上体黑色，眼后角上有一短的白色眉斑。翼上有明显白斑；下体前面赭色，后面近白色。雌鸟上体灰褐色；下体前面橙黄，后面白色。

图 21-3　鸲姬鹟（仿 Karen Phillipps）

照片 21-2　鸲姬鹟（左　雌体，李剑志　摄；右　雄体，邓伟宏　摄）

形态描述：雄成鸟（夏羽）：自额至尾上覆羽黑色。头两侧黑色，眼后上方有白色眉斑；颏、喉、胸和前腹部赭色；后腹中央几乎纯白色，两胁橙黄色。腋羽橙黄色；尾下覆羽白色染黄。飞羽和翼上覆羽黑褐色具狭窄的淡褐色外翈缘；内侧的中覆羽和大覆羽白色，形成明显白斑；三级飞羽先端和外翈缘为灰白色，翼下覆羽纯白色；飞羽式为：2>3≥4>5>6>7>8>9>10>1。尾为凹尾，黑褐色；尾羽基部除中央一对外均缀以白色。

雌成鸟（夏羽）：上体灰褐色，颏、胸和前腹淡橙黄色，后腹和尾下覆羽白色。眼先白色染棕，眼周有一圈棕黄色的羽毛，眉斑不明显，飞羽和翼上覆羽灰褐色，大覆羽具灰白色端斑，三级飞羽具灰白色外翈缘。尾羽灰褐色。

幼鸟上体杂斑，翼上具淡赭色羽缘；下体淡赭色，具暗色羽缘。

嘴黑褐色，基部宽扁。鼻须弱，黑色。脚角褐色。

生活习性：湖南的旅鸟，多栖于山区或平原的疏林间，在地上或树枝上觅食，多以蝽象、角蝉、蚁、蚧虫等为食。繁殖期 5～7 月，巢主要由草叶、兽毛和枯草构成，多置于紧靠树干的树枝上，每窝产卵 4～8 枚。

测量数据：（mm，g）

编号	日期	采集地	性别	体重	体长
19033879	1955.11.15	资兴	雌体	12	121
18993831	1955.11.10	资兴	雌体	10	122
18994841	1955.11.10	资兴	雄体	11	121
18311158	1955.04.16	衡山	雄体	9	126
206292519	1957.11.03	浏阳	雌体	11	107
203192119	1957.04.21	江华	雌体	10	117

地理分布：广泛分布于湘南、湘东和湘中等湖南大部分地区。

经济意义：食虫益鸟。国家“三有”保护物种。中-日候鸟保护种类。

4. 红喉姬鹟 *Ficedula parva albicilla*（Pallas）图 21－4、照片 21－3

该物种隶属姬鹟属，全世界分化出 3 个亚种，中国分布的仅一个普通名亚种。

英 文 名：Red-throated Flycatcher

别　　名：黄点颏、白头颏、黑尾杰、红胸鹟

历史沿革：*Muscicapa albicilla* Pallas，1811，Zoogr. Rosso-As. 1：462（模式产地：西伯利亚 Onon 河）

Motacilla luteola Pallas，1811，Zoogr. Rosso-As. 1：470（模式产地：西伯利亚 Tunguska 河）

Ficedula parva albicilla（Pallas），Gee 1931，Peking Nat. Hist. Bull. 5：49－68；La Touche，1925－1934，A handbook of the birds of eastern China，London；郑作新，1976，中国鸟类分布名录：789－790；郑作新，2010，中国动物志　鸟纲　第十二卷：320－322；赵正阶，2001，中国鸟类志　下卷：643－644；郑光美，2011，中国鸟类分类与分布名录：248。

鉴别特征：全长 110～132mm。上体灰黄色，尾黑色，其基部的白色在展尾时特别显著。雄体在繁殖期间，颏和喉呈橘红色。

形态描述：雄体上体包括两翅的内侧覆羽为灰黄褐色，翼上外侧覆羽及飞羽暗褐色，各羽外缘与背略同。尾上覆羽，中央尾羽其羽尾的近端 1/3 部均褐黑色，外侧尾羽的中部为白色。眼圈污白色。眼先灰白色，耳羽灰白色染褐。颊与颈侧灰色。颏与喉橘红色；胸为灰色，两胁灰褐而沾以棕色；腹和尾下覆羽转为白色，腋羽灰色，具棕色羽端。冬羽颏与喉白

图 21-4 红喉姬鹟（仿 Karen Phillipps）

照片 21-3 红喉姬鹟（姚毅 摄）

色。飞羽式 4>3>5>6>2>7>8>9>10。

雌体颏和喉白色，胸沾棕黄褐色，余部与雄体同。

嘴黑色，基部宽扁。虹膜褐色。跗蹠、趾和爪漆黑色。

生活习性：湖南的旅鸟，主要栖息于低山丘陵和山脚平原地带，非繁殖季节多见于林缘灌丛，尤其在溪流和林区公路附近的灌丛中常见，常单独或成对活动，主要以昆虫为食。繁殖期 5～7 月，巢多置于老树树洞中，也在裂缝中营巢。巢主要由枯叶兽毛构成，每窝产卵 4～7 枚。

测量数据： (mm)

性别	全长	嘴峰长	翅长	尾长	跗蹠长
雄体	130	8.6	63	51.7	18
雌体	129	8.6	62.5	51	17

地理分布：广泛分布于湘中、湘西、湘南等地区。

经济意义：食虫益鸟。国家“三有”保护物种。

5. 白腹姬鹟 *Ficedula cyanomelana cumatilis*（Thayer et Bangs）图 21-5

该物种隶属姬鹟属，全世界分化出 2 个亚种，中国均有分布（*F. c. cyanomelana*；*F. c. cumatilis*），湖南分布的是东北亚种。

英 文 名：Blue-and-white Flycatcher；Japanese Blue Flycatcher

别　　名：蓝白鹟、日本蓝鹟、白腹蓝鹟、白腹蓝姬鹟

历史沿革：*Cyanoptila cumatilis* Thayer et Bangs，1909，Bull. Mus. Compe. Zool.，Harvard Coll. 52（8）：141（模式产地：湖北）；郑光美，2011，中国鸟类分类及分布名录：251

Muscicapa cyanomelana intermedia Weigold，1922，Abh. Ber. Zool. u. Anthr-Ethn. Mus. Dresden 15（3）：30（模式产地：西伯利亚东部：海参崴）

Ficedula cyanomelana cumatilis（Thayer et Bangs）Gee 1931，Peking Nat. Hist. Bull. 5：49－68；La Touche，1925－1934，A handbook of the birds of eastern China，London；郑作新，1976，中国鸟类分布名录：797－798；郑作新，2010，中国动物志　鸟纲　第十二卷：343－346；赵正阶，2001，中国鸟类志　下卷：654－656

鉴别特征：全长 141～168mm。雄鸟头顶钴蓝色，上体和尾青蓝色。头侧、喉和胸黑色。下体白色。雌鸟上体橄榄褐色，尾沾锈色，眼圈白色。颏、喉污白色，胸灰褐色，余部下体白色。

图 21－5　白腹姬鹟（仿 Karen Phillipps）

形态描述：雄鸟额基黑色，头顶、枕部和颈部钴蓝色。背至尾上覆羽青蓝色。眼先黑色，眼周、颊、耳羽以及颏、喉、上胸黑色，下胸以下部分纯白色，两胁暗灰色。飞羽黑褐色具蓝黑色外翈缘。小翼羽黑色。初级覆羽内翈黑褐色，外翈青蓝色。外侧大覆羽黑褐色内侧大覆羽青蓝色，小覆羽与背同色。中央尾羽青蓝色，基部黑色。其余尾羽外翈青蓝色，内翈黑色，基部白色。

雌鸟上体橄榄褐色，头侧和颈侧染灰，腰和尾上覆羽锈褐色，中央尾羽锈褐色。翼上覆羽同背色。飞羽黑褐色，外翈缘锈褐色。颏、喉污白色，胸和两胁淡灰褐色。腹和尾下覆羽白色。

虹膜暗褐色，嘴黑褐色，脚黑褐色。

生活习性：湖南的旅鸟，栖息于山地开阔林和混交林中的溪流沿岸。单独或成对活动，叫声婉转动听，为一连串的哨音，雌鸟也发出相同的声音，只是声音较低。主要以昆虫以及昆虫幼虫为食。繁殖期 5～7 月，巢主要由苔藓、植物纤维、毛发和羽毛构成，常置于裸露的山崖峭壁的洞穴中，以及树洞和树根间。每窝产卵 3～7 枚，由雌鸟负责孵卵。

测量数据： (mm)

性别	全长	嘴峰长	翅长	尾长	跗蹠长
雄体	151	11	91	71	17
雌体	149	11	89	62	16

地理分布：广泛分布于湘北、湘中和湘南地区。

经济意义：食虫益鸟。中-日候鸟保护物种。

6. 小仙鹟 *Niltava macgrigoriae signata*（Horsfield）图 21－6

该物种隶属仙鹟属，全世界分化出 2 个亚种，中国仅分布华南亚种。

英 文 名：Small Niltava

别　　名：蓝仙鹟

历史沿革：*Phoenicura macgrigoriae* Burton，1835，Proc，Zool. Soc. London 3：152（模式产地：喜马拉雅地区）

Niltava macgrigoriae macgrigoriae（Burton），郑作新，1976，中国鸟类分布名目：799

Niltava macgrigoriae signata（Horsfield），杭馥兰，1997，中国鸟类名称手册：281；郑作新，2010，中国动物志 鸟纲 第十二卷：351－353；赵正阶，2001，中国鸟类志 下卷：657－658；郑光美，2011，中国鸟类分类与分布名录：252。

鉴别特征：全长 112～136mm。嘴宽扁，雄鸟体背暗蓝色；面颊和颏、喉黑色；颈侧具辉蓝色斑；腰和尾上覆羽亦辉蓝色。雌鸟体背橄榄色，尾上覆羽和尾棕色，颏、喉茶黄，下体橄榄褐，颈侧具蓝色斑。

图 21－6 小仙鹟（仿 Karen Phillipps）

形态描述：雄鸟额缘和眼先，颊，耳羽黑色；额和眉纹辉蓝色；头顶、枕和背暗蓝色；腰和尾上覆羽辉蓝色；颈侧有一辉蓝色颈侧斑；颏，喉和上胸蓝黑色；自下胸向后逐渐变为蓝灰色；至尾下覆羽呈灰白色；两胁暗灰，飞羽黑褐色；大覆羽外翈和小覆羽暗蓝色；腋羽白色；第 3～6 枚初级飞羽具切迹，飞羽式为 4＞5＞6＞3＞7＞8＞9＞10＝10；1＝最内侧次级飞羽；尾羽 12 枚；尾基部和内翈黑色，外翈蓝色，尾羽自外向内距尾端距为 3mm、1.5mm、1.0mm、0mm、0mm。

雌鸟体背橄榄色，尾上覆羽和尾棕色，颏、喉茶黄，下体橄榄褐，颈侧具蓝色斑。飞羽黑褐色具棕色外翈缘，翼上覆羽和三级飞羽黄褐色。

嘴基宽扁，嘴峰稍曲，上嘴端具钩，近端具缺刻；嘴须和鼻须发达，上下喙黑色；跗蹠前缘被盾状鳞足较细弱，足爪黑褐色。

生活习性：湖南不多见的留鸟，主要栖息于山地阔叶林和竹林中，成对或单独活动，主要以昆虫或昆虫幼虫为食。繁殖期 4～7 月，巢主要由苔藓、枯草和毛发构成，多置于山边岩石洞穴中，每窝产卵 3～5 枚，雌雄亲鸟共同孵卵。

测量数据：（mm）

编号	性别	全长	嘴峰长	翅长	尾长	跗蹠长
莽山 930412	雄体	121	9.5	61.5	49	17

地理分布：广泛分布于湘南地区。

经济意义：食虫益鸟。

7. 棕腹仙鹟 *Niltava sundara denotata* Bangs et Phillips 图 21－7

该物种隶属仙鹟属，全世界分化出 3 个亚种，中国分布有 2 个亚种（*N. s. sundara*；*N. s. denotata*），湖南分布的是西南亚种。

英 文 名：Rufous-Bellied Niltava；Orange-bellied Nilnata

别　　名：褐腹仙鹟、橙腹仙翁

历史沿革；

Niltava sundara denotata Bangs et Phillips，1914，Bull. Mus. Comp. Zool. Harvard Coll. 58：280（模式产地：云南蒙自）；Gee 1931，Peking Nat. Hist. Bull. 5：49－68；郑作新，1976，中国鸟类分布名录：801；郑作新，2010，中国动物志　鸟纲　第十二卷：356－359；赵正阶，2001，中国鸟类志　下卷：657－658；郑光美，2011，中国鸟类分类与分布名录：252。

Niltava lychnis Thayer et Bangs 1909，Bull. Mus. Comp. Zool.，Harvard Coll. 52（8）：141（模式产地：湖北）。

鉴别特征：全长 140～168mm。雄鸟上体蓝色，颈侧和翼角具辉蓝色斑，下体棕红色。雌鸟上体橄榄褐色，尾上覆羽沾棕，颈侧有一钴蓝色块斑，上胸中部有一白斑。

形态描述：雄鸟额缘、眼先、颊、耳羽以及颏和喉黑色，额缘之后的头顶部辉蓝色，至背部逐渐呈暗蓝色，腰羽又呈辉蓝，尾上覆羽和尾羽蓝色，颈侧有一辉蓝色艳斑。胸红棕色，向后逐渐变淡，肛周白色；尾下覆羽淡棕色。喉部的黑色与胸部的棕色界线分明。飞羽和初级覆羽黑褐，飞羽外翈缘钴蓝色，大、中覆羽外翈钴蓝色、内翈黑褐。小覆羽辉蓝色，形成翼角的艳斑。腋羽棕红，翼下覆羽棕黄，飞羽 10 枚，飞羽式为 4＝5＞6＞3＞7＞2＞8＞9＞10＞1＞次级飞羽的第 8 枚；尾羽蓝色，尾羽末端羽轴外伸成针状。尾羽 12 枚，最外侧尾羽距尾端 4mm，第 2 枚距尾端 1.5mm，其余尾羽几乎与中央尾羽等长。

雌鸟头部以及上体橄榄褐色，下体淡橄榄褐色。颈侧有一钴蓝色块斑，上胸中部有一白

图 21-7 棕腹仙鹟（仿 Karen Phillipps）

斑。飞羽同背色，内侧次级飞羽具土黄色外翈缘。尾淡棕色。

嘴黑色，基部宽扁，上嘴有明显的钩和刻，鼻孔近三角形被额羽遮盖。虹膜棕褐色。跗蹠、趾和爪角褐色。

生活习性：湖南不多见的夏候鸟。栖息于各种森林和灌丛中，也见于农庄果园，耕地和住宅旁的小树林和灌丛。多单独或成对活动，性安静。主要以昆虫为食，也吃少量的植物果实和种子。繁殖期于 5～7 月，营巢于洞穴或石隙间。巢呈杯状，主要由苔藓构成，内垫有须根。每窝产卵 4 枚，卵淡黄色或皮黄色，被有粉红褐色或淡红色斑点，尤以钝端较密，常在钝端形成一环状。主要由雌鸟孵卵，雄鸟偶尔参加，属晚成鸟。

测量数据：（mm，g）

编号	性别	体重	体长	尾长	嘴峰长	翅长	跗蹠长
93051101	雄体	15	165	70	12	93	21

地理分布：广泛分布于湘西、湘南地区。

经济意义：食虫益鸟。

8. 山蓝仙鹟 *Niltava banyumas whitei*（Harington）图 21-8

该物种隶属仙鹟属，全世界分化出 9 个亚种，中国仅分布西南亚种。

英 文 名：Hill Niltava；Hill Blue Flycatcher；Large-billed Blue Flycatcher

别　　名：山蓝鹟、巨喙蓝鹟

历史沿革：*Cyornis whiitei* Harington，1908，Ann. Mag. Nat. Hist.（8）2：245（模式产地：缅甸）

Niltava banyumas whitei（Harington），Gee 1931，Peking Nat. Hist. Bull. 5：49-68；郑作新，1976，中国鸟类分布名录：805-806；郑作新，2010，中国动物志　鸟纲　第十二卷：371-373；赵正阶，2001，中国鸟类志　下卷：668-669；郑光美，2011，中国鸟类分类与分布名录：254。

鉴别特征：全长 129～154mm，上体蓝色，喉、胸橙棕色，下腹以后白色。眼先和颏尖

图 21-8 山蓝仙鹟（仿 Karen Phillipps）

蓝黑色。雌体上体橄榄褐，尾红褐色，颏、喉为锈红色。

形态描述：额前缘，眼先及鼻须黑色，前额辉蓝色，向两侧延伸形成眉纹，枕、颈、背、腰及尾上覆羽蓝色，腰羽稍亮，颊和耳羽暗蓝染褐。颏尖黑色。胸部棕栗色，胁腋和翼下覆羽淡棕色，腹至尾下覆羽灰白染棕。飞羽和翼上覆羽黑褐，外翈外缘暗蓝，大、中覆羽以及三级飞羽外翈同背色。翼角辉蓝色。飞羽式 4≥5≥6>7>2>8>9>10。1=最内侧次级飞羽，第 3～5 飞羽外翈具切迹。尾羽 12 枚，中央尾羽暗蓝色，最外侧 1 枚尾羽黑褐，其余尾羽外翈暗蓝，内翈黑褐。尾呈方形，最外尾羽距尾端 1mm，中央尾羽距尾端 1mm，其余等长。

雌体上体、翅和尾橄榄褐色，外侧尾羽红褐色，颏、喉、胸锈红色。腹部以后灰白色。

嘴黑色，上嘴前端钩状，具缺刻，嘴基部扁平。鼻孔椭圆形，鼻须发达，副须多，嘴须伸达嘴中部。虹膜暗褐色，足肉褐色。

生活习性：湖南少见的留鸟。栖息于阔叶林和竹林中，除繁殖成对外，其他季节多单独活动。性活泼而胆怯。主要以昆虫和昆虫幼虫为食，兼食少量植物果实和种子。繁殖期 4～6 月，营巢于竹林或岸边洞穴中。巢呈杯状，由草藤编织而成。卵淡蓝绿色。

测量数据：（mm）

编号	性别	全长	嘴峰长	翅长	跗蹠长
93051002	雄体	141	76	60	13
93051004	雄体	136	76	59	13

地理分布：广泛分布于湘西地区。

经济意义：食虫益鸟。

9. 乌鹟指名亚种 *Muscicapa sibirica sibirica* Gmelin 图 21-9、照片 21-4

该物种隶属鹟属，全世界分化出 4 个亚种，中国分布有 3 个亚种（*M. s. sibirica*；*M. s. cacabata*；*M. s. rothschildi*），湖南分布的是指名亚种和西南亚种。

英 文 名：Sooty Flycatcher；Dark-sided Flycatcher；Siberiane Flycatcher

别　　名：西伯利亚鹟

历史沿革：*Muscicapa sibirica* Gmelin，1789，Syst. Nat，ed. 13，1：936（模式产地：西伯利亚：Lake Baikal and Kamtschaka）

Hemichelidon sibirica inserta La touché 1925，Handb. Bds. East. China 1：159（模式产地：江苏镇江及河北秦皇岛）

Muscicapa sibirica sibirica Gmelin，Gee 1931，Peking Nat. Hist. Bull. 5：49-68；La Touche，1925-1934，A handbook of the birds of eastern China，London；郑作新，1976，中国鸟类分布名录：807-808；郑作新，2010，中国动物志 鸟纲 第十二卷：378-381；赵正阶，2011，中国鸟类志 下卷 671-672；郑光美，2011，中国鸟类分类与分布名录：246。

鉴别特征：全长 118～142mm。颈侧及上体乌灰褐色；头顶黑褐色；胸及胸侧具黑褐色斑，腹部白色。眼圈白色，两翼黑褐；次级飞羽具细窄淡褐色边缘，三级飞羽和大覆羽具较宽的淡棕白色边缘。尾羽黑褐色。嘴、脚部黑色。

图 21-9 乌鹟指名亚种（仿 Karen Phillipps）

照片 21-4 乌鹟指名亚种（李剑志 摄）

形态描述：额缘至头顶黑褐色具点斑；自枕至尾上覆羽均为暗灰褐色，羽端染白；眼先的下部灰褐而上部灰白色。眼圈白色；颊及耳羽暗灰褐色；嘴角处有一黑白纹相间的嘴角斑。颏灰白色染成褐色；由喉至尾下覆羽为白色；胸及两胁满布灰褐色斑纹。飞羽和翼上覆羽黑褐色，初级飞羽和三级飞羽具灰白色的外翈缘翼上覆羽同背色而具灰白色端斑。第 2、第 3、第 4 枚初级飞羽具切迹；飞羽式为：3＝4＞5＞2＞6＞7＞8＞9＞10＞1。凹形尾，尾羽黑褐色；各尾羽至最长尾羽的长度由外至内依次为：0mm；1.5mm；2mm；3.5mm；6mm。

雌体与雄体相似，幼鸟上体灰褐色，杂以白色斑纹，下体杂以褐色斑点。

嘴基部宽，上嘴黑色，下嘴端部褐黑色，基部淡白色；嘴须 2～3 根，鼻须 4～5 根，均为黑色；鼻孔椭圆形，为垂羽遮掩。跗蹠被靴状鳞。跗蹠、趾和爪铅黑色。虹膜深褐色。

生活习性：湖南的旅鸟，栖息于丘陵山地的树丛间，在高树上灵活飞动，很少下地。以昆虫为主食，含鳞翅目、鞘翅目、膜翅目等多种类型。秋季也兼吃少量植物种子。繁殖期 5～7 月。营巢于树林中的树上，以溪沟和林间疏地的松树侧枝上较常见。巢呈杯状或半球状，入口向上，结构精致。巢材有松萝、干草、松针和须根等。每窝产卵 4～5 枚。卵灰绿色或淡绿色，有不同程度的斑点。主要由雌鸟孵卵，属晚成鸟。

测量数据： (mm，g)

编号	日期	采集地	性别	体重	全长	嘴峰长	翅长	尾长	跗蹠长	口裂
94092801	1994.09.28	场部	雌体	14	130	8.5	80	58	14	—
80-9-38	1980.09	南岳	—	—	122	—	75	65	—	—
80-9-40	1980.09	南岳	—	—	120	—	75	50	—	—
80-9-41	1980.09	南岳	—	—	135	—	75	51	—	—
80-9-42	1980.09	南岳	—	—	135	—	75	52	—	—
80-9-43	1980.09	南岳	—	—	136	—	75	56	—	—

地理分布：湖南大部有分布，采集标本的地方有长沙，南岳等地。

经济意义：食虫益鸟。国家“三有”保护物种。中-日候鸟保护鸟类。

10. 乌鹟西南亚种 *Muscicapa sibirica rothschildi* (Stuart Baker) 图 21-10

该物种隶属鹟属，全世界分化出 4 个亚种，中国分布有 3 个亚种（*M. s. sibirica*；*M. s. cacabata*；*M. s. rothschildi*），湖南分布的是指名亚种和西南亚种。

英 文 名：Sooty Flycatcher；Dark-sided Flycatcher

别　　名：黑胁鹟

历史沿革：*Hemichelidon sibirica rothschildi* Stuart Baker，1923，Bull. Brit. Orn. Cl. 43：156（模式产地：云南丽江）

Muscicapa sibirica rothschildi (Stuart Baker)，Gee 1931，Peking Nat. Hist. Bull. 5：49-68；郑作新，1976，中国鸟类分布名录：807-808；郑作新，2010，中国动物志　鸟纲　第十二卷：378-381；赵正阶，2001，中国鸟类志　下卷：671-672；郑光美，2011，中国鸟类分类与分布名录：246。

鉴别特征：全长 118～142mm。颈侧及上体黑褐色；头顶冠纹较深；眼先及眼圈稍白，两翼和尾羽黑褐色，内侧飞羽具白色羽缘。下体污白，胸和两胁具褐色块斑。

形态描述：与前述的乌鹟指名亚种相似，区别在于西南亚种的上体黑褐色，胸部污褐色

图 21-10 乌鹟西南亚种（仿 Karen Phillipps）

斑纹较粗，彼此分界不明显。翅长较短，雄体翅长 75.4mm（74～77mm）。分布于湖南省的湘西地区，为当地的夏候鸟。

生活习性：栖息于丘陵山地的树丛间，在高树上灵活飞动，很少下地。以昆虫为主食，含鳞翅目、鞘翅目、膜翅目昆虫，秋季也兼吃少量植物种子。繁殖期 5～7 月。营巢于树林中的树上，以溪沟和林间疏地的松树侧枝上较常见。巢呈杯状或半球状，入口向上，结构精致。巢材有松萝、干草、松针和须根等。每窝产卵 4～5 枚。卵淡绿色。主要由雌鸟孵卵，属晚成鸟。

测量数据： （mm）（据杭馥兰）

性别	嘴峰长	翅长	尾长	跗蹠长
雄性	9～10	74～77	51～54	13～14
雌性	8～10	74～81	49～55	13～14

地理分布：广泛分布于湖南湘西（据许延恭）。

经济意义：食虫益鸟。国家“三有”保护物种。中-日候鸟保护鸟类。

11. 斑胸鹟 *Muscicapa griseisticta*（Swinhoe）图 21-11、照片 21-5

该物种隶属鹟属，系单型种，没有亚种分化。

英 文 名：Grey-streaked Flycatcher；Grey-spotted Flycatcher

别　　名：灰纹鹟、灰斑纹

历史沿革：*Hemichelidon griseisticta* Swinhoe，1861，Ibis 3：330（模式产地：福建厦门）

Muscicapa griseisticta (Swinhoe) Gee 1931, Peking Nat. Hist. Bull. 5：49－68；La Touche，1925－1934，A handbook of the birds of eastern China，London；郑作新，1976，中国鸟类分布名录：808；郑作新，2010，中国动物志　鸟纲　第十二卷：382－383；赵正阶，2001，中国鸟类志　下卷：672－673；郑光美，2011，中国鸟类分类与分布名录：245。

鉴别特征：全长118～142mm，上体灰褐色，下体污白色具明显的条纹，翼折合时几乎伸达尾端。

图21－11　斑胸鹟（仿 Karen Phillipps）

照片21－5　斑胸鹟（郑永福　摄）

形态描述：上体暗褐色，头顶有不明显的羽干纹，眼先，眼周灰白色。颊、耳羽暗褐色散有灰斑。颏、喉中央白色，髭纹灰褐色。下体灰白色，胸、腹侧和胁有暗褐色条纹，胸纹粗于胁纹，下腹白色，尾下覆羽杂有褐斑。飞羽和尾羽浅黑褐色，飞羽内缘白棕色，三级飞羽及大覆羽羽缘及末端浅色边。中覆羽和小覆羽同背色。翼下覆羽褐色染棕色，第1枚初级飞羽12.5mm，短于初级覆羽。飞羽式3＝4＞2＞5＞6＞7＞8＞9＞10，10＝次级飞羽，第3～5初级飞羽有切痕。尾羽由外向内3＝2＞1＝4＞5＞6。尾下覆羽具宽的白色羽端。

雌雄相似。

虹膜暗褐色。嘴黑色。跗蹠、爪黑色。

生活习性：湖南的旅鸟。栖息于各种森林，单独或成对活动在树冠中下部的枝叶间。以昆虫和昆虫幼虫为食。繁殖期6～7月。营巢于针叶树种的侧枝枝杈上。雌雄鸟共同营巢，巢材有松萝、苔藓、草茎、草根、树皮和松针等，呈杯状或碗状。每窝产卵4～5枚，卵淡绿色、光滑无斑，微具光泽。主要由雌鸟孵卵，雌雄亲鸟共同育雏，属晚成鸟。

测量数据：（mm）

编号	性别	全长	嘴峰长	翅长	尾长	跗蹠长
D－92－5－10	雌体	130	9	77	56	14.3

地理分布：广泛分布于湘中、湘南、湘北地区。

经济意义：食虫益鸟。国家“三有”保护物种。

12. 北灰鹟 *Muscicapa dauurica dauurica* Pallas 图 21 - 12、照片 21 - 6

该物种隶属鹟属，全世界分化出 6 个亚种，中国仅分布了指名亚种

英 文 名：Brown Flycatcher；Asian Brown Flicatcher

别　　名：阔嘴鹟、棕褐鹟、亚洲棕褐鹟

历史沿革：*Muscicapa latirostris* Raffles，1822，Trans. Linn. Soc. London 13：312（模式产地：印度尼西亚：苏门答腊）；Gee 1931，Peking Nat. Hist. Bull. 5：49 - 68；La Touche，1925 - 1934，A handbook of the birds of eastern China，London；郑作新，1976，中国鸟类分布名录：808 - 809

Muscicapa poonensis Sykes，1832，Proe. Comm. Sci. Corr. Zool. Soc. London 2：85（模式产地：印度：Dukrun）

Muscicapa dauurica pallas，1811，Zoogr. Rosso-As. 1：461（模式产地：Onon R.，Dauria）；郑作新，2010，中国动物志　鸟纲　第十二卷：384 - 386；赵正阶，2001，中国鸟类志　下卷：673 - 675；郑光美，2011，中国鸟类分类与分布名录：246。

鉴别特征：全长 103～143mm。上体及头侧一概为灰褐色；两翅及尾暗褐，次级飞羽和大覆羽有灰白色羽缘；眼圈白色；颏、喉、腹及尾下覆羽均为白色；胸与两胁苍灰色。

图 21 - 12　北灰鹟（仿 Karen Phillipps）

照片 21 - 6　北灰鹟（李剑志　摄）

形态描述：额深灰褐，其余上体为灰褐色；头顶各羽中央缀灰黑色；眼先微白，眼周有一圈白羽；具隐约可见的黑褐色颊纹和髭纹。两翅为黑褐色，翼上覆羽同背色。大覆羽具灰白色端斑，内侧次级飞羽和三级飞羽具浅黄褐色羽缘。飞羽内翈缘灰白色，初级飞羽第 2 根短于第 5 根，第 3～5 枚初级飞羽具切迹；第 1 枚飞羽长于覆羽，飞羽式为：3>4>5>2>6>7>8>9>10>1。腋羽近白；胁部苍灰色。颏、喉白色，胸部有苍灰色横带，形成胸环。腹和尾下覆羽均为白色。尾羽黑褐色，近方形，由外向内 1=2=3=4>5>6。

雌雄相似。幼鸟上体褐色，具赭黄色斑纹；下体白色，喉、胸和体侧具暗色斑纹。

嘴基部宽阔，呈黑褐色，下嘴基部黄白色；鼻孔略为垂羽遮掩，椭圆形；嘴须 4～5 根，黑色；鼻须羽 4～5 根，黑色。跗蹠及趾为黑色，具盾状鳞。

生活习性：湖南的旅鸟。栖息于各种森林中，尤其是山地溪流沿岸的混交林和针叶林中。常单独或成对，偶尔也成 3～5 只的小群，性机警，善藏匿。主要以昆虫和昆虫幼虫为食，偶尔也吃少量的蜘蛛和花。繁殖期 5～7 月。营巢于森林中乔木的枝杈上，巢呈碗状，由枯草、树皮纤维、苔藓和地衣组成，看上去和树长的节包很相似，伪装得很好，不易发现。每窝产卵 4～6 枚，卵灰白色，微缀灰绿色，也有橄榄绿或淡蓝绿色的，有时钝端有不显著的淡褐色或淡红色斑点。孵卵主要由雌鸟完成，属晚成鸟。

测量数据：　(mm，g)

编号	日期	采集地	性别	体重	全长	嘴峰长	翅长	尾长	跗蹠长	口裂
507	1957.04.28	长沙	雄体	—	129	10	68	45	—	15
518	1957.05.02	长沙	雌体	12	129	9.7	67	51	14	16
890503	1989.05.03	苏仙岭	雌体	11.4	120	10	68.5	48	10	—
81	1993	衡南	—	—	125.5	11	65	50	12.5	—
108	1993	衡南	—	—	128.8	11	68	52	12	—

地理分布：湖南各地均有分布。

经济意义：食虫益鸟。国家“三有”保护物种。中-日候鸟保护鸟类。

13. 铜蓝鹟 *Muscicapa thalassina thalassina* Swainson 图 21 - 13

该物种隶属鹟属，全世界分化出 2 个亚种，中国仅分布有指名亚种。

英 文 名：Verditer-blue Flycatcher；Imdian verditer Flycatcher

别　　名：印度铜蓝鹟

历史沿革：*Muscicapa thalassina* Swainson，1862，in Jardine. Nat. Libr. 13 Flycatchers：252（模式产地：印度）

Muscicapa thalassina thalassina Swainson，Gee 1931，Peking Nat. Hist. Bull. 5：49 - 68；La Touche，1925 - 1934，A handbook of the birds of eastern China，London；郑作新，1976，中国鸟类分布名录：811 - 812；郑作新，2010，中国动物志　鸟纲　第十二卷：390 -392；赵正阶，2001，中国鸟类志　下卷：677 - 678；郑光美，2011，中国鸟类分类与分布名录：251。

鉴别特征：全长 123～175mm。体为一致的艳丽铜蓝（眼先除外），足短弱，嘴宽扁，雌体背部为暗铜蓝色，腹部灰褐色。

形态描述：体较麻雀大，雄体除眼先乌黑色外，通体为艳铜蓝色，仅尾下覆羽具灰白色羽端斑；飞羽的外翈铜蓝色，内翈黑色；翼上覆羽与背同色。第 3～6 枚初级飞羽具切迹，飞羽式为 4>3=5>6>7>2>8>9>10；1<最内侧次级飞羽；尾羽 12 枚，铜蓝色，羽轴黑色尾羽腹面黑褐色；尾羽式为：9mm；7mm；6mm；5mm；2mm。

雌体头顶蓝褐色，眼先、颊、颈侧以及整个下体灰褐色。背、腰暗铜蓝色尾上覆羽艳铜蓝色。飞羽黑褐色具蓝褐色外翈缘，翼上覆羽同背色。中央尾羽蓝褐色，外侧尾羽为较亮的

图 21-13 铜蓝鹟（仿 Karen Phillipps）

铜蓝色，各尾羽具浅色端缘和黑褐色次端斑。

嘴基宽扁，嘴峰稍曲；上嘴末端且钩，近端具缺刻，鼻须和嘴须均发达，嘴呈黑色；足较细弱，且较短，跗蹠前缘被靴状鳞，足和爪均黑色。

生活习性：湖南不多见的夏候鸟。栖息于各种森林和林缘地带。常单独或成对活动。以昆虫和昆虫幼虫为食，也吃部分果实和种子。繁殖期在 5～7 月，营巢于岸边、岩坡和树根下的洞穴或石隙间，也有时在树洞和废弃的房舍洞穴中筑巢。巢呈杯状，主要由苔藓、细根和草茎等材料构成。每窝产卵 3～5 枚，卵白色或粉红白色，有的在钝端被有暗色斑点。

测量数据： (mm)

日期	采集地	性别	全长	嘴峰长	翅长	尾长	跗蹠长
1994	莽山	雄体	154	11	83.3	69.5	15
1994	莽山	雌体	144	11	78.3	64.8	15

地理分布：广泛分布于湖南省的各大林区。

经济意义：笼养鸟，食虫益鸟。

14. 方尾鹟 *Culicicapa ceylonensis calochrysea* Oberholser 图 21-14、照片 21-7

该物种隶属方尾鹟属，全世界分化出 4 个亚种，中国仅分布西南亚种。

英 文 名：Grey headed Canary Flycatcher；Grey headed Flycatcher

别　　名：灰头鹟

历史沿革：*Culicicapa ceylonensis calochrysea* Oberholser，1932，Smiths. Misc. Coll. 76 (6)：8（模式产地：缅甸 Quaymoo Thaungyin 河。Amberst District，Tenesserim Rivision）；Gee 1931，Peking Nat. Hist. Bull. 5：49 - 68；La Touche，1925 - 1934，A handbook of the birds of eastern China，London；郑作新，1976，中国鸟类分布名录：812 - 813；郑作新，2010，中国动物志　鸟纲　第十二卷：392 - 394；赵正阶，2001，中国鸟类志　下卷：678 - 679；郑光美，2011，中国鸟类分类与分布名录：254。

鉴别特征：全长 102～130mm。嘴宽扁，嘴须长而多，伸达嘴端。头和后颈暗灰褐色，背、腹黄绿色，飞羽、尾羽暗褐色，羽缘黄绿色。

图 21 - 14　方尾鹟（仿 Karen Phillipps）

照片 21 - 7　方尾鹟（李剑志　摄）

形态描述：头顶至后颈暗灰褐色；具有不显著的羽冠。由背至尾上覆羽黄绿色。颊部灰褐色，眼先灰褐色。眼圈白色，尤以下眼圈较明显；颏、喉、上胸为灰白色；下胸、腹、两胁黄色逐渐变艳；至尾下覆羽鲜黄色。两翅暗褐色，除第 1、2 枚初级飞羽外，其余飞羽外缘均为黄色；第 3～6 枚初级飞羽具切迹，飞羽式为：4>5>3>6>7>2>8>9>10>1；翅上初级覆羽、大、中覆羽为暗褐色，具黄色外翈缘，小覆羽为黄绿色；中央尾羽暗褐色，外侧尾羽外翈黄绿色。尾羽末端染褐色。

雌雄鸟相似。

嘴基部稍宽，上嘴黑色，尖端弯曲，具缺刻；下嘴角褐色，基部色较淡；鼻孔椭圆，稍为垂羽能遮掩。口须很多，9～11 根，长达嘴端，鼻须 4～5 根，黑色。跗蹠与趾红褐色，跗蹠前缘被靴状鳞。

生态习性：湖南不多见的夏候鸟。栖息于农田和村寨附近山地阔叶林间，成对或小群活动，以昆虫为食，包括甲虫、双翅目昆虫（蝇）及金龟子等。繁殖期 5～8 月。巢材有苔藓和毛发等。卵淡黄色，杂有棕褐色和紫蓝色斑点尤以钝端较密。

测量数据：（mm，g）

编号	采集地	体重	全长	喙长	翅长	尾长	跗蹠长
92070201	石门	8.8	114	12	63	57	16
97080501	千家洞顶	10.3	—	8	52	—	13
92070202	石门	—	111	11	57	48	12
92070203	石门	—	108	11	61	49	17
92070204	石门	—	110	10	56	45	13

地理分布：广泛分布于湖南大部分地区，标本采集地为石门、道县等地。

经济意义：食虫益鸟。

二十二、王鹟科 Monarchidae

本科曾被划分在鹟科中，后来被提升为一个独立的科。本科鸟类除具鹟科鸟类的一般特征外，其尾羽明显长于翅长，尾羽12枚，呈凸形，有些种类雄鸟的中央尾羽特别延长，呈飘带状。王鹟科鸟类的嘴尤其扁平，基部甚宽阔，嘴须和鼻须发达。鼻孔被垂羽掩着。喙前缘无锯齿，具缺刻，嘴峰有脊；跗蹠较短小，趾弱。跗蹠后缘侧扁成棱状，跗蹠前缘被以靴状鳞。初级飞羽10枚；雌雄异形。

本科种类大都活动在低山丘陵或平原地带，栖息于树丛或灌丛间。从不或很少在地面活动。具有很强的领域性。以昆虫和昆虫幼虫为食。巢为杯状，由草茎、苔藓、兽毛等构成，置于树枝上。

本科全世界共发现17属98种，中国发现2属3种（7亚种）。湖南发现1属2种，其名录如下：

1. 寿带 *Terpsiphone paradisi incei*（Gould）
2. 紫寿带 *Terpsiphone atrocaudata atrocaudata*（Eyton）

湖南省王鹟科种别检索表

尾羽棕黄或白色 ………………………………………… **寿带 *Terpsiphone paradisi incei***
尾羽黑色或褐色 ………………………………………… **紫寿带 *Terpsiphone atrocaudata atrocaudata***

1. 寿带 *Terpsiphone paradisi incei*（Gould）图22-1、照片22-1

该物种隶属寿带属，全世界分化出16个亚种，中国分布有3个亚种（*T. p. incei*；*T. p. saturatuor*；*T. p. indochinensis*），湖南分布的是普通亚种。

英 文 名：Paradise Flycatcher；Asian Paradise Flycatcher

别　　名：天堂鹟、亚洲天堂鸟

历史沿革：*Muscipeta lncei Gould*，1852，Bds. As. 2：图版19及文（模式产地：上海）

Terpsiphone paradisi incei（Gould），Gee 1931，Peking Nat. Hist. Bull. 5：49-68；La Touche，1925-1934，A handbook of the birds of eastern China，London；郑作新，1976，中国鸟类分布名录：814-815；郑作新，2010，中国动物志　鸟纲　第十二卷；397-401；赵正阶，2001，中国鸟类志　下卷：681-683；郑光美，2011，中国鸟类分类与分布名录：256。

鉴别特征：全长168～490mm。头蓝黑色具金属光泽；羽冠明显。背、肩、腰、尾以及翅上内侧覆羽为栗红色或白色，胸为蓝灰色或白色，腹部灰白色，尾下覆羽淡黄色，嘴蓝黑色；脚蓝黑色。雄鸟夏羽中央尾羽特别长，呈飘带状。

形态描述：雄鸟（栗型）整个头部、羽冠及颈为金属蓝黑色；眼先黑色；眼周裸露成紫黑色。自背至尾羽为栗红色；胸及两胁为铅灰色，往后转淡，至尾下覆羽为白色。初级飞羽和次级飞羽黑褐色，羽缘为栗红色，第2～7枚初级飞羽具切迹，三级飞羽黄色具黑褐色羽轴纹。飞羽式为：4=5>6>3>7>8>2>9>10>1。尾为楔尾，栗色，中央尾羽特别长；尾羽由外至内距尾末端的距离为：243mm；235mm；229mm；221mm；200mm。

雄鸟（白型）头冠及颈的颜色与栗色型相同；整个体羽白色，羽轴黑色；两翼亦白

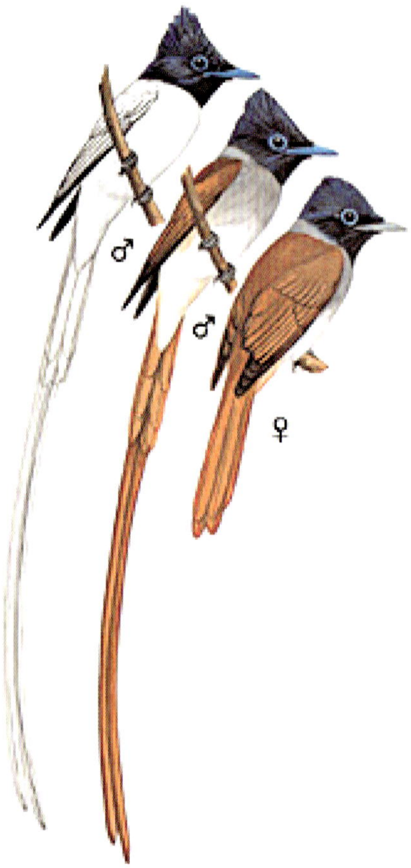

图 22-1 寿带（仿 Karen Phillipps）

照片 22-1 寿带 （李剑志 摄）

色，仅初级飞羽内 7 翈黑褐色。尾羽白色，黑色羽轴纵贯。一般认为白型为栗型的雄性老鸟。

雌鸟头和颈部色与雄鸟一样。后颈为暗紫灰色；羽冠较短；上体其余部分及翼、尾均为栗色；外侧覆羽和飞羽黑褐色，具栗色边缘，三级飞羽栗色具黑色羽干纹。中央尾羽不特别延长，除尾下覆羽染栗色外，下体其余部分与栗型雄鸟相同。

幼鸟与雌鸟相似，但色泽较深；下体几乎纯灰色，仅下腹及尾下覆羽呈白色。

嘴铅蓝色，粗大而基部宽扁，尖端稍曲，有缺刻；鼻孔为垂羽遮掩，椭圆形；口须 6～7 根，最长达嘴 2/3 处，鼻须 4～5 根。虹膜暗褐色。跗蹠及趾铅色，跗蹠前缘被盾状鳞。

生活习性：湖南不多见的夏候鸟。栖于有水源的山区、丘陵，向阳的阔叶林缘或林中。捕食鳞翅目、双翅目、同翅目等昆虫。繁殖期 5～7 月。营巢于阔叶树枝杈上或竹上。雌雄亲鸟共同营巢，巢呈倒圆锥形，结构相当精致，材料有植物花序、苔藓、羽毛、棉花和蛛网。每窝产卵 2～4 枚，卵为乳白色或黄白色，有红褐色斑点；或驼灰色被栗色斑点。雌雄亲鸟共同育雏。

测量数据：（mm，g）

编号	日期	采集地	性别	体重	全长	嘴峰长	翅长	尾长	跗蹠长
—	1959.05.12	长沙	雄体	—	337	16	90	250	16
—	—	—	—	—	367	16	90	305	18
177	1956	长沙	雄体	—	394	16	86	298	15
201	1956.05.18	长沙	雄体	—	442	—	92	332	15
248	1983.07.03	慈利	—	19	394	—	95	285	15
243	1983.07.03	慈利	雄体	20	190	—	60	80	15
31	1955.05.30	长沙	雄体	—	434	—	90	—	17

地理分布：广泛分布于湖南各地.

经济意义：食虫益鸟。国家“三有”保护物种，湖南地方重点保护鸟类。

2. 紫寿带 *Terpsiphone atrocaudata atrocaudata*（Eyton）图 22－2

该物种隶属寿带属，全世界分化出 3 个亚种，中国分布有 2 个亚种（*T. a. atrocaudata*；*T. a. periophthalmica*），湖南分布的是指名亚种。

英 文 名：Black Paradise Flycatcher；Japanese Paradise Flycatcher

别　　名：黑天堂鹟、日本天堂鸟

历史沿革：*Muscipeta atrocaudata* Eyton，1839，Proc. Zool. Soc. London 7：102（模式产地：日本）

Terpsiphone atrocaudata atrocaudata，Gee 1931，Peking Nat. Hist. Bull. 5：49－68；La Touche，1925－1934，A handbook of the birds of eastern China，London；郑作新，1976，中国鸟类分布名录：815－816；郑作新，2010，中国动物志　鸟纲　第十二卷：401－404；赵正阶，2001，中国鸟类志　下卷：683－684；郑光美，2011，中国鸟类分类与分布名录：256。

鉴别特征：全长 168～490mm。头、颈、喉及上胸为带光泽的蓝黑色，雄鸟体背紫赤色，夏羽尾长达 300mm，黑色；雌鸟体背栗褐色，尾长 90mm。

形态描述：雄鸟整个头黑色，染蓝紫色金属光泽；具羽冠；眼周皮肤裸露成蓝色。背、肩、腰及尾上覆羽为带有金属光泽的紫褐色，尤其背、肩金属光泽明显，最后的尾上覆羽较长成黑褐色；下体自颏到胸为黑色；腹、肛周和尾下复羽为白色；翼为圆翼，黑褐色，第 3～6 枚初级飞羽具切迹，外翈缘具紫褐色边；翼上覆羽同背色。两腋为灰黑色。飞羽式为：3>4>5>6>2>7>8>9>10>1。尾羽为黑褐色，中央尾羽特别延长。

雌鸟与雄鸟略有差别，体背和翼上覆羽为栗色，尾较雄鸟为短。其余似雄鸟。

嘴蓝黑色，尖端有缺刻，鼻孔为垂羽半遮掩，椭圆形；口须 6～7 根，最长达嘴 2/3 处，鼻须 4～5 根。虹膜黑色；跗蹠、爪为铅蓝色，具盾状鳞。

生态习性：湖南少见的旅鸟。一般在疏林林缘或接近河川的阔叶林中。以嫩叶及小型昆虫和昆虫幼虫为食。繁殖期 4～7 月。营巢于低山阔叶林的树枝杈上。巢材主要有苔藓、细根、草茎叶和植物纤维等。巢为倒圆锥形。每窝产卵 2～5 枚，卵白色或乳白色，被有细小

图 22-2 紫寿带 雌体 （仿 Karen Phillipps）

的红褐色、赤白色或青灰色斑点。

测量数据： （mm，g）

编号	时间	采集地	性别	体重	全长	嘴峰长	翅长	尾长	跗蹠长
185	1956	长沙	雄体	—	387	14	92	278	13
92081214	1992.08.12	长沙	雄体	32.4	182	18	86	87	16
92081016	1992.08.10	长沙	雌体	19.3	194	18.5	87	89	15
92081017	1992.08.10	长沙	雌体	17.3	181	19	88	89	16

地理分布：广泛分布于湘中、湘东、湘南地区。

经济意义：国家“三有”保护物种。中-日候鸟保护鸟类列入世界濒危鸟类名录。食虫益鸟。

二十三、山雀科 Paridae

本科鸟类体型较麻雀稍小，翅较短而显圆形，初级飞羽 10 枚，第 1 枚为第 2 枚之半，尾羽端呈圆形或略呈叉形尾，尾羽 12 枚。跗蹠小而强健，前缘具盾状鳞。羽毛柔软，许多种类具羽冠，嘴强而短，略呈锥状，嘴须弱，或缺如；鼻孔多少为垂羽所覆盖。雌雄相似，幼鸟似成鸟，但色泽苍淡。

通常活动于森林或林缘灌丛，性活泼，常在枝条间跳跃、攀悬。食物以昆虫为主。营巢于树洞中或树枝间。幼体为晚成雏。留鸟，但具有垂直迁徙现象。

该科全世界有 3 属 55 种，中国发现 4 属 22 种（44 亚种）。湖南省分布有 1 属 4 种，其名录如下：

1. 大山雀 *Parus major commixtus* Swinhoe
2. 绿背山雀 *parus monticolus yunnanensis* La Touche
3. 黄颊山雀 *Parus xanthogenys rex* David
4. 黄腹山雀 *parus venustulus* Swinhoe

湖南省山雀科属、种别检索表

1. 下体为一致的黄色 …… **黄腹山雀 *parus venustulus***
　下体不为一致的黄色 …… **2**
2. 具羽冠，颊部鲜黄 …… **黄颊山雀 *Parus xanthogenys rex***
　不具羽冠，颊部白色 …… **3**
3. 翼上有 2 道白斑；背呈黄绿色 …… **绿背山雀 *parus monticolus yunnanensis***
　翼上无或仅 1 道白斑，背主要为灰或褐色 …… **大山雀 *Parus major commixtus***

1. 大山雀 *Parus major commixtus* Swunhoe 图 23－1、照片 23－1

该物种隶属山雀属，全世界分化出 31 个亚种，中国分布有 6 个亚种（*P. m. hainanus*；*P. m. commixtus*；*P. m. kapustini*；*P. m. tibetanus*；*P. m. subtipetanus*；*P. m. artatus* ），湖南分布的是华南亚种。

英 文 名：Great Tit

别　　名：呼伯、呼呼黑、山呼呼黑、白面呼、灰山雀、白脸山雀、白颊山雀

历史沿革：*Parus cmmixtus* Swinhoe，1868，Ibis 4（2）：63（模式产地：福建长汀）；Gee 1931，Peking Nat. Hist. Bull. 5：49－68；La Touche，1925－1934，A handbook of the birds of eastern China，London；郑作新，1976，中国鸟类分布名录：818－820；李桂垣，1982，中国动物志　鸟纲　第十三卷：5－15；赵正阶，2001，中国鸟类志　下卷：688－691；郑光美，2011，中国鸟类分类与分布名录：339

Parus major fokienensis La Touche，1923，Bull，Brit，Orn. Cl. 43：104（模式产地：福建神州）

Parus major makii Momiyama，1927，Annot. Orn. Orient. 1：26（模式产地：台湾中部阿里）。

鉴别特征：全长 116～153mm，头黑，颊具大形白斑；上体蓝灰，有些个体背沾绿色，

图 23-1 大山雀（仿 Karen Phillipps）

照片 23-1 大山雀 （邓学建 摄）

腹侧及胁白色，腹中央贯以显著的黑色纵纹，鸣声的基调似“吁黑、吁黑”或“吁伯，吁伯”。

形态描述：额缘、眼先和贯眼纹黑色，颊及耳羽具醒目的白斑，头顶、枕和颈侧蓝黑色，且具蓝色金属光泽。背、腰及尾上覆羽蓝灰色，在后颈的蓝黑色与上背的灰色相连处有一污白色块斑。颏、喉、胸和腹中央具黑色。腹部两侧白色，胁灰白色，尾下覆羽有三种色型，即两侧的尾下覆羽白色，中央的尾下覆羽黑色，而在这 2 种色型之间的羽毛内翈黑色，外翈白色。翼下覆羽和腋羽白色。飞羽黑褐，第 3～6 枚初级飞羽外翈缘基部蓝灰色，切迹以远灰白色，其余飞羽外翈缘均为蓝灰色。三次级飞羽具较宽的白色外翈缘，飞羽式：4＞5＞6≥3＞7＞8＞9＞10≥2＞1。小翼羽黑褐色而外翈缘灰白。初级覆羽黑褐外翈缘蓝灰。大覆羽黑褐色外缘蓝灰且具白色端斑，构成翼上横斑。中覆羽和小覆羽与背同色。尾截型，尾羽长度由外至内分别是 59～60mm、61～63mm、63～64mm、64～65mm、64～65mm、62～63mm。中央尾羽蓝灰，轴纹黑色，外侧尾羽内翈黑褐外翈蓝灰，最外侧尾羽白色而内翈缘黑褐。次外侧尾羽具白端。

雌鸟与雄鸟相似，但黑色部分较淡，无金属光泽。

虹膜褐色。嘴短而强，略呈锥状，黑色。足和爪铅褐色。

生活习性：湖南常见的留鸟。主要栖息于山麓森林中，有时也进到果园、道路旁、树丛和庭院中的树上。主要以昆虫和昆虫幼虫为食，兼食少量的蜘蛛、蜗牛等其他食物。繁殖期 4～8 月，营巢于天然树洞中。巢呈杯状，巢材有地衣、草茎、毛发、羽毛等。每窝产卵 6～13 枚，卵呈卵圆形或椭圆形，乳白色或淡红色，密布红褐色斑点，尤以钝端较多。孵卵由雌鸟承担，雌雄亲鸟共同育雏，属晚成鸟。

测量数据： （mm）

编号	全长	嘴峰长	翅长	尾长	跗蹠长
91	14.5	10.4	65.2	65	18.2
106	14.1	10.1	62.8	64	18.1

地理分布：湖南各地均有分布。

经济意义：食虫益鸟。国家“三有”保护物种。湖南省地方重点保护物种。

2. 绿背山雀 *Parus monticolus yunnanensis* La Touche 图 23－2、照片 23－2

该物种隶属山雀属，全世界分化出 4 个亚种，中国分布有 3 个亚种（*P. m. monticolus*；*P. m. yunnanensis*；*P. m. insperatus*），湖南分布的是西南亚种。

英 文 名：Green-backed Tit

别　　名：花脸雀、丁丁拐

历史沿革：*Parus monticolus yunnanensis* La Touche，1921，Bull. Brit. Orn. Cl. 42：51（模式产地：云南蒙自弥勒地）；Gee 1931，Peking Nat. Hist. Bull. 5：49－68；La Touche，1925－1934，A handbook of the birds of eastern China，London；郑作新，1976，中国鸟类分布名录：821－822；李桂垣，1982，中国动物志　鸟纲　第十三卷：16－19；赵正阶，2001，中国鸟类志　下卷：692－693；郑光美，2011，中国鸟类分类与分布名录：340。

鉴别特征：全长 108～140mm。头部黑色，两颊的白斑大而明显；背羽黄绿色，胸、腹辉黄色。翅上有 2 道白色翅斑，最外侧尾羽与尾端的距离约仅为后爪的长度。

图 23－2　绿背山雀（仿 Karen Phillipps）

照片 23－2　绿背山雀　（邓学建　摄）

形态描述：整个头和颈部蓝黑色，具金属光泽，颊部和后枕部具醒目的白斑。背及肩黄绿色，腰铅灰色，尾上覆羽暗灰蓝色。颏、喉、胸部及腹部中央纵纹黑色；下体余部黄色，尾下覆羽白色。飞羽黑褐，具蓝色羽缘，三级飞羽具白色端斑和白色外翈缘。大覆羽和中覆羽有白色端斑，形成 2 道白色翼斑。中央尾羽黑褐色，外侧 3～4 对尾羽有白色端斑，白斑由最外侧向内逐渐变小，最外侧尾羽外翈几乎全为白色。

雌雄羽色相似，但雌鸟腹中央的黑色纵带稍狭窄。

幼鸟羽色似成鸟，但暗淡而无光泽，黑色部分较黑褐，腹部黄色较淡。

虹膜褐色；嘴黑色；跗蹠和趾铅黑色，爪暗褐色。

生活习性：湖南不常见的留鸟。生活习性和大山雀相似，但一般分布在较高的山地，夏季常见于 500～2000m 左右的高山区，冬季迁至低山或平原耕作区。常结小群活动于乔木或灌丛间，声似“吁吁—黑黑”。4～7 月繁殖，每窝产卵 4～6 枚，卵白色具红褐色点斑。主要啄食昆虫。营巢于天然树洞中，也在墙壁和岩石缝隙中营巢。巢呈杯状，主要由动物毛构成，杂以少量苔藓和草茎。孵卵由雌鸟承担，属晚成鸟。

测量数据： (mm)

编号	采集地	全长	喙长	翅长	尾长	跗蹠长
93050804	石门泉坪腰	123	11	66	53	19
93050805	石门泉坪腰	121	10.5	68	54	19
93050803	石门泉坪腰	120	9.5	65	57	21
93050802	石门泉坪腰	123	10	63	55	18
93051008	石门小溪	114	10	67	55	18
92070301	石门	133	10	68	59	19
92070302	石门	124	10	65	55	16
92070303	石门	122	11	66	57	17
92070304	石门	116	10	64	51	17

地理分布：广泛分布于湘西地区及湘西南（城步）。

经济意义：食虫益鸟。国家“三有”保护物种。湖南地方重点保护鸟类。

3. 黄颊山雀 *Parus xanthogenys rex* David 图 23-3

该物种隶属山雀属，全世界分化出 4 个亚种，中国分布有 2 个亚种（*P. x. rex*；*P. x. spilonotus*），湖南分布的是华南亚种。

英 文 名：Yellow-cheeked Tit；Chinese Yellow Tit；Black spotted Tit

别　　名：中国黄山雀、黑斑山雀、催耕鸟、花奇公

历史沿革：*Parus*（*Machlolophus*）*rex* David，1874，Ann。Sci。Nat。（5）19，Art。9：4（模式产地：福建挂墩）

Parus xanthogenys rex David，Gee 1931，Peking Nat. Hist. Bull. 5：49-68；La Touche，1925-1934，A handbook of the birds of eastern China，London；郑作新，1976，中国鸟类分布名录：822-823；李桂垣，1982，中国动物志　鸟纲　第十三卷：19-22；赵正阶，2001，中国鸟类志　下卷：694-695；郑光美，2011，中国鸟类分类与分布名录：340-341。

鉴别特征：全长 118～150mm。头顶具高耸的冠羽，前黑后黄。枕部和头侧黄色；黑色眼后纹与颈侧黑斑相连；下体蓝黑色，两胁蓝灰色。

形态描述：额基、眼先、眉纹、颊和耳羽鲜黄色。头顶蓝黑色，羽冠长而明显，后几枚冠羽具黄色端斑。眼后的贯眼纹黑色与颈侧的黑斑相连。后颈中央灰白，两侧黑色。上背黑色，具蓝灰色轴斑，下背纯蓝灰。腰黄绿，尾上覆羽暗蓝灰色。颏、喉、胸、腹以及尾下覆羽黑色，腹侧和两胁蓝灰色。尾下覆羽灰白，飞羽黑褐色，外翈缘蓝灰色，羽端转为白色，内翈边缘白色。第 2～9 枚初级飞羽外翈基部白色，第 3～7 枚初级飞羽具切迹；切迹外翈缘白色，第 8 枚初级飞羽和次级飞羽外翈缘蓝灰色，并具狭窄的白色端斑，三级飞羽外翈缘和端部白色。飞羽式 4≥5>6≥3>7>8≥2>9>10，第 1 枚初级飞羽较最内侧三级飞羽大而小于次内侧三级飞羽。初级覆羽黑褐，大覆羽黑褐，外翈端白色，形成翅斑，中覆羽黑褐，具白色端斑亦形成斜行的翅斑，小覆羽黑褐，白色端斑较小，肩羽灰蓝色。尾羽黑褐色而具

图 23-3　黄颊山雀（仿 Karen Phillipps）

白色端斑，外侧尾羽的外翈缘蓝灰色，最外侧尾羽的外翈白色。

雌体羽色较雄体暗，上背呈纯绿色，微具蓝灰色羽轴斑，下背和腰概呈暗绿沾灰；下体黑色部分转为黄绿色，腹侧和两胁浅黄绿沾灰色。

幼鸟似雌鸟，但背部不具灰色羽轴斑。喉、胸和腹部中央非黑而呈黄绿色。

虹膜暗褐色，嘴黑褐色；喙较强直、无缺无钩、嘴峰稍曲。鼻孔被黄色鼻须遮盖。跗蹠暗蓝铅色。足蓝灰色，爪蓝灰色稍染褐，跗蹠前缘被盾状鳞。

生态习性：湖南不常见的留鸟。主要栖息山地林间，常结小群活动。主食鳞翅目和鞘翅目昆虫。4～5 月间进行繁殖，营巢于树洞、岩石和墙壁的缝隙中，巢材有苔藓、草茎、草叶、松针、纤维等。每窝产卵 3～7 枚，呈污白色。属晚成鸟。

测量数据：　(mm)

编号	采集地	性别	全长	嘴峰长	翅长	尾长	跗蹠长	展翼
56101624	莽山	雄体	139	11	78	60	24	224
56102430	莽山	雌体	142	9	80	53	21	228
93062902	莽山泽子坪	—	100	10	67	37	23	213
93070103	莽山泽子坪	雄体	140	11.5	77	61	22	242
97081001	江永大源林场	—	128.3	12.5	80.8	58.3	19.7	—
93062607	莽山	雄体	135	12	76	60	20	236
930960703	莽山	雌体	—	13	75	70	19	—

地理分布：广泛分布于湘南、湘东地区。

经济意义：食虫益鸟。国家“三有”保护物种。湖南省地方重点保护动物。

4. 黄腹山雀 *Parus venustulus* Swinhoe 图 23-4、照片 23-3

该物种隶属山雀属，没有亚种分化，系单型种。

英 文 名：Yellow-bellied Tit

别　　名：黄点儿、采花鸟、黄豆崽

历史沿革：*Parus venustulus* Suinlvoe，1870 Proc. Zool. Soc. London：133（模式产地：四川奉节至湖北宜昌）；Gee 1931，Peking Nat. Hist. Bull. 5：49－68；La Touche，1925－1934，A handbook of the birds of eastern China，London；郑作新，1976，中国鸟类分布名录：822－824；李桂垣，1982，中国动物志　鸟纲　第十三卷，22－23；赵正阶，2001，中国鸟类志　上卷：695－697；郑光美，2011，中国鸟类分类与分布名录：338

Paraduliparus potaninae *Бианки*，1902，*Ежег. Эоол. Муз. Акал.* Наук 7：247（模式产地：甘肃西南部）。

鉴别特征：全长 83～108mm，头、喉和上胸黑色；颊和后颈白色；腹部黄色。

图 23－4　黄腹山雀（仿 Karen Phillipps）

照片 23－3　黄腹山雀　（邓学建　摄）

形态描述：雄体额、眼先、头顶和后颈黑色，具金属蓝光泽。后颈有一白色块斑。上背与头部羽色相同，下背、腰、尾上覆羽蓝灰色，颊和耳羽白色。颏、喉、上胸和上胸两侧黑色，下胸、腹和尾下覆羽黄色，胁部稍浅，翼下覆羽白色，腋羽绿染黄。飞羽黑褐色，外翈外缘黄绿色，内翈缘灰白色，最内侧三级飞羽具白色端斑。初级覆羽黑褐色，大覆羽外翈的端部黄白色，中覆羽亦具白色端斑，它们形成 2 道翼斑。肩羽蓝灰色。第 3～5 初级飞羽有切迹，飞羽式：3＝4＞5＞6＝2＞7＞8＞9，1＝最内侧次级飞羽＞覆羽。尾羽 12 枚，方形，等长，黑褐色，外侧尾羽外翈的中部有一白色斑，越外侧者范围越大。冬羽喉、胸为黄色。

雌体：额、头顶、背、腰绿灰色，颊、耳羽斑黄白色，眼后方具一短的灰白色眉纹。髭纹宽，灰褐色。颏、喉污白色染黄色，腹部淡黄色。翅斑和尾羽外翈斑染黄绿色。

虹膜褐色。嘴灰蓝色，脚铅灰色。

生活习性：湖南较常见的留鸟。主要栖息于低山的林木和灌丛中。除繁殖期成对或单独活动以外，其他季节成群活动。主要以昆虫和昆虫幼虫为食，兼食植物果实和种子。繁殖期 4～6 月，营巢于天然树洞中。巢呈杯状，巢材有苔藓、草茎、草叶、兽毛等。每窝产卵 5～7 枚，卵白色，被有红色或褐色斑点。

测量数据：（mm，g）

性别	体重	全长	嘴峰长	翅长	尾长	跗蹠长	翅展
雄体	10.8	99.5	10.5	61.5	35.5	15.7	195.5
雄体	12.7	104.5	10.2	62.5	35.5	15.7	190
雄体	11.0	105	10.2	64.5	36.5	15.7	190
雌体	10.3	101	10.2	63	37	16.5	200
雌体	10.9	96	9.5	61	35	16.5	195
雌体	10.0	95.5	9.5	59	35	16.5	196
雌体	11.3	103	10.2	61	36	16.5	193

地理分布：湖南广泛分布。

经济意义：中国特有物种。食虫益鸟。国家“三有”保护鸟类。湖南省地方重点保护物种。

二十四、长尾山雀科 Aegithalidae

小型鸣禽。形态与习性似山雀，有人置其于山雀科中。与山雀科的区别在于尾甚长，呈凸形，最外侧尾羽距尾端的距离为后趾的长度；体羽松软；两性羽色相似。

该科鸟类以昆虫为食，成群沿枝觅食；在树上用苔藓、树皮、毛、羽及蛛丝等筑成球形巢。每窝产卵 5～7 枚，由雌鸟孵化，孵化期 21 天。遍布于欧、亚大陆。代表种类长尾山雀。

该科鸟类全世界共发现 3 属 9 种，中国有 1 属 5 种，湖南分布有 1 属 3 种。其名录如下：

1. 银喉长尾山雀 *Aegithalos caudatus glaucogularis*（Moore）
2. 红头长尾山雀 *Aegithalos concinnus concinnus*（Gould）
3. 银脸长尾山雀 *Aegithalos fuliginosus*（Verreaux）

湖南省长尾山雀科种别检索表

1. 头顶呈红色 …… **红头长尾山雀 *Aegithalos concinnus concinnus***
　头顶非红色 …… **2**
2. 颊葡萄红…… **银喉长尾山雀 *Aegithalos caudatus glaucogularis***
　颊银灰色 …… **银脸长尾山雀 *Aegithalos fuliginosus***

1. 银喉长尾山雀 *Aegithalos caudatus glaucogularis*（Moore）图 24-1、照片 24-1

该物种隶属长尾山雀属，全世界分化出 19 个亚种，中国分布有 3 个亚种（*A. c. caudatus*；*A. c. vinaceus*；*A. c. glaucigularis*），湖南分布的是长江亚种。

英 文 名：Long-tailed Tit

别　　名：洋红儿、十姊妹、银颏山雀

历史沿革：*Orites glancogularis* Moore，1854，Proc. Zool. Soc. London：140（模式产地：中国）

Mecistura swinhoei Pelzeln，1865，Reise Novara 2：66（模式产地：上海）

Aegithalos caudatus glaucogularis（Moore），Gee 1931，Peking Nat. Hist. Bull. 5：49-68；La Touche，1925-1934，A handbook of the birds of eastern China，London；郑作新，1976，中国鸟类分布名录：836-837；李桂垣，1982，中国动物志 鸟纲 第十三卷：51-54；赵正阶，2001，中国鸟类志 下卷：712-714；郑光美，2011，中国鸟类分类与分布名录：334。

鉴别特征：全长 108～126mm，体羽蓬松稀散，呈绒球状；头顶黑色，贯以白色中央冠纹；体背灰色，面颊和下体葡萄红；嘴较短而粗厚；翅短圆，尾羽细长，呈凸状形尾，最外侧 1 对尾羽与中央 1 对尾羽端差距甚显著。

形态描述：额缘葡萄红。额、侧冠纹黑色，具金属光泽，头顶中央冠纹狭窄呈污白色，并微沾葡萄红褐色；背石板灰色。腰葡萄红色，后部的尾上覆羽黑褐色；颏污白色，喉中央具一黑褐色块斑。眼先棕红色；面颊、耳羽和颈侧葡萄红，胸部深葡萄红色，腹部和尾下覆羽葡萄红色。飞羽黑褐色，内侧飞羽具葡萄红外翈缘；翅上覆羽同背色，大覆羽具葡萄红端

图 24－1　银喉长尾山雀（仿 Karen Phillipps）

照片 24－1　银喉长尾山雀　（刘子祥　摄）

斑。初级覆羽和小翼羽黑褐色；翅下覆羽和腋羽污白色；尾为明显的凸形，最外侧尾羽最短，向内依次递增。尾羽黑褐色，3 对外侧尾羽具白色楔状端斑，最外侧尾羽外翈纯白。

雌雄外观相似。

幼鸟头顶和上背呈葡萄褐灰色，头顶中央纵纹浅淡。喉胸部和上腹呈锈褐色，下腹污灰黄色。

虹膜暗褐色。嘴黑色，甚短小。脚棕黑色。

生活习性：湖南少见的留鸟，栖息于海拔 500～600m 的山上或山麓，成小群流动，来去均甚突然。活动于乔木、灌木丛顶部，在枝条间跳跃不停。主食昆虫，亦杂食植物。鸣叫声细弱似“吱、吱、吱、吱”一连数声，未见有变化声调。繁殖期 4～6 月，巢主要由苔藓、树皮、羽毛、兽毛等构成，通常置于落叶松、云杉、桦树、杨树等乔木的树杈间。每窝产卵 9～12 枚，雌鸟孵卵，雌雄亲鸟共同育雏。

测量数据：　（mm）

编号	采集地	体长	翅长	尾长	跗蹠长	翼展
846011	双江口	101.5	60	44	10	140

地理分布：广泛分布于湘西、湘北地区。

经济意义：森林益鸟。国家“三有”保护物种。

2. 红头长尾山雀 *Aegithalos concinnus concinnus*（Gould）图 24－2、照片 24－2

该物种隶属长尾山雀属，全世界分化出 7 个亚种，中国分布有 3 个亚种（*A. c. concinnus*；*A. c. iredalei*；*A. c. talifuensis*），湖南分布的是指名亚种。

英 文 名：Red-headed

别　　名：红白面只（南名）、红豆宝儿、小老虎（西南）、红质山雀

历史沿革：Psaltria concinna Gould，1855，Bds. Asia 2：1 图版 65（模式产地：浙江舟山）

Aegithalos concinnus taiwanensis Yamashina，1944，Bull. Biogeogr. Soc. Japan 14（2）：3（模式产地：台湾）

Aegithalos concinnus concinnus（Gould），Gee 1931，Peking Nat. Hist. Bull. 5：49－68；La Touche，1925－1934，A handbook of the birds of eastern China，London；郑作新，

1976，中国鸟类分布名录：837－838；李桂垣，1982，中国动物志 鸟纲 第十三卷：54－57；赵正阶，2001，中国鸟类志，715－716；郑光美，2011，中国鸟类分类与分布名录：334。

鉴别特征：全长92～116mm，头顶粟红；背蓝灰色；贯眼纹黑色；喉部中央具半月形黑色块斑、胸带和两胁栗红色；尾和翅黑褐色。

图24－2 红头长尾山雀（仿 Karen Phillipps）

照片24－2 红头长尾山雀 （康祖杰 摄）

形态描述：额、头顶及枕栗红色，背和尾上覆羽灰蓝色，贯眼纹宽，呈黑色。下颊、颈侧、颏、喉和上胸白色，喉部中央具一半月形黑斑。下胸栗红色形成胸带，胸带与两胁的栗红色相连。腹部灰白色，尾下覆羽栗红色。腋羽和翅下覆羽白色。飞羽褐色，除第1、2枚外，其余各羽外翈缘蓝灰色，内侧次级飞羽沾红。初级覆羽黑褐色，大覆羽和小覆羽同背色，中央尾羽蓝灰色，其余尾羽黑褐，外翈缘蓝灰，外侧3枚尾羽具楔状白色端斑，最外侧尾羽外翈纯白色。

雌鸟羽色与雄鸟相似。

虹膜橘黄色；嘴黑色；跗蹠和趾红褐色，爪色较暗。

生活习性：湖南较常见的留鸟，主要栖息于山地、丘陵的森林或灌木丛间，也见于居民区附近的疏林中，多成小群活动。主要以昆虫为食。繁殖期2～6月，营巢于树上。巢主要有苔藓，枯草羽毛和蜘蛛网等构成。每窝产卵5～8枚，雌雄亲鸟共同孵卵，以雌鸟为主，雌雄亲鸟共同育雏。

测量数据：（mm）

体重	全长	嘴峰长	翅长	尾长	跗蹠长
6.1	105	7.4	48.5	50	15.8
5.9	94.0	7	44.5	43	15.5

地理分布：广泛分布于湖南绝大部分地区。

经济意义：食虫益鸟。国家“三有”保护鸟类。湖南省地方重点保护物种。

3. 银脸长尾山雀 *Aegithalos fuliginosus*（Verreaux）图 24-3，照片 24-3

该鸟系单型种，没有亚种的分化，是我国的特有物种。

英 文 名：Sooty Tit；Silver-faced Tit；Sooty Long-tailed Tit

别　　名：高山雀仔

历史沿革：*Mecistura fuliginosa* Verreaux，1869，Bull. Nouv. Arch. Mus. Paris 5：36（模式产地：四川宝兴）

Aegithaliscus fuliginosus scurrula Bangset Peters，1928，Bull. Mus. Comp. Zool.，Harvard Coll. 68：363（模式产地：湖北兴山）

Aegithalos fuliginosus Gee 1931 Peking Nat. Hist. Bull. 883；郑作新，中国鸟类分布名录 1976：840；李桂垣，中国动物志　鸟纲　第十三卷　1982：59-60；赵正阶，中国鸟类志　下卷 2001：718-719；郑光美，2011，中国鸟类分类与分布名录：335。

鉴别特征：小型鸟类，体长 10～11mm。颊、颏和喉银灰色；上体酱褐色；下体具宽阔的褐色胸带，两胁葡萄红褐，下体余部白色。

图 24-3　银脸长尾山雀（仿 Karen Phillipps）

照片 24-3　银脸长尾山雀　（康祖杰　摄）

形态描述：雄性成鸟头顶至后颈棕褐色，羽基银灰色，其余上体自后颈往后到尾上覆羽酱褐色。眼先、眉纹、脸、颊和耳羽前部银灰色，耳羽后部至后颈两侧和上胸形成白色环带。髭纹棕黑色。颏、喉银灰色，下胸具宽阔的褐色胸带；腹和尾下覆羽白色微沾葡萄红色；两胁红褐色；腋羽和翅下覆羽白色。飞羽暗褐色，外翈羽缘棕褐色，内翈基部羽缘白色，三级飞羽和次级覆羽淡棕色。初级覆羽棕褐色。尾羽黑褐色，中央尾羽较暗，外侧 3 对尾羽外翈浅褐色并具白色楔状端斑。

雌性与雄鸟相似。

幼鸟两颊银灰色不甚明显，头顶黑褐色，由额至枕有一淡棕黄色纵冠纹，耳羽沾褐色，背棕褐色，颏、喉银灰色沾棕黄色，其余下体淡棕色或棕白色，胸具黑色横带。飞羽黑褐色，外翈羽缘棕栗色。次级覆羽和内侧飞羽的内侧羽片淡棕。

虹膜黄白色；嘴、脚黑色。

生活习性：湖南省境内很少见到的留鸟。主要栖息于海拔 1000m 以上的高山森林中，尤喜栎树林和栎树针叶混交林。除繁殖期外，常成群活动，通常 10 多只一群活动在冠层树枝间。食性主要以鞘翅目、鳞翅目等昆虫和昆虫幼虫为食，也吃蠕虫等其他无脊椎动物和植物果实、种子与嫩叶。

2011 年 5～7 月间，湖南石门壶瓶山的康祖杰在壶瓶山自然保护区首次发现。当时观察到活动于山林中的小群体，并拍了几张照片，可惜未能获得标本。该物种以往仅见于甘肃、陕西、四川、湖北的报道，在武陵山脉还未见有报道。该群落的分布情况和生活习性还待进一步调查。

测量数据： （mm，g）（据李桂垣）

性别	体重	全长	嘴峰长	翅尾	尾长	跗蹠长
雄性	6～7	101～112	7～7.7	53～57	57～61	17～17.4
雌性	6.5～7	104～110	7～7.5	55～57	56～60	16.6～17.5

地理分布：银脸长尾山雀是我国特有鸟类之一，无亚种分化。分布仅限于我国中部狭小地区，迄今见于湖南石门县的壶瓶山保护区。国内还分布于甘肃南部，陕西秦岭，四川宝兴、万源、茂汶、平武，湖北兴山、巴东一带。系当地的留鸟。

经济意义：银脸长尾山雀是我国特产鸟类，在我国分布范围狭窄，种群数稀少，已被列入鸟类生活国际（Bird Life Intemational）全球濒危鸟类名录。

二十五、䴓科 Sittidae

本科鸟体形大小似麻雀，但体羽松软，嘴形直而强，几乎与头等长，适于啄凿。鼻孔被羽覆盖，具嘴须。翅长而尖，第 1 枚初级飞羽短于第 2 枚之半；尾羽短，方形或稍圆，尾羽 12 枚。脚强而发达，跗蹠部后缘光滑，背有两片纵行鳞，跗蹠前缘为盾状鳞；后趾和后爪发达，强而有力，内趾和内爪明显短小。雌雄相似。

栖息于山地森林中，善攀缘，多活动于树冠层，有沿树干攀缘的习性。以昆虫以及虫卵为食。营巢于树洞中，并以泥土抹于洞口。

该科全世界有 1 属 24 种，中国有 1 属 11 种（16 亚种），湖南省仅见到 1 种，即普通䴓 *Sitta europaea sinensis* Verreaux。

1. 普通䴓 *Sitta europaea sinensis* Verreaux 图 25－1

该物种隶属䴓属，全世界分化出 4 个亚种组共 18 个亚种，中国分布有 2 个亚种组的 5 个亚种（*S. e. seorsa*；*S. e. asiatica*；*S. e. amurensis*；*S. e. sinensis*；*S. e. montium*），湖南分布的是华东亚种。

英 文 名：Nuthatch；Eurasian Nuthatch；Wood Nuthatch；Common Nuthatch

别　　名：蓝大胆、穿树皮、松枝儿、贴树皮、欧亚䴓、森林䴓

历史沿革：*Sitta sinensis* Verreaux，1870，Bull. Nouv. Arch. Mus. Paris 6：34（模式产地：江西九江和四川宝兴）。Gee 1931，Peking Nat. Hist. Bull. 5：49－68；La Touche，1925－1934，A handbook of the birds of eastern China，London；郑作新，1976，中国鸟类分布名录，845－847；李桂垣，1982，中国动物志　鸟纲　第十三卷，77－85；赵正阶，2001，中国鸟类志，729－731；郑光美，2011，中国鸟类分类与分布名录：343。

Sitta europaca kiukiangensis Бутурдин 1915，Орн. Вестн6（4）：312（nom. nov. for *sinensis*）

Sitta europaca itschangensis Kleinschmidt et Weigold，1922，Abh. Ber. Zool. u. Anthr-Ethn. Mus. Dresden 15：9（模式产地：湖北宜昌）

Sittta formosana Бутурдин，1911，Hawa. Oxota 5（8）：51（模式产地：台湾）

Sitta europaca taivana Бутурдин，1915，Орн. Вестн6（4）：311（nom. emend).

鉴别特征：全长 106～130mm。上体羽自头顶至尾上覆羽均呈淡石板灰蓝色；下体羽肉桂棕色；两胁栗色；头颈两侧自嘴基部有一道黑贯眼纹，向后延伸至肩部。嘴直而强健与头等长，嘴须发达；后爪较后趾短。

形态描述：自额经眼至颈侧有一道醒目的黑色贯眼纹。头顶、枕和整个上体蓝灰色，眼前下方的颊部有一灰白色斑，后颊、耳羽、颈侧直达胸部成肉桂红色。颏和上喉部近污白色；下体肉桂红色，两胁栗色甚显著。尾下覆羽栗棕，而具白端。飞羽黑褐色，外缘蓝灰色；翅上覆羽与背同色。中央 1 对尾羽浅灰蓝色。外侧尾羽黑褐而具蓝灰色端斑和白色次端斑。越外侧者白斑越大。最外侧尾羽的次端斑成大的斜向白色斑。

雌鸟羽色不如雄鸟鲜艳，色彩较为污、暗、淡。

幼鸟上体较成鸟污暗，呈石板褐色；眼先和贯眼纹污黑；颏、上喉棕白至淡棕黄；下体较成鸟淡，呈浅肉桂棕或浅棕黄色。

图 25-1　普通䴓（仿 Karen Phillipps）

虹膜暗褐色；嘴铅黑色，嘴基部灰蓝色；幼鸟嘴基黄褐色。脚暗褐色。

生活习性：湖南不常见的留鸟，生活在松树林中。脚强，能贴着树干自由攀岩，有时以头朝下的姿态在树干爬行。单独或成对活动。嘴直而强，能凿穿树皮，啄吃树皮内的昆虫。也爱吃松子。在 5～6 月间繁殖，常利用啄木鸟的树洞，每窝产孵 5～8 枚，白色而稍具光泽，在钝端有茶褐色和紫褐色斑点。

测量数据：　(mm，g)

编号	日期	采集地	性别	体重	体长
19713—2847	1956.11.04	湖南沅陵	雄体	15	112
197031257	1956.05.11	湖南会同	雄体	17	116
530262773	1957.11.26	湖南耒阳	—	16.5	109
18400246	1958.05.14	湖南宜章	雌体	16	127
197182288	1957.05.21	湖南永顺	雄体	15	115
18642488	1955.07.06	湖南东安	—	17	123
19003849	1955.11.10	湖南资兴	雄体	16	122
197081487	1956.06.23	湖南新邵	雌体	16	124

地理分布；湖南各地均有分布。

经济意义：食虫益鸟。

二十六、攀雀科 Remizidae

该科鸟类体形纤小。嘴呈尖锥状，无须。鼻孔裸露或为须掩盖。翅端呈圆形或尖形。初级飞羽 10 枚，第 1 枚初级飞羽甚小。尾呈方形或稍凹。

该科鸟类善于攀爬，可将头向下悬挂在枝条上。巢呈囊状，悬挂于枝梢末端，或营巢于树洞中，每窝产卵 4～9 枚。主要以昆虫为食。

该科鸟类全世界共有 5 属 13 种，中国发现 2 属 3 种（5 亚种）。湖南仅分布 1 种，即中华攀雀 *Remiz consobrinus consobrinus*（Swihoe）。

1. 中华攀雀 *Remiz consobrinus consobrinus*（Swihoe）图 26－1、照片 26－1

该物种全世界尚未见有亚种分化，系单型种。

英 文 名：Chinese Penduline Tit

别　　名：攀雀、洋红儿

历史沿革：*Aegithalus consobrinus* Swihoe 1870. Proc. Zool. Soc. London：133（湖北沙市）

Remiz pendulinus consobrinus（Swihoe）Gee 1931，Peking Nat. Hist. Bull. 5：49－68；La Touche，1925－1934，A handbook of the birds of eastern China Taylor and Francis，London；郑作新，1976，中国鸟类分布名录：853－854；李桂垣，1982，中国动物志　鸟纲　第十三卷：99－102；赵正阶，2001，中国鸟类志　下卷：742－743；郑光美，2011，中国鸟类分类与分布名录：333。

鉴别特征：全长 95～110mm。头顶淡灰色，自前额直到耳羽黑色，形成一宽的黑色贯眼纹。上体沙棕色。下体皮黄色。

图 26－1　中华攀雀（仿 Karen Phillipps）

照片 26－1　中华攀雀　（左　雄体，右　雌体，李剑志　摄）

形态描述：雄鸟头顶和枕部淡灰色，前额与贯眼纹连成一体，该黑纹边缘镶有模糊的白边。后颈和颈侧暗栗色，形成半圆形领圈。上背棕褐色。下背、腰和尾上覆羽沙褐色。下颊灰白，颏、喉灰白染棕。上胸隐约具棕褐色胸带；下胸、腹至尾下覆羽概为皮黄色。翅上小覆羽、中覆羽棕褐色，大覆羽栗揭色，羽缘淡皮黄色。飞羽暗褐色，外翈棕黄色或皮黄色。内侧三级飞羽羽缘浅栗色。尾羽暗褐色，内外翈均具窄的淡皮黄色羽缘。

雌鸟的贯眼纹棕栗色。上体沙褐色，头顶灰色稍深具淡褐色羽干纹，其余与雄鸟相似。

但羽色略淡而少光泽。

虹膜暗褐色；上嘴黑褐色，下嘴灰黑色；脚铅蓝色。

生活习性：湖南少见的冬候鸟。主要栖息在开阔平原、半荒漠地区的疏林内，尤以临近河流、湖泊等水域的阔叶林中较常见，迁徙期间也见于芦苇丛。除繁殖期间单独或成对活动外，其他季节多成群。性活泼，行动敏捷，常在树丛间飞来飞去，或在枝间跳跃，喜欢倒悬在细的枝端荡来荡去。鸣声细小而单调。主要以昆虫为食，尤其是繁殖期间几乎全吃昆虫。所吃食物种类，主要有杨扇舟蛾、黄刺蛾、褐边绿刺蛾、杨卷叶蛾、杨枯叶蛾、杨毒蛾、蓝目天蛾、夜蛾等鳞翅目昆虫幼虫以及杨红叶甲、蜂等其他昆虫。此外也吃蜘蛛和其他小型无脊椎动物。冬季多吃杂草种子、浆果和植物嫩芽。

测量数据： （mm，g）（据赵正阶）

性别	体重	体长	嘴峰长	翅长	尾长	跗蹠长
雄性	8～11	100～115	8.5～10	52～59	42～50	13.5～14.5
雌性	7.5～10	100～109	9～10.5	51～56.5	42～47	13.5～14.8

地理分布：分布于湘北地区。

经济意义：食虫益鸟。国家“三有”保护物种。

二十七、啄花雀科 Dicaeidae

该科鸟类体形纤小。嘴细短，嘴前端的咬合缘具有细小的锯齿。鼻孔不被羽，但被不完全的膜所覆盖。嘴须较短。翅短小，初级飞羽 9 枚，第 1 枚长达翅端。尾短，尾羽 12 枚。体羽较鲜艳。

主要栖息于阔叶林的树冠高层，以小昆虫、蜘蛛、浆果等为食。营梨形编制巢于密林的枝条间。

该科鸟类全世界共有 2 属 44 种，中国仅发现 1 属 6 种（10 亚种）。湖南分布的有 2 种。其名录如下：

1. 纯色啄花鸟 *Dicaeum concolor olivaceum* Walden
2. 红胸啄花鸟 *Dicaeum ignipectus ignipectus*（Blyth）

湖南省啄花雀科种别检索表

胸具红斑，若无红斑，背为橄榄绿色，腰为黄绿色………………… **红胸啄花鸟 *Dicaeum ignipectus ignipectus***
胸无红斑，背与腰同为橄榄绿色……………………………………………… **纯色啄花鸟 *Dicaeum concolor olivaceum***

1. 纯色啄花鸟 *Dicaeum concolor olivaceum* Walden 图 27－1

该物种隶属啄花鸟属，全世界分化出 7 个亚种，中国分布有 3 个亚种（*D. c. olivaceum*；*D. c. uchidai*；*D. c. minullum*），湖南分布的是西南亚种。

英 文 名：Plain Flowerpecher

别　　名：花蜜雀

历史沿革：*Dicaeum olivaceum* Walden，1875，Ann. Mag. Nat. Hist.（4）15：401（模式产地：缅甸）

Dicaeum minullum sinensis Stresemmann，1923，Journ. Orn. 71：365（模式产地：四川峨眉山）

Dicaeum concolor olivaceum Walden，Gee 1931，Peking Nat. Hist. Bull. 5：49－68；La Touche，1925－1934，A handbook of the birds of eastern China，London；郑作新，1976，中国鸟类分布名录：856－857；李桂垣，1982，中国动物志　鸟纲　第十三卷：108－110；赵正阶，2001，中国鸟类志　下卷：749－750；郑光美，2011，中国鸟类分类与分布名录：348。

鉴别特征：体形纤小，全长 72～89mm。上体橄榄绿色，下体灰绿色。两翼和尾黑褐色。

形态描述：额、头顶和枕部暗橄榄绿色，羽基褐色，背、腰及尾上覆羽橄榄绿色；眼先浅灰绿色；眉纹不明显，浅绿色；颊、耳羽淡橄榄绿；颏和上喉灰白色；下喉、胸和两胁绿灰色，腹部中央和尾下覆羽浅黄沾绿。飞羽黑褐色，外翈羽缘橄榄绿，初级覆羽褐色，大覆羽和小覆羽亦褐色但具橄榄绿色羽缘。翅下覆羽白色，腋羽淡黄白色。尾羽暗褐色，具有窄的橄榄绿色羽缘。

雌雄相似。

幼鸟似成鸟，但羽色较暗，嘴呈黄色。

图 27－1 纯色啄花雀（仿 Karen Phillipps）

虹膜暗褐，上嘴暗褐，下嘴基部铅灰。跗蹠和趾铅灰色。

生活习性：湖南少有的留鸟，常结群或单个活动于低山开阔的森林地带，性较活泼，常在高大的寄生植物或盛开花朵的树上觅食。食物为昆虫、果实和花蜜等。巢呈梨形，主要由植物纤维、树叶等构成，每窝产卵 2～3 枚。

测量数据： （mm，g）

性别	体重	体长	嘴峰长	翅长	尾长	跗蹠长
雄性	5～8	64～89	8～10	43～49	20～27	10～13
雌性	5～7.5	66～83	8～10	42～46	20～25	10.5～12

地理分布：广泛分布于湘南地区。

经济意义：有利于植物传粉，消灭害虫。

2. 红胸啄花鸟 *Dicaeum ignipectus ignipectus*（Blyth）图 27－2

该物种隶属啄花鸟属，全世界分化出 8 个亚种，中国分布有 2 个亚种（*D. i. ignipectus*；*A. i. formosum*），湖南分布的是指名亚种。

英 文 名：Fire-breasted Flowerpecker

别　　名：红心肝、火胸啄花鸟

历史沿革：*Myzanthe ignipectus* Blyth ex Hodgson，1843，Journ. As. Soc. Bengal 12：983（模式产地：尼泊尔和石丹）

Dicaeum cyanonotum Styan，1893，Ibis（6）5：470（模式产地：湖北宜昌）

Dicaeum ignipectus ignipectus（Blyth），Gee 1931，Peking Nat. Hist. Bull. 5：49－68；La Touche，1925－1934，A handbook of the birds of eastern China，London；郑作新，1976，中国鸟类分布名录：858－859；李桂垣，1982：113－115，中国动物志 鸟纲 第十三卷：113－115；赵正阶，2001，中国鸟类志 下卷：752－753；郑光美，2011，中国鸟类分类与分布名录：348。

鉴别特征：体形纤小，全长 81～97mm。雄鸟上体呈辉亮的金属绿蓝色，颊部黑色，胸

图 27－2　红胸啄花雀（仿 Karen Phillipps）

部具一朱红色块斑，腹中央具有一条黑色纵纹。雌体鸟上体呈橄榄绿色，下体棕黄色。

形态描述：雄鸟额、头顶、枕及整个上体呈金属绿蓝色，眼先、颊、耳羽、颈侧和胸侧一概为黑色，微杂以橄榄黄或灰色；胸具赭红色斑；紧贴胸斑之后有一黑色纵纹。腹、尾下覆羽棕黄色，两胁橄榄绿色；翅下覆羽浓棕黄色，两翅的小覆羽和中覆羽与背同色，大覆羽和飞羽暗褐色，外翈缘辉绿蓝色，飞羽式为：1＝2＝3＞4＞5＞6＞7＞14＞13＞12＞11＞10＞8＞9；尾上覆羽稍沾蓝辉，尾羽暗褐微染蓝辉，各尾羽一样长。

雌体性成鸟上体暗橄榄绿色，头顶基部暗褐，成斑驳状，眼先灰白，颊和耳羽呈沾灰的橄榄绿色，下体棕色，胸侧和两胁橄榄绿色；翅下覆羽白色。

幼鸟似雌体鸟，但羽色较暗，不如成鸟辉亮。

虹膜褐色，嘴褐黑色（雄体）或上嘴褐色，下嘴灰色（雌体）；跗蹠暗褐色。

生活习性：湖南不常见的留鸟，常栖息于开阔地的次生阔叶林或溪边树丛间，喜结群在盛开花朵的树上觅食。嗜食浆果及寄生在常绿树上的槲寄生果实上的黏质物，也食昆虫。巢营于较高的树上，囊状，呈椭圆形；卵每窝产 2～5 枚，纯灰色或白色。

测量数据：（mm）

编号	日期	采集地	性别	全长	嘴峰长	翅长	尾长	跗蹠长	最长飞羽
553214	1953	莽山	雄体	8.9	0.8	4.6	2.5	1.1	3.6

地理分布：广泛分布于湘西、湘南地区。

经济意义：有助于传粉；也食部分有害昆虫，对林业有一定益处；也可作为笼鸟供观赏。

二十八、花蜜鸟科 Nectariniidae

该科鸟类体形纤细。嘴细长而下曲。嘴缘先端具细小的锯齿，嘴须短小或缺刻；舌成管状，尖端分叉，富伸张力。两翅中等长，初级飞羽10枚，第1枚极小，尾羽12枚。方形或凸形，凸形尾的中央尾羽常远较次对为长。跗蹠纤小而细长，或短而坚，具盾状鳞。雌雄两性相异，雄性羽毛华丽，富金属光泽，雌鸟色暗淡，幼鸟与雌鸟同色。

栖息于园圃或开阔的森林中，主要以花蜜为食，兼捕飞虫和树丛中的昆虫及蜘蛛。雌鸟营巢，巢呈袋装，用草、苔藓等筑成。以呕吐物喂食早期雏鸟。

该科全世界有14属130种，中国有5属12种（20亚种）。湖南分布有1属2种。其名录如下：

1. 蓝喉太阳鸟 *Aethopyga gouldiae dabryii*（Verreaux）。
2. 叉尾太阳鸟 *Aethopyga christinae latouchii* Slater。

湖南省太阳鸟科属、种检索表

颏、喉赭红色或淡绿色 …………………………………………… **叉尾太阳鸟 *Aethopyga christinae latouchii***
颏、喉紫蓝色或暗绿色……………………………………………………… **蓝喉太阳鸟 *Aethopyga gouldiae dabryii***

1. 蓝喉太阳鸟 *Aethopyga gouldiae dabryii*（Verreaux）图28－1

该物种隶属太阳鸟属，全世界分化出4个亚种，中国分布有2个亚种（*A. g. gouldiae*；*A. g. dabryii*），湖南分布的是西南亚种。

英 文 名：Blue-throated Sunbird；Mrs Gould’s Sunbied；Gould’s Sunbied

别　　名：桐花凤、古尔德夫人太阳鸟、古史太阳鸟

历史沿革：*Nectarinia dabryii* Verreaux，1867，Rev. Mag. Zool. 19：173（模式产地：四川康定）

Aethopyga dabryii bangsi Riley 1925，Proc. Biol. Soc. Wash. 38：11（模式产地：湖北）

Aethopyga gouldiae harrietae Delacour et Greenway，1940，L’Osi. 10（1－2）：68（模式产地：老挝）

Aethopyga gouldiae dabryii（Verreaux），Gee 1931，Peking Nat. Hist. Bull. 5：49－68；La Touche，1925－1934，A handbook of the birds of eastern China，London；郑作新，1976，中国鸟类分布名录：864－865；李桂垣，1982，中国动物志 鸟纲 第十三卷：134－137；赵正阶，2001，中国鸟类志 下卷：762－764；郑光美，2011，中国鸟类分类与分布名录：350。

鉴别特别：全长91～160mm。嘴细长而下曲，体小色艳。雄鸟头顶和喉辉紫，胸和背呈暗红色；腰和腹黄色；雌鸟上体橄榄绿，腰黄，颏、喉灰绿，腹部淡黄。

形态描述：雄体额、头顶以及颏、喉为金属光泽的辉蓝色，眼先黑，眉纹始于眼背方，红色，与枕部、颈侧红色相连。耳羽后部为一辉蓝色三角形斑。颊和耳羽前部黑红色；颏、喉与头顶色相同。背红色；腰鲜黄色；尾上覆羽辉蓝。胸红色，胸侧有一辉蓝色斑。上腹向后逐渐变为黄色。飞羽和覆羽黑褐色，外翈缘暗橄榄色。飞羽式：4≥3>5>6>2≥7>8>9

图 28-1　蓝喉太阳鸟（仿 Karen Phillipps）

>10。中央尾羽辉蓝色，端部渐成黑褐色，明显长于其他尾羽（近 2 倍），外侧尾羽黑褐，具三角形浅色端斑。

雌体额，头顶枕褐色染绿，背及翼上覆羽暗绿色，腰带鲜黄色，尾上覆羽暗绿，颏，喉颊灰绿色，腹、胁、尾下覆羽、腋羽淡黄色，翼下覆羽白色，飞翼黑褐，除第 1 枚飞羽外其余外翈缘暗绿色。中央尾羽暗绿色，不延长，外侧 3 枚尾羽具白色端斑。

嘴黑色，细长而下曲，上缘前 1/3 的边缘具细而密的缘，鼻孔长裂形，被以黑膜，无须，足爪黑色。

生活习性：湖南不多见的留鸟，主要栖息于常绿阔叶林、混交林中，也见于果园、农田、河边与公路边的树上，常单独或成对活动。主要以花蜜为食，也食昆虫。繁殖于 4～6 月，巢主要由苔藓、枯草、蜘蛛网等构成，常置于灌木细枝上，每窝产卵 2～3 枚。

测量数据：　(mm，g)

性别	体重	全长	嘴峰长	翅长	尾长	跗蹠长
雄体	5	138	15	54	74	13
雄体	4	122	15.5	55	62	13
雄体	5.5	135	15.5	55	67	13
雄体	5.5	135	15.5	55	67	13
雌体	3.5	104	17	49	37	12

地理分布：广泛分布于湘西地区。

经济意义：观赏鸟、传粉和抑制虫害。国家“三有”保护鸟类。湖南省重点保护物种。

2. 叉尾太阳鸟 *Aethopyga christinae latouchii Slater* 图 28-2、照片 28-1

该物种隶属太阳鸟属，全世界分化出 3 个亚种，中国分布有 2 个亚种（*A. c. christinae*；

A. c. latouchii）湖南分布的是华南亚种。

英 文 名：Fork-tailed Sunbird

别　　名：绿背太阳鸟

历史沿革：*Aethopyga latouchii* Slater，1819，Ibis（6）3：43（模式产地：福建漳浦）

Aethopyga christinae latouchii Slater，Gee 1931，Peking Nat. Hist. Bull. 5：49－68；La Touche，1925－1934，A handbook of the birds of eastern China，London；郑作新，1976，中国鸟类分布名录：866－867；李桂垣，1982，中国动物志 鸟纲 第十三卷：139－142；赵正阶，2001，中国鸟类志 下卷：765－766；郑光美，2011，中国鸟类分类与分布名录：350。

鉴别特征：全长 79～113mm，体小色艳，嘴细长而下曲。雄鸟头顶辉绿色；上体暗橄榄绿；腰鲜黄色；中央尾羽灰绿，且羽轴延长呈针状；喉、胸褐红色；腹部灰色。雌鸟上体橄榄绿，腰鲜黄色，下体淡黄色。

图 28－2 叉尾太阳鸟（仿 Karen Phillipps）

照片 28－1 叉尾太阳鸟 （邓学建 摄）

形态描述：雄鸟额、头顶至后颈灰绿色；背暗橄榄绿；腰呈鲜黄色，尾上覆羽金属绿。眼先、颊、耳羽黑色染褐红色；髭纹翠绿而具金属光泽；颏、喉，上胸皆赭红；下胸橄榄黄，有时染以灰褐色；其余下体和两胁绿黄色；翅下覆羽白色。翅暗褐色，外缘橄榄黄，中央尾羽紫色，羽轴先端延长如针状；余尾羽黑色；外侧 4 对尾羽具白端和绿色羽缘。

雌性成鸟上体橄榄绿；眼先灰黑；头侧浅橄榄绿；颏、喉浅绿灰色；胸部转深；腹和两胁淡黄绿色；尾下覆羽淡乳黄色；翅暗褐，狭缘以橄榄黄，尾羽褐黑；中央尾羽羽轴不延长；外侧尾羽具明显的白色羽端，向外渐形大。

虹膜暗褐；嘴黑；脚暗褐色，眼深红色。

生态习性：湖南不常见的留鸟，栖于中山、低山丘陵地带的山沟，山溪旁和山坡阔叶林，多单独活动，有时成对或结群。性不畏人。鸣声婉转动听，常间歇发出悦耳而富旋律的鸣声。四月开始营巢繁殖，每窝产卵 2～4 枚，绿色或灰色，具紫色、红褐色暗斑。主要以为花蜜为食。

测量数据：　(mm，g)

编号	采集地	性别	体重	全长	嘴峰长	翅长	尾长	跗蹠长
871222	苏仙岭	雌体	5.2	91.5	14.5	47.5	29.5	13.5

地理分布：广泛分布于湘南、湘西地区。

经济意义：食虫益鸟，帮助植物传粉。国家“三有”保护物种。湖南省地方重点保护种类。

二十九、绣眼鸟科 Zosteropidae

该科鸟类体形小巧，体羽几近纯绿色，眼周围具一白色绒状眼圈，因此而得名。嘴小为头长之半，嘴峰全长稍向下曲，嘴缘平滑，鼻须不显，鼻孔为薄膜所掩盖。翅圆而长，初级飞羽 10 枚，第 1 枚飞羽很小。尾短，呈平状尾。雌雄成鸟羽色相似，舌能伸缩，先端具有两簇角质纤维，适于伸入花中索取昆虫。跗蹠长而健，但不适于地栖，前缘具少数盾状鳞。中趾和外趾基部并合。

主要栖息于林缘、灌丛。以昆虫及浆果为食，巢呈杯状，营造于树枝的丫杈间。

该科全世界有 14 属 94 种，中国有 1 属 4 种（6 亚种）。湖南省仅发现 2 种，其名录如下：

1. 暗绿绣眼鸟 *Zosterops japonica simplex* Swinhoe
2. 红胁绣眼鸟 *Zosterops erythropleurus* Swinhoe

湖南省绣眼鸟科种别检索表

两胁灰白色……………………………………………………………… **暗绿绣眼鸟 *Zosterops japonica simplex***
两胁栗红色……………………………………………………………… **红胁绣眼鸟 *Zosterops erythropleurus***

1. 暗绿绣眼鸟 *Zosterops japonica simplex* Swinhoe 图 29－1、照片 29－1

该物种隶属绣眼鸟属，全世界分化出 11 个亚种，中国分布有 3 个亚种（*Z. j. simplex*；*Z. j. batanis*；*Z. j. hainana*），湖南分布的是普通亚种。

英 文 名：Dark Green Silver-Eye；Dark Green White-eye；Japanese White-eye

别　　名：绣眼心、粉眼心、白眼心、白目眶、相思子、杨柳鸟、金眼圈、青燕、粉燕儿

历史沿革：*Zosterops simplex* Swinhoe，1861，Ibis 3：331 nom. nud.（模式产地：华南）

Zosterops mussoti Oustalet，1891，Ann. Sci. Nat. Zool. 12，19：289（模式产地：四川）

Zosterops setschuana Reichenow，1915，Journ. Orn. 63：125（模式产地：四川康定）

Zosterops palpebrosa taivaniana Moniyama，1927，Trans. Nat. Hist. Soc. Taiwan 17：301；nom. nov. for

Zosterops palpebrosa harterti Hachisuka 1926，Bull. Brit. Orn. Cl. 47：56（模式产地：台湾）；ncc of Stresemann，1912

Zosterops japonica simplex ，Gee 1931，Peking Nat. Hist. Bull. 5：49－68；La Touche，1925－1934，A handbook of the birds of eastern China，London；郑作新，1976，中国鸟类分布名录：869－870；李桂垣，1982，中国动物志　鸟纲　第十三卷：148－151；赵正阶，2001，中国鸟类志　下卷：769－770；郑光美，2011，中国鸟类分类与分布名录：332。

鉴别特征：全长 92～115mm。上体绿色；腹部白色。眼周具醒目的白眼圈。眼先黑色。翅初级飞羽第 2 枚长度介于第 5 枚和第 6 枚之间。

图 29－1　暗绿绣眼（仿 Karen Phillipps）

照片 29－1　暗绿绣眼　（李剑志　摄）

形态描述：额基黄色，额、头顶和枕直至尾上覆羽黄绿色，眼先黑色，眼周由绒状短羽构成的白色眼圈。耳羽、脸颊和颈侧黄绿。颏、喉部和上胸呈鲜柠檬黄色，下胸及腹部灰白，尾下覆羽淡柠檬黄色，腋羽白沾淡黄色。翼上内侧覆羽同背色，外侧覆羽和飞羽黑褐色具草绿色外翈缘。小翼羽和第 1 枚初级飞羽黑褐色。尾羽黑褐，末端渐成黑色。外侧尾羽具黄绿色外翈缘。

雌雄相似。

幼鸟酷似成鸟。

虹膜红褐色，嘴黑色，下嘴基部色稍浅淡，脚铅灰色。

生活习性：湖南常见的夏候鸟，主要栖息于种类型的森林中。常单独、成对或成小群活动。觅食昆虫和野浆果。繁殖期 4～7 月，巢主要由枯草、苔藓、树皮、毛发和羽毛等构成，巢多置于细的侧枝末梢或枝杈上。每年繁殖 1～2 窝，每窝产卵 3～4 枚。

测量数据：（mm）

编号	性别	全长	嘴峰长	翅长	尾长	跗蹠长	展翼	口裂
117	雄体	104	11	53.5	37	15.5	168	13
130	雌体	105	11	55	30	16.5	165	11.5
133	雄体	113	9	57	44	16	170	14
800141	雄体	110	10	55	38	15.5	160	13
138	雌体	105	11.5	53	35	15	172	14.5
158	雄体	108	10	55	44	18	171	14
169	雌体	93	11	52	41	16	142	14
92082204	雄体	105	—	56	39	15	172	—
92082205	—	101	—	56	39	16	170	—

地理分布：湖南各地均有分布。

经济意义：观赏鸟和食虫益鸟。国家“三有”保护物种。湖南省地方重点保护种类。

2. 红胁绣眼鸟 *Zosterops erythropleurus* Swinhoe 图 29－2

该物种全世界目前尚未见有分化，系单型种。

英 文 名：Chestnut-flanked White-eye；Red-flanked White-eye

别　　名：栗胁绣眼、红胁粉眼、红腿绣眼

历史沿革：*Zosterops erythropleurus* Swinhoe，1863，Proc. Zool. Soc. London：24（上海），Gee 1931，Peking Nat. Hist. Bull. 5：927；La Touche，1925－1934，A handbook of the birds of eastern China Taylor and Francis，London：371；郑作新，1976，中国鸟类分布名录：870－871；李桂垣，1982，中国动物志　鸟纲　第十三卷：151－152；赵正阶，2001，中国鸟类志　下卷：770－771；郑光美，2011，中国鸟类分类与分布名录：332。

鉴别特征：全长 102～118mm。上体黄绿色，眼周有显著的白色眼圈。下体白色。两胁栗红色。

图 29－2　红胁绣眼（仿 Karen Phillipps）

形态描述：雄鸟额、头顶至后颈黄绿色。背、肩、腰至尾上覆羽黄绿色，上背、肩黄色较少呈暗绿色；脸颊、耳羽黄绿色。眼先黑色，眼周有一圈白色短羽形成的眼圈。颏、喉、颈侧和上胸鲜硫黄色，下胸和腹部中央乳白色。下胸两侧苍灰色。两胁栗红色。尾下覆羽鲜硫黄色。腋羽和翅下覆羽白色，腋羽微沾黄色。飞羽和覆羽黑褐色，外翈缘暗绿色；小翼羽和很小的第 1 枚初级飞羽以及第 2 枚初级飞羽纯黑褐色。尾暗褐色，各羽外翈缘黄绿色。

雌鸟与雄鸟基本相似。但胁部栗红色不及雄鸟深浓。

虹膜褐色或棕褐色，上嘴褐色，下嘴蓝灰色，跗蹠铅黑色。

生活习性：湖南不常见的旅鸟，栖息于海拔 900m 以下的低山丘陵和山脚平原地带的阔叶林和次生林中，尤以河沿岸的小树丛和灌丛中较常见，迁徙期间和冬季也见于果园、城镇公园以及农田地边和村寨附近的小林内。单独或成对活动，有时也成群，特别是迁徙期间集成数十只的大群。性活泼，行动敏捷，经常在树枝间跳跃穿梭，在树顶枝叶间活动和觅食，也在灌丛上跳跃觅食。平时飞行缓慢，受惊时飞行急速，飞行姿势略呈波浪状。活动时常伴随尖细清脆的叫声。主要为鳞翅目和鞘翅目昆虫为食，有时也吃忍冬科植物浆果。

测量数据：　（mm，g）

性别	体重	体长	嘴峰长	翅长	尾长	跗蹠长
雄性	6.8～12	104～118	9.5～11	55～64	38～46	15～18
雌性	9～13	102～119	9～11	55～69	8.4～49	15～16

地理分布：广泛分布于湘北、湘中和湘南地区。

经济意义：食虫益鸟。国家“三有”保护物种。

三十、（麻）雀科 Passeridae

该科曾划分为文鸟科，目前提升为一个独立的（麻）雀科。该科鸟类体形较小。嘴形粗短呈圆锥状，嘴缘平滑而无缺刻，上下嘴闭合严密。下喙底缘角质腭两侧纵棱的后端左右合并，形成“U”或“V”形。鼻孔裸出，其位置紧接前额。初级飞羽 9 枚。尾方形。脚强壮，跗蹠被盾状鳞。利用植物纤维编织瓶状巢。

主要栖息于开阔的次生林、灌木丛、农田和人类居住区。多结群生活，主要以谷粒、草籽和植物种子为食，繁殖期也食昆虫。

该科鸟类全世界有 5 属 35 种，中国有 5 属 13 种（31 亚种）。湖南省分布有 1 属 2 种，其名录如下：

1. 树麻雀 *Passer montanus saturatus* Stejneger
2. 山麻雀 *Passer rutilans rutilans* Temminck

湖南省（麻）雀科属、种检索表

耳羽有黑色块斑 …………………………………………………… **树麻雀 *Passer montanus saturatus***

耳羽无黑色块斑 …………………………………………………… **山麻雀 *Passer rutilans rutilans***

1. 树麻雀 *Passer montanus saturatus* Stejneger 图 30－1、照片 30－1

该物种隶属麻雀属，全世界分化出 8 个亚种，中国分布有 6 个亚种（*P. m. montanus*；*P. m. dilutus*；*P. m. tibetanus*；*P. m. saturatus*；*P. m. malaccensis*；*P. m. hepatieus* ），湖南分布的是普通亚种。

英 文 名：Tree Sparrow；Eurasian Tree Sparrow

别　　名：麻雀、老家贼、家雀、宾雀、瓦雀

历史沿革：*Passer saturatus* Stejneger，1885，Proc. u. s. Nat. Mus. 8：19（模式产地：琉球群岛）

Passer montanus iubilaeus Reichenow，1907，Journ. Orn. 55：470（模式产地：山东青岛）

Passer montanus taivanensis Hartert，1910，Vog. Pal. Faun. 1：161（模式产地：台湾）

Passer montanus obscuratus Jacobi，1923. Abh. Ber. Mus. Tierk. Dresden 16：32（模式产地：湖北和四川）

Passer montanus bokotoensis Yamashina 1933，Tori，8（36）：1（模式产地：澎湖列岛）

Passer montanus tokunagai Kuroda et Yamashina，1935，Bds，Jehol：87（模式产地：辽宁赤峰）

Passer montanus shansiensis Yamashina et Kiyosu，1943，Bull. Biogeoge. Soc. Japan 13：39（模式产地：山西）

Passer montanus saturatus Stejneger，Gee 1931，Peking Nat. Hist. Bull. 5：49－68；La Touche，1925－1934，A handbook of the birds of eastern China，London；郑作新，

1976，中国鸟类分布名录：874－876；傅桐生，1998，中国动物志　鸟纲　第十四卷：13－23；赵正阶，2001，中国鸟类志　下卷：778－781；郑光美，2011，中国鸟类分类与分布名录：354。

鉴别特征：全长 124～146mm。耳羽与喉部具黑斑，背部棕褐，密杂黑色纵条纹，头顶栗褐色，腰部及尾上覆羽棕褐。

图 30－1　树麻雀（仿 Karen Phillipps）

照片 30－1　树麻雀　（邓学建　摄）

形态描述：自额至后颈栗褐色；背肩棕褐色，密杂黑色纵纹；眼先、眼下缘均黑；头两侧灰白，耳羽为一黑斑，颏、喉延至前胸亦有一黑斑，下体灰白为主，两胁浅褐，尾下覆羽杂少许黑色羽端。小覆羽栗红色，中覆羽和大覆羽黑褐色，先端灰白，后者更具棕褐色外翈缘；初级飞羽黑褐，先端灰白，外缘有棕褐色横斑。次级飞羽亦黑褐色，而具棕褐色外缘及浅棕褐色羽端；腰及尾上覆羽均棕褐色；尾羽棕黑，而具棕褐色边缘。

雌鸟羽色与雄鸟相似。

幼鸟体色较淡，颊部和胸的斑灰褐色，颏部白色。嘴角黄色。

眼暗褐至黑色，嘴黑褐色，脚浅黄褐色。

生活习性：湖南常见的留鸟，分布广、数量多，主要栖息于在人类居住环境，常成群活动，一般在房舍周围的小树或灌丛中。曾一度在湖南的农村消失，近几年数量有所增加。杂食性，主要以谷粒、草子、种子、果实等植物性食物为食，繁殖期也吃大量昆虫。繁殖期 3～8 月，巢主要由枯草、鸡毛、麻、破布等构成，常置于房屋、庙宇、桥梁以及其他建筑物上，每窝产卵 5～6 枚，雌雄亲鸟共同孵卵、育雏。

测量数据：（mm，g）

编号	性别	体重	全长	嘴峰长	翅长	尾长	跗蹠长	翼展
846055	雄体	22	130	10	65	50	18	—
846034	雌体	20	140	10	67	50	18	205
846062	—	20	125	15	65	50	18	220
846086	雄体	20	116	11	60	55	18	195
846099	—	17.5	125	9	62	55	18	195

续表

编号	性别	体重	全长	嘴峰长	翅长	尾长	跗蹠长	翼展
846087	雌体	20	135	12	65	55	18	220
846104	雌体	22.5	145	10	60	50	18	210
846084	雄体	14	100	10	60	55	18	190
846022	—	18	110	11	60	53	17	190
846102	雌体	17.5	115	10	60	55	18	200
846081	雄体	20	130	10	68	53	18	190
846107	雄体	20	120	12	65	55	18	200
841076	—	23	120	13	65	55	18	205
846036	雌体	20	140	10	67	50	18	205

地理分布：遍布全省。

经济意义：非农业区食虫益鸟。国家“三有”保护物种。湖南省地方重点保护物种。

2. 山麻雀 *Passer rutilans rutilans*（Temmick）图 30-2、照片 30-2

该物种隶属麻雀属，全世界分化出 4 个亚种，中国均有分布（*P. r. cinnamomeus*；*P. r. batangensis*；*P. r. intensior*；*P. r. rutilans*），湖南分布的是指名亚种。

英 文 名：Cinamon Sparrow；Russet Sparrow

别　　名：麻雀、红雀、桂色雀、黄雀、江麻雀

历史沿革：*Fringilla rutilans* Temmick，1892，in Temminck et Laugier，pl. Col. Ois. 5：588（模式产地：日本）

Passer rutilans kikuchii Kuroda 1942，Bull. Brit. Orn. Cl. 45：16（模式产地：台湾阿里山）

Passer rutilans ignoratus Deignan，1948，Proc. Biol. Soc. Wash. 61：16（模式产地：四川峨眉山）

Passer rutilans rutilans（Temmick），Gee 1931，Peking Nat. Hist. Bull. 5：49-68；La Touche，1925-1934，A handbook of the birds of eastern China，London；郑作新，1976，中国鸟类分布名录：877-878；傅桐生，1998，中国动物志　鸟纲　第十四卷：23-27；赵正阶，2001，中国鸟类志　下卷：781-783；郑光美，2011，中国鸟类分类与分布名录：353。

鉴别特征：全长 113～137mm。形似麻雀，但雄体较鲜艳，白色面颊无黑斑；雌体羽色较淡，颏及喉部无黑斑。

形态描述：雄性额、头顶、枕、后颈和颈侧为纯栗红色；背、腰的羽毛栗红色而内翈具黑色条纹，外翈缘和羽端土黄色；尾上覆羽黄褐色。眼先黑色，面颊、耳羽和颈侧灰白色；颏、喉中央具一黑斑，胸、腹和尾下覆羽灰白，尾下覆羽有灰褐次端斑；腋羽灰白染黄。翼上覆羽黑褐，大覆羽具狭窄的淡栗色外翈缘和栗色端斑。中覆羽具灰白色端斑。小覆羽栗红色。初级飞羽黑褐而具 2 道灰白横斑，其羽缘浅黄褐色；次级飞羽黑褐色，外翈缘黄

图 30－2　山麻雀（仿 Karen Phillipps）

照片 30－2　山麻雀　（邓学建　摄）

褐色。三级飞羽黑褐色具较宽的淡栗色外翈缘和末端。尾羽黑褐色，亦具浅黄褐色边缘。

雌体通体不及雄体鲜艳；头顶灰褐色，具白色眉纹和黑褐色贯眼纹。颏白色无黑色黑斑。上体大多为灰白色具黑褐色条纹，肩部羽同背色，中、大覆羽浅灰褐色而具白端，飞羽和尾羽色斑格局似雄鸟。

眼红褐色，嘴雄鸟黑色，雌鸟下嘴基部角褐色。跗蹠和趾黄褐色。

生活习性：湖南不常见的留鸟，主要栖息于低山丘陵和山脚平原地带的各种森林和灌丛中。常结群活动。食性复杂，主要以植物性食物和昆虫为食。繁殖期 4～8 月；巢主要由枯草、细枝和兽毛等构成，多置于天然洞穴中，每年繁殖 2～3 窝，每窝产卵 4～6 枚。

测量数据：　　(mm，g)

编号	性别	体重	全长	嘴峰长	翅长	尾长	跗蹠长	翼展
420	雄体	—	120	12	73	47	16	194
129	雄体	—	127	11	71	54	17	222
022	雌体	19.25	140	12	74	48	15	215
7817	雄体	—	140	12	60	51	20	200

地理分布：全省各地均有分布。

经济意义：非农业区食虫益鸟。国家“三有”保护物种。中-日候鸟保护鸟类。

三十一、梅花雀科 Estrildidae

该科鸟类以前划分在文鸟科内，现提升为一个独立的科。该科鸟类体形较小。嘴形呈圆锥状，但粗厚，基部膨大，嘴缘平滑而无缺刻，上下嘴闭合严密。下喙底缘角质腭两侧纵棱的后端左右合并，形成“U”或“V”形。鼻孔裸出，其位置紧接前额。初级飞羽 10 枚，第 1 枚初级飞羽短小，通常不达其内侧的 1/2。尾楔形。脚较短，趾较长，跗蹠被盾状鳞。利用植物纤维编织瓶状巢。

主要栖息于开阔的次生林、灌木丛、农田和人类居住区。多结群生活，主要以谷粒、草籽和植物种子为食，繁殖期也食昆虫。

该科鸟类全世界有 28 属 140 种，中国有 4 属 7 种（12 亚种）。湖南省分布有 1 属 2 种，其名录如下：

1. 白腰文鸟 *Lonchura striata swinhoei*（Cabanis）
2. 斑文鸟 *Lonchura punctulata topela*（Swinhoe）

湖南省梅花雀科种别检索表

腰羽白色 ………………………………………………… **白腰文鸟 *Lonchura striata swinhoei***

腰羽棕褐色………………………………………………… **斑文鸟 *Lonchura punctulata topela***

1. 白腰文鸟 *Lonchura striata swinhoei*（Cabanis）图 31-1、照片 31-1

该物种隶属文鸟属，全世界分化出 6 个亚种，中国分布有 2 个亚种（*L. s. swinhoe*；*L. s. subsquamicollis*），湖南分布的是华南亚种。

英 文 名：Striated Mannikin

别　　名：禾谷、十姐妹、白腰算命鸟、白背文鸟、尖尾文鸟

历史沿革：*Uroloncha swinhoei* Cabanis，1882，Journ. f. Orn. 30：462（模式产地：中国）

Uroloncha squamicollis Sharbe，1890，Cat. Bds. Brit. Mus. 13：359（模式产地：四川）

Uroloncha acuticauda phaethontoptila Oberholser，1926，Journ. Wash. Acad. Sci. 16（19）：521（模式产地：台湾）

Lonchura striata swinhoei（Cabanis），Gee 1931，Peking Nat. Hist. Bull. 5：49-68；La Touche，1925-1934，A handbook of the birds of eastern China，London；郑作新，1976，中国鸟类分布名录：888；傅桐生，1998，中国动物志 鸟纲 第十四卷：58-62；赵正阶，2001，中国鸟类志 下卷：799～810；郑光美，2011，中国鸟类分类与分布名录：358。

鉴别特征：全长 99～120mm。嘴短锥状，粗著，黑灰色。背、喉、胸等均栗褐色具细的白色羽轴纹，腰白，尾黑，腹部近白。

形态描述：额缘、眼先、眼周、嘴角以及颏部黑色。头顶后部、枕至背部栗褐色，具皮黄色羽轴纹，腰羽纯白色，尾上覆羽栗褐色，具棕白色轴纹。面颊及耳羽淡褐色具点状白色轴斑。颈侧和上胸栗褐色具淡黄色羽轴纹和淡棕色羽缘。下胸、腹部和两胁白色，各羽具不明显的鳞状斑和轴纹。肛周、尾下覆羽和覆腿羽与尾上覆羽相同。飞羽黑褐，翅上覆羽和三

图 31-1　白腰文鸟（仿 Karen Phillipps）

照片 31-1　白腰文鸟　（邓学建　摄）

级飞羽同背色但较深。尾羽黑色，先端尖，呈楔状。

雌雄相似。

虹膜红褐色，上嘴黑色，下嘴蓝灰色，跗蹠及趾蓝褐色。

生活习性：湖南常见的留鸟，主要栖息于低山丘陵和山脚平原地带，除繁殖季节多成对活动外，其他季节多成家庭小群活动，主要以植物性食物为主，也吃少量昆虫。

测量数据：（mm）

全长	嘴峰长	翅长	尾长	跗蹠长
105	12	53	43.5	13

地理分布：湖南广泛分布。

经济意义：观赏鸟类。

2. 斑文鸟 *Lonchura punctulata topela*（Swinhoe）图 31-2、照片 31-2

该物种隶属文鸟属，全世界分化出 10 个亚种，中国分布有 3 个亚种（*L. p. yunnanensis*；*L. p. subundulata*；*L. p. topela*），湖南分布的是华南亚种。

英 文 名：Spotted Monikin；Scaly-breasted Munia；Spotted Munia

别　　名：鳞胸文鸟、小岛纺织鸟、鱼鳞沿香、禾谷，十姐妹，算命鸟

历史沿革：Loxia punctulata Linne，1758，syst，Nat，ed. 10，1：173（calutta）Munia topela swinhoe，1863，Ibis 5：380（台湾）

Lonchoura punctulata topela（Swinhoe），Gee 1931，Peking Nat. Hist. Bull. 5：49－68；La Touche，1925－1934，A handbook of the birds of eastern China，London；郑作新，1976，中国鸟类分布名录：888－889；傅桐生，1998，中国动物志　鸟纲　第十四卷：62－66；赵正阶，2001，中国鸟类志　下卷：801－803；郑光美，2011，中国鸟类分类与分布名

录：358。

鉴别特征：全长105～123mm。嘴锥状，粗著黑褐色，上体褐色，面颊及颏、喉栗色，下体白色具鳞状斑，故有鳞胸鸟或鱼鳞沿香之名。

图31-2 斑文鸟（仿Karen Phillipps）

照片31-2 斑文鸟 （姚毅 摄）

形态描述：额栗褐色，头顶、枕、后颈至上背部淡栗褐色具细的灰白色羽干纹和不明显的横斑。腰和尾上覆羽灰褐色，羽端白色，并具细的淡栗色横纹和灰白色羽干纹。靠近后部的尾上覆羽同尾色。眼先、颏、喉深栗色。嘴角处暗栗色经颊至耳羽变淡，与颈侧同色。胸、上腹和胸侧棕白，各羽均具2道栗褐弧状斑。腹中央和尾下覆羽皮黄色，尾下覆羽具2道淡的弧状斑。腋羽和翅下覆羽皮黄色。飞羽暗褐色，外翈缘栗褐色。翅上覆羽和三级飞羽与背同色。尾羽棕褐色具浅色横隐纹及淡黄褐色羽缘。

雌雄鸟羽色相似。

幼鸟的嘴、足淡黄。幼鸟眼先，额，头顶等均栗褐色，颊，背栗褐，除了背具浅色羽轴纹无其他色彩；颏，喉，上胸灰褐具有浅色羽干纹，腹灰白，整个下体偶见几枚具栗色弧形斑的羽毛，胁，胸侧，同前胸棕白色。腋羽，翼下羽棕灰色。

虹膜暗褐，嘴黑褐，跗蹠及趾铅褐。

生活习性：湖南较少的留鸟，主要栖息于低山丘陵和山脚平原地带的农田、村落以及河谷地区，常成群活动，主要以谷粒等农作物为食，繁殖期间也食昆虫。

测量数据： （mm）

性别	全长	嘴峰长	翅长	尾长	跗蹠长
雌体	99.5	12	54	37	14
雌体	101	12	53	37.5	14

地理分布：广泛分布于湘南、湘中地区。

经济意义：笼养观赏鸟。

三十二、燕雀科 Fringillidae

该科以前划在雀科之内，目前被提升为一个独立的科。该科鸟类是小型鸣禽，嘴均呈粗短的圆锥形，嘴缘平滑，角质腭两侧纵棱几乎平行，在后端左右亦不相连；下嘴的底缘平直或稍向上曲，上下嘴的嘴缘闭合时相互紧接。鼻孔位于上嘴基部，通常为皮膜或羽须所隐蔽；初级飞羽9～10枚；次级飞羽的长度约等于翅长的3/4；尾羽12枚；凹形或者叉形；跗蹠前缘被盾状片；两性羽色常有区别，幼鸟羽毛似雌鸟，第1年秋末已经完全换羽。

栖息于森林、田园、草地、灌丛和居民区附近。食物多为谷类、草籽、果实、花、叶芽等，繁殖期则以昆虫喂养幼鸟。常通常成杯状。

该科鸟类多数为熟知的常见鸟类，全世界有20属135种，中国有16属57种（104亚种）。湖南省发现有6属10种。其名录如下：

（一）雀亚科 Fringillinae

Ⅰ. 灰雀属 *Pyrrhula*

1. 褐灰雀 *Pyrrhula nipalensis ricketti* La Touche
2. 灰头灰雀 *Pyrrhula erythaca erythaca* Blyth

Ⅱ. 燕雀属 *Fringilla*

3. 燕雀 *Fringilla montifringilla* Linnaeus

Ⅲ. 金翅属 *Carduelis*

4. 金翅雀 *Carduelis sinica sinica* (Linnaeus)
5. 黄雀 *Carduelis spinus* (Linnaeus)

Ⅳ. 朱雀属 *Carpodacus*

6. 酒红朱雀 *Carpodacus vinaceus vinaceus* Verreaux
7. 普通朱雀 *Carpodacus erythrinus grebnitskii* Stejneger

（二）锡嘴雀亚科 Coccothraustinae

Ⅴ. 蜡嘴雀属 *Eophona*

8. 黑头蜡嘴雀 *Eophona personata magnirostris* Hartert
9. 黑尾蜡嘴雀 *Eophona migratoria sowerbyi* Riley

Ⅵ. 锡嘴雀属 *Coccothraustes*

10. 锡嘴雀 *Coccothraustes coccothraustes coccothraustes* (Linnaeus)

湖南省雀科亚科、属、种检索表

1. 嘴甚强厚，上嘴后伸至骨质眼眶前缘之后 ………… **锡嘴雀亚科 2**
   嘴不甚强厚，上嘴不伸至骨质眼眶前缘之后 ………… **雀亚科 4**
2. 内侧初级飞羽和外侧次级飞羽羽端呈方形或波状 ………… **锡嘴雀属**
   ………… **锡嘴雀 *Cocothraustes coccothraustes coccothraustes***
   内侧初级飞羽和外侧次级飞羽羽端不呈方形或波状 ………… **蜡嘴雀属 3**
3. 嘴黄色，嘴尖染黑 ………… **黑尾蜡嘴雀 *Eophona migratoria sowerbyi***
   嘴为一致的黄色 ………… **黑头蜡嘴雀 *Eophona personata magnirostris***
4. 腰为白色 ………… **5**
   腰非白色 ………… **7**

5. 头顶灰色或褐色，喙短锥状，自额、颏至眼后角形成以三角形深色区……………………………… **灰雀属 6**
头顶非灰色，喙锥状较长，头侧无上述特征 燕雀属 ……………………… **燕雀 *Fringilla montifringilla***
6. 头顶灰色，嘴基乌黑色 ……………………………………………… **灰头灰雀 *Pyrrhula erythaca erythaca***
头顶褐色，嘴基黑褐色 …………………………………………………… **褐灰雀 *Pyrrhula nipalensis ricketti***
7. 嘴形尖直，飞羽具黄斑 ……………………………………………………………………………… **金翅属 8**
嘴形膨胀，嘴峰稍曲，飞羽无黄斑…………………………………………………………………… **朱雀属 9**
8. 嘴和足淡粉红色………………………………………………………………… **金翅雀 *Carduelis sinica sinica***
嘴和足褐色 ……………………………………………………………………………… **黄雀 *Carduelis spinus***
9. 无眉纹 ………………………………………………………… **普通朱雀 *Carpodacus erythrinus grebnitskii***
有眉纹 ……………………………………………………………… **酒红朱雀** *Carpodacus vinaceus vinaceus*

1. 褐灰雀 *Pyrrhula nipalensis ricketti* La Touche 图 32－1、照片 32－1

该物种隶属灰雀属，全世界分化出个 5 亚种，中国分布有个 3 亚种（*P. n. nipalensis*；*P. n. ricketti*；*P. n. uchidai*）。湖南分布的是华南亚种。

英 文 名：Brown Bullfinch

别　　名：娘娘雀

历史沿革：Pyrrula ricketti La Touche，1905，Bull. Brit. Orn. Cl. 16：21（模式产地：福建）

Pyrrula nipalensis ricketti ，Gee 1931，A revision of the tentative list of Chinese birds. Peking Nat. Hist. Bull. 972a；La Touche，1925 A handbook of the birds of eastern China，London. 277；郑作新，1976，中国鸟类分布名录：930－931；傅桐生，1998，中国动物志 鸟纲 第十四卷：194－196；赵正阶，2001，中国鸟类志 下卷：869－870；郑光美，2011，中国鸟类分类与分布名录：371。

鉴别特征：体长 16～17cm 的小型鸟类。体羽灰褐色，眼先、眼周和嘴基黑褐色，眼后下方有一白斑。头顶褐色而具黑褐色细横纹，腰白色，两翅和尾黑色，最内侧 1 枚飞羽外翈羽缘赭红色。雌鸟和雄鸟相似，但最内侧 1 枚飞羽外翈为草黄色而不为赭红色。

图 32－1 褐灰雀（仿 Karen Phillipps）

照片 32－1 褐灰雀 （康祖杰 摄）

形态描述：雄性成鸟嘴基，包括额、眼先、眼周、颏部黑褐色。嘴角黑褐染玫瑰红色。头侧的黑褐色区域沿额缘和颏向后伸达眼后角，形成头侧特有的黑褐色三角区。头顶和枕部灰褐色，各羽具镶灰色边的黑褐色次端斑，构成头顶的黑褐色细横纹，后颈与背灰褐色，上腰黑色，下腰白色，尾上覆羽黑色具紫色光泽；颊、耳羽、颈侧与背同色，眼的后下缘有一界限不清的灰白色斜纹；喉、胸、上腹和两胁灰褐色，下腹中央逐渐变为灰白色，至肛周和尾下覆羽成白色；翅式为 6≤2<3=4=5>6，第 3～6 枚初级飞羽的外翈先端狭窄；飞羽黑褐色，外翈缘具蓝黑色光泽，最内侧三级次级飞羽外翈羽缘赤红色。小覆羽、中覆羽与背同色，内侧大覆羽端部约 3/4 为淡灰白色，形成明显的翅斑，其余翅覆羽黑褐色具紫色光泽，肩羽白色；翼下覆羽及腋羽白色；尾叉状，尾羽黑色具紫色光泽，中央尾羽还沾红铜色。

雌性成鸟大致与雄鸟相似，但头上横纹较淡，嘴角无玫瑰红色；最内侧飞羽外翈草黄色；腰淡色而微黑。

嘴形短而膨大，嘴峰稍曲，额羽并不着生成一条横线，在嘴峰基部向后退缩，成倒“V”形。上嘴灰白色，嘴尖黑色，下嘴基部灰白色，余部黑色；虹膜褐色；跗蹠与趾橘红色，爪黑褐色。

生活习性：为高山鸟类，栖息于阔叶林和针阔叶混交林中和林缘及杜鹃灌丛。常单独或成对活动，非繁殖期则多成小群在林下灌丛中或树上，有时也到地上活动和觅食。性大胆，不甚怕人，活动时频繁地发出彼此联络的叫声，有时边飞边鸣叫。叫声悦耳动听。食性主要以树木、灌木的果实和种子为食，也吃草子、植物芽苞、嫩叶、花蕾等植物性食物，间或亦吃部分昆虫等动物性食物。

在湖南的居留状况尚不明了。

测量数据：　(mm，g)（据傅桐生）

性别	体重	全长	嘴峰长	翅长	尾长	跗蹠长
雄性	23	181	11.5	88	75	16.5
雌性	23	179	11	86	73	15.5

地理分布：湖南于 2010 年由康祖杰首次在石门壶瓶山自然保护区的大洞坪发现。国内分布于福建、广东、云南。国外分布于缅甸和越南。

经济意义：褐灰雀为国家“三有”保护动物。种群状态在我国分布不广泛，种群数量不丰富。在一些原有采集报道的地方，近来亦很少见到。种群数量的减少或许和环境变化有关，应注意保护。

2. 灰头灰雀 *Pyrrhula erythaca erythaca* Blyth 图 32-2、照片 32-2

该物种隶属灰雀属，全世界分化出个 3 亚种，中国分布有个 2 亚种（*P. e. erythaca*；*P. e. owstoni*）。湖南分布的是指名亚种。

英 文 名：Grey-headed Bullfinch；Beavan's Bullfinch

别　　名：赤胸灰雀

历史沿革：*Pyrrhula erythaca* Blyth 1862，Ibis：389（模式产地：锡金）

Pyrrhula altera Rippon，1906，Bull. Brit. Orn. Cl. 19：19（模式产地：云南西北部）

Pyrrhula erythaca wilderi Riley 1918，Proc. Biol. Soc. Wash. 31：33（模式产地：河北东陵）

Pyrrhula erythaca taipaishaneusis Rothschild 1921，Nov. Zool. 28：63（模式产地：陕西秦岭西太白山）

Pyrrhula erythaca erythaca Blyth，Gee 1931，A revision of the tentative list of Chinese birds. Peking Nat. Hist. Bull. 971a－c；La Touche，1925，A handbook of the birds of eastern China，London. 276；郑作新，1976，中国鸟类分布名录：931－932；傅桐生，1998，中国动物志　鸟纲　第十四卷：196－199；赵正阶，2001，中国鸟类志　下卷：870－872；郑光美，2011，中国鸟类分类与分布名录：371。

鉴别特征：体长14～16cm的小型鸟类。头灰，额基、眼先、眼周、颏绒黑色，外周围一圈白色彼此相对衬；喉和上胸灰色，下胸、腹和两胁橙红或棕黄色；上体灰色，腰白色，两翅和尾黑色具紫色光泽，大覆羽黑色，羽端灰色或灰白色，在翅上形成淡色翅斑。下腹灰白色，腋羽不带红色，尾下覆羽白色。

图32－2　灰头灰雀（仿 Karen Phillipps）

照片32－2　灰头灰雀　（康祖杰　摄）

形态描述：雄性成鸟嘴基，包括额、眼先、眼周、嘴角、颏部的羽毛绒黑色，黑色外周围有一圈灰白色相对衬。该黑色区域沿眼的上下缘向后伸达眼后角，形成头侧特有的黑色三角区。头顶、枕、后颈、上背、下背概呈灰色，上腰黑色，下腰白色，尾上覆羽蓝黑色；颊、耳羽、颈侧与背同色；喉、上胸灰色，下胸、上腹和两胁橙红色，下腹白，后胁淡灰；肛周和尾下覆羽白色；翅式为6⩽2＜3＝4＝5＞6，第3～6枚初级飞羽的外翈先端狭窄；飞羽蓝黑色具金属光泽，小覆羽灰色，中覆羽及大覆羽黑色具淡灰白色端斑，构成明显的灰色翅斑；小翼羽和初级覆羽暗褐，后者具黑色羽缘；翼下覆羽及腋羽白色；尾叉状，尾羽黑色，而沾蓝辉。

雌性成鸟与雄鸟相似，但下胸、上腹和两胁为葡萄褐色，中覆羽和大覆羽端斑成白色，飞羽和尾羽无金属光泽。嘴蓝黑色，嘴形短而膨大，嘴峰曲；虹膜褐色；足角褐色，爪黑褐色。

生活习性：灰头灰雀为高山鸟类，此鸟栖息于亚热带常绿阔叶林、针阔叶混交林、针叶林、高山草甸及裸岩等各种生境中，尤其常见于山顶、高山树冠上。海拔高度多在1500～4000m，冬季下到海拔1000m左右的低山和山脚地带。也出入于沟谷或溪边柳林、河谷灌丛、稀树草坡以及耕地和住宅附近的树上，不到开阔平原地区。除繁殖期单独或成对活动外，其他季节多成家族群或5～6只的小群活动，有时亦见10～20只的大群。性机警，胆小怕人。整天不停地穿梭于枝叶间，有时也到地上活动和觅食。主要以植物果实、种子和草籽为食，也吃部分昆虫和小型无脊椎动物等动物性食物。湖南省的冬候鸟。

测量数据：（mm，g）（据傅桐生）

性别	体重	全长	嘴峰长	翅长	尾长	跗蹠长
雄性	19.0 (17～21)	148.0 (141～155)	9.5 (8～11)	78.5 (76.5～80.5)	69.5 (66～73)	17.0 (16～18)
雌性	20.0 (18～22)	140.0 (130～150)	10.0 (9.5～10.5)	77.5 (75～80)	69.3 (65～73.5)	17.3 (16.5～18)

地理分布：2010年康祖杰首次发现于石门县壶瓶山自然保护区。国内分布于西藏、云南、贵州、四川、湖北、陕西、青海、甘肃、山西、河北。国外分布于不丹、锡金和缅甸。

经济意义：灰头灰雀为国家“三有”保护动物。其生活于高山地区，以植物为食，因此，与农、林业栽培作物没有矛盾。其种群数量不丰富，除局部地区外，很少见到。

3. 燕雀 *Fringilla montifringilla* Linnaeus 图 32-3、照片 32-3

该物种隶属燕雀属，该种至今尚未见有亚种分化的记录，系单型种。

英 文 名：Brambling

别　　名：虎皮雀

历史沿革：*Fringilla montifringilla* Linnaeus，1758，Syst. Nat.，ed. 10，1：179（瑞典）；Gee 1931，Peking Nat. Hist. Bull. 5：49-68；La Touche，1925-1934，A handbook of the birds of eastern China，London；郑作新，1976，中国鸟类分布名录：890-891；傅桐生，1998，中国动物志　鸟纲　第十四卷：81-83；赵正阶，2001，中国鸟类志　下卷：806-807；郑光美，2011，中国鸟类分类与分布名录：359。

鉴别特征：全长134～170mm。雄鸟自头顶至背部亮黑色，腰部白色，胸部栗红，飞羽褐色，尾黑色，翅上具白斑，雌鸟背羽黑褐具黑斑，头灰色具黑色斑，腰白色。

图 32-3　燕雀（仿 Karen Phillipps）

形态描述：雄鸟冬羽额、头顶、枕、颊、颈侧和上背黑色，有蓝色金属光泽，背羽具黄褐色羽缘；下背、腰和尾上覆羽白色，后方的尾上覆羽较长成黑色具淡棕黄色先端；颏、喉、胸、胸侧和肩部栗棕；两胁淡栗色，缀黑色斑。腹部白，微缀栗色；尾下覆羽微沾棕色；腋羽及翼下覆羽淡棕白色。飞羽黑褐色，外侧飞羽具灰白色狭边，内侧飞羽边缘为浅栗棕色；第3枚初级飞羽以内的飞羽基部具白斑；第4～9初级飞羽中段外翈具白色斑；肩羽、小覆羽棕黄，中覆羽白色。大覆羽黑色，羽端淡棕；尾羽黑色，具浅黄色羽端和狭边；外侧1对尾羽近基段有一白斑。

雌鸟与雄鸟相似，但羽色不如雄鸟鲜亮，雄鸟的黑色部分在雌鸟则为褐色；头部几乎呈土黄色，下体橙棕色亦较暗淡。

照片 32－3 燕雀 （左 雄体，右 雌体，李剑志 摄）

虹膜褐色；嘴基绿黄色，先端黑褐色；脚淡红褐色。

生活习性：湖南的冬候鸟，主要栖息于阔叶林、针阔混交林和针叶林等各类森林中，迁徙期间也可在农田、旷野、果园和村庄附近看到。主要以种子等植物性食物为食，繁殖期间主要以昆虫幼虫为食。繁殖期 5～7 月，巢主要由枯草、树皮、苔藓、羊毛或羽毛等构成，常置于桦树、杉树、松树等各种树上紧靠主干的分枝处。每窝产卵 5～7 枚。

测量数据： (mm，g)

编号	性别	体重	全长	嘴峰长	翅长	尾长	跗蹠长	翼展
228	雄体	—	143	13.5	90	61.5	18.5	—
229	雌体	—	151	14	90	63	18	—
431	雄体	21	157	13	90	60	18.5	273

地理分布：湖南各地均有分布。

经济意义：观赏鸟，森林益鸟。国家“三有”保护物种。中-日候鸟保护鸟类。

4. 金翅雀 *Carduelis sinica sinica*（Linnaeus）图 32－4、照片 32－4

该物种隶属金翅属，全世界分化出 6 个亚种，中国分布有 4 个亚种（*C. s. sinica*；*C. s. kawarahiba*；*C. s. ussuliensis*；*C. s. chaborovi*），湖南分布的是指名亚种。

英 文 名：Greenfinch；Grey-capped Greenfinch；Chinese Greenfinch；Oriental Greenfinch

别　　名：绿雀、芦花黄雀、黄弹鸟、东方金翅雀、中国金翅雀、灰头金翅雀

历史沿革：*Fringilla sinica* Linne，1766，syst，Nat.，ed. 12，1：321（模式产地：中国）

Chloris sinica tschiliensis Jacobi，1923，Abh. Ber. Zool. Mus. Dresden 16（1）：25（模式产地：北京）

Carduelis sinica sinica（Linnaeus），Gee 1931，Peking Nat. Hist. Bull. 5：49－68；La Touche，1925－1934，A handbook of the birds of eastern China，London；郑作新，1976，中国鸟类分布名录：892－894；傅桐生，1998，中国动物志 鸟纲 第十四卷：88－94；赵正阶，2001，中国鸟类志 下卷：810－812；郑光美，2011，中国鸟类分类与分布名录：369－370。

鉴别特征：全长116～135mm。背橄榄褐色，腰金黄色，翅黑色具金黄色块斑；尾黑；下体大都棕黄色，飞行时可见翅下一大黄斑。

图32-4 金翅雀（仿Karen Phillipps）

照片32-4 金翅雀 （邓学建 摄）

形态描述：雄体额、眉，颊及颏灰色沾草黄；眼先与眼周黑色，头顶、后颈棕灰色，具橄榄灰色羽干纹，背、肩和翅上内侧覆羽栗褐色，羽缘黄绿。腰亮黄色。短的尾上覆羽绿黄色，长的尾上覆羽灰色染黄绿。颏、喉黄色，胸和两胁栗褐沾灰，下胸和腹中央鲜黄色，下腹至肛灰白。尾下覆羽鲜黄色；翼下覆羽和腋羽鲜黄色；飞羽黑色10枚，第1枚退化，飞羽式为：3=4≥2>5>6，第3～5枚初级飞羽具切迹，初级飞羽黑褐色具黄色斑。初级覆羽黑色，其余翅上覆羽棕褐色，次级飞羽和三级飞羽外翈远端和羽端白色。小覆羽和翼缘黄色；尾叉状。尾羽黑褐色而基部黄色，尾羽外翈缘灰白色，中央尾羽的黄色仅限于内翈基部外翈黑褐。

生活习性：湖南常见的留鸟，主要栖息于低山丘陵和山脚平原地带的疏林中，常单独或成对活动，秋冬季节也成群活动。主要以植物果实、种子的等农作物为食。繁殖期3～8月，每年繁殖2～3窝，每窝产卵4～5枚，巢主要由细枝、枯草、植物纤维和毛发等构成，通常孵卵由雌鸟承担，雌雄亲鸟共同育雏。

测量数据： （mm）

性别	全长	嘴峰长	翅长	尾长	跗蹠长
雄体	128	13	80	49	14
雌体	131	12	76	48.5	13.5

地理分布：广泛分布在湖南绝大部分地区。

经济意义：笼养鸟。国家“三有”保护物种。湖南省地方重点保护物种。

5. 黄雀 *Carduelis spinus* （Linnaeus）图32-5、照片32-5

该物种隶属金翅属，全世界尚未发现亚种分化，系单型种。

英 文 名：Siskin；Eurasian Siskin；Spruce Siskin

别　　名：欧洲黄雀、洁黄雀

历史沿革：*Fringilla spinus* Linnaeus，1758，Syst. Nat.，ed. 10，1：181（模式产地：瑞典）

Carduelis spinus（Linnaeus），Gee 1931，Peking Nat. Hist. Bull. 5：49-68；La Touche，1925－1934，A handbook of the birds of eastern China，London；郑作新，1976，中国鸟类分布名录：895－896；傅桐生，1998，中国动物志 鸟纲 第十四卷：101－104；赵正阶，2001，中国鸟类志 下卷：818－819；郑光美，2011，中国鸟类分类与分布名录：369。

鉴别特征：小型鸟类，全长106～120mm。雄鸟的额头顶和颏黑色，上体黄绿色，腰黄色，两翅和尾黑褐色，尾基两侧和翅斑鲜黄色，胸黄色，腹白色。雌鸟上体灰绿色具暗色纵纹，头顶黄绿色，腰羽黄绿色具暗色纵纹，下体黄白色具暗色纵纹。

图32－5 黄雀（仿Karen Phillipps）

照片32－5 黄雀 （姚毅 摄）

形态描述：雄体额、头顶和枕羽黑色，羽缘黄绿色，枕部尤其明显。后颈、肩、背黄绿色，羽缘亮黄色，各羽具有纤细的黑褐色羽干纹。腰羽鲜黄色，羽端色较深。尾上覆羽黑褐色，具较宽的亮黄色羽缘。眼先灰褐色，眉纹鲜黄色，仅限于眼后。贯眼纹细，呈黑色。颊黄色，耳羽黄绿色深褐。颏和喉中央黑色，羽端沾有黄色。颈侧、喉侧、胸与上腹亮黄色。下腹部灰色，微沾黄色。两胁及尾下覆羽灰白色，具黑褐色羽干纹。飞羽黑褐色，但基部亮黄色，外翈缘黄绿色，羽端灰褐色。初级覆羽暗褐色，羽缘黄绿。大覆羽黑褐色，羽端亮黄色。中覆羽褐色，具黄色端缘。小覆羽与背同色。翼下覆羽淡黄色，但羽基黑色。腋羽淡黄色。中央尾羽黑褐色，具亮黄色狭边。最外侧尾羽外翈及内翈亮黄色，外翈末段及内翈羽端褐色。其余尾羽基部亮黄，末段黑褐，具黄色边缘。冬羽的黄色、绿色和黑色不及夏羽鲜明，但羽干纹较明显。

雌体额、头顶头侧和背褐色沾绿，具黑褐色羽干纹。腰羽鲜黄，亦具羽干纹。下体黄白色，具较粗的褐色羽干纹，胁部尤为明显。余部同雄体。

幼鸟与雌体相似，但色泽偏褐色，黄色较少，腰和眉纹皮黄色。上体羽干纹显著，下体白色，具黑色斑点。羽斑皮黄色。

虹膜近黑色。嘴角白色，下嘴色泽较淡。腿和脚暗褐色。

生活习性：湖南省的冬候鸟，活动与针阔混交林和河漫滩的丛林中，除繁殖期外，集结成数十只的小群，游荡时喜落于茂密的乔木顶端。飞行快速，直线前进。以嫩芽、植物种子和昆虫为食。繁殖期 5～7 月，筑巢于松树上部茂密的侧枝上，每窝产卵 5～6 枚，雌鸟负责孵卵，雌雄亲鸟共同育雏。

测量数据：（mm）

编号	采集地	性别	全长	嘴峰长	翅长	尾长	跗蹠长
00121202	阳明山	雄体	112.5	10.2	70.5	42.2	12.9
00121203	阳明山	雌体	100.2	10.2	69.9	40.9	12.6

地理分布：广泛分布于湘南、湘中和湘北地区。

经济意义：食虫益鸟。国家“三有”保护物种。中-日候鸟保护鸟类。

6. 酒红朱雀 *Carpodacus vinaceus vinaceus* Verreaux 图 32-6

该物种隶属朱雀属，全世界分化出 2 个亚种，中国均有分布（*C. v. vinaceus*；*C. v. formosanus*），湖南分布的是指名亚种。

英 文 名：Vinaceous Rosefinch

别　　名：红麻雀、石麻雀

历史沿革：*Carpodacus vinaceus* Verreaux，1870，Bull. Nouv. Arch. Mus. Hist. Nat. Paris 6：39（模式产地：四川宝兴）

Erythrina vinacea rubidior Greenway，1933. Bull. Mus. Comp. Zool.，Harvard Coll. 74：64（模式产地：云南西藏昌都交界处）

Carpodacus vinaceus vinaceas Verreaux，Gee 1931，Peking Nat. Hist. Bull. 5：49-68；郑作新，1976，中国鸟类分布名录：916～917；傅桐生，1998，中国动物志　鸟纲　第十四卷：156-158；赵正阶，2001，中国鸟类志　下卷：848-849；郑光美，2011，中国鸟类分类与分布名录：363。

鉴别特征：全长 128～143mm。雄体通体暗红色，具粉红色眉纹。雌鸟上体棕褐具黑褐色羽干纹，两翅暗褐，外翈缘淡棕，最内侧 2 枚三级飞羽具棕白色端斑。

形态描述：雄鸟额暗红色，头顶和枕朱红色，至背和腰玫瑰红色，尾上覆羽暗朱红色。眼先暗黑，颊和耳羽深朱红色，具细的黑色羽干纹。眉纹淡粉红色，仅见于眼后方。胸、腹呈稍淡的朱红色，具黑色羽干纹，尾下覆羽纯褐色具玫瑰红端斑。翼下覆羽和腋羽烟褐色。翼上覆羽褐色染红，飞羽式：6<覆羽。4≥5≥3≥6>2>7>8>9>10。飞羽黑褐色，初级飞羽外翈缘灰色，三级飞羽具白色端斑。尾羽黑褐色；外翈缘稍染棕，羽轴棕褐，但羽轴下表面棕白色。

雌鸟上体淡棕褐色具暗色纵纹，腰和尾上覆羽纯棕褐。下体棕褐具暗色羽干纹。颏、喉和胸部羽干纹明显，两翅和尾羽黑褐具棕褐外翈缘，内侧三级飞羽具白端斑。

虹膜暗褐色。嘴褐色，雌鸟下嘴稍浅；脚、爪褐色。

生活习性：湖南不多见的留鸟，主要栖息于灌丛、竹丛、河谷等生境中，也见于农田、路边以及居民区。常单独或成对活动，有时也集小群活动。主要以种子和果实等植物性食物

图 32－6　酒红朱雀（仿 Karen Phillipps）

为食，也吃少量昆虫。

测量数据：　　　　　　　　　　　　　　　　　　　　　　　　　　　　　　　（mm）

采集地	全长	嘴峰长	翅长	尾长	跗蹠长
石门壶瓶山	129	11	68	52	18
142	11	59	57	13	

地理分布：广泛分布于湘西地区。

经济意义：观赏鸟。中国特有鸟类。国家“三有”保护物种。

7. 普通朱雀 *Carpodacus erythrinus grebnitskii* Stejneger 图 32－7

该物种隶属朱雀属，全世界分化出 5 个亚种，中国分布有 2 个亚种（*C. e. roseatus*；*C. e. grebintskii*），湖南分布的是普通亚种。

英 文 名：Common Rose Finch；Scarlet Finch

别　　名：马料、红马料、红麻料、青马料、青麻料、红朱雀

历史沿革：*Carpodacus erythrinus grebnitskii* Stejneger，1885，Bull. U. S. NetMus. 29：265（模式产地：西伯利亚：堪察加）Gee 1931，Peking Nat. Hist. Bull. 5：49－68；La Touche，1925－1934，A handbook of the birds of eastern China，London；郑作新，1976，中国鸟类分布名录：921－922；傅桐生，1998，中国动物志　鸟纲　第十四卷：167－170；赵正阶，2001，中国鸟类志　下卷：854－856；郑光美，2011，中国鸟类分类与分布名录：362。

Erythrina erythrina diamesa Stantschinsky，1929，Journ. Orn. 77：312（模式产地：蒙古北部）。

鉴别特征；全长 138～162mm。雄鸟头颈及胸部红色，翼斑褐，腰红色，腹中央褐，尾下覆羽白色。雌性，上体橄榄褐，具羽干纹，下体灰白具羽干纹。

形态描述：雄性额、头顶、枕直至后颈均亮深红色，背、肩部及腰部羽色暗褐，而缀以暗深红色，并具暗色轴斑。腰部红色更明显，尾上覆羽粉红色。眼先黑红色，颊暗红色，耳

图 32-7　普通朱雀（仿 Karen Phillipps）

羽褐红色。颏、喉红色。下体概为红色，从前往后渐淡，至下腹及尾下覆羽棕灰白色，略带红色。飞羽黑褐色，羽缘淡白、染以淡红。翼上覆羽黑褐，外翈缘淡红，大覆羽和中覆羽具粉色端斑。小覆羽似背羽。尾羽亦黑褐，边缘红棕色，

雌性全身缺红，头橄榄褐，羽干纹暗褐，背部大多黄绿，杂褐色纹，下体淡黄，具暗色羽干纹，腹部及尾下覆羽白色。

眼暗褐色，嘴角黄色至红褐色，下嘴更淡，脚暗褐色。

生活习性：湖南少见的冬候鸟，常单独或成对活动在低山丘陵和山脚平原地带的阔叶林和次生林中。主要以种子、果实等植物性食物为食，繁殖期也吃少量的昆虫幼虫。繁殖期5～7月，巢多置于灌木丛中或小树杈中，每窝产卵3～6枚，雌鸟负责孵卵，雌雄亲鸟共同育雏。

测量数据：（mm）

编号	采集地	性别	全长	嘴峰长	翅长	尾长	跗蹠长
198908011	湘西	雌体	150	11	69	59	19

地理分布：湘北、湘中和湘东地区。

经济意义：观赏鸟。国家“三有”保护物种。中-日候鸟保护种类。

8. 黑头蜡嘴雀 *Eophona personata magnirostris* Hartert 图 32-8

该物种隶属蜡嘴雀属，全世界分化出2个亚种，中国均有分布种（*E. p. magnirostris*；*E. p. personata*），湖南分布的是东北亚种。

英 文 名：Masked Hawfinch

别　　名：黄嘴雀、黑翅蜡嘴

历史沿革：*Eophona personata magnirostris* Hartert，1896，Bull. Brit. Orn. Cl. 5：38（模式产地：东北黑龙江口）；Gee 1931，Peking Nat. Hist. Bull. 5：49-68；La Touche，1925-1934，A handbook of the birds of eastern China，London；郑作新，1976，中国鸟类

分布名录：935－936；傅桐生，1998，中国动物志　鸟纲　第十四卷：205－207；赵正阶，2001，中国鸟类志　下卷：877－878；郑光美，2011，中国鸟类分类与分布名录：373。

鉴别特征：全长 213～230mm。嘴粗大强厚，蜡黄，飞羽中段具一白斑，翅下白色，头、尾、翅均黑色。

图 32－8　黑头蜡嘴（仿 Karen Phillipps）

形态描述：雄鸟额、头顶、眼周、嘴基和颏黑色。枕、颈、背和肩灰色，微染葡萄灰色，腰灰色。短的尾上覆羽辉蓝色。喉和上胸淡灰，下胸和两胁葡萄灰，腹灰白色，腹中央和尾下覆羽白色，翼下覆羽、腋羽和覆腿白色。飞羽黑褐色，外翈辉蓝色，初级飞羽中部白色。三级飞羽棕灰色，翅上覆羽同背色。尾羽辉蓝色，叉状尾。

雌鸟与雄鸟羽色相似。

幼体头部无黑色；上体概为灰褐；翅，飞羽黑褐具白色狭边，大覆羽黑褐具灰褐色端斑。喉、胸灰黄，腹至尾下覆羽灰白杂浅栗。

嘴甚强厚，蜡黄色；脚浅黄；虹膜深红色。

生活习性：湖南不多见的冬候鸟，栖息于低山丘陵和山脚平原地带的阔叶林、次生林和人工林中，也出现于林缘、河谷、果园公园以及农田地边的树上等。繁殖期间成单独或成对活动，非繁殖季节常成群活动，主要以种子、果实等植物性食物为食，巢常置于杨树等乔木树杈上，每窝产卵 3～7 枚，雌雄亲鸟共同孵卵、育雏。

测量数据：（mm）

编号	性别	全长	嘴峰长	翅长	尾长	跗蹠长	翼展
46	雄体	205	19	98	66	23	302
69	雌体	210	20	101	86	24	331
70	雌体	211	21	100	79	22.5	324
108	雄体	221	18	101	82	23	328
121		187	18	96	76	22	—

续表

编号	性别	全长	嘴峰长	翅长	尾长	跗蹠长	翼展
122	雌体	181	18	95	73	21.5	294
123	雌体	189	19	99	78	21.5	296

地理分布：广泛分布于湘北、湘中和湘东地区。

经济意义：笼养鸟。国家“三有”保护动物，湖南地方重点保护鸟类。

9. 黑尾蜡嘴雀 *Eophona migratoria sowerbyi* Riley 图 32－9、照片 32－6

该物种隶属蜡嘴雀属，全世界分化出 2 个亚种，中国均有分布（*E. m. migratoria*；*E. m. sowerbyi*），湖南分布的是长江亚种。

英 文 名：Black-tailed Hawfinch

别　　名：黑尖蜡嘴，白翅蜡嘴

历史沿革：*Eophona melanura sowerbyi* Riley，1915，Proc. Biol. Soc. Wash. 28：163（模式产地：湖北）；Gee 1931，Peking Nat. Hist. Bull. 5：49－68；La Touche，1925－1934，A handbook of the birds of eastern China，London；郑作新，1976，中国鸟类分布名录：936－937；傅桐生，1998，中国动物志　鸟纲　第十四卷：207－210；赵正阶，2001，中国鸟类志　下卷：878－880；郑光美，2011，中国鸟类分类与分布名录：373。

Eophona migratoria pulla Penard，1919，Proc. New. Engl. Zool. Cl. 7：22nom. nov.　pro posed for Loxia melanura（模式产地：场景流域）。

Eophona migratoria harteri La touché，1923，Bull. Brit. Orn. Cl. 43：150（模式产地：云南东南部米勒地）。

鉴别特征：全长 167～210mm。嘴粗大而呈黄色，喙尖黑色。雄鸟头尾黑色，翼黑色具白色端斑；整体余部近灰色，上体暗，腹部灰白。雌鸟头灰褐色，眼周和颏黑色。翅膀和雄鸟同色，其余大体灰色。

图 32－9　黑尾蜡嘴（仿 Karen Phillipps）

照片 32－6　黑尾蜡嘴
（左　雄体，右　雌体，邓学建　摄）

形态描述：雄体整个头顶、枕、面颊以及颏、喉等全为亮黑色，后颈及背、肩等深灰褐色；腰和尾上覆羽由浅灰褐转为白色；胸部至腹部由灰褐色渐变为黄白色，下腹及尾下覆羽白色；两胁及腹侧焦黄色；腋羽黑橄榄褐，羽尖微有白色。小覆羽和中覆羽同背色；大覆羽亮黑色；初级覆羽黑色具白色羽端；飞羽及翼羽外翈黑色，内翈黑褐色；初级飞羽和次级飞羽具白色端斑，内侧 12 枚初级飞羽只有很狭小的白边。尾叉状。中央尾羽亮黑色，其余的尾羽均黑，而内翈稍显褐色。

雌体头顶、眼先、面颊、颏角为灰褐色，后颈稍浅；颈侧至喉为银灰色；背、肩及翼上覆羽、三级飞羽为灰黄褐色；腰和尾上覆羽近灰色。中央尾羽浅灰褐，羽端沾黑褐，次中央尾羽外翈浅灰褐，内翈黑褐色；其余尾羽黑褐色而微缘以灰色。其余部分与雄体同。

虹膜红褐色。嘴橙黄色，喙尖黑色，繁殖期喙基、会合线以黑色。跗蹠和趾肉色。

生活习性：湘北地区的夏候鸟，湘南地区的冬候鸟，栖息于低山丘陵和山脚平原地带的阔叶林、次生林和人工林中，繁殖期间单独或成对活动，非繁殖季节常成群活动，性活泼，胆小怕人。杂食性，繁殖期间以昆虫为食，其他季节以植物果实和种子为食。巢多置于高大的乔木枝杈间，每窝产卵 3～4 枚。

测量数据： (mm)

性别	全长	嘴峰长	翅长	尾长	跗蹠长
雄体	184	22	101	72.5	22
雄体	183.5	20	95	66	20
雄体	191	22	97	73	22
雌体	180	20	94.2	65	20

地理分布：湖南省各地均有分布。

经济意义：观赏鸟。国家“三有”保护物种。中-日候鸟保护鸟类。湖南地方重点保护种类。

10. 锡嘴雀 *Coccothraustes coccothraustes coccothraustes*（Linnaeus）图 32－10

该物种隶属锡嘴属，全世界分化出 5 个亚种，中国分布有 2 个亚种（*C. c. coccothraustes*；*C. c. japonicus*），湖南分布的是指名亚种。

英 文 名：Hawfich

别　　名：老锡、蜡嘴雀、老西儿、截翅蜡嘴

历史沿革：*Loxia coccothraustes* Linnaeus，1758，Syst. Nat.，ed. 10，1：171（模式产地：欧洲南部）

Coccothraustes coccothraustes coccothraustes（Linnaeus），Gee 1931，Peking Nat. Hist. Bull. 5：49－68；La Touche，1925－1934，A handbook of the birds of eastern China，London；郑作新，1976，中国鸟类分布名录：937－938；傅桐生，1998，中国动物志 鸟纲 第十四卷：211－214；赵正阶，2001，中国鸟类志 下卷 880－882；郑光美，2011，中国鸟类分类与分布名录：372。

鉴别特征：全长 160～203mm。嘴甚粗大强厚，呈灰蓝色。颏喉部有一黑斑，体背茶褐色，腹面淡棕红色。

形态描述：雄性自额至枕部由淡黄逐渐变为棕黄；后颈有一灰色领环，围至喉侧。背部茶褐色，腰羽棕黄色，尾上覆羽棕色；嘴基，眼先黑，颏喉部有一黑斑，胸、腹淡棕红色，至下腹、尾下覆羽转白色。翅上小覆羽同背色暗灰，中覆羽近白形成宽阔灰白色或棕色翅斑，大覆羽及飞羽黑褐色，飞羽末端更具紫色和蓝绿色光泽，内翈具白斑。第 6～10 枚初级飞羽羽端呈

图 32-10　锡嘴雀（仿 Karen Phillipps）

方形且内翈凹入。尾羽黑褐，具白色端斑。

雌鸟与雄鸟羽色相似。

幼鸟较暗淡，嘴基眼先黑色，颏喉部黑斑不显，头顶灰褐，向后渐深至茶褐。胸、腹灰黄具横纹。

虹膜赤褐色；嘴甚强厚，铅蓝色，下嘴基部色淡；脚肉红色。

生活习性：湖南少见的冬候鸟，主要栖息于低山丘陵和山脚平原地带的阔叶林、次生林和人工林中，多单独或成对活动，非繁殖季节常成群活动。主要以植物果实和种子为食，也吃昆虫。巢主要由细树枝、枯草、苔藓和毛发等构成，每窝产卵 3～7 枚，主要由雌鸟孵卵，雌雄亲鸟共同育雏。

测量数据：（mm）

编号	性别	全长	嘴峰长	翅长	尾长	跗蹠长
163	雌体	172	18	91.5	78	23

地理分布：广泛分布于湘中、湘北地区。

经济意义：观赏鸟。国家“三有”保护物种。中-日候鸟保护种类。

三十三、鹀科 Emberizidae

该科以前划在雀科之内，目前被提升为一个独立的科。该科鸟类是小型鸣禽，喙大多为圆锥形，与雀科相比嘴较为细弱，下嘴的底缘甚向上曲，上下喙边缘不紧密切合而微向内弯，因而切合线中略有缝隙；鼻孔位于上嘴基部，通常为皮膜或羽须所隐蔽；初级飞羽 9～10 枚；次级飞羽的长度约等于翅长的 3/4；尾羽 12 枚；凹形或者叉形；跗蹠前缘被盾状片；两性羽色常有区别，幼鸟羽毛似雌鸟。第 1 年秋末已经完全换羽。在栖息地、食性、行为和羽饰上有各种各样的变异；分布于古北界的典型种类。

栖息于森林、田园、草地、灌丛和居民区附近。食物多为谷类、草籽、果实、花、叶芽等，繁殖期则以昆虫喂养幼鸟。非繁殖期常集群活动，繁殖期在地面或灌丛内筑碗状巢。产卵 4～6 枚，一般由雌鸟孵化 12～13 天，雏期约等于孵化期。

该科鸟类多数为熟知的常见鸟类，全世界有 72 属 321 种，中国有 6 属 31 种（53 亚种）。湖南省发现有 2 属 14 种与亚种。其名录如下：

Ⅰ. 鹀属 *Emberiza*

1. 栗鹀 *Emberiza rutila* Pallas
2. 黄胸鹀指名亚种 *Emberiza aureola aureola* Pallas
3. 黄胸鹀东北亚种 *Emberiza aureola ornate* Shulpin
4. 黄喉鹀 *Emberiza elegans elegantula* Swinhou
5. 灰头鹀 *Emberiza spodocephala spodocephala* Pallas
6. 三道眉草鹀 *Emberiza cioides castaneiceps* Moore
7. 赤胸鹀（栗耳鹀）*Emberiza fucata fucata* Pallas
8. 田鹀 *Emberiza rustica rustica* Pallas
9. 小鹀 *Emberiza pusilla* Pallas
10. 黄眉鹀 *Emberiza chrysophrys* Pallas
11. 白眉鹀 *Emberiza tristrami* Swinhoe
12. 苇鹀 *Emberiza pallasi polaris* Middendoff
13. 蓝鹀 *Emberiza siemsseni* Martens

Ⅱ. 凤头鹀属 *Melophus*

14. 凤头鹀 *Melophus lathami* Gray

湖南省鹀科属、种检索表

1. 尾叉形 …………………………………………………………………… **鹀属 2**
   尾近方形；具羽冠 ………………………………… **凤头鹀属凤头鹀 *Melophus lathami***
2. 最外侧尾羽具有显著的白色块斑 ……………………………………………… **3**
   最外侧尾羽不具白色块斑或不显著 ………………………………… **栗鹀 *Emberiza rutila***
3. 雄鸟体羽几乎纯色 ………………………………………………… **蓝鹀 *Emberiza siemsseni***
   雄鸟体羽非纯色 ……………………………………………………………… **4**
4. 体侧具纵纹，或与腹部异色 …………………………………………………… **5**
   体侧无纵纹，而与腹部同色 ………………… **三道眉草鹀 *Emberiza cioides. castaneiceps***
5. 下体无黄色 ………………………………………………………………… **6**

下体多少有些黄色 ………………………………………………………………………… **10**

6. 胸具显著纵纹 ………………………………………………………………………… **7**

胸部不具纵纹 …………………………………………………………………………… **8**

7. 眉纹白色，后颈无白领 …………………………………… **白眉鹀 *Emberiza tristrami***

眉纹灰白色或不明显，后颈具白领 ………………………… **苇鹀 *Emberiza pallasi polaris***

8. 眉纹黄色 ………………………………………………… **黄眉鹀 *Emberiza chrysophrys***

眉纹存在时不为黄色 …………………………………………………………………… **9**

9. 耳羽褐色或者黄褐色 ……………………………………… **田鹀 *Emberiza rustica rustica***

耳羽栗色 ………………………………………………………………………………… **10**

10. 喉黄栗色 ………………………………………………………… **小鹀 *Emberiza pusilla***

喉白色 ………………………………………… **赤胸鹀（栗耳鹀）*Emberiza fucata fucata***

11. 腰羽栗色 ……………………………………………………………………………… **12**

腰羽非栗色 ……………………………………………………………………………… **13**

12. 额部的黑色延伸至头顶 ……………………… **黄胸鹀东北亚种 *Emberiza aureola ornate***

额部的黑色不延伸至头顶 …………………… **黄胸鹀指名亚种 *Emberiza aureola aureola***

13. 具冠羽，喉黄色 ………………………………… **黄喉鹀 *Emberiza elegans elegantula***

无冠羽，喉非黄色 ………………………… **灰头鹀 *Emberiza spodocephala spodocephala***

1. 栗鹀：*Embriza rutila* Pallas 图 33－1

该物种隶属鹀属，全世界目前尚未发现亚种分化，系单型种。

英 文 名：Ruddy Bunting

别　　名：紫背、红金钟、大红袍

历史沿革：*Embriza rutila* Pallas，1776，Reise versch. Prov. Russ. Reichs 3：210，698（模式产地：西伯利亚）；Gee 1931，Peking Nat. Hist. Bull. 5：49－68；La Touche，1925－1934，A handbook of the birds of eastern China，London；郑作新，1976，中国鸟类分布名录：945；傅桐生，1998，中国动物志　鸟纲　第十四卷：233－235；赵正阶，2001，中国鸟类志　下卷：893－894；郑光美，2011，中国鸟类分类与分布名录：381。

鉴别特征：全长 130～148mm。雄性成鸟冬羽上体和翅上覆羽及部分飞羽鲜栗红色，胸、腹亮柠檬黄。雌性成鸟上体概浅灰褐色，多缀黑褐纵纹，尾上覆羽鲜栗色，下体羽色柠檬黄。

形态描述：雄性冬羽上体和内侧大部分翼羽鲜栗红，具锈褐色羽缘，颏、喉以及颊、耳羽栗红色，具锈褐色羽缘，延至颈侧与上体相连成一整体。胸带前黄后栗，腹亮柠檬黄，两胁黑褐。飞羽和翼上覆羽黑褐色，外翈的边缘灰白色，三级飞羽外翈栗红色。尾羽黑褐色具浅灰褐羽端及狭边。夏羽头、胸鲜栗红色，羽毛没有锈褐色羽缘，上胸没有黄色胸带。

雌性上体浅灰褐色，多杂黑色纵纹，头部羽毛染棕红色；眼先灰褐色，眉纹灰白色；眼后的与美文伴行的贯眼纹细长灰褐色。颊部和耳羽浅灰褐色；颊下纹灰白色；髭纹褐色；颏、喉灰白色；胸带褐色；腹部浅硫黄色。其余似雄鸟。

眼暗褐；喙褐色，下喙角灰色；脚淡黄褐色。

生活习性：湖南不常见的旅鸟。栖息于低山丘陵和开阔地带的灌丛、草甸、草地。繁殖期常单独或成对活动，非繁殖期则喜成群。以昆虫和昆虫幼虫为食，也吃少量的无脊椎动物和种子、果实等食物。繁殖期 5～7 月，巢筑在灌木与草丛下的浅坑内。巢呈碗状，巢有枯草、兽毛等。每年繁殖 1 窝，每窝产卵 3～6 枚，卵灰绿色，被有灰褐色或褐色斑纹，为卵圆形。雌

图 33－1 栗鹀（仿 Karen Phillipps）

雄亲鸟共同孵卵，共同育雏，属晚成鸟。

测量数据： (mm，g)

编号	性别	体重	全长	嘴峰长	翅长	尾长	跗蹠长	翼展
杂 0013	雄体	18	135.8	11	72.2	65	19	238.9
46	雌体	—	127	10	67	53	21	212

地理分布：广泛分布于湘北、湘中和湘南地区。

经济意义：虽然非繁殖期食种子给农作物带来危害，但繁殖期主要以昆虫为食，因此，可适当控制其种群数量。国家“三有”保护物种。

2. 黄胸鹀指名亚种 *Emberiza aureola aureola* Pallas 图 33－2、照片 33－1

该物种隶属鹀属，全世界分化出 2 个亚种，中国均有分布（*E. a. aureola*；*E. a. ornata* ），湖南分布的是指名亚种和东北亚种。

英 文 名：Yellow-breasted Bunting

别　　名：黄胆、龙铁背、黄肚囊、黄豆瓣、麦黄雀、禾花雀

历史沿革：*Emberiza aureola* Pallas，1773，Reise versch. Prov. Russ. Reichs 2：464，711（模式产地：西伯利亚：htysh Riv）；Gee 1931，Peking Nat. Hist. Bull. 5：49－68；La Touche，1925－1934，A handbook of the birds of eastern China，London；郑作新，1976，中国鸟类分布名录：945－946；傅桐生，1998，中国动物志 鸟纲 第十四卷：235－239；赵正阶，2001，中国鸟类志 下卷：894－896；郑光美，2011，中国鸟类分类与分布名录：381。

鉴别特征：全长 141～185mm。体形似麻雀而稍大，雄体头顶、背为栗色，两翼各有一白斑，腹部淡黄色具金属光泽，胸前有一栗色项圈；雌体头和背为淡黑褐色，具黑褐色条纹，眉纹黄色，颊纹黄色，髭纹黑褐，下体黄色，胸具纵纹。

图 33-2 黄胸鹀指名亚种（仿 Karen Phillipps）

照片 33-1 黄胸鹀指名亚种 （邓伟宏 摄）

形态描述：雄体额黑色几达头顶，头顶、枕和后颈暗棕色，背棕褐色具黑色的羽轴；腰羽栗红色，尾上覆羽灰褐色，具黑色轴纹。眼先、整个面颊、耳羽以及颏、上喉均成黑色，下喉黄色，胸带栗色；腹部黄色逐渐变淡，至尾上覆羽呈污白色，胁淡黄具栗褐色条纹。飞羽式 2＝3＝4＞5，第 3～5 枚初级飞羽具切刻，次级飞羽端近方形，羽轴处下凹。飞羽和覆羽灰褐色，外翈具栗色边缘；大覆羽具皮黄色羽端，中覆羽白色。尾羽黑褐色，外翈缘棕白色，外侧尾羽具白色楔状斑。

雌体头及上背黄灰色具黑褐色纵纹，颏黄白色，眉纹前段皮黄色，后段黄白色；胸淡黄色向后变淡至尾下覆羽污白色；胁黄灰色具黑褐色纵纹；腋羽，翼下覆羽白色；腰及尾上覆羽黑褐羽缘灰白，尾及飞羽黑褐，外翈边缘黄灰色，最外尾羽具楔状白斑，次外尾羽内翈近羽轴处有一条白条纹占尾羽的后 1/3。

生活习性：湖南的旅鸟。栖息于低山丘陵和开阔地带的灌丛、草甸、草地和林缘地带。繁殖期单独或成对，非繁殖期间则喜集群活动。以昆虫和昆虫幼虫为食，也吃草子、种子和果实等植物性食物为食。繁殖期 5～7 月，营巢于草丛中或灌木下的浅坑内。巢呈碗状，由枯草和兽毛构成。每年产 1 窝，每窝产卵 3～6 枚，卵灰绿色，被有褐色、灰褐色斑纹，为卵圆形。雌雄亲鸟轮流孵卵，雌雄亲鸟共同育雏，属于晚成鸟。

测量数据： （mm，g）

性别	体重	全长	嘴峰长	翅长	尾长	跗蹠长
雄体	17.88	141	12.5	77	62.4	20
雌体	18.15	147	11	61	54	20

地理分布：广泛分布于湘西、湘北、湘中和湘南地区。

经济意义：食虫益鸟。国家“三有”保护物种。中-日候鸟保护鸟类。

3. 黄胸鹀东北亚种 *Emberiza aureola ornate* Shulpin 图 33-3、照片 33-2

该物种全世界分化出 2 个亚种，湖南均有分布（*E. a. ornate*；*E. a. aureola* ），即指名亚种和东北亚种。

英 文 名：Yellow-breasted Bunting

别　　名：黄胆、龙铁背、黄肚囊、黄豆瓣、麦黄雀、禾花雀

历史沿革：郑作新，1976，中国鸟类分布名录：945－946；傅桐生，1998，中国动物志 鸟纲 第十四卷：235－239；赵正阶，2001，中国鸟类志 下卷：894－896；郑光美，2011，中国鸟类分类与分布名录：381。

鉴别特征：体形似麻雀而稍大，雄体头顶背为栗色，两翼各有一白斑。腹部黄色，胸前有一栗色项圈；雌体头和背为淡黑褐色。具黑褐色条纹，眉纹黄色，颊纹黄色，髭纹黑褐，下体黄色，胸具纵纹。

图 33－3 黄胸鹀东北亚种（仿 Karen Phillipps）

照片 33－2 黄胸鹀东北亚种 （姚毅 摄）

形态描述：形态特点与前述的指名亚种相似，不同的是该亚种额部的黑色一直向后延伸到头顶，枕部以后的上体栗褐色，背上黑纹较多，下体黄色较暗。

生活习性：湖南省的旅鸟。栖息于低山丘陵和开阔地带的灌丛、草甸、草地和林缘地带。繁殖期单独或成对，非繁殖期间则喜集群活动。以昆虫和昆虫幼虫为食，也吃草子、种子和果实等植物性食物为食。繁殖期 5～7 月，营巢于草丛中或灌木下的浅坑内。巢呈碗状，由枯草和兽毛构成。每年产 1 窝，每窝产卵 3～6 枚，卵灰绿色，被有褐色、灰褐色斑纹，为卵圆形。雌雄亲鸟轮流孵卵，雌雄亲鸟共同育雏，属于晚成鸟。

地理分布：迁徙时经过湖南大部分地区。

经济意义：食虫益鸟。国家“三有”保护物种。中-日候鸟保护鸟类。

4. 黄喉鹀：*Emberiza elegans elegantula* Swinhou 图 33－4、照片 33－3

该物种隶属鹀属，全世界分化出 3 个亚种，中国均有分布（*E. e. elegans*；*E. e. elegantula*；*E. e. ticehursti*），湖南分布的是西南亚种。

英 文 名：Yullow-throated Bunting

别　　名：黄眉子、春暖儿、探春、黄豆瓣、黑月于、黄风儿

历史沿革：*Emberiza elegantula* Swinhou，1870，Proc. Zool. Soc. London：134（模式产地：湖北西部）

Emberiza elegans elegantula Swinhou，Gee 1931，Peking Nat. Hist. Bull. 5：49－68；La Touche，1925－1934，A handbook of the birds of eastern China，London；郑作新，1976，中国

鸟类分布名录：947－948；傅桐生，1998，中国动物志 鸟纲 第十四卷：239－243；赵正阶，2001，中国鸟类志 下卷：896－899；郑光美，2011，中国鸟类分类与分布名录：380－381。

鉴别特征：全长126～155mm。雄性：头顶具黑色冠纹，喉鲜黄，胸有一三角形黑带、眉纹明显，前白后黄，贯眼纹黑色。雌鸟冠羽呈灰褐色，贯眼纹栗色。胸部棕灰色。

图33－4 黄喉鹀（仿 Karen Phillipps）

照片33－3 黄喉鹀 （左 雄体，右 雌体，邓学建 摄）

形态描述：雄性额、头顶黑色具淡色鳞纹、枕部黄色，冠羽明显。眼先、上颊和贯眼纹黑色，眉纹前白后黄直抵枕部。后颈和腰部灰色；背部栗褐色，具黑色羽干纹，颏尖黑，喉鲜黄，胸部具一黑栗相杂的三角形斑；下体余部概灰白色；两胁具栗褐色纵纹。翼上小覆羽灰色；中覆羽和大覆羽黑褐色，羽缘棕白色且具灰白色或棕白色端斑，形成2道翼斑；飞羽黑褐色，外翈缘栗色，三级飞羽的栗色缘较宽。中央尾羽灰褐色，外侧尾羽黑褐，羽缘浅灰褐色，最外侧尾羽几乎纯白，次外侧尾羽具楔形白斑。

雌鸟羽纹暗淡，头部褐色，雄鸟的黄色部分色淡，贯眼纹栗色；胸前黑色不显甚至消失。

眼褐色：嘴黑色，下嘴基部角褐色，脚肉红色。

生活习性：湘西的留鸟。其余地区的旅鸟。栖息于低山丘陵林缘灌丛中。繁殖期单独或成对活动，非繁殖期则多成5～10只的小群活动。以昆虫和昆虫幼虫为食，也吃少量的蜘蛛等其他小型无脊椎动物。繁殖期5～7月，营巢于幼树或灌丛上。巢呈杯状，由枯草、草根、树皮纤维和兽毛等构成，雌雄亲鸟共同营巢。卵白色、乳白色或灰白色，被有紫褐色、黑褐色或黑色斑纹和斑点，为钝卵圆形和长圆形。雌雄亲鸟共同育雏。

测量数据：(mm)

编号	性别	全长	喙长	翅长	尾长	跗蹠长
151	雄体	145	12	66	63	18

地理分布：广泛分布于湘西、湘中、湘南地区。

经济意义：食虫益鸟。国家“三有”保护动物。中-日候鸟保护鸟类。湖南省重点保护物种。

5. 灰头鹀：*Emberiza spodocephala spodocephala* Pallas 图 33-5、照片 33-4

该物种隶属鹀属，全世界分化出 3 个亚种，中国均有分布（*E. s. spodocephala*；*E. s. sordida*；*E. s. personata*），湖南分布的是指名亚种。

英 文 名：Grey-headed Black-faced Bunding；Black-faced Bunding；Masked Bunding

别　　名：青头儿、青头鹀、黑脸鹀、蓬鹀、青头雀、青头楞、青头鬼儿

历史沿革：Emberiza spodocephala Pallas，1776，Reise versch. Prov. Russ. Reichs 3：698（模式产地：西伯利亚达乌尔地区）；Gee 1931，Peking Nat. Hist. Bull. 5：49-68；La Touche，1925-1934，A handbook of the birds of eastern China，London；郑作新，1976，中国鸟类分布名录，948-949；傅桐生，1998，中国动物志 鸟纲 第十四卷，244-249；赵正阶，2001，中国鸟类志，901-903；郑光美，2011，中国鸟类分类与分布名录：382。

Emberiza spodocephala extremiorientis Shulpin，1928，Orn. Monatsb. 36：82；nom. nov. for：

Emberiza spodocephala flaviventris Shulpin，1928，Ежег. Зоол. Муз. Акад. Наук. 28：400（模式产地：西伯利亚乌苏里地区）nec. of Stephen，1815.

鉴别特征：全长 125～148mm。雄性头灰色，上体棕红杂黑色羽干纹；下体亮柠檬黄色，雌性略似雄者，头为红褐色，下体色较雄体为浅。

图 33-5 灰头鹀（仿 Karen Phillipps）

照片 33-4 灰头鹀 （姚毅 摄）

形态描述：雄体整个头的额部、头顶、枕、面颊、耳羽和颈侧均为灰色，仅眼先和颏尖黑色。喉、上胸亦为灰色；背、肩、腰橄榄褐色；除腰部外，各羽均杂以较宽阔的黑色纵纹，部

分羽缘为土黄色。下体余部柠檬黄色，尾下覆羽稍淡。胁部草黄色，并具黑褐色羽干纹；翅上小覆羽褐色；小翼羽、初级覆羽浅黑褐色，羽缘橄榄褐色；中覆羽和大覆羽黑褐色，具草黄色外翈缘和端斑；三级飞羽的中央均为浓黑褐色，两侧为宽阔的淡红褐色羽缘。尾羽黑褐色，有灰褐色边缘，中央尾羽较明显，最外侧尾羽具大型白色楔状斑。

雌体额、头顶、枕和后颈灰褐色；眉纹和下颊纹灰白色，颊和耳羽暗灰褐色，髭纹黑褐色，颏及喉灰白色具细轴纹；胸部草黄色具黑褐色纵纹；腹部淡硫黄色。其余与雄体同。

眼褐色；嘴深褐，下嘴基浅黄；脚淡黄。

生活习性：湖南的冬候鸟。栖息于林缘、灌丛和稀树草坡。繁殖期单独或多对活动，非繁殖期成家族小群活动。以昆虫和昆虫幼虫为食，也吃少量蜘蛛、蜗牛等无脊椎动物。繁殖期5～7月，每年繁殖1～2窝，营巢于次生林、草丛或灌丛中。巢呈杯状或碗状，结构精密，由枯草、兽毛和羽毛构成。每窝产卵3～6枚，卵灰白色、乳白色、浅蓝色、鸭蛋青色或鸭蛋绿色，被有红褐色、栗褐色或鲜红色斑。雌雄鸟轮流孵卵，属于晚成鸟。

测量数据：（mm，g）

编号	性别	体重	全长	喙长	翅长	尾长	跗蹠长	翼展
110	雄体	—	143	11	68	64.5	18.5	220
118	雄体	—	142	9.5	67	64	20	221
345	雌体	18.3	151	9	69	68	19	224
354	雄体	18.4	156	10.9	70	66	—	221
383	雌体	18.8	158	11	71	65	20	216
647	雄体	18	143	11	73.30	70.35	19.75	156

地理分布：全省广泛分布。

经济意义：食虫益鸟。国家"三有"保护物种。中-日候鸟保护鸟类。

6. 三道眉草鹀：*Emberiza cioides castaneiceps* Moore 图 33-6、照片 33-5

该物种隶属鹀属，全世界分化出5个亚种，中国分布有3个亚种（*E. c. cioides*；*E. c. castaneiceps*；*E. c. weigoldi*），湖南分布的是普通亚种。

英 文 名：Meadow Bunting；Siberian Meadow Bunting

别　　名：韩鹀、山带子、山麻雀、小栗鹀

历史沿革：*Emberiza castaneiceps* Moore ex gould，1855，Proc. Zool. Soc. London23：215（模式产地：四川金堂）

Emberiza gigliolii Swinhoe，1867，Ibis：393（模式产地：福建厦门）

Emberiza cioides fokienensis La Touche，1927，Ibid. 1：360（模式产地：福建福州）

Emberiza cioides castaneiceps Moore，Gee 1931，Peking Nat. Hist. Bull. 5：49-68；La Touche，1925-1934，A handbook of the birds of eastern China，London；郑作新，1976，中国鸟类分布名录：953-954；傅桐生，1998，中国动物志　鸟纲　第十四卷：259-264；赵正阶，2001，中国鸟类志　下卷：910-912；郑光美，2011，中国鸟类分类与分布名录：387。

鉴别特征：全长135～165mm。体形像麻雀，雄鸟背面近栗色而具黑色纵纹，头顶粟红杂

图 33-6 三道眉草鹀（仿 Karen Phillipps）

照片 33-5 三道眉草鹀 （舒服 摄）

灰黄色，眉纹和下颊纹白色，后颊和耳羽暗栗红色；髭纹黑色，颏及喉近白色，下体余部红褐色。雌鸟眉纹和下颊纹皮黄色，下颊和耳羽栗红色、髭纹黑红色，下体橙红色。

形态描述：雄鸟的眼先和髭纹黑色，下颊纹白色和眉纹白色，后颊及耳羽暗栗红色；额黑栗色和灰白色混杂，头顶及枕深栗红色，羽缘为灰黄色；上体余部栗红色，向后渐淡，各羽缘具淡栗红色，并具黑色羽干纹；颏、喉和颈侧灰白色，胸部红褐色，向后逐渐变浅，至尾下覆羽淡棕色。小覆羽同背色；小翼羽、初级覆羽和初级飞羽暗黑褐色；次级飞羽暗褐色，羽缘淡红褐色；中央尾羽栗红色而具黑褐色羽干纹，外侧尾羽黑褐色，外翈边缘微带土黄色，最外两对有楔状白斑。

雌体头顶草黄具黑褐色的羽干纹；背部棕褐具较密的黑色羽干纹；眉纹和下颊纹灰白色；眼先黑色；后颊及耳羽栗色；颈侧、颏、喉灰白至白色。胸的栗色带不明显，下体羽色也转淡。

生活习性：湖南较常见的留鸟。栖息于低山丘陵和平原地带的次生阔叶林和疏林灌丛中。繁殖期以昆虫为食物，非繁殖期间以草子、谷粒、嫩芽和浆果等植物性食物为食。繁殖期5～7月，营巢于草丛、小树丛或灌木树杈上。巢呈杯状或碗状，结构精密，由枯草、兽毛和羽毛构成。每窝产卵3～6枚，卵白色、乳白色或灰白色，被有褐色、黑褐色或赭褐色线状、波状或蝌蚪状斑纹和斑点，尤以钝端较密，常在钝端形成环状。雌鸟孵卵，雌雄亲鸟共同育雏，属于晚成鸟。

测量数据： （mm）

性别	全长	嘴峰长	翅长	尾长	跗蹠长
雄体	164.5	12	76.5	75	18
雌体	156	12	77.5	79	17

地理分布：湖南各地均有分布。

经济意义：食虫益鸟。国家“三有”保护动物。

7. 赤胸鹀 *Emberiza fucata fucata* Pallas 图 33-7、照片 33-6

该物种隶属鹀属，全世界分化出3个亚种，中国均有分布（*E. f. fucata*；*E. f. arcuata*；

E. f. kuatunensis），湖南分布的是指名亚种。

英 文 名：Chestnut-eared Bunting；Grey-headed Bunting；Grey-hooded Bunting

别　　名：栗耳鹀、灰顶鹀、灰头鹀

历史沿革：*Emberiza fucata* Pallas，1776，Reise versch. Peov. Russ. Reichs 3；237，698（模式产地：西伯利亚东南部）

Emberiza fucata fucata Pallas，Gee 1931，Peking Nat. Hist. Bull. 5：49－68；La Touche，1925－1934，A handbook of the birds of eastern China，London；郑作新，1976，中国鸟类分布名录：955－956；傅桐生，1998，中国动物志　鸟纲　第十四卷：267－271；赵正阶，2001，中国鸟类志　下卷：914－916；郑光美，2011，中国鸟类分类与分布名录：379。

鉴别特征：全长144～158mm，颊部具有明显的栗色块斑，胸部具有黑、白、栗三条胸带。下体黄白色。

图33－7　赤胸鹀（仿 Karen Phillipps）

照片33－6　赤胸鹀　（李剑志　摄）

形态描述：额、头顶、枕、后颈和颈侧灰色而具黑色羽干纹。上背部栗褐色，具较粗的黑色纵纹。下背和腰羽栗色，尾上覆羽淡栗褐色具黑色羽干纹。眼先灰褐色；具白色眼圈，眉纹黄白色不甚明显。下颊纹淡皮黄色，髭纹黑色，前细后宽，其后与黑色胸带相连。耳羽栗色。颏、喉皮黄色。上胸由黑色斑点构成“U”型胸环。该胸环之后有一界限不清的白色横带，再后是一条栗色横带跨于胸部。下体余部皮黄色。两胁染栗皮黄色，具黑褐色纵纹。飞羽黑褐色，除第1和第2枚初级飞羽外翈缘白色外，其余飞羽外翈缘为栗色。小覆羽栗色，中覆羽和大覆羽黑褐色，具浅栗色外翈缘。小翼羽和初级覆羽暗褐色。尾羽黑褐色，中央尾羽内翈具较宽的灰褐色边缘，外翈具较窄的皮黄色边缘。最外侧尾羽内翈具白色楔状斑，外翈全白色。次外侧尾羽具小的白色端斑。

雌鸟与雄鸟相似，但上体褐色较多栗色较少。黑色胸环较淡甚至没有，不与黑色的颚纹连接。栗色胸带不明显或者缺如。

虹膜褐色；嘴褐色；下嘴基部角白色；足肉红色。

生活习性：湖南不常见的冬候鸟。栖息于开阔的河谷、低山林缘和灌丛中。除迁徙集成群体外，多单独活动。春季觅食杂草种子，繁殖期捕食昆虫及其幼虫、蠕虫及水生动物。秋季食谷物。冬季以树木种子、草籽为食。繁殖期5～8月，营巢于沼泽草甸中，偶尔也营巢于小灌木的低枝上，雌鸟营巢，呈杯状，巢由草、苔藓和须根组成。每窝产卵4～6枚，卵淡灰色、灰白色或灰青色，被有褐色或淡褐色小斑点，为椭圆形。雌鸟孵卵，雌雄亲鸟共同育雏。

测量数据：（mm）

编号	性别	全长	嘴峰长	翅长	尾长	跗蹠长
98111213	雄性	155	10	72.1	66	21
78121403	雌性	150	10	71	62	21

地理分布：广泛分布于湘北、湘中、湘南地区。

经济意义：食虫益鸟。国家“三有”保护动物。中-日候鸟保护鸟类。

8. 田鹀 *Emberiza rustica rustica* Pallas 图33－8、照片33－7

该物种隶属鹀属，全世界分化出2个亚种，中国均有分布（*E. r. rustica*；*E. r. latifascia*），湖南分布的是指名亚种。

英 文 名：Rustic Bunting

别　　名：白眉儿、白眉仔、花眉儿、花眉仔、田雀、花嗉儿、花九儿

历史沿革：*Emberiza rustica* Pallas，1776，Reise versch. Prov. Russ. Reichs 3：698（模式产地：西伯利亚达乌尔地区）

Emberiza rustica rustica Pallas，Gee 1931，Peking Nat. Hist. Bull. 5：49－68；La Touche，1925－1934，A handbook of the birds of eastern China，London；郑作新，1976，中国鸟类分布名录：956－957；傅桐生，1998，中国动物志　鸟纲　第十四卷：271－273；赵正阶，2001，中国鸟类志　下卷：916－918；郑光美，2011，中国鸟类分类与分布名录：380。

鉴别特征：全长128～160mm。雄鸟具短的冠羽，头部及颊近黑色；眉纹、下颊纹和颏、喉黄白色，上体黄褐具黑褐纵纹；下体白，而具栗色胸带。

图33－8　田鹀（仿 Karen Phillipps）

照片33－7　田鹀　（李剑志　摄）

形态描述：雄性额和头顶黑褐色，缀黄色点斑，羽冠明显；枕部白色成一白斑；后颈栗褐色；背部栗褐色具黑褐色纵纹；腰和尾上覆羽栗褐色具浅色鳞纹。眼先、颊以及耳羽褐色；眉纹较宽，白色，自眼后伸达枕侧；眼睑白色，尤以下眼睑明显；眼后的贯眼纹黑褐色；颊纹黑褐色或者栗褐色，贯眼纹与颊纹在颈侧相连；耳羽后方有一灰白色小斑；下颊纹灰白色，髭纹由许多黑褐色小斑点构成，其后与胸斑相连，颏与喉灰白色，部分个体上喉具一黑褐色横纹；胸部及胸侧具许多栗褐色块斑，构成极不规律的胸坏；腹不以后直至尾下覆羽概白色。翼羽大多黑褐，大覆羽具草黄色外翈缘和灰白色短板；中覆羽具白色端斑，与大覆羽的端斑形成 2 道翅斑；小覆羽栗红色具淡色羽缘。飞羽黑褐色，羽缘呈浅栗。最外侧 2 对尾羽具楔形白斑，其余尾羽黑褐仅具黄褐色边缘。

雌鸟羽色较浅淡，头部黑褐，枕部浅斑显著，颊黄褐，胸带颜色浅淡。

眼深褐色；上嘴深褐色，下嘴基部肉色；脚肉黄色。

生活习性：湖南不多见的冬候鸟。栖息于低山、丘陵和山脚平原等开阔地带的灌丛与草丛中。繁殖期栖息于林缘地带。繁殖期单独或成对活动，非繁殖期则喜成群，迁徙时成数十只甚至上百只的大群。主要以各种草子、嫩芽和灌木浆果，也吃昆虫、昆虫幼虫和其他无脊椎动物。繁殖期 5～7 月，营巢于前一年筑巢的枯草丛中，偶尔也营巢于低树枝上。巢呈杯状，材料有枯草和须根等。每窝产卵 4～6 枚，卵灰白色、铅灰色或灰褐色，背有小的暗色斑点。

测量数据：（mm，g）

编号	性别	体重	全长	嘴峰长	翅长	尾长	跗蹠长	翼展
395	雄体	22.7	147	10.5	75	58	18.5	228
396	雌体	17.9	147	11	77	64	18.5	234

地理分布湘北、湘中、湘东和湘南地区。

经济意义：食虫益鸟。国家“三有”保护动物。中 日候鸟保护鸟类。

9. 小鹀 *Emberiza pusilla* Pallas 图 33－9、照片 33－8

该物种隶属鹀属，目前尚未发现亚种分化，系单型种。

英 文 名：Little Bunting

别　　名：红脸鹀

历史沿革：*Emberiza pusilla* Pallas，1776，Reise versch. Prov. Russ. Reichs 3：697（模式产地：西伯利亚达乌尔地区）；郑作新，1976，中国鸟类分布名录：957－958；傅桐生，1998，中国动物志　鸟纲　第十四卷：274－276；赵正阶，2001，中国鸟类志　下卷：918－919；郑光美，2011，中国鸟类分类与分布名录：380。

鉴别特征：全长 122～140mm。雄鸟头部中央冠纹栗色，侧冠纹黑色，眉纹、面颊栗色。雌鸟似雄鸟，但中央冠纹栗褐色具黑色纵纹。

形态描述：雄体从鼻孔后部向头后形成黑色侧冠纹延伸至枕侧，左右侧冠纹间有夹着一栗色中央冠纹；眉纹与侧冠纹伴行，前部分栗色夹杂灰白色，后半部分白色；眼后的贯眼纹细而黑，紧贴在眉纹的下方，其后与耳羽后方的黑斑相连；眼圈粉白色；眼先、颊、耳羽栗色，耳羽后缘沾灰白，其后黑色；颈侧灰褐色；背至尾上覆羽黑色，向后渐显褐色，羽缘红褐色转为棕灰褐色，构成上体明显的纵纹。颏、喉淡栗色或白色；下颊纹灰白色；髭纹黑褐色，前细后

图 33-9 小鹀（仿 Karen Phillipps）

照片 33-8 小鹀 （唐梓钧 摄）

宽；胸和两胁均土黄色具黑色纵纹；翼下覆羽基段褐色，末段白色，腹和尾下覆羽白色。飞羽暗褐色，内侧赭黄色，外侧者的外缘转为灰白色；翅上大覆羽黑褐色，缘以赭黄色而具棕黄色端斑；中覆羽黑色具白色端斑；小覆羽似背羽，初级覆羽的羽缘较淡；尾羽褐色，带不明显的白色边缘；最外侧的一对尾羽有白色的楔状斑。

雌体头顶中央栗褐色，有黑色纵纹和赭土色的羽尖。头顶两侧各有一黑色和赭土色侧冠纹，由嘴基直至后颈；眉纹黄白色，其后段延至颈侧和耳羽后缘直绕至耳羽下方而达嘴基。其余各部和雄体相同。

生活习性：湖南的冬候鸟或旅鸟。繁殖期栖息于开阔的苔原和苔原森林地带，迁徙季节和冬季则栖息于低山、丘陵和山脚平原的灌丛、草地和小树丛中。除繁殖期间单独或成对活动外，其他季节多成几只至 10 多只的小群活动。以草子、谷子、糜子和浆果等植物为食，还吃昆虫、昆虫幼虫和卵。繁殖期 6～7 月，营巢于地上草丛或灌木丛中，巢很隐蔽。巢呈杯状，材料有枯草和兽毛等。每窝产卵 4～7 枚，卵白色或绿色，背有褐色或紫褐色斑点。孵卵由雌雄亲鸟轮流承担。

测量数据： （mm）

性别	全长	嘴峰长	翅长	尾长	跗蹠长
雄体	137	15	10	58	68.5
雌体	125	16	10	59	67

地理分布：湖南各地广泛分布。

经济意义：食虫益鸟。国家“三有”保护动物。中-日候鸟保护鸟类。

10. 黄眉鹀 *Emberiza chrysophrys* Pallas 图 33-10、照片 33-9

该物种隶属鹀属，目前尚未发现亚种分化，系单型种。

英 文 名：Yeiiow-browed Bunting

别　　名：大眉子、黄三道、五道眉、金眉子历史沿革：*Emberiza chrysophrys* Pallas，1776，Reise versch. Prov. Russ. Reichs 3：698（模式产地：西伯利亚达乌尔地区）；郑作新，1976，中国鸟类分布名录：957－959；傅桐生，1998，中国动物志　鸟纲　第十四卷：276－278；赵正阶，2001，中国鸟类志　下卷：919－921；郑光美，2011，中国鸟类分类与分布名录：380。

鉴别特征：全长 142～162mm。眉纹醒目，前段鲜黄色，后段白色，中央冠纹白色染黄，侧冠纹黑色，面颊黑色，耳羽黄褐。颊纹白，髭纹黑。腰和尾上覆羽棕红，翅和尾羽黑褐，最外侧尾羽具楔状白斑，翅上有 2 道翅斑。

图 33－10　黄眉鹀（仿 Karen Phillipps）

照片 33－9　黄眉鹀　（姚毅　摄）

形态描述：纵贯额、头顶、枕、后颈的侧冠纹黑色。中央冠纹白色，其前段较窄后伸达枕部处最宽。上背红褐色，具黑褐色纵纹。下背、腰和尾上覆羽棕红色。眉纹长而宽，从额基伸到后颈，其前段呈黄色，后段呈白色。眼先和颊黑色或黑褐色。耳羽褐色，耳羽后缘白色，再后黑色。眼后的贯眼纹黑色，其后端与耳羽后部的黑斑相连；颊纹黑色；下颊纹污白色；髭纹黑褐色。颈侧灰褐。颏、喉和上胸污白，具褐色纵条纹。后胸具黑褐色胸带。腹中央白色；两胁黄白色具暗褐色条纹。尾下覆羽白色而羽基黑色。飞羽黑褐色，初级飞羽羽缘灰白色，次级飞羽和三级飞羽羽缘棕褐色。小覆羽褐色，羽缘淡色。中覆羽和大覆羽黑褐色，羽缘棕色，羽尖白色和灰白色，构成两道翼斑。小翼羽暗褐色，羽缘棕色，初级覆羽暗褐，外缘沾灰。翼下覆羽和腋羽白色，羽基灰色。尾羽黑褐色，中央尾羽外翈缘棕褐色，最外侧尾羽大部白色，次外侧尾羽具楔状白斑。

雌体略小于雄鸟，色彩似雄体，但头部呈褐色，头侧、耳羽淡褐，下体条纹较少。

生活习性：湖南省的冬候鸟或旅鸟。栖息于山区混交林、平原杂木林和灌木中，也见于沼泽地和开阔田野中。单个或小群活动。多在地面觅食，食性杂。主要以杂草种子、叶芽、谷粒、浆果和昆虫为食。繁殖期 6～7 月，营巢于树上，巢呈杯状，由枯草和兽毛组成。每窝产卵 4 枚，卵灰白色，被有铅灰色和黑褐色斑点。

测量数据：（mm）

编号	性别	全长	嘴峰长	翅长	尾长	跗蹠长
89122203	雄体	156	11	79	64	19
20112005	雌体	148	11	74	58	19

地理分布：湖南省各地。

经济意义：食虫益鸟。国家“三有”保护物种。

11. 白眉鹀 *Emberiza tristrami* Swinhoe 图 33－11、照片 33－10

该物种隶属鹀属，目前尚未发现亚种分化，系单型种。

英 文 名：Tristram's Bunting

别　　名：白三道、五道眉、小白眉

历史沿革：*Emberiza tristrami* Swinhoe，1870，Proc. Zool. Soc. London：441（模式产地：福建厦门）；Gee 1931，Peking Nat. Hist. Bull. 5：49－68；La Touche，1925－1934，A handbook of the birds of eastern China，London；郑作新，1976，中国鸟类分布名录：959－960；傅桐生，1998，中国动物志　鸟纲　第十四卷：279－281；赵正阶，2001，中国鸟类志　下卷：922－924；郑光美，2011，中国鸟类分类与分布名录：379。

鉴别特征：全长 134～144mm。雄鸟头黑色，中央冠纹、眉纹和下颊纹白色，颏、喉黑色，上体栗褐色具黑色纵纹，胸栗色，下体白色。雌鸟头为褐色，颏、喉白色，颚纹黑色。

图 33－11　白眉鹀（仿 Karen Phillipps）

照片 33－10　白眉鹀　（姚毅　摄）

形态描述：雄鸟侧冠纹黑色；冠纹、眉纹和下颊纹均白色；眼先、面颊和耳羽黑色，耳羽后部具一小白斑；颈淡栗灰；背砂栗褐具黑褐色纵纹，腰和尾上覆羽栗红色；颏和喉黑色；胸和两胁栗褐色具隐约可见的深色纵纹；腹和尾下覆羽白色。飞羽黑褐色，外翈缘棕黄色，三级飞羽大部分为棕黄色；翼上小覆羽同背色；中覆羽黑色具棕黄色外翈缘和白色端斑；大覆羽棕黄色外翈缘较宽，端斑为灰白色。中央尾羽栗红色外侧尾羽暗褐，最外侧 2 对尾羽具有大形白色楔状斑。

雌鸟似雄鸟，但头部为褐色。中央冠纹、眉纹和下颊纹污白，髭纹黑色；眼先、眼周皮黄，耳羽红褐。颏、喉白色染黄，喉具暗色纵纹。

虹膜暗褐色；上嘴褐色，下嘴肉黄色；跗蹠和趾肉红色。

生活习性：湖南不多见的冬候鸟。栖息于低山的各种森林，不喜欢无林的开阔地带。繁殖期常单独或成对活动，迁徙时多成家族群或小群。性胆怯，善隐蔽。以草籽等植物性植物为食，也吃少量的昆虫和昆虫幼虫。繁殖期 5～7 月。营巢于林下灌木或草丛中，巢呈碗状，材料有草根、茎叶、松针和兽毛等。每窝产卵 4～6 枚，卵灰绿色或浅蓝绿色，被有黑色或褐色片状、线状或点状斑纹，为椭圆形。

测量数据：（mm）

采集地	全长	嘴峰长	翅长	尾长	跗蹠长
衡南江口	136	12	65	55	19

地理分布：广泛分布于湘中、湘南、湘北地区。

经济意义：食虫益鸟。国家“三有”保护动物。中-日候鸟保护鸟类。

12. 苇鹀 *Emberiza pallasi polaris* Middendroff 图 33－12，照片 33－11

该物种全世界分化出 3 个亚种，分布于中国的有 2 个亚种，即指名亚种和东北亚种（*Emberiza pallasi pallas* i；*Emberiza pallasi polaris*），分布于湖南省的为东北亚种。

英 文 名：Pallas's Bunting；Pallas's Reed Bunting

别　　名：山苇容、山家雀儿

历史沿革：*Emberiza polaris* Middendroff，1851，Sibis. Reis. 2：146（模式产地：Bogonida）

Emberiza pallasi polaris 郑作新，中国鸟类分布名录 1976：961－962；傅桐生，中国动物志　鸟纲　第十四卷：285－288；赵正阶，中国鸟类志　下卷：2001：926－928；郑光美，2011，中国鸟类分类与分布名录：383。

鉴别特征：小型鸟类，体长 13～14cm。雄鸟夏天头顶、头侧、颏、喉一直到上胸中央黑色，其余下体乳白色，自下嘴基沿喉侧有一条白色颊下纹，向后与胸侧和下体色相连，并在颈侧向背部延伸，形成一条宽阔的白色颈环，在黑色的头部极为醒目。背、肩黑色具有窄的白色和皮黄色羽缘，腰和尾上覆羽白色，羽缘皮黄色，翅上小覆羽灰色，中覆羽、大覆羽黑色，具棕色或栗皮黄白色羽缘。

图 33－12　苇鹀（仿 Karen Phillipps）

照片 33－11　苇鹀　（姚毅　摄）

形态描述：雄鸟冬羽的头和背具棕皮黄色或沙黄褐色羽缘，因而头部和颏、喉、胸的黑色被掩盖，多呈黄褐色或棕皮黄色，羽基黑色。眉纹浅灰白色；颊和耳羽栗色，颊下纹白色，醒目，髭纹黑褐色，其后与胸斑相连。后颈翎环污白色微沾沙褐色。背、肩具黑色纵纹和宽阔的沙灰褐色或赭色羽缘，微沾棕栗色。腰和尾上覆羽灰白色沾沙棕色。腋羽和翼下覆羽白色。翼上覆羽一般黑褐色，而小覆羽灰色，具淡黄褐色羽缘，中、大覆羽和内侧次级飞羽的羽缘栗黄，外翈沙黄；小翼羽和初级覆羽暗褐，羽缘灰白。飞羽黑褐，外缘赤褐色。中央一对尾羽外翈皮黄色，内翈黑褐色，其余尾羽黑褐色，最外一对尾羽具楔形白斑，从内翈先端斜贯外翈中部，直达近基部；次对尾羽的白斑仅在内翈先端和外翈先端 1/2 处。

雄鸟夏羽额、头顶、枕、头侧以及颏黑色。喉和上胸中央亦黑色，前者有白色羽端。后颈有一宽的白色领环。背、肩黑色具白色和皮黄色羽缘。腰和尾上覆羽浅灰色，前者具黑色羽干纹，后者的羽干纹褐色。白色髭纹较宽，位于喉侧和黑色头之间极为醒目，其后端越来越宽，并与白色领环和胸侧白色相连。其余下体亦为白色。胸侧沾淡栗灰，两胁沾赤褐色，纵纹不显著。

雌性成鸟冬羽头顶、颊和耳羽栗黄，羽基黑褐；眉纹棕白，颈圈不显；背、肩羽栗褐色，杂以黑色羽干纹；腰和尾上覆羽棕灰，杂以锈褐色斑纹；颏棕白，颏侧有滴状黑褐色斑纹；下体污白，羽缘沾棕，喉侧和前胸有锈褐色斑纹，体侧有褐色纵纹。

雌性成鸟夏羽额、头顶黑褐色，羽缘沙黄；眉纹黄白色；头侧栗褐；背、肩羽暗褐，羽缘栗色；腰和尾上覆羽浅沙黄色；一簇暗褐条纹围绕喉部；胸、胁和尾下覆羽沾沙黄色，两胁并有褐色条纹；腹部中央白色；其他部分和雄羽相似。

虹膜褐色；上嘴黑褐，下嘴带黄色；脚肉色，爪黑。

生活习性：湖南少见的冬候鸟。繁殖于西伯利亚苔原和森林苔原地带，最南到蒙古北部。苇鹀在我国主要为冬候鸟和旅鸟。每年多在 10 月中下旬开始迁来我国越冬，3 月末 4 月初开始从我国南方向北迁徙。春季常活动于平原沼泽地和沿溪的柳丛以及芦苇中。秋冬季多活动于丘陵、低山区的平坦台地以及平原荒地的稀疏小树上，但不进入大的郁林中。大部分到长江下游和福建越冬。多成 3～5 只的小群活动在灌木丛中和草地上。性极活泼，常在草丛或灌丛中反复起落飞翔，不畏人，除非很接近时才飞离。活动时伴随着叫声，在起飞时发出单音节叫声，栖息时，常发出两个音节的叫声。常在地面或在树枝上觅食。其食物主要是芦苇种子、杂草种子、植物幼芽、浆果等植物性食物，也吃部分昆虫和昆虫幼虫、虫卵及少量谷物。

测量数据： （mm，g）（据傅桐生）

性别	体重	全长	嘴峰长	翅长	尾长	跗蹠长
雄性	11～15	134～147	8～9	66～72	61～70	17～18
雌性	11～14	130～141	8～9	65～70	62～68	18 ～19

地理分布：2008 年由姚毅在湖南岳阳东洞庭湖野外首次发现。当时仅拍摄了几张照片，未采集标本。国内分布于内蒙古、黑龙江、吉林、辽宁、新疆，宁夏，甘肃，河北、河南、山东、陕西、江苏和福建等地，均为冬候鸟或旅鸟，也偶见于香港；国外分布于俄罗斯和朝鲜。

经济意义：此鸟在我国的居留时间较长，数量也多，每年能吃掉大量杂草种子和昆虫以及越冬的虫卵等，又有利于农业，应加以保护。

13. 蓝鹀 *Emberiza siemsseni*（Martens）图 33－13、照片 33－12

该物种隶属鹀属，目前尚未发现亚种分化，系单型种。

英 文 名：Blum Bunting

别　　名：蓝雀

历史沿革：Junco siemsseni Martens，1906，Orn. Monatsb 14：192（模式产地：福建挂墩）

Emberiza siemsseni（Martens），Gee 1931，Peking Nat. Hist. Bull. 5：49－68；La Touche，

1925－1934，A handbook of the birds of eastern China，London；郑作新，1976，中国鸟类分布名录：965；傅桐生，1998，中国动物志　鸟纲　第十四卷：293－294；赵正阶，2001，中国鸟类志　下卷：931－932；郑光美，2011，中国鸟类人分类与分布名录：376。

鉴别特征：全长 116～133mm。雄鸟几乎纯蓝色，仅腹和尾下覆羽白色。雌鸟大都呈深棕以至橄榄褐色，腰至尾上覆羽蓝灰色，腹至尾下覆羽白色。

图 33－13　蓝鹀（仿 Karen Phillipps）

照片 33－12　蓝鹀-雌　（邓学建　摄）

形态描述：雄体体蓝色；腹部中央和肛周及尾下覆羽白色；飞羽黑色，外翈缘蓝灰色，内侧飞羽内翈基段白色；最内三级飞羽内翈黑褐，外翈灰蓝；翼上各覆羽均呈蓝色。飞羽式：3≥4>2≥5>1≥6>7>8>9；第 2～5 枚初级飞羽外翈具切迹，中央尾羽灰蓝色，具黑色羽轴段，其余尾羽黑褐色，但外翈缘灰蓝色，最外侧尾羽末端和基部黑褐色，中部具一宽的斜形白纹。

雌体头、颈及头侧、颏、喉部和上胸均为棕红色；上背棕褐色，具暗褐色羽干纹；下背、腰、尾上覆羽均石板灰色。羽缘棕褐。下胸及体侧棕褐色，腹及尾下覆为污白。飞羽黑褐，外翈缘棕褐；三级飞羽基段白色；翼上覆羽羽缘棕褐，大覆羽和中覆羽具淡棕色端斑；尾羽灰褐色，羽缘沾橄榄绿色，最外侧 1 枚尾羽具大形白色楔状斑。

虹膜褐色；上嘴黑色，下嘴褐色（雄体）或角黄色（雌体）；脚肉黄色。

生活习性：湖南不多见的留鸟。栖息于山地次生阔叶林和竹林、针阔叶混交林和人工针叶林。单独、成对或成 3～5 只的小群活动。性大胆，不甚怕人。食性以草籽、种子等植物性食物为主，也吃昆虫。

测量数据：　(mm)

采集地	全长	喙长	翅长	尾长	跗蹠长
衡南江口鸟洲	130	12	69	57	18

地理分布：湘西、湘中、湘北地区。

经济意义：中国特有物种。国家“三有”保护物种。

14. 凤头鹀 *Melophus eathami* Gray 图 33－14

该物种隶属凤头鹀属，目前尚未发现亚种分化，系单型种。

英 文 名：**Crested Bunting**

别　　名：凤头雀

历史沿革：*Melophus eathami* J. E. Gray，1831，Zool. Misc. 1：2（模式产地：中国和印度）；Gee 1931，Peking Nat. Hist. Bull. 5：49－68；La Touche，1925－1934，A handbook of the birds of eastern China，London；郑作新，1976，中国鸟类分布名录：965－966；傅桐生，1998，中国动物志　鸟纲　第十四卷：295－297；赵正阶，2001，中国鸟类志　下卷：932－933；郑光美，2011，中国鸟类分类与分布名录：376。

鉴别特征：全长 149～170mm。雄性醒目的黑色羽冠，通体大多黑色，翼及尾羽栗红。雌性具短的褐色羽冠，上体暗橄榄褐色，下体灰褐缀黑纵斑。

图 33－14　凤头鹀（仿 Karen Phillipps）

形态描述：雄性头部具明显的黑色羽冠，通体黑色，背不具有灰色鳞状纹。翼及尾羽呈黑褐色，其羽缘及羽端为栗红色。

雌性头部羽冠较短，上体羽色黑褐，常具栗红色边缘及羽端，最外侧尾羽栗红色，次外侧尾羽具白色楔形斑，其余尾羽黑褐，羽缘栗红。下体灰褐，胸具黑色纵纹。两胁黑褐色，尾下覆羽浅棕红。

上喙黑褐色，下喙肉色，虹膜暗褐，脚、趾灰褐，爪黑色。

生活习性：湖南较少见的留鸟。栖息于低山丘陵和山脚平原等开阔地带和中高山地区。繁殖季节成对或单独活动，非繁殖期间成小群。主要以草子、谷粒为食，也吃昆虫和其他小型无脊椎动物。繁殖期 5～8 月。营巢于河岸、陡的岩坡上、灌木根部或岩石洞穴和缝隙中。巢呈杯状，由枯草、须根、兽毛和植物纤维编织而成。每窝产卵 3～5 枚，卵灰白色、淡绿色、灰黄色或污白色，被有红褐色或紫褐色斑点，尤以钝端较多，为椭圆形。

测量数据：（mm，g）

编号	性别	体重	全长	喙长	翅长	尾长	跗蹠长	翼展
846026	雌体	27.5	168	15	90	65	23	250
846050	雌体	25	160	11	75	70	21	250

续表

编号	性别	体重	全长	喙长	翅长	尾长	跗蹠长	翼展
846069	雄体	25	164	15	80	65	17	200
846049	雄体	25	160	11	83	70	22	250
846016	雄体	27.5	150	15	70	60	21	—
3006	雄体	20	180	15	65	72	18	260
846061	雄体	27	160	—	85	70	—	250
104	—	—	165	12	83	—	19	266

地理分布：广泛分布于湘西、湘中和湘南地区。

经济意义：笼养鸟。国家“三有”保护物种。

参考文献

[1] 蔡其侃. 北京鸟类志 [M]. 北京：北京出版社，1988

[2] 陈顺德，邓学建，李自君. 长沙黑麋峰冬季鸟类资源及多样性分析 [J]. 湖南林业科技，2006，33 (5)：44 - 46

[3] 戴枚斌，易合成，李剑志. 南洞庭湖冬季鸟类监测报告 [J]. 岳阳职业技术学院学报 2010 25 (2)：45 - 48

[4] 戴振华，刘松，张志强. 吉首峒河湿地公园鸟类群落结构调查及多样性研究 [J]. 湖南林业科技，2010，3：30 - 32

[5] 戴振华，赵克金，王福生. 湖南吉首峒河湿地公园的调查 [R]. 长沙：峒河湿地公园建设评审会，2008

[6] 但新球，郭克疾. 湖南湘阴洋沙湖—东湖国家湿地公园的调查与建设规划 [R]. 长沙：洋沙湖—东湖湿地公园建设评审会，2008

[7] 但新球，刘扬晶，郭克疾. 湖南衡东县天光山自然保护区的综合科学考察 [R]. 长沙：天光山自然保护区建设评审会，2008

[8] 但新球，刘扬晶，郭克疾. 望城县千龙湖湿地公园资源调查 [R]. 长沙：千龙湖湿地公园建设评审会，2008

[9] 但新球，吴后建，郭克疾. 湖南安化雪峰湖国家湿地公园的调查与建设规划 [R]. 长沙：雪峰山湿地公园建设评审会，2008

[10] 邓学建. 茶陵县云阳山自然保护区综合科学考察报告 [R]. 长沙：云阳山自然保护区建设评审会，2008

[11] 邓学建. 洞庭湖发现大红鹳 [J]. 科学启蒙，1998，16 (4)：18

[12] 邓学建. 洞庭湖脊椎动物监测及鸟类资源 [M]. 长沙：湖南师范大学出版，2007

[13] 邓学建. 都庞岭脊椎动物本地资源及其多样性研究 [M]. 长沙：湖南科学技术出版社，2003

[14] 邓学建，王斌，叶贻云. 千家洞自然保护区鸟类群落调查及多样性分析 [J]. 生命科学研究，1998，2(1) ：40 - 44

[15] 邓学建，叶贻云. 湖南壶瓶山自然保护区鸟类多样性分析 [J]. 生态科学 1996，15 (2)：43 - 46

[16] 邓学建. 湖南脊椎动物资源拾遗 [C]. 长沙：湖南动物学会年会，2002

[17] 邓学建. 湖南君山风电场对鸟类影响的评价报告 [R]. 长沙：君山电厂建设评审会，2008

[18] 邓学建. 湖南康龙自然保护区综合科学考察报告 [R]. 长沙：康龙自然保护区建设评审会，2007

[19] 邓学建. 湖南鸟类新纪录 [J]. 动物学杂志，1993，28 (1)：42 - 44

[20] 邓学建. 湖南鸟类新纪录 17 种 [J]. 动物学杂志，1995，30 (2)：47 - 79

[21] 邓学建. 湖南雀形目鸟类新纪录 6 种 [J]. 吉首大学学报，1995，16：164 - 165

[22] 邓学建. 湖南省陆生野生动物资源野外调查实用手册 [R]. 长沙：湖南动物普查评审会，1998

[23] 邓学建. 湖南省湿地资源调查报告 [R]. 长沙：湖南湿地资源评审会，2001

[24] 邓学建. 湖南省野生动物资源专项调查报告 [R]. 长沙：湖南野生动物调查成果评审会，2001

[25] 邓学建. 会同县鹰嘴界生物资源综合考察 [R]. 长沙：鹰嘴界保护区建设评审会，1999

[26] 邓学建. 湖南省的新纪录——白鹳 [J]. 湖南林业，1986，6 (2)：173 - 185

[27] 邓学建. 漉湖风力发电机对鸟类影响的评价 [R]. 长沙：漉湖风电场建设评审会，2007

[28] 邓学建. 目平湖冬季鸟类的群落结构及多样性分析 [J]. 湖南师范大学学报，2000，23 (3)：76 - 79

[29] 邓学建. 南洞庭湖冬季鸟类群落结构及多样性分析 [J]. 四川动物，2000，19 (4)：236 - 239

[30] 邓学建. 南洞庭湖冬季鸟类群落监测 [J]. 湖南林业科技，2008，35 (4)：36 - 39

[31] 邓学建. 南山野生鸟类资源调查及风电场对野生鸟类影响的评价 [R]. 长沙：南山风电场建设评审会，2008

[32] 邓学建. 平江慕阜山自然保护区综合科学考察报告 [R]. 长沙：幕阜山自然保护区建设评审会，2008

[33] 邓学建. 千家洞自然保护区鸟类群落调查及多样性分析 [J]. 生命科学研究，1998，2 (1)：40 - 43

[34] 邓学建. 山斑鸠繁殖生态初步观察 [J]. 四川动物杂志，1991，4 (1)：16 - 18

[35] 邓学建. 水府庙地区的鸟类资源调查和评价 [R]. 长沙：水府庙自然保护区建设评审会，1999

[36] 邓学建. 桃源县乌云界生物资源综合考察 [R]. 长沙：乌云界自然保护区建设评审会，1999

[37] 邓学建. 武陵源夏季鸟类多样性研究 [J]. 动物学杂志，1999，34 (2) 26 - 33

[38] 邓学建. 岳麓山地区鸟类资源调查及区系分析 [J]. 湖南师范大学学报，1990，13（3）：259－263
[39] 邓学建，戴枚兵，王斌. 南洞庭湖鸟类的生物多样性状况 [J]. 湖南林业科技 2008，35（4）：36－39
[40] 邓学建，戴松，李文. 岳麓山地区鸟类群落生态研究 [J]. 湖南师范大学自然科学学报，1996，19（3）：67－70
[41] 邓学建，郭克疾，米小其. 安化六步溪自然保护区脊椎动物资源调查报告 [R]. 长沙：六步溪自然保护区建设评审会，2005
[42] 邓学建，蒋志刚，杨青礼. 湖南金童山自然保护区综合科学考察报告 [M]. 长沙：湖南师范大学出版社，2009
[43] 邓学建，刘汀. 桃源水库建设对陆生生态环境影响的评价 [R]. 长沙：桃源水库建设评审会，2008
[44] 邓学建，刘汀. 沅江华顺漉湖风电一期工程对鸟类影响的评价报告 [R]. 长沙：华顺一期工程建设评审会，2008
[45] 邓学建，刘汀，唐梓钧. 城步金童山综合考察工作 [R]. 长沙：金童山自然保护区建设评审会，2008
[46] 邓学建，刘汀，唐梓钧. 湖南大围山自然保护区综合科学考察报告 [R]. 长沙：大围山自然保护区建设评审会，2009
[47] 邓学建，刘汀，唐梓钧. 湖南大义山自然保护区综合科学考察报告 [R]. 长沙：大义山自然保护区建设评审会，2009
[48] 邓学建，刘汀，唐梓钧. 湖南东安舜皇山自然保护区综合科学考察报告 [R]. 长沙：舜皇山自然保护区建设评审会，2009
[49] 邓学建，刘汀，唐梓钧. 湖南洞庭湖水系主要生态敏感区动物研究 [R]. 长沙：洞庭湖湿地生态恢复建设评审会，2008
[50] 邓学建，刘汀，唐梓钧. 湖南耒水国际湿地公园总体规划 [R]. 长沙：耒水湿地公园建设评审会，2009
[51] 邓学建，刘汀，唐梓钧. 津市毛里湖国家湿地公园动物资源调查报告 [R]. 长沙：毛里湖湿地公园建设评审会，2009
[52] 邓学建，刘汀，唐梓钧. 鲁荷金风电场一期工程生态环境现状调查与评价 [R]. 长沙：鲁荷金风电场一期工程建设评审会，2009
[53] 邓学建，刘汀，唐梓钧. 湘江长沙综合枢纽对陆生生态环境影响分析 [R]. 长沙：长沙枢纽建设评审会，2008
[54] 邓学建，刘汀，唐梓钧. 沅陵县五强溪国家湿地公园动物资源调查报告 [R]. 长沙：五强溪湿地公园建设评审会，2009
[55] 邓学建，米小其，牛艳东. 洞庭湖杨树林及原生湿地生态环境中鸟类的群落结构 [J]. 农业现代化研究 2008 29（1）108－111
[56] 邓学建，米小其，周毅. 桂东主要景区的鸟类资源 [R]. 长沙：桂东县旅游规划评审会，2006
[57] 邓学建，米小其，周毅. 退田还湖对洞庭湖鸟类群落的影响 [J]. 长江流域资源与环境，2006，15（5）：588－592
[58] 邓学建，米小其，周毅. 中南机场鸟类识别与防治 [R]. 广州：空军机场鸟害防治评审会，2006
[59] 邓学建，莫小阳. 湖南长沙丘陵林区夏季鸟类群落结构及群落多样性的研究 [C]. 长沙 湖南生物多样性保护国研讨会，1997
[60] 邓学建，王斌，郭克疾. 长沙大托铺机场鸟撞防治研究报告 [R]. 长沙：大托铺机场鸟害防治评审会，2005
[61] 邓学建，王斌，郭克疾. 洞庭湖保护区自然资源科学考察 [R]. 长沙：洞庭湖保护区建设评审会，2006
[62] 邓学建，王斌，米小其. 古丈高望界自然资源科学考察 [R]. 长沙：高望界自然保护区建设评审会，2006
[63] 邓学建，王斌，米小其. 临湘的黄盖湖自然资源科学考察 [R]. 长沙：黄盖湖自然保护区建设评审会，2006
[64] 邓学建，王斌，米小其. 新宁舜黄山自然资源科学考察 [R]. 长沙：舜黄山自然保护区建设评审会，2006
[65] 邓学建，王斌，米小其. 资兴东江湖自然资源科学考察 [R]. 长沙：东江湿地公园建设评审会，2006
[66] 邓学建，王斌，雷刚. 东洞庭湖冬季鸟类及其多样性分析 [J]. 动物学杂志，2001，36（3）：54－56
[67] 邓学建，王斌，李自君. 湖南浏阳朱树桥水库脊椎动物调查报告 [R]. 长沙：株树桥华南虎野化项目评审会，2004
[68] 邓学建，王斌，李自君. 湖南省挂榜山小鲵保护区脊椎动物调查报告 [R]. 长沙：挂榜山自然保护区建设评审会，2004
[69] 邓学建，王斌，李自君. 湖南省衡-炎公路脊椎动物调查报告 [R]. 长沙：衡-炎高速公路建设评审会，2004
[70] 邓学建，王斌，李自君. 湖南省天门山自然保护区脊椎动物调查报告 [R]. 长沙：天门山自然保护区建设评审会，2004
[71] 邓学建，王斌，李自君. 湖南省黑麋峰水库脊椎动物调查报告 [R]. 长沙：黑麋峰水库建设评审会，2003
[72] 邓学建，王斌，李自君. 湖南省桃江县鸟类旅游资源调查报告 [R]. 长沙：桃江县旅游规划评审会，2003
[73] 邓学建，王斌，李自君. 湖南省碗米坡水库大鲵资源调查报告 [R]. 长沙：碗米坡水库建设评审会，2003
[74] 邓学建，王斌，李自君. 湖南省万佛岩自然保护区脊椎动物调查报告 [R]. 长沙：万佛山自然保护区建设评审会，2003

[75] 邓学建，王斌，李自君. 湖南省乌云界自然保护区科学考察报告 [R]. 长沙：乌云界自然保护区晋级建设评审会，2003

[76] 邓学建，王斌，李自君. 湖南省沅陵县鸟类旅游资源调查报告 [R]. 长沙：沅陵旅游规划评审会，2003

[77] 邓学建，王斌，李自君. 湖南省岳麓山脊椎动物调查报告 [R]. 长沙：岳麓山公园建设评审会，2003

[78] 邓学建，王斌，李自君. 湖南阳明山自然保护区自然资源综合科学考察报告 [R]. 长沙：阳明山自然保护区建设评审会，2003

[79] 邓学建，王斌，李自君. 湖南鹰嘴界自然保护区综合科学考察报告 [R]. 长沙：鹰嘴界自然保护区晋级建设评审会，2003

[80] 邓学建，叶贻云. 武陵源自然保护区鸟类调查 [C]. 长沙 湖南生物多样性保护国研讨会，1997

[81] 邓学建，喻勋林. 湖南省湿地资源调查报告 [R]. 长沙：湖南湿地资源调查项目评审会，2009

[82] 窦鸿身，姜加虎. 洞庭湖 [M]. 合肥：中国科学技术大学出版社，2000

[83] 东北保护野生动物联合会. 东北鸟类 [M]. 沈阳：辽宁科技出版社，1988

[84] 傅桐生，高玮，孙榆钧. 长白山鸟类 [M]. 长春：东北师范大学出版社，1984

[85] 高玮. 中国隼形目鸟类生态学 [M]. 北京：科学出版社，2002

[86] 高武，崔爽. 野外观鸟手册 [M]. 北京：北京出版社，1999

[87] 桂小杰. 洞庭湖鸟类资源考察 [C]. 长沙 湖南生物多样性保护国研讨会，1997

[88] 郭克疾，梁曾飞，但新球. 湖南汨罗江国家湿地公园的调查与建设规划 [R]. 长沙：汨罗江湿地公园建设评审会，2008

[89] 广东昆虫研究所. 海南岛的鸟兽 [M]. 北京：科学出版社，1983

[90] 华南濒危动物研究所. 广东鸟类色彩图鉴 [M]. 广州：广东科技出版社，1991

[91] 韩庆，梁瑜，何超在. 湖南花岩溪白鹭繁殖习性研究 [J]. 四川动物，2008，30 (7)：594-598；726

[92] 黑龙江野生动物研究所. 黑龙江鸟类志 [M]. 北京：中国林业出版社，1992

[93] 侯碧清. 湖南酃县桃源洞自然保护区综合科学考察报告 [M]. 长沙：国防科技大学出版社，1993

[94] 胡中常，袁志湘，刘继群. 湖南屏风界候鸟种类与迁徙规律调查 [J]. 野生动物杂志，2007，28 (1)：11-12

[95] 湖南林业调查规划设计院. 湖南集成麋鹿自然保护区资源调查报告 [R]. 长沙：集成垸麋鹿自然保护区建设评审会，2007

[96] 湖南省林业调查规划设计院. 湖南八面山自然保护区综合科学考察 [R]. 长沙：八面山自然保护区建设评审会，2003

[97] 湖南省林业调查规划设计院. 湖南保靖白云山自然保护区科学考察报告 [R]. 长沙：白云山自然保护区建设评审会，2004

[98] 湖南省林业调查规划设计院. 湖南黄桑自然保护区综合考察 [R]. 长沙：黄桑自然保护区建设评审会，2003

[99] 湖南省林业调查规划设计院. 湖南莽山国家级自然保护区综合考察 [R]. 长沙：莽山自然保护区建设评审会，2000

[100] 湖南省林业调查规划设计院. 湖南桃源洞自然保护区自然资源综合考察 [R]. 长沙：桃源洞自然保护区建设评审会，2001

[101] 湖南省林业调查规划设计院. 小溪自然保护区自然资源科学考察 [R]. 长沙：小溪自然保护区建设评审会，2000

[102] 湖南省志编纂委员会. 湖南省地理志 [M]. 长沙：湖南人民出版社，1987

[103] 康祖杰，杨道德，邓学建. 湖南雀形目鸟类新纪录种 [J]. 动物学杂，2010，46 (3)：54-55

[104] 雷刚. 东洞庭湖保护区内的濒危鸟类的现状和保护对策. 湿地与水禽保护 [M]. 北京：中国林业出版社，1998

[105] 黎红辉，邓学建. 雉科 8 种中央尾羽分类特征研究 [J]. 生命科学研究，2009，13 (2)：128-132

[106] 黎红辉，沈猷慧，马再玉. 鸟类飞羽羽小枝的显微结构比较 [J]. 动物分类学报，2005，30 (4)：666-675

[107] 李光辉. 湖南洞庭湖区珊珀湖，明塘湖湿地资源调查报告 [R]. 长沙：珊泊湖及明塘湖湿地公园建设评审会，2008

[108] 李华兵，王德良. 湖南天门山国家森林公园夏季鸟类资源调查及其多样性分析 [J]. 江西农业学报，2008，20 (6)：101-104；118

[109] 李剑志，邓学建. 半边湖鸟类的监测与研究 [J]. 岳阳职业技术学院学报，2008，23 (6)：38-42

[110] 李倦生，周凤霞，张朝阳. 湖南生物多样性现状调查与评价 [J]. 环境科学研究，2008，22 (12)：1382-1388

[111] 李星照，袁正科，邓学建. 湖南省通道侗族自治县生物多样性调查与研究报告 [R]. 长沙：通道县生物多样性保护建设评审会，2008

[112] 李星照，袁正科，邓学建. 湖南省通道侗族自治县万佛山生物多样性调查与研究报告 [R]. 长沙：万佛山申遗建设评

审会，2008
[113] 李星照，袁正科，邓学建. 湖南省新宁县琅山生物多样性调查与研究报告 [R]. 长沙：崀山生态恢复建设评审会，2008
[114] 李益得，杨道德，张志强. 湖南常德桃花源机场鸟类的时空分布与鸟击防范 [J]. 四川动物，2010，29 (3)：446-451；465
[115] 李桂垣. 四川鸟类原色图鉴 [M]. 北京：中国林业出版社 1995
[116] 李自君，邓学建. 天鸡岭夏季鸟类资源及其多样性研究 [J]. 生命科学研究，2004，8 (8)：143 145
[117] 李自君，邓学建. 乌云界鸟类资源及其冬季鸟类多样性研究 [J]. 湖南师范大学学报，2004，28 (4)：78-80
[118] 梁启燊. 长沙10种雀形目鸟类的食物成分 [J]. 动物学杂志，1958，2 (4)：212-219
[119] 梁启燊，刘素丽. 长沙附近的鸟类及其食性的调查研究 [J]. 湖南师院学报，1957，2：93-11
[120] 梁启燊. 湖南省分布的204种鸟 [C]. 北京，中国动物学年会，1965
[121] 廖晓东. 发现于湖南莽山的黄腹角雉 [J]. 动物学杂志，1993，28 (1)：46
[122] 廖晓东. 湖南省鸟类新纪录——挂墩鸦雀 [J]. 动物学杂志，1995，30 (6)：47-48
[123] 刘萍萍，谢庆凯. 桂东县候鸟资源种类及迁徙线路调查 [J]. 湖南林业科技，2009，36 (4)：62-64
[124] 刘齐德. 洞庭湖湿地鸟类初步研究 [J]. 动物学杂志，1995，30 (1)：27-32
[125] 刘振湘，钟福生. 南岳自然保护区综合考察 [R]. 长沙：南岳自然保护区建设评审会，2002
[126] 牛艳东，邓学建，米小其. 湖南鸟类新纪录——蓝歌鸲 [J]. 野生动物杂志，2007，28 (1)：53
[127] 米小其，邓学建. 湖南新纪录烟腹毛脚燕 [J]. 湖南林业科技，2007，34 (1)：35
[128] 米小其，邓学建. 烟腹毛脚燕生态习性初步观察 [J]. 动物学杂志，2007，42 (2)：140-141
[129] 彭平波，彭波涌，曹锋. 青山垸湿地恢复与鸟类资源保护研究 [J]. 岳阳职业技术学院学报，2010，25 (2)：39-44；48
[130] 彭亚辉. 东方白鹳越冬生态初步研究 [C]. 长沙 湖南生物多样性保护国研讨会，1997
[131] 钱燕文. 中国鸟类图鉴 [M]. 郑州：河南科技出版社，1995
[132] 任巍，牛艳东，米小其. 湖南舜皇山自然保护区鸟类区系及物种多样性研究 [J]. 湖南师范大学自然科学学报，2009，32 (4)：88-93
[133] 任巍，张志麟，米小其. 中华秋沙鸭在湖南的新分布 [J]. 动物学杂志，2008，43 (4)：19
[134] 湿地国际-中国项目办事处. 湿地与水禽保护 [M]. 长沙：中国林业出版社，1998
[135] 沈猷慧，胡细兴，刘旭光. 长沙池鹭繁殖生态研究 [J]. 湖南师范大学学报，1987，10 (4)：65-73
[136] 沈猷慧. 洞庭湖的野鸭及其狩猎方法 [J]. 动物学杂志，1960，(5)：204-206
[137] 沈猷慧. 湖南省鸡形目鸟类及其分布 [J]. 动物学研究，2000，21 (3)：252-255
[138] 宋大祥. 西南武陵山地区动物资源和评价 [M]. 北京：科学出版社，1994
[139] 宋发宗. 东洞庭湖国家级自然保护区管理计划 [R]. 长沙：东洞庭湖自然保护区建设评审会，1997
[140] 孙晓娟，唐小平. 宁乡金洲湖湿地公园建设规划 [R]. 长沙：金洲湖湿地公园建设评审会，2008
[141] 汤伟，邓学建，王斌. 湖南隆回打鸟坳迁徙鸟类资源的调查研究 [J]. 湖南环境生物职业技术学院学报，2003，9 (2)：120-124
[142] 钟福生，唐小平，阳海林. 湖南江口鸟洲池鹭繁殖生态研究 [J]. 中南林业科技大学学报，2001，20 (2) 55-58
[143] 王斌. 湖南隆回打鸟凹飞鸟扑火研究 [C]. 长沙：湖南省动物学年会，2000
[144] 王斌. 宜章莽山的野生鸟类调查 [R]. 长沙：莽山自然保护区建设评审会，2008
[145] 王德良，辜娇峰. 湖南八大公山夏季鸟类名录及其多样性 [J]. 动物学研究，2005，26 (2)：190-196
[146] 湘西自治州林业勘测设计院. 湖南凤凰九重岩自然保护区综合科学考察 [R]. 长沙：九重岩自然保护区建设评审会，2001
[147] 湘西自治州林业勘测设计院. 湖南凤凰两头羊自然保护区综合科学考察 [R]. 长沙：两头羊自然保护区建设评审会，2001
[148] 湘西自治州林业勘测设计院. 龙山印家界自然保护区综合科学考察 [R]. 长沙：印家界自然保护区建设评审会，2002
[149] 肖仲伯，莽山志 [R]. 长沙：莽山自然保护区建设评审会，1998
[150] 谢庆凯，邓仁湘. 众多候鸟迁徙缘何必经湖南桂东 [J]. 中国林业，2009，(21)：25
[151] 徐晖. 江口鸟类自然保护区鸟类群落的研究 [D]. 广州，中山大学，1986

[152] 许维枢. 中国猛禽 [M]. 北京：中国林业出版社，1995
[153] 许又宴. 湖南新发现的草鸮 [J]. 野生动物杂志，1983，4 (4)：57
[154] 吴至康. 贵州鸟类志 [M]. 贵阳：贵州人民出版社，1986
[155] 阎中军. 三种非雀形目的湖南省新纪录鸟种 [J]. 动物学杂志，1995，30 (2)：46
[156] 杨道德. 湖南浏阳大围山实验林场鸟类资源及保护对策 [J]. 中南林学院学报，1998，16 (4)：70 - 78
[157] 杨道德. 湖南沅陵借母溪自然保护区综合考察 [R]. 长沙：借母溪自然保护区建设评审会，2005
[158] 杨道德，张志强，刘松. 湖南芷江三道坑自然保护区综合考察 [R]. 长沙：三道坑自然保护区建设评审会，2005
[159] 杨岚. 云南鸟类志 非雀形目 [M]. 昆明：云南科技出版社，1995
[160] 杨光辉，林道明，李百祥. 黄桑自然保护区用家鸡孵化红腹锦鸡 [J]. 动物学杂志，1983，18 (1)：60
[161] 叶贻云. 桂东八面山自然保护区自然资源综合考察 [R]. 长沙：八面山自然保护区建设评审会，1984
[162] 叶贻云，邓学建. 湖南省陆生脊椎动物及其分布特征 [C]. 长沙 湖南生物多样性保护国研讨会，1997
[163] 叶贻云，邓学建. 湖南索溪峪自然保护区科学考察报告 [R]. 长沙：索溪峪自然保护区建设评审会，1996
[164] 袁金荣. 湖南野生动物资源类型及现状的综合评价 [J]. 湖南林业科技，1996，23 (2)：46 - 50
[165] 袁正科. 洞庭湖湿地资源与环境 [M]. 长沙：湖南师范大学出版社出版，2008
[166] 约翰·马敬，卡伦·菲利普，何芬奇. 中国鸟类野外手册 [M]. 长沙：湖南教育出版社，2000
[167] 翟辅东. 沅陵县旅游总体规划. 湖南地图出版社，2004
[168] 张国珍，杨道德. 湖南壶瓶山国家级自然保护区科学考察报告集 [M]. 长沙：湖南科技出版社，2004
[169] 张海浪，刘国云，袁正科. 湖南省通道县龙底沟谷森林生态系统自然保护区自然资源研究 [M]. 长沙：湖南科学技术出版社，2003
[170] 张孚允，杨若莉. 中国鸟类迁徙研究 [M]. 北京：中国林业出版社，1997
[171] 张志强. 长沙黄花机场鸟类群落物种多样性分析 [J]. 动物学杂志，2007，42 (1)：112 - 120
[172] 赵秀壁. 湘西南的鸟类区系与群落及数量动态的研究 [J]. 动物学杂志，1994，29 (6)：17 - 27
[173] 赵正阶. 中国鸟类志 [M]. 长春；吉林科学技术出版社，2001
[174] 郑宝赉. 中国动物志鸟纲. 第 8 卷 [M]. 北京：科学出版社，1985
[175] 郑光美. 中国鸟类分布与分布名录 [M]. 北京：科学出版社，2005
[176] 郑作新. 湖南鸟类初步调查 (Ⅱ雀形目) [J]. 动物学报 1961 13 (1 - 4)：79 - 121
[177] 郑作新. 湖南鸟类初步调查 (Ⅰ非雀形目鸟类) [J]. 动物学杂志，1960，12 (2)：273 - 319
[178] 郑作新. 中国鸟类地理分布的研究 [J]. 动物学杂志，1950，497 - 108
[179] 郑作新. 中国经济动物志·鸟类 [M]. 北京：科学出版社，1963
[180] 郑作新. 中国鸟类分布名录 [M]. 北京：科学出版社，1976
[181] 郑作新. 中国鸟类系统检索 [M]. 北京：科学出版社，1978
[182] 郑作新. 中国动物志鸟纲. 第八卷阔嘴鸟科—和平鸟科 [M]. 北京：科学出版社，1995
[183] 陈服官，罗时有. 中国动物志鸟纲. 第九卷太平鸟科-岩鹨科 [M]. 北京：科学出版社，1998
[184] 郑作新. 中国动物志鸟纲. 第十卷鸫亚科 [M]. 北京：科学出版社，1995
[185] 郑作新. 中国动物志鸟纲. 十一卷画眉亚科 [M]. 北京：科学出版社，1987
[186] 郑作新. 中国动物志鸟纲. 第十三卷山雀科—绣眼科 [M]. 北京：科学出版社，1995
[187] 郑作新. 中国动物志鸟纲. 第十四卷文鸟科、雀科 [M]. 北京：科学出版社，1995
[188] 中国林业科学研究院，吉首大学. 湖南白云山自然保护区综合科学考察报告 [R]. 长沙：白云山自然保护区建设评审会，2008
[190] 中国鸟类学会水鸟组. 中国水鸟研究 [M]. 上海：华东师范大学出版社，1994
[191] 中国鸟类学会. 中国鸟类学研究 [M]. 北京：中国林业出版社，1996
[192] 钟福生. 洞庭湖湿地珍稀濒危鸟类群落组成及多样性 [J]. 生态环境，2001，16 (5)：1501 - 1507
[193] 钟福生. 观赏动物资源，饲养与贸易现状调查及人工饲养技术研究 [C]. 长沙 湖南生物多样性保护国研讨会，1997
[194] 钟福生. 湖南鸟洲越冬鸭类 [J]. 野生动物，1989，5：19
[195] 钟福生，邓学建. 南洞庭湖湿地鸟类群落结构及多样性分析 [J]. 嘉应学院学报 2007 25 (3)：47 - 54
[196] 钟福生，邓学建，颜亨梅. 西洞庭湖湿地鸟类群落组成，多样性及保护对策 [J]. 长江流域资源与环境，2008，17 (3)：351 - 359

[197] 周昌乔. 湘西八大公山自然资源综合科学考察 [R]. 长沙：八大公山自然保护区建设评审会，1984

[198] 周昌乔，邓学建. 武陵源自然资源综合考察 [R]. 长沙：武陵源自然保护区建设评审会，1992

[199] 周昌乔，叶贻云. 道县，江永以及江华大源口的野生动物资源调查 [R]. 长沙：大源口自然保护区建设评审会，1989

[200] 周昌乔，叶贻云. 壶瓶山自然保护区科学考察报告 [R]. 长沙：壶瓶山自然保护区建设评审会，1986

[201] 周昌乔，叶贻云. 湖南省志编纂委员会 湖南省地理志 [M]. 长沙：湖南出版社，1987

[202] 周毅，邓学建. 长沙县大山冲鸟类群落结构调查 [J]. 湖南林业科技 2007 34 (1)：35 - 37

[203] 朱熹，邹小平. 中国鹭类 [M]. 北京：中国林业出版社，2001

[204] 朱耀沂. 世界动物图鉴 [M]. 北京：海豚出版社，1995

[205] 诸葛阳. 浙江动物志鸟类 [M]. 杭州：浙江科学技术出版社，1990

[206] Gee，N. G. A revision of the tentative list of Chinese birds [J]. Peking Nat. Hist. Bull. 1931，(23)：1 - 230

[207] Gee，N. G.，L. I. Mofett，and G. D. Wilder，A tentative list of Chinese birds [J]. Peking Soc. Nat. Hist. Bull. 1：Ⅻ，1926 - 27，1 - 3708

[208] Gee，N. G.，L. I. Mofett，and G. D. Wilder，Additions to the tentative list of Chinese birds [J]. Peking Soc. Nat. Hist. Bull. 1929，4：43 - 46

[209] La Touche，A handbook of the birds of eastern China [M]. London，1925

[210] Oliver K. Brett W. B. Guojun CHEN，late summer ornithological inventories of Mt. Shunhuang and Mt Dawei in Hunan. China [J]. 动物学研究，2005，26 (1)：31 - 39

[211] Yen，K. Y. Étude d' une collection d' oiseaux du sud Hunan (China) [J]. Bull. Mus. Hist. Nat. 1933 (2) 5：104 - 110，181 - 186

拉丁名索引

E

F

G

H

L

M

中文名索引

A

B

G

H

J

K

P

Q

R

S

T

W

X

英文名索引

H

I

J

K

L

M

N

O

P

R

S

T

U

V

W

Y

Z

ISBN 978-7-5357-7371-5

9 787535 773715 >

图书在版编目（CIP）数据

湖南动物志. 鸟纲 雀形目 / 邓学建, 王斌, 钟福生编著. — 长沙 : 湖南科学技术出版社, 2012.12

ISBN 978-7-5357-7371-5

Ⅰ. ①湖… Ⅱ. ①邓… ②王… ③钟… Ⅲ. ①动物志－湖南省②雀形目－动物志－湖南省 Ⅳ. ①Q958.526.4②Q959.7

中国版本图书馆CIP数据核字(2012)第213017号

湖南动物志［鸟纲 雀形目］

编　　著：邓学建　王　斌　钟福生

责任编辑：刘堤地　李　丹　欧阳建文

整体设计：殷　健

出版发行：湖南科学技术出版社

社　　址：长沙市湘雅路276号

http://www.hnstp.com

邮购联系：本社直销科 0731-84375808

印　　刷：长沙超峰印刷有限公司

（印装质量问题请直接与本厂联系）

厂　　址：宁乡县金洲新区泉洲北路100号

邮　　编：410600

出版日期：2013年8月第1版第1次

开　　本：787mm×1092mm　1/16

印　　张：29

插　　页：4

字　　数：706000

书　　号：ISBN 978-7-5357-7371-5

定　　价：220.00元